高等院校基础课系列教材 · 实训类

课书房
新/形/态/教/材

钳工技能实训

Qiangong Jineng Shixun

主　编　赵　平　冯　勇
副主编　陈世建
参　编　顾　军
主　审　邢　林

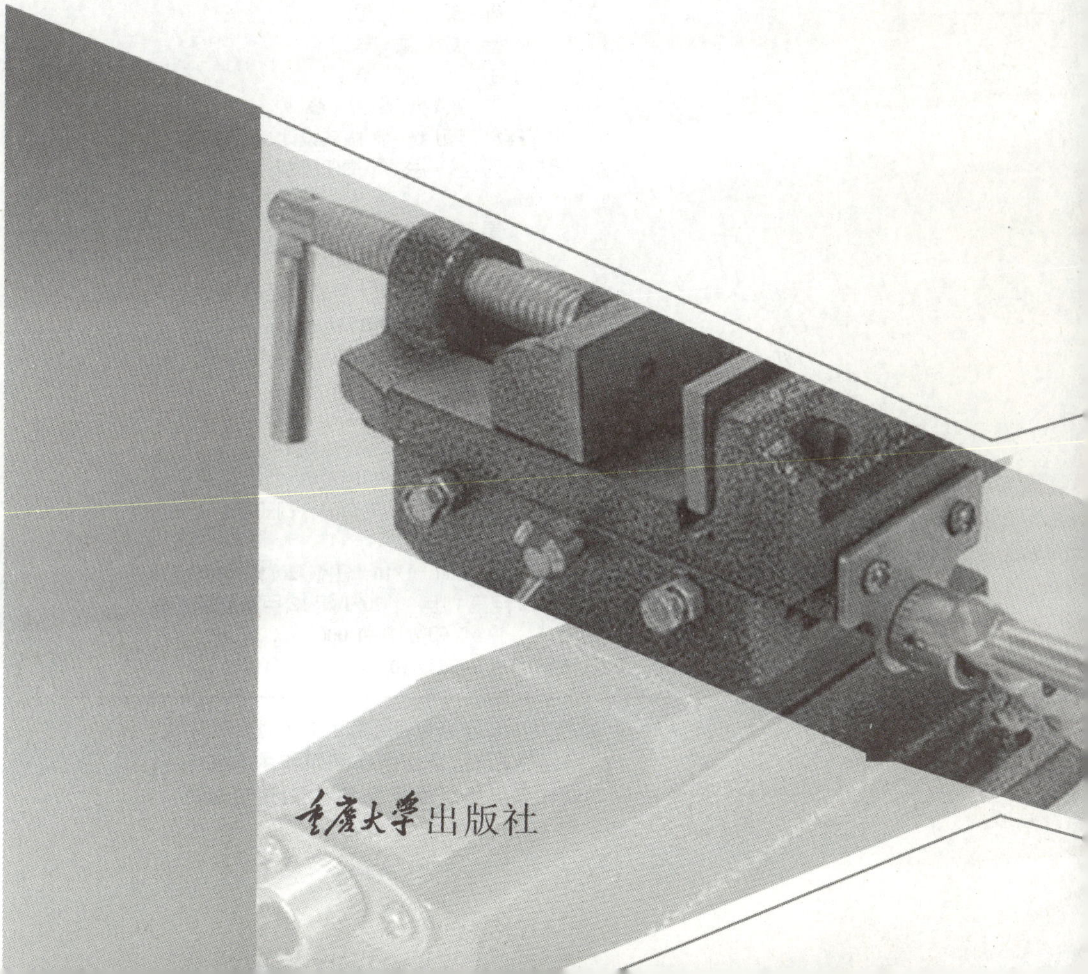

重庆大学出版社

内容提要

本书根据重庆市高等职业教育双基地项目、国家高职院校“双高计划”模具设计与制造专业群项目建设要求，结合《国家职业标准》中级钳工（国家职业资格四级）规定的知识要求和技能要求，与重庆元创汽车整线集成有限公司和重庆杰品科技股份有限公司合作编写。

本书通过对钳工岗位要求的分析，从职业能力培养的角度出发，提炼钳工所需的理论知识和操作技能，将专业理论知识融入相关训练课题，以任务驱动的方式组织内容，力求体现职业培训的规律，满足职业技能培训的需要。

本书分为3部分，分别是基础准备、基础技能训练及技能提升训练，由简单到复杂，便于学习者循序渐进地进行知识学习和提升。每个项目末附有复习思考题，全书末附有试题库及标准答案，方便企业岗位培训、考核鉴定和读者自测自查。

本书可作为中级钳工职业技能培训与鉴定教材，还可作为相关从业人员在职培训、岗位培训教材，也可供高、中等职业院校相关专业师生参考。

图书在版编目（CIP）数据

钳工技能实训/赵平，冯勇主编. -- 重庆 : 重庆大学出版社，2021.12

ISBN 978-7-5689-3079-6

Ⅰ.①钳… Ⅱ.①赵…②冯… Ⅲ.①钳工—教材 Ⅳ.①TG9

中国版本图书馆CIP数据核字（2021）第268169号

钳工技能实训

主　编　赵　平　冯　勇
副主编　陈世建
参　编　顾　军
主　审　邢　林
策划编辑：鲁　黎
责任编辑：李正淑　　版式设计：鲁　黎
责任校对：邹　忌　　责任印制：张　策

*

重庆大学出版社出版发行
出版人：饶帮华
社址：重庆市沙坪坝区大学城西路21号
邮编：401331
电话：(023)88617190　88617185（中小学）
传真：(023)88617186　88617166
网址：http://www.cqup.com.cn
邮箱：fxk@cqup.com.cn（营销中心）
全国新华书店经销
重庆华林天美印务有限公司印刷

*

开本：787mm×1092mm　1/16　印张：20.5　字数：528千
2021年12月第1版　2021年12月第1次印刷
印数：1—1 000
ISBN 978-7-5689-3079-6　定价：45.00元

前言

随着我国的科技进步、产业结构调整以及市场经济的不断发展，各种新兴职业不断涌现，传统职业的知识和技术也越来越多地融入当代新知识、新技术、新工艺的内容。为适应新形势的发展需要，优化劳动力素质，根据重庆市高等职业教育双基地、国家高职院校“双高计划”模具设计与制造专业群项目建设要求，结合《国家职业标准》中级钳工(国家职业资格四级)规定的知识要求和技能要求，与重庆元创汽车整线集成有限公司及重庆杰品科技股份有限公司合作编写了此书。

本书的内容组织始终贯穿“以职业标准为依据，以企业需求为导向，以职业能力为核心”的理念，根据职业培训特点，基于工作过程系统化，将专业理论知识融入相关训练任务中，以任务驱动的模式，用形象、直观、浅显易懂的图形语言讲述复杂的专业知识，降低学习难度，提高培训者的学习兴趣和教学效果。从职业能力培养的角度出发，力求体现职业培训的规律，满足职业技能培训与鉴定考核的需要。

本书具有以下特色：

(1)采用“任务驱动法、项目化”模式。根据钳工职业功能要求，在第二、第三部分的每一个训练项目中针对完成的工作内容所需要的技能点及相关知识点提出任务，由简单到复杂，通过完成任务掌握知识和技能。

(2)突出职业工种培训的特点，淡化理论，加强实训，突出职业技能训练。通过大量有趣的案例介绍钳工的基础知识及操作方法，避免枯燥、空洞的理论，实操性很强。按照先给出设计目标，然后介绍为实现本目标而采取的设计方法。采用这种处理方式，可使培训者明确“钳工”工种的思想和方法，做到有的放矢。

(3)体现针对性、实用性和职业性，做到“教、学、做”的统一。

(4)在学习本书过程中，可参考高等职业教育模具设计与制造专业教学资源库建设“工具钳工”培训包，其中配有试题及相应培训资料等资源，可帮助读者对所学内容进行总结和消化。

本书由重庆工业职业技术学院赵平、冯勇任主编，重庆工业职业技术学院陈世建任副主编，重庆工业职业技术学院顾军参编，重庆元创汽车整线集成有限公司邢林担任主审。

全书共有3部分12个项目，项目1及附录由重庆工业职业技术学院陈世建编写；项目2—项目8由重庆工业职业技术学院赵平编写；项目9、项目10任务5、项目12由重庆工业职业技术学院冯勇编写；项目10任务1—任务4、项目11由重庆工业职业技术学院顾军编写。

本书在编写过程中，得到了重庆元创汽车整线集成有限公司、重庆杰品科技股份有限公司的大力帮助与支持，谨此致谢！

由于编者水平有限，书中难免有不妥与错误之处，恳请广大读者批评指正。

编　者
2021年5月

目录

第1部分 基础准备

项目1 钳工基础

任务1.1 认识钳工

1.作用与地位

钳工是以手工工具为主，辅之以其他机械、设备按技术要求对工件进行加工、修整、装配的一个工种。它具有技术性强、灵活性大、手工操作多、工作范围广等特点，其工作质量的好坏直接取决于操作者技术水平的高低。钳工是机械制造中最古老的金属加工技术，也是现代工业中一个重要的工种。

2.主要工作任务

钳工的具体工作任务包括：零件测量、画线、錾削、锉削、锯割、钻孔、扩孔、铰孔、攻丝与套丝、矫正与弯曲、铆接、刮削、研磨、镀锡与锡焊、轴承合金浇铸、简单热处理(淬火)、钣金下料(薄板)等,并能对部件或机器进行装配、调试、维修等。

3. 钳工分类

钳工按工作内容及性质可分为装配钳工、工具钳工(模具钳工)和机修钳工三类,而在2019年1月人社部发布的《技能人员职业资格》中只有钳工。

任务 1.2 认识钳工常用量具

量具是用来测量、检验工件及产品尺寸和形状的工具。熟悉不同量具的性能及结构特点,正确选用与被测工件精度相适应的量具,掌握正确的使用方法,减少测量误差,是钳工完成加工零件的重要保障。量具按用途及特点分为通用量具、标准量具及专用量具三种类型。

1. 钢直尺

钢直尺是用不锈钢制成的一种直尺,也称为钢板尺,如图1.1所示。钢直尺是钳工常用量具中最基本的一种。钢直尺的规格(测量范围)有150 mm、300 mm、500 mm和1 000 mm等多种规格。尺面上刻有尺寸刻线,间距一般为1 mm,钢直尺的最小刻度为0.5 mm。由于刻度线本身的宽度就有0.1~0.2 mm,再加上尺本身的刻度误差,所以用钢直尺测量出的数值误差比较大。而且1 mm以下的小数值只能靠估计得出,因此不能用作精确测量。

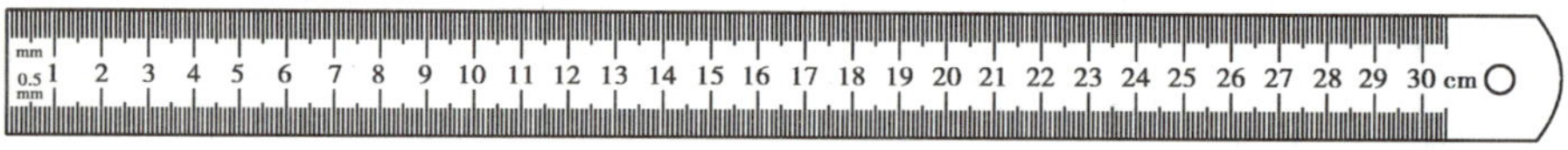

图1.1 钢直尺

2. 游标卡尺

游标卡尺是一种较精密的量具,它利用游标和尺身相互配合进行测量和读数。游标卡尺的优点是结构简单,使用方便,测量范围大,用途广泛,保养方便,可以直接测量出各种工件的内径、外径、中心距、宽度、厚度、深度和孔距等。

(1)游标卡尺的结构和规格

游标卡尺根据其结构的不同一般可分为三用游标卡尺(图1.2)、双面量爪游标卡尺(图1.3)和单面量爪游标卡尺(图1.4)三种形式。

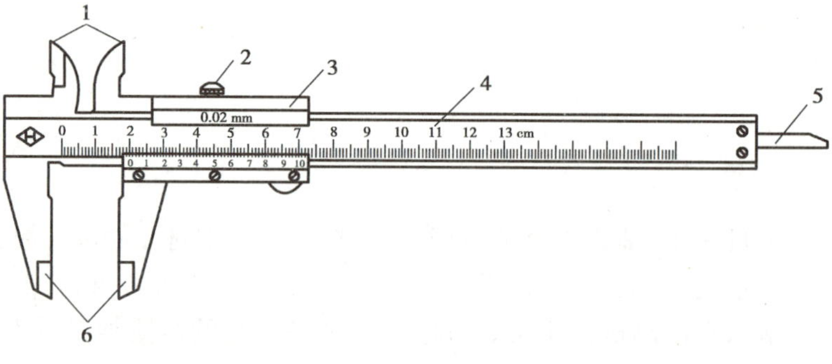

图1.2 三用游标卡尺

1、6—量爪;2—紧固螺钉;3—游标;4—尺身;5—深度尺

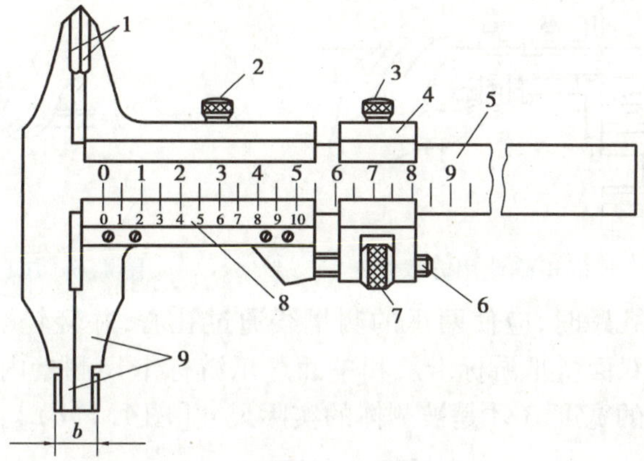

图 1.3　双面量爪游标卡尺

1、9—量爪；2—游标紧固螺钉；3—紧固螺钉；4—微动游框；
5—尺身；6—螺杆；7—螺母；8—游标

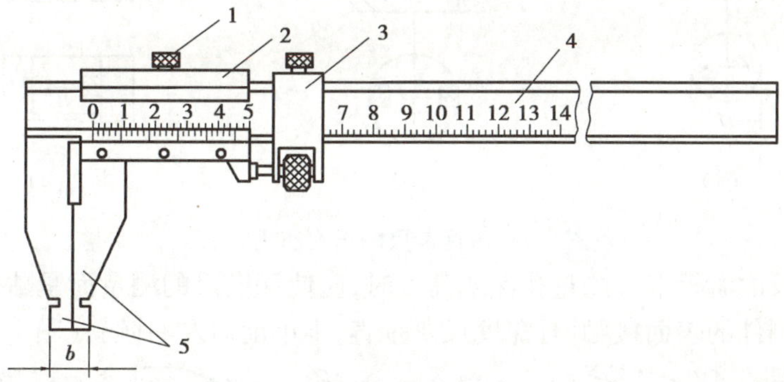

图 1.4　单面量爪游标卡尺

1—紧固螺钉；2—游标；3—微动游框；4—尺身；5—量爪

（2）游标卡尺的读数原理及读法

游标卡尺按其读数值的不同，可分为0.1 mm、0.05 mm和0.02 mm三种，这三种游标卡尺的尺身刻度是相同的，即每小格1 mm，每大格10 mm，只是游标与尺身对应的刻线宽度不同。

（3）游标卡尺的合理使用

游标卡尺的正确使用对保证测量数值的准确性非常重要，因此必须做到：

①正确合理地选择游标卡尺的种类和规格。一般情况下，读数值0.02 mm的游标卡尺用于测量IT12级～IT16级（IT为标准公差符号）公差等级的外尺寸和IT14级～IT15级公差等级的内尺寸。而读数值0.05 mm的游标卡尺用于测量IT14级～IT16级公差等级的内、外尺寸。

②测量工件的两平行平面之间的距离时，游标卡尺的测量爪应在被测表面的整个长度上相接触（图1.5）；如果测量爪与被测表面歪斜，那么所得的数值就会大于实际数值。

③测量圆柱形工件外径时，必须在垂直于轴线的截面处进行，且测量爪上测量面的整个宽度和被测圆柱体相接触（图1.6）。

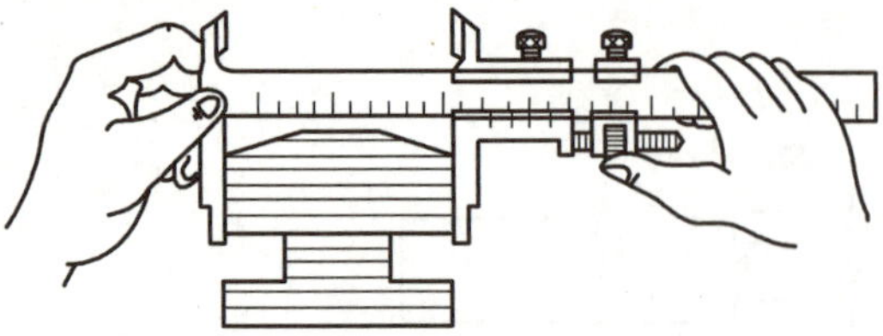

图 1.5　游标卡尺的正确使用方法

图 1.6　游标卡尺的正确使用方法

④测量内孔直径和孔距时，应使两爪的测量线通过孔心，并轻轻摆动找出最大值[图1.7(a)和(b)]。如果使用双面量爪游标卡尺和单面量爪游标卡尺测量内径，此时应将游标卡尺上所得的读数加上量爪的宽度 B 才是被测体的实际尺寸[图 1.7(c)]。

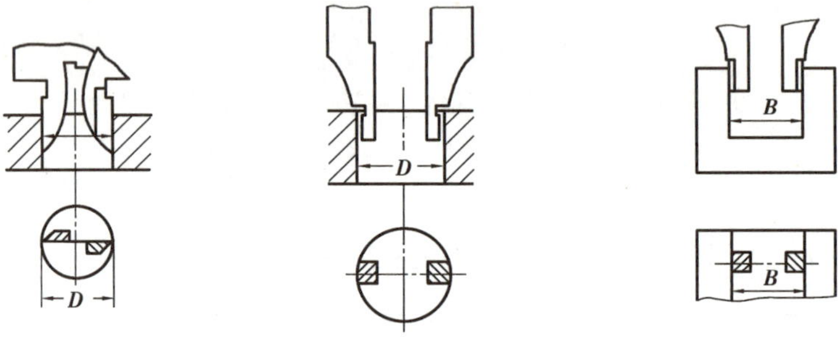

(a)　(b)　(c)

图 1.7　游标卡尺的正确使用方法

⑤用带深度尺的游标卡尺测量孔深或高度时，应使深度尺的测量面紧贴孔底，而游标卡尺的端面则应与被测件的表面接触，且深度尺要垂直，不可前后左右倾斜(图 1.8)。

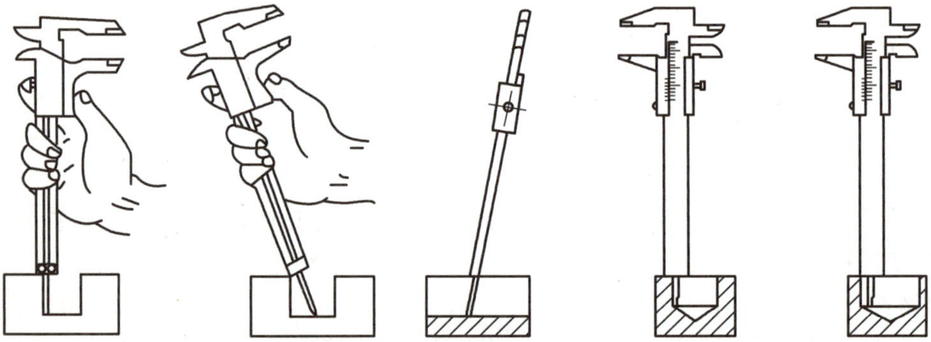

(a)正确　(b)错误　(c)错误　(d)正确　(e)错误

图 1.8　用游标卡尺测量深度

(4)其他游标卡尺

①深度游标卡尺。深度游标卡尺用来测量孔深、槽深以及阶梯高度等。深度游标卡尺由尺身、尺框、紧固螺钉和微动装置等组成(图 1.9)，其测量范围有 0 ~ 150 mm；0 ~ 200 mm；0 ~ 300 mm；0 ~ 500 mm 等。游标读数值分别为 0.1 mm，0.05 mm 和 0.02 mm。

深度游标卡尺的读数原理与游标卡尺相同。测量时，应将尺框的测量面贴住被测件的平面，轻推尺身向下，当尺身下端面与被测面接触后，即可进行读数(图 1.10)，也可以用微动装置来测量。

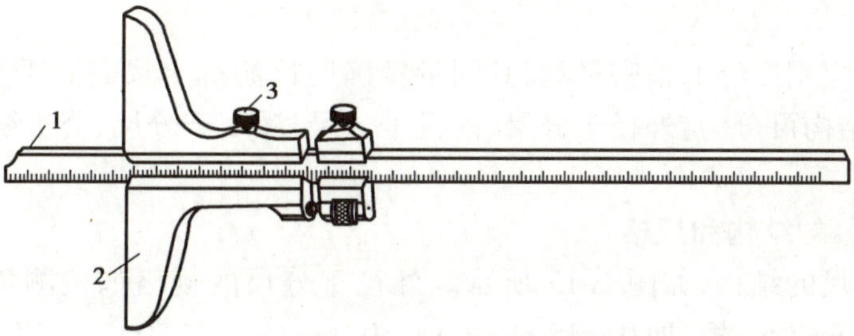

图1.9　读数值为0.05 mm游标卡尺的测量数值

1—尺身;2—尺框;3—紧固螺钉

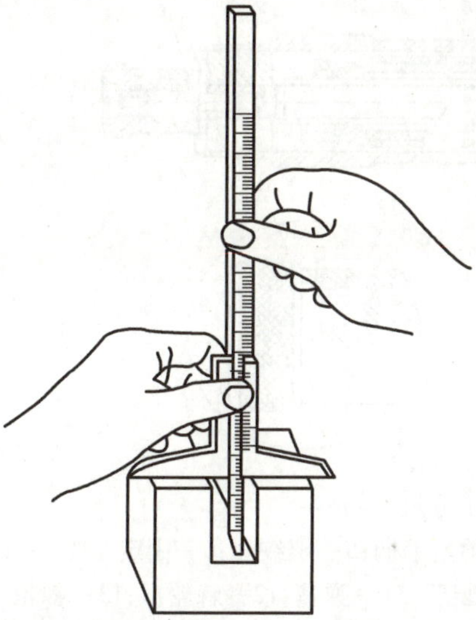

图1.10　深度游标卡尺的测量方法

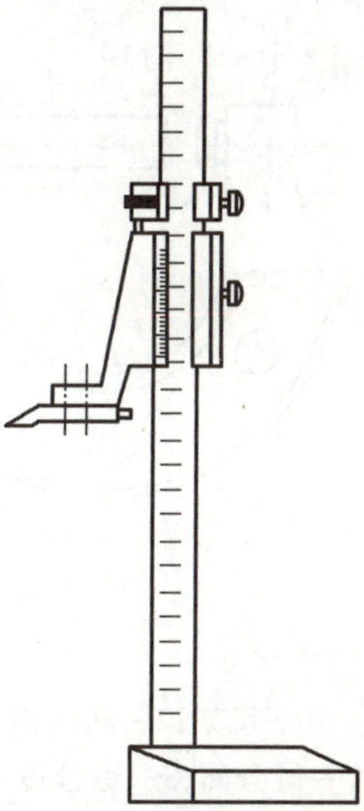

图1.11　高度游标卡尺

②高度游标卡尺。高度游标卡尺由底座、尺身、紧定螺钉、尺框、微动游框、画线量爪等组成(图1.11),其测量范围有0 ~200 mm;0 ~300 mm;0 ~500 mm和0 ~1 000 mm等,游标读数值有0.1 mm,0.05 mm和0.02 mm三种。高度游标卡尺可用来测量高度或对工件画线,其读数原理与游标卡尺相同。

③新型游标卡尺。上述各种游标卡尺,都存在着一个共同的缺点,就是长期使用后刻度及数字不清晰,容易读错。为了解决这个问题,目前已有数字显示装置和带有指示表的游标卡尺(图1.12),在测量时,数值可直接显示出来。虽然造价较贵,由于使用方便,现在使用较为广泛。

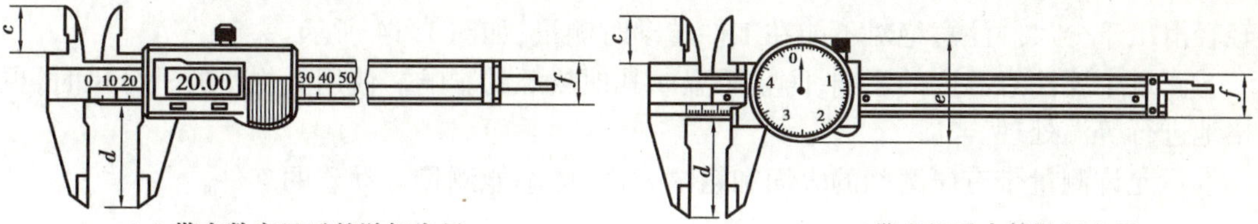

(a)带有数字显示的游标卡尺　　(b)带有指示表的游标卡尺

图1.12　带有数字显示装置和指示表的游标卡尺

3. 千分尺

千分尺是一种应用广泛的精密量具,其测量精确度比游标卡尺高。千分尺的形式和规格繁多,按其用途和结构可分为:外径千分尺、内径千分尺、深度千分尺、公法线千分尺、尖头千分尺和壁厚千分尺等。

(1)外径千分尺的结构和规格

常用外径千分尺的结构,如图1.13所示。外径千分尺的规格如按测量范围划分,在500 mm以内时,每25 mm为一挡,如0~25 mm;25~50 mm等。在500 mm以上至1 000 mm时,每100 mm为一挡,如500~600 mm;600~700 mm等。外径千分尺按制造精度可分为0级和1级两种,0级最高,1级次之。

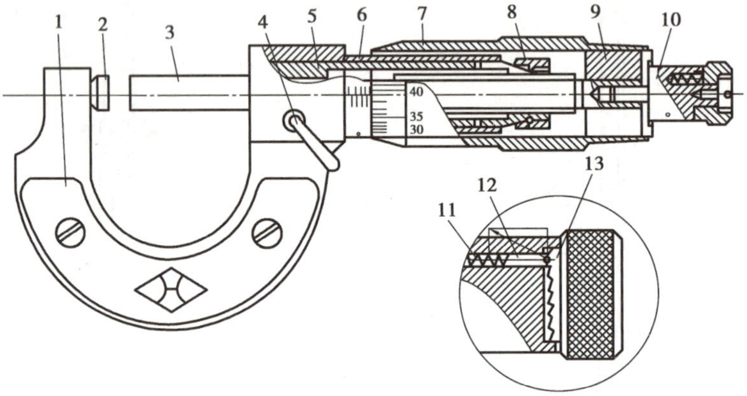

图1.13　外径千分尺的结构

1—尺架;2—砧座;3—测微螺杆;4—锁紧手柄;5—螺纹套;6—固定套管;7—微分筒;8—螺母;9—接头;10—测力装置;11—弹簧;12—棘轮爪;13—棘轮

(2)千分尺的正确使用

只有正确合理地使用千分尺,才能保证测量的准确性,因此在使用时应注意如下几点:

①根据不同公差等级的工件,正确合理地选用千分尺。一般情况下,0级千分尺适用于测量IT8级公差等级以下的工件,1级千分尺适用于测量IT9级公差等级以下的工件。

②检查零位时应使两测量面轻轻接触,并无漏出间隙,这时微分筒上的零线应对准固定套筒上纵刻线,微分筒锥面的端面应与固定套筒零刻线相对。

③在测量前必须先把工件的被测表面擦干净,以免脏物影响测量精度。

④测量时,要使测微螺杆轴线与工件的被测尺寸方向一致,不要倾斜。转动微分筒,当测量面将与工件表面接触时,应改为转动棘轮,直到棘轮发出"咔咔"的响声后,方能进行读数,这时最好在被测件上直接读数。如果必须取下千分尺读数时,应用锁紧装置把测微螺杆锁住再轻轻滑出千分尺。注意绝对不能在工件转动时测量,如图1.14所示。

⑤测量中要注意温度的影响,防止手温或其他热源的影响。使用大规格的千分尺时,更要严格地进行等温处理。

⑥不允许测量带有研磨剂的表面和粗糙表面,更不能测量运动着的工件。

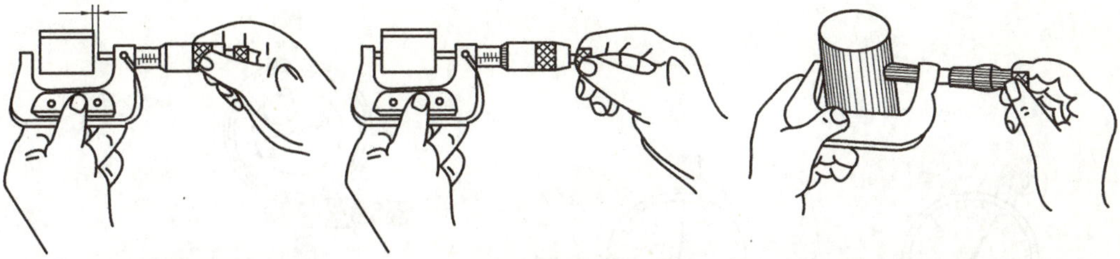
(a)转动微分筒　(b)转动棘轮测出尺寸　(c)测出工件外径

图1.14　外径千分尺测量工件

4. 百分表

(1)百分表的结构形式

它是一种指示式精密量具,具有传动比大、结构简单、使用方便等特点。主要用于工件的长度尺寸、形状和位置偏差的绝对测量或相对测量,也能够在某些机床或测量装置中用作定位和指示。钟面式百分表的结构形式如图1.15所示。百分表的分度值为0.01 mm。测量范围一般有0~3 mm、0~5 mm和0~10 mm,特殊情况下有0~20 mm、0~30 mm、0~50 mm和0~100 mm等大量程的百分表。百分表按制造精度可分为0级和1级,其中0级最高,1级次之。

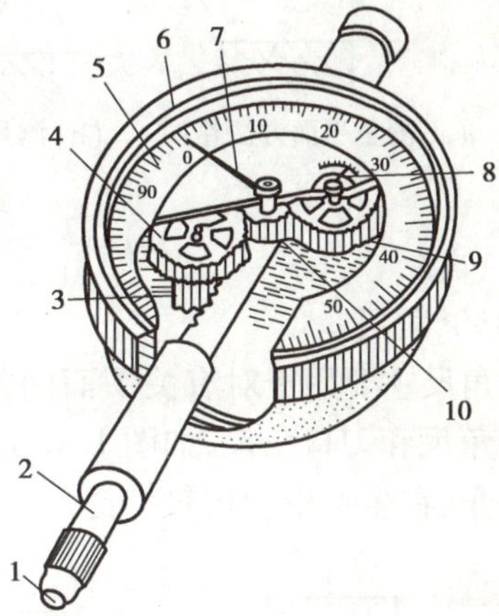

图1.15　钟面式百分表

1—测量头;2—量杆;3、10—小齿轮;4、9—大齿轮;5—盘面;6—表圈;7—长指针;8—短指针

(2)百分表的正确使用

①应按被测工件的尺寸和精度要求选用合适的百分表。通常,百分表在全部行程范围内作绝对测量时,可测定IT12级~IT14级公差等级的工件。在任意0.1 mm内用6等量块作相对法测量时,可测量IT9级~IT11级公差等级的工件。

②在测量时,应把百分表装夹在表架或其他牢靠的支架上,夹紧力要适当,不要过大。有时为了测量方便,也可将百分表安装在万能表架或磁性表座上使用(图1.16)。

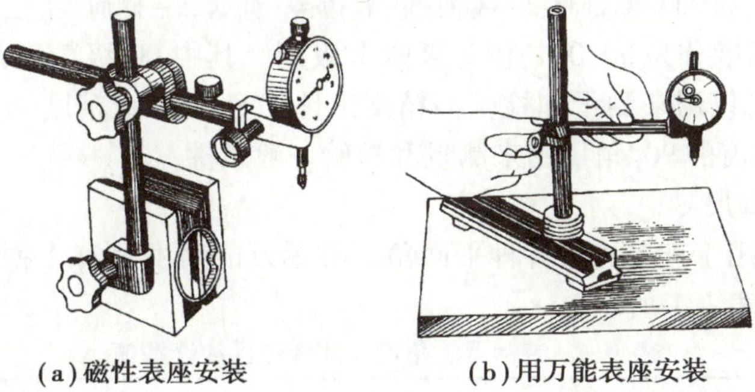
(a)磁性表座安装　(b)用万能表座安装

图1.16　百分表的安装

③用百分表测量平面时,测量杆要与被测平面垂直,否则不仅测量误差大,而且会使测量杆卡住不能动,造成百分表的损坏。测量圆柱形工件时,测杆的中心线要垂直地通过被测工件的中心线,如图1.17所示。

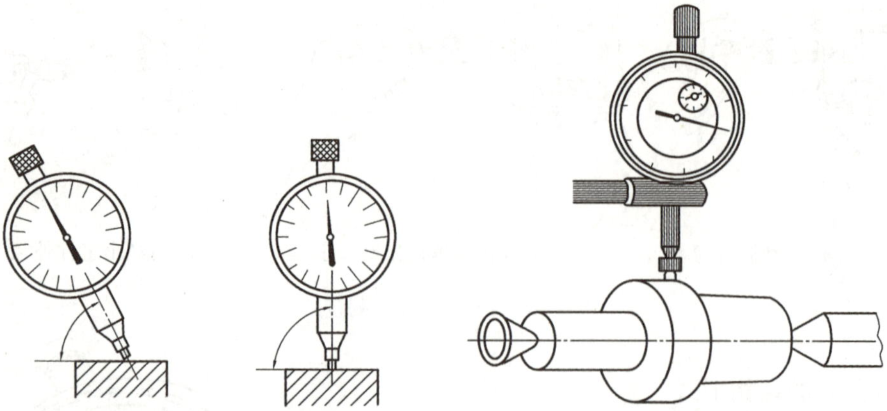

(a)测量平面方法错误　(b)测量平面方法正确　(c)测量圆柱体

图 1.17　百分表的使用

5. 角度尺

(1)90°角尺

90°角尺主要用于对有关平面间垂直度误差的检验。90°角尺按形式不同可分为圆柱角尺、宽座角尺和刀口角尺,如图 1.18 所示。其中宽座角尺结构简单,使用方便,可以测量工件的内、外角,在生产中应用较广泛。

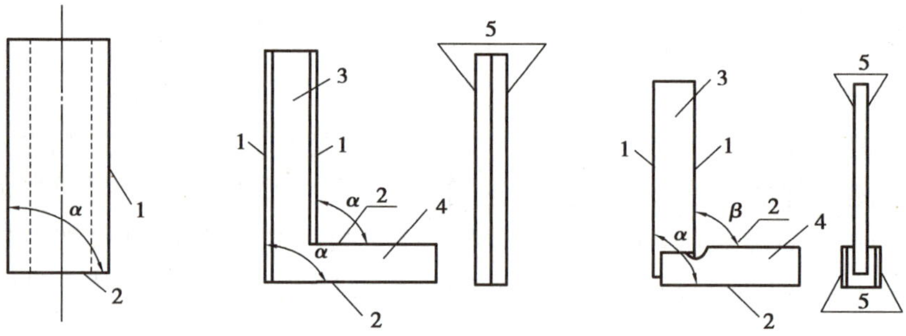

(a)圆柱角尺　(b)刀口角尺　(c)宽座角尺

图 1.18　90°角的结构形式

1—测量面;2—基面;3—长边;4—短边;5—侧面

90°角尺的制造精度分为 00、0、1 和 2 级四个级别。其中 00 级精度最高,2 级精度最低。00 级精度的 90°角尺,仅用来测量和检验高精度工件;0 级和 1 级精度的 90°角尺用来测量和检验精密工件;2 级精度的 90°角尺用来测量和检验一般工件。

(2)游标万能角度尺

游标万能角度尺用于直接测量各种平面角。游标万能角度尺有Ⅰ型和Ⅱ型两种形式,其测量范围和读数值如表 1.1 所示。

表 1.1　游标万能角度尺测量范围和读数值

类型	测量范围/(°)	游标读数值/(′)
Ⅰ	0~320	2
Ⅱ	0~360	5

1）Ⅰ型游标万能角度尺　Ⅰ型游标万能角度尺由主尺和游标两部分组成，其读数原理与游标卡尺相似，不同的是游标卡尺的读数是长度单位值，而游标万能角度尺的读数是角度单位值。所以，游标万能角度尺是利用游标原理进行读数的一种角度量具。Ⅰ型游标万能角度尺的结构，如图1.19所示。

2）Ⅱ型游标万能角度尺　Ⅱ型游标万能角度尺的读数原理和读数方法与Ⅰ型游标万能角度尺相同，只不过这种角度尺的游标在尺身的下面，并且具有长达300 mm的直尺，很适合于测量大型工件的角度。Ⅱ型游标万能角度尺的结构，如图1.20所示。

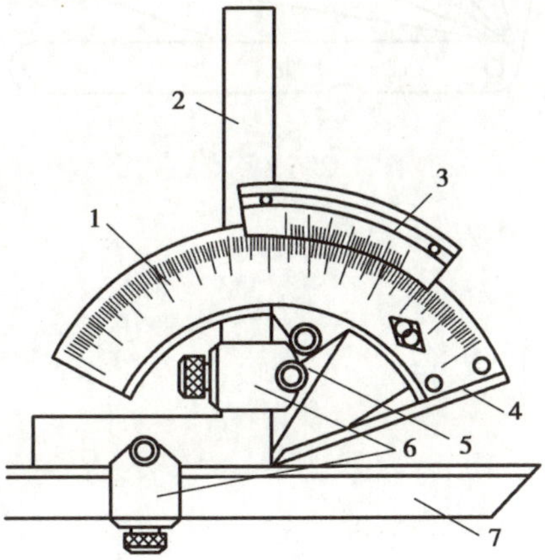

图1.19　Ⅰ型游标万能角度尺的结构

1—主尺；2—角尺；3—游标；4—基尺；5—扇形板；6—支架；7—直尺

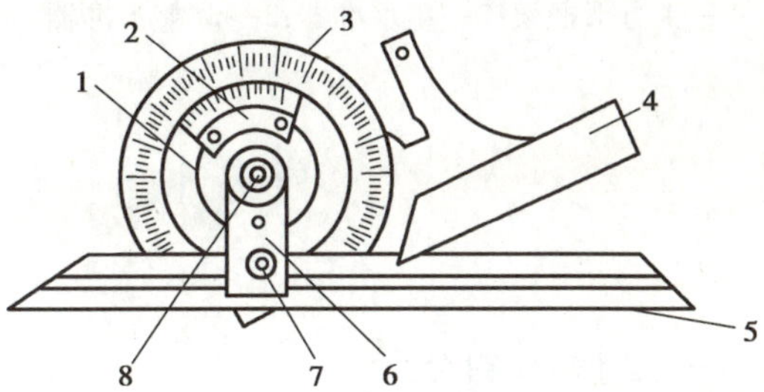

图1.20　Ⅱ型游标万能角度尺的结构

1—转盘；2—游标；3—尺身；4—基尺；5—直尺；6—连杆；7—固定螺钉；8—螺母

6. 水平仪

水平仪主要用来检验平面对水平或垂直位置的误差，也可用来检验机床导轨的直线度误差、机件的相互平行度误差、相互垂直表面的垂直度误差以及机件上的微小倾角等。水平仪有条形水平仪、框式水平仪以及比较精密的合像水平仪等。常用的一般是框式水平仪。

框式水平仪有150 mm×150 mm、200 mm×200 mm和300 mm×300 mm等规格，其刻度值有0.04 mm/1 000 mm、0.02 mm/1 000 mm及0.01 mm/1 000 mm等，钳工常用的是200 mm×200 mm、刻度值为0.02 mm/1 000 mm的框式水平仪。框式水平仪由框架和水准器（封闭玻璃管）组成。框架的测量面上刻有V形槽，便于测量圆柱形零件，如图1.21所示。

7. 塞尺

塞尺用来检验两个结合面之间的间隙大小。钳工也常将工件放在标准平板上，然后通过用塞尺检测工件与平板之间的间隙来确定工件表面平面度情况。

塞尺具有两个平行的测量平面（图1.22），其长度有50 mm、100 mm和200 mm，厚度为0.03～0.1 mm，中间每片相距0.01 mm。厚度在0.1～1 mm的塞尺，则中间每片相隔0.05 mm。

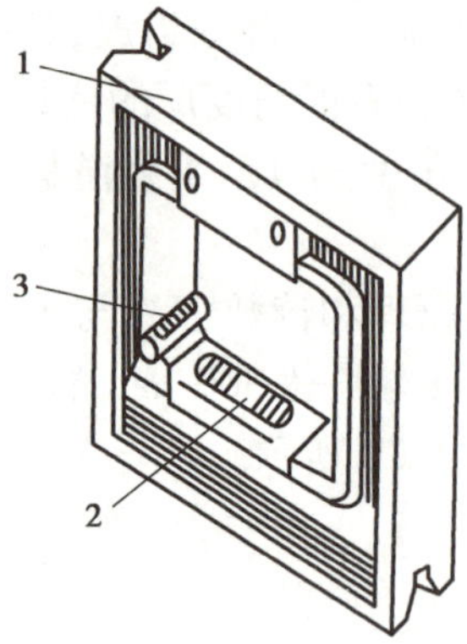

图 1.21　框式水平仪

1—正方形框架;2—主水准器;3—调整水准器

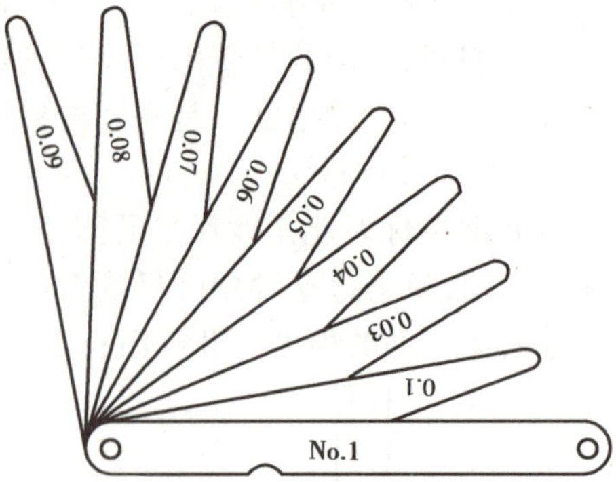

图 1.22　塞尺

任务 1.3　认识钳工常用设备

一、工作台(钳台)

工作台(钳台)是钳工操作的专用案台,有一人用和多人用的两种。如图 1.23 所示是钳工用的工作台,用硬质木材或钢材做成。台面离地面的高度为 800 ~ 900 mm,台面厚约 60 mm。虎钳装在台面上,其高度恰好齐人的手肘,如图 1.24 所示。

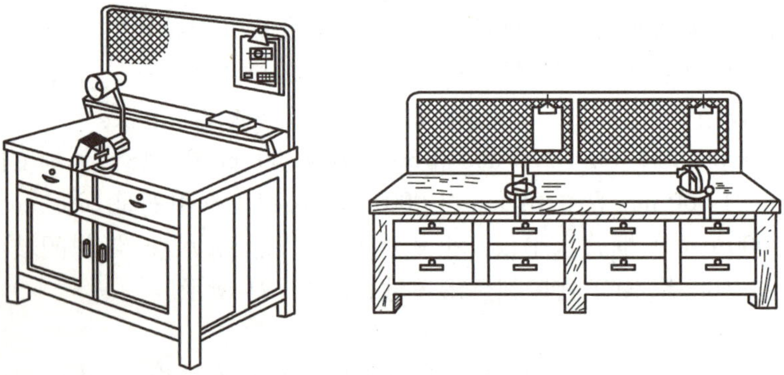

图 1.23　工作台

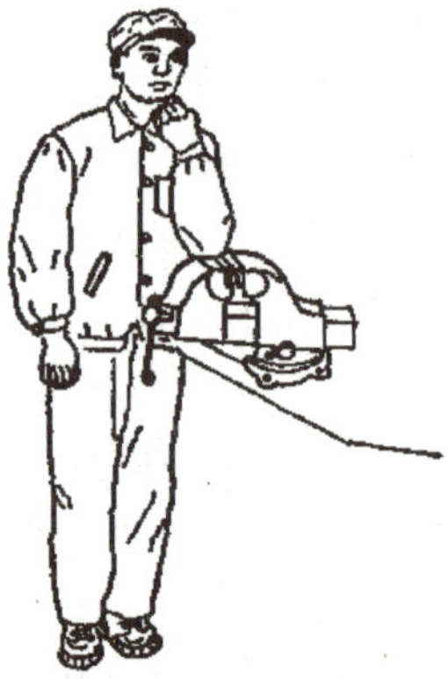

图 1.24　钳台高度确定法

钳台要保持清洁,各种工具、量具和工件的放置要有次序,便于工作。

二、台虎钳

台虎钳是一种装在工作台上供夹持工件用的夹具。钳工常用的虎钳有台虎钳和手虎钳。台虎钳又分固定式和回转式两种。虎钳的大小是以钳口的长度来表示的,常用的有 100 mm、127 mm、150 mm 三种规格,其构造如图 1.25(a)和(b)所示。

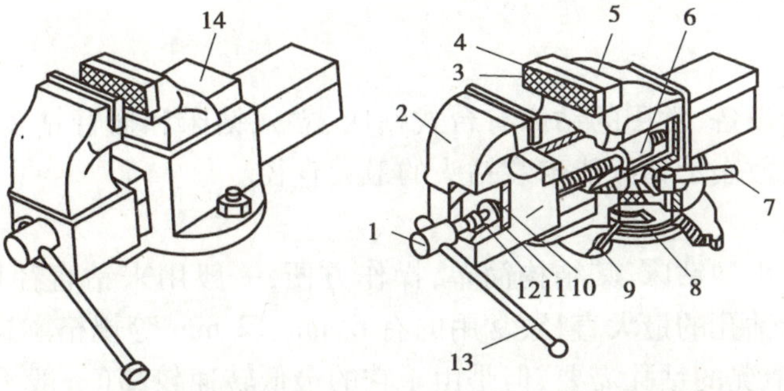

(a)固定式台虎钳　　(b)回转式台虎钳

图1.25　台虎钳

1—螺杆;2—活动钳身;3—螺钉;4—钳口;5—固定钳身;6—螺母;7、13—手柄;
8—夹紧盘;9—转座;10—销钉;11—挡圈;12—弹簧;14—砧板

三、砂轮机

砂轮机是用来磨削各种刀具或工具的专用设备,如刃磨钻头、錾子、刮刀等小刃具,也可用来磨去工件或材料上的毛刺、锐边等。代号用M表示,其构造如图1.26所示,主要由砂轮、电动机、砂轮机座、托架和保护罩等组成。由于砂轮机的转速高,且砂轮的质地脆,如使用不当,容易造成安全事故。

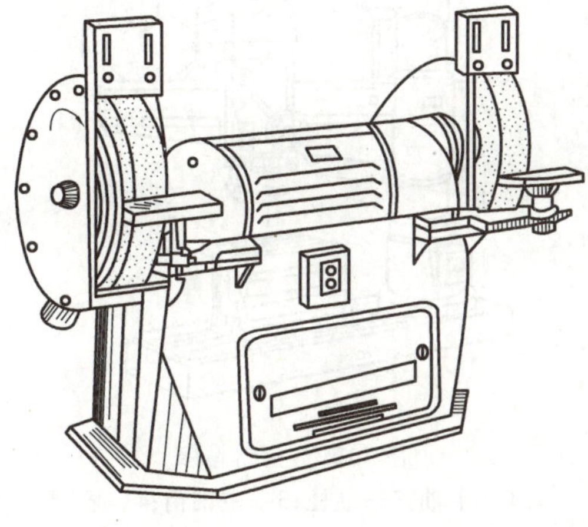

图1.26　砂轮机

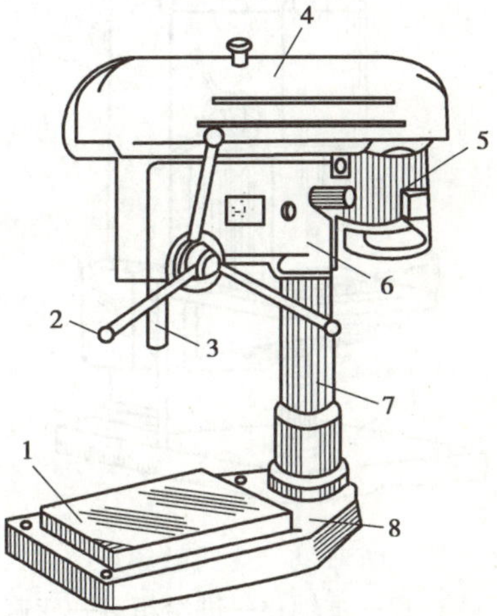

图1.27　台式钻床

1—工作台;2—进给手柄;3—主轴;4—带罩;
5—电动机;6—主轴;7—立柱;8—底座

砂轮机使用时的注意事项:

①砂轮机的旋转方向要正确。

②砂轮起动后,应等砂轮旋转平稳后再开始磨削,若发现砂轮跳动明显,应及时停机修整。

③砂轮机的搁架与砂轮之间的距离应保持在3 mm以内,以防止磨削件轧人,造成事故。

④磨削过程中,操作者应站在砂轮的侧面或斜对面,而不要站在正对面。

四、钻床

钻床是加工孔的设备，常用的钻床有台式钻床、立式钻床和摇臂钻床，钻床代号字母用 Z 来表示。其最后面位数表示钻床能卡装钻头的最大直径。

（1）台式钻床

台式钻床是一种小型钻床，其结构简单，操作方便，一般用来钻直径13 mm以下的孔。台式钻床的规格是指所钻孔的最大直径，常用的有 6 mm、12 mm 等规格。这种钻床具有很大的灵活性，能适应各种情况的钻孔需要，但是由于它的最低转速较高（一般不低于400 r/min），不适于锪孔、铰孔。其结构如图 1.27 所示。

（2）立式钻床

立式钻床是一种中型钻床，一般用来钻中小型工件上的孔，有 25 mm、35 mm、40 mm，50 mm 等规格。立式钻床的结构比较完善，功率较大，又可以实现机动进给，因此可以获得较高的生产效率和加工精度。另外，它的主轴转速和机动进给量都有较大的变动范围，因此可以适应于不同材料的加工和钻孔、扩孔、锪孔、铰孔及攻螺纹等多种工作。其结构如图 1.28 所示。

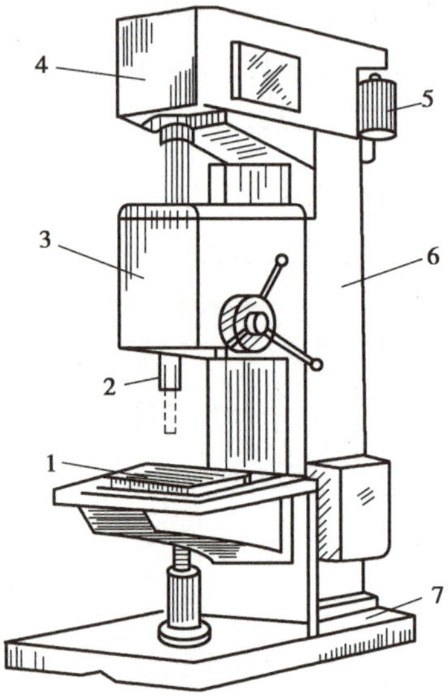

图 1.28　立式钻床

1—工作台；2—主轴；3—进给箱；4—变速箱；5—电动机；6—立柱；7—底座图

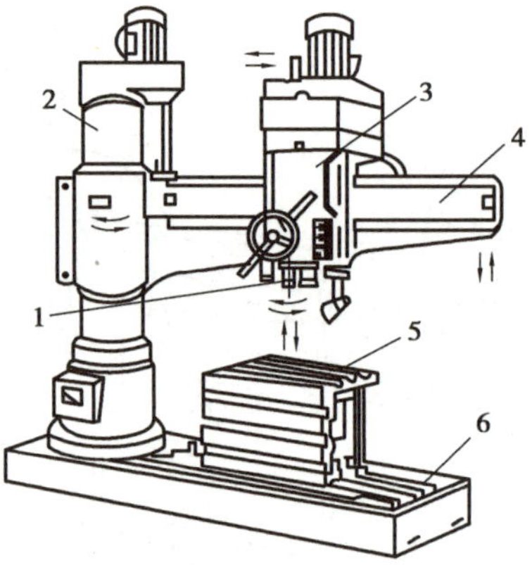

图 1.29　摇臂钻床

1—主轴；2—立柱；3—主轴箱；4—摇臂；5—工作台；6—底座

（3）摇臂钻床

摇臂钻床是一种大型钻床，用于大型、复杂工件及多孔工件的钻孔，除了钻孔外还能扩孔、锪平面、锪孔、铰孔、镗孔、套切大圆孔和攻螺纹等。其结构如图 1.29 所示。

任务1.4　钳工安全文明生产

一、钳工安全生产规程

1)使用台虎钳,钳把不得加力或用手锤敲打,所夹工件不得超过钳口行程的2/3。

2)在同一个工作台两边铲工件时,中间应设防护网;单面工作台一边靠墙,操作者应戴防护眼镜。

3)两个人在同一物件上进行刮研工作时,不得面对面操作。

4)正确穿戴劳动保护用品。

5)在钳台上工作时,为了取用方便,右手取用的工量具放在右边,左手取用的工量具放在左边,各自排列整齐,且不能使其伸到钳台台边以外。量具不能与其他工具或工件混放在一起,各种量具也不要互相叠放,而应放在量具盒内或专用格架上。

6)使用的钻床、砂轮机、手电钻等机械工具要经常检查,发现损坏应及时上报,在未修复前不得使用。

7)严格遵守钻床、砂轮机、手电钻等电动工具的安全操作规程。

8)使用钻床时严禁佩戴手套。

9)使用风动工具时必须佩戴防护眼镜。

10)小心搬运打磨零件防止将手划伤,清除切屑时要用刷子,不要直接用手清除或用嘴吹。

二、钳工设备安全操作规程

1. 砂轮机安全操作规程

1)砂轮机要由专人负责,经常检查和加油,以保证正常运转。

2)操作者必须戴上防护眼镜,才能进行工作。

3)砂轮机在启动前,操作者要认真查看砂轮机与防护罩之间有无杂物,确认无问题时再起动砂轮机。

4)砂轮因长期工作磨损严重时,不准使用。

5)砂轮机因维修不良发生故障,或砂轮轴晃动、没有托刀架、安装不符合安全要求时,不准使用。

6)砂轮机起动后,要空转2~3分钟,待砂轮机运转正常时,才能使用。

7)托刀架与砂轮工作面的距离,不能大于3 mm。

8)磨工件或刀具时不能用力过猛,不准撞击砂轮。

9)在同一块砂轮上,禁止两人同时使用,更不准在砂轮的侧面磨削工件。磨削时,操作者应站在砂轮机的侧面,以防砂轮崩裂,发生伤亡事故。

10)对于细小的、大的和不好拿的工件,不准在砂轮机上磨,特别是小工件要拿牢,以防挤入砂轮机内或挤在砂轮与托架之间,将砂轮挤碎。

11)砂轮不准沾水,要经常保持干燥,以防湿水后失去平衡,发生事故。

12)砂轮磨薄、磨小后,应及时更换,可根据经验掌握厚薄度与大小,以保证安全为原则。

13)砂轮机用完后,应立即关闭电门,不要让砂轮机空转。

2. 电动手砂轮机安全操作规程

1)电动手砂轮必须有牢固的防护罩,并遵守手电钻安全操作规程有关电气部分的要求。

2)使用前,必须认真检查各部分螺钉有无松动,砂轮片有无裂纹,金属外壳和电源线有无漏电之处,插头插座有无破损。如有上述弊病,必须修好后方可使用。

3)使用时,首先要进行空转试验,无问题时方可进行操作。

4)工作中,要戴上防尘口罩。操作者不准正对砂轮,必须站在侧面。砂轮机要拿稳,并要缓慢接触工件,不准撞击和猛压。要用砂轮正面,禁止使用砂轮侧面。

5)正在转动的砂轮机不准随意放在地上,待砂轮停稳后,放在指定的地方。暂时不用时,必须切断电源。

6)发现电源线缠卷打结时,应切断电源后再耐心解开,不得手提电线或强行拉动砂轮机。

7)换砂轮时,要遵守一般磨工安全操作规程,认真检查砂轮片有无裂纹或缺损,配合要适当。用扳手紧固螺母,松紧要适宜。

8)砂轮机要存放在干燥处,严禁放在水和潮湿处。

9)使用期每达三个月,应送交电工检查绝缘、线路、开关情况。未经电气人员检查、登记的,不得使用。

3. 风动工具安全操作规程

1)启动前,首先检查工具及其防护装置完好,夹紧正常,无松脱,气路密封良好,气管应无老化、腐蚀;压力源处安全装置完好。风管联结处牢固,工具部分无裂纹,毛刺。

2)启动时,首先试运转。开动后应平稳无剧烈振动,动态进行检查无误,再行工作。

3)风动砂轮机使用要求。

①必须戴好防尘口罩。

②打磨工件时,砂轮转动两侧方向不许站人,以免火砂迸溅伤人。

③使用砂轮打磨工件时,首先起动待空转正常后,由轻而重拿稳拿牢,均匀使力。但压力不能过大或猛力磕碰,以免砂轮破裂伤人。

④工作完毕后,关掉阀门,把砂轮机摆放到干燥安全的地方,以免砂轮受潮,再使用时破裂伤人。

⑤禁止随便开动砂轮或用他物冲击敲打砂轮。换砂轮时,要检查砂轮有无裂纹,要垫平夹牢。不准用不合格的砂轮。清理时,要停车后用刷子清理。

4)风动工具应保持自动关闭阀完好。

5)风动工具应有专人负责检查、保管,定期维修。

4. 台钻安全操作规程

1)操作中不能戴手套。

2)要戴防尘眼镜。

3)注意不要把衣袖卷进去。

4)要确认钻头的刀刃后再使用。

5)在机器运转当中,手和脸不要接近钻头。

6)加工粗的孔或者对小钣金件加工孔时,要用虎台钳等把工件固定在工作台上,降低旋转速度后进行加工。

7)注意工件和刀具会发热。

8)清除切屑时不要用手指,一定要用压缩气、刷子等。

9)在主轴旋转时,不清扫钻头。

10)在关闭电源以后,不要用手去试图制止空转的主轴。

11)安装、更换刀具或工件时,应先停车,等钻床停止不动后再去更换。

12)注意不要把孔打到工作台上。

13)使用以后,一定要把钻头、虎台钳等拆下来,把切屑清扫干净。

三、钳工设备的日常维护与保养

1. 台虎钳的日常维护与保养

1)台虎钳在安装时,必须使固定钳身的钳口一部分处在钳台边缘外,保证夹持长条形工件时,工件不受钳台边缘的阻碍。

2)台虎钳一定牢固地固定在钳台上,三个压紧螺钉必须扳紧,使虎钳钳身在加工时没有松动现象,否则会损坏虎钳和影响加工。

3)在夹紧工件时只许用手的力量扳动手柄,绝不许用锤子或其他套筒扳动手柄,以免丝杠、螺母或钳身损坏。

4)不能在钳口上敲击工件,而应该在固定钳身的平台上,否则会损坏钳口。

5)丝杠、螺母和其他滑动表面要求经常保持清洁,并加油润滑。

2. 台钻的日常维护与保养

(1)工作前

1)检查各操作手柄、开关、旋钮是否在正确位置,操纵是否灵活,安全装置是否齐全、可靠。

2)按润滑要求加油润滑,然后接通电源。

3)低速运转3~5分钟,确认正常后方可开始工作。

(2)工作中

1)严禁超负荷、超性能加工。

2)装卸钻头应停车进行,装夹钻头及锥柄铣刀钻头时,锥面要擦净,装夹要牢靠。卸下时用标准斜铁和铜锤轻敲,严禁用其他物件乱敲。

3)工件、工装要正确固定,禁止戴手套操作。

4)机床运行中出现异常现象,应立即停机,查明原因及时处理。

(3)工作后

1)必须将各操纵手柄置于“停机”位置,切断电源。

2)进行日常维护保养。对设备卫生每天进行清洁,以保证设备表面无积灰、无污垢、无油污、无积水。

(4)周期性保养

1)钻床运行三个月应进行周期性保养,保养时间1~2小时,以操作工为主,维修工人配合进行。

2)首先切断电源,然后进行保养工作(表1.2)。

表1.2　周期性保养要求

序号	保养部位	保养内容及要求
1	外保养	1. 擦洗机床,做到无油污、无锈蚀 2. 配齐螺钉、螺母
2	传动系统	检查传动系统是否灵活,皮带松紧程度
3	电器	擦拭电机,检查、紧固接零装置
4	主轴皮带轮轴承和主轴下的轴承	定期用黄油润滑(每年清洗一次,须卸下主轴皮带轮和花键套,将轴承从轴承座中取出,然后添加黄油)
5	其他摩擦部分和轴承	用机油润滑主轴下面的轴承及用机油注入主轴皮带轮花键套中

3. 砂轮机的日常维护与保养

1)砂轮机防护罩、电源开关应完整、可靠。

2)砂轮机的砂轮片应检查无裂痕、无松动。

3)电源线无破损。

4)砂轮机防护罩、电源开关应清洁。

5)检查电源进线绝缘电阻,用摇表测绝缘电阻应大于2 MΩ。

6)一年进行一次维护维修。

项目 2
画线

任务2.1 画线常用工具及使用方法

根据图样或技术文件要求，在毛坯或半成品上用画线工具画出加工界线，或作为找正检查依据的辅助线，这种操作称为画线。

画线的作用：不但能使零件在加工时有一个明确的界线，而且能及时发现和处理不合格的毛坯，避免加工后造成损失。当毛坯误差不大时，又可通过画线的借料得到补救。此外，画线还便于复杂工件在机床上安装、找正和定位。

画线的要求：线条清晰均匀，定形、定位尺寸准确。考虑到线条宽度等因素，一般要求画线精度能达到0.25~0.5 mm。工件的完工尺寸不能完全由画线确定，而应在加工过程中通过测量以保证尺寸的准确性。

画线分平面画线和立体画线两种。平面画线是指只在工件某一个表面内画线，如图2.1所示。立体画线是指在工件的不同表面（通常是相互垂直的表面）内画线，如图2.2所示。

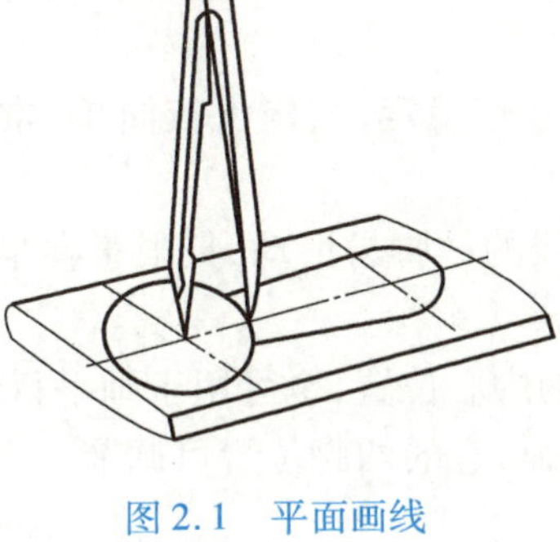

图2.1 平面画线

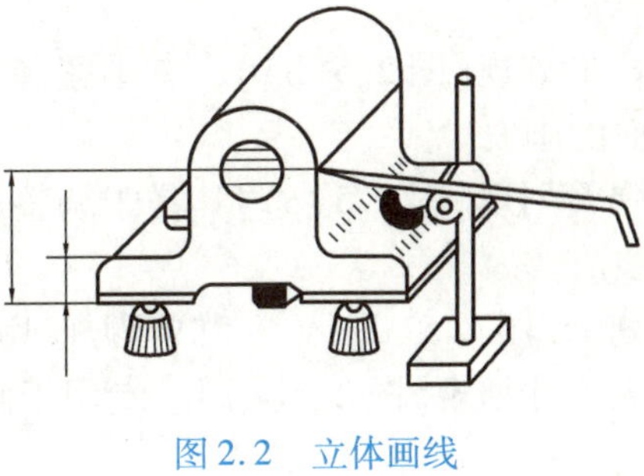

图2.2 立体画线

一、画线平板

画线平板由铸铁制成，工作表面经过精刨或刮削加工成为平面度较高的平面，作为画线时的基准平面。画线平板一般用木支架支承,高度 1 m 左右,如图 2.3 所示。

二、划针

划针是用来在工件上画线的工具(图 2.4)。划针一般是用 $\phi3 \sim \phi5$ mm 的弹簧钢丝或高速钢制作而成,将尖端磨成 15° ~20°并淬硬。为了使针尖更锐利耐磨,画出线条更清晰,可以焊上硬质合金后磨锐。

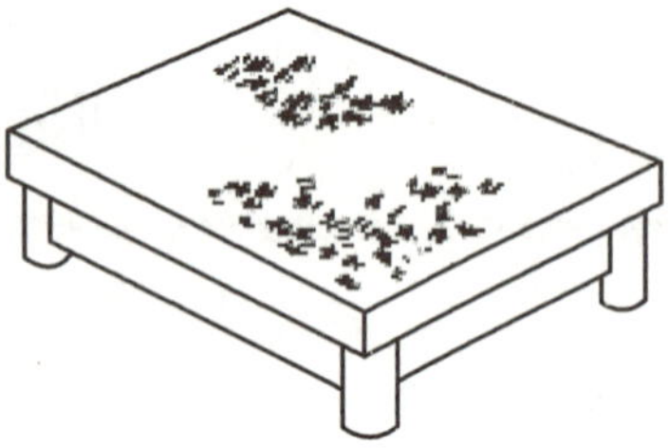

图 2.3　画线平板

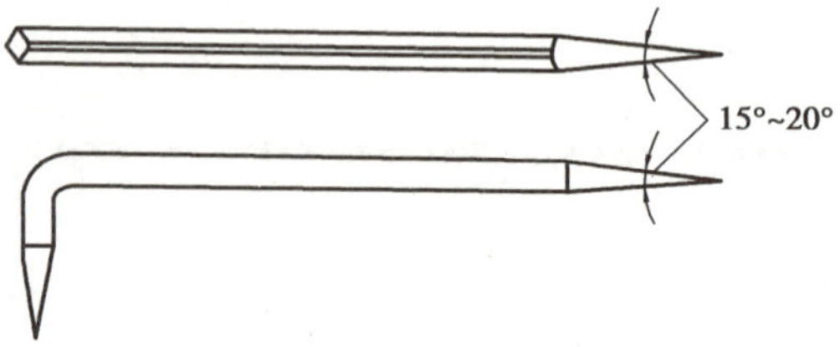

图 2.4　划针

三、划规

划规是用来画圆和圆弧、等分线段、量取角度及尺寸的工具,如图 2.5 所示。划规一般用中碳钢或工具钢制成,两脚尖端淬硬并刃磨,也有两脚端部焊有一段硬质合金,使之更加锋利和耐磨。

常用的划规有普通划规、扇形划规、弹簧划规、长划规及单脚规等。

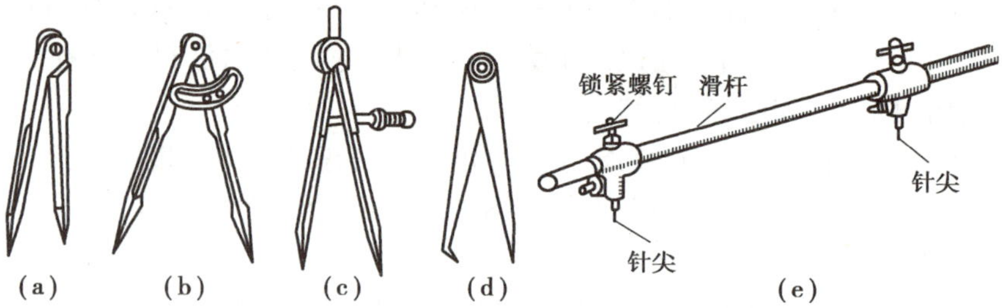

图 2.5　划规

1)普通划规[图 2.5(a)]　其结构简单、制造方便,应用较广,但要求两脚铆接处松紧要适度,长短一致。

2)扇形划规[图 2.5(b)]　有锁紧装置,两脚间的尺寸较稳定,结构也较简单,常用于粗毛坯表面的画线。

3)弹簧划规[图 2.5(c)]　易于调整尺寸,但用来画线的一脚易滑动,只限于在半成品表面上画线。

4)划卡[图 2.5(d)]　又称单脚规,用于确定轴及孔的中心位置,也可用于画平行线。

5)大尺寸划规[图 2.5(e)]　专用于画大尺寸圆或圆弧,它的两脚位置可调节。

四、画线盘

画线盘是用来直接画线和找正工件的常用工具,如图 2.6 所示,由底座、立柱、划针及夹紧螺母等组成。

五、高度游标尺

高度游标尺是一种精确的量具及画线工具，既可用来测量高度，又可用量爪来画半成品上的线，它由尺身、游标、画线量爪及底盘组成。画线量爪镶有硬质合金，其读数精度一般为0.02 mm，画线精度可达0.1 mm，如图2.7所示。

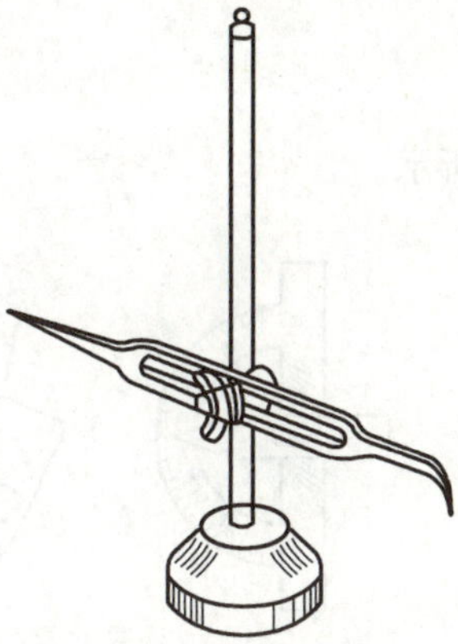

图2.6　画线盘

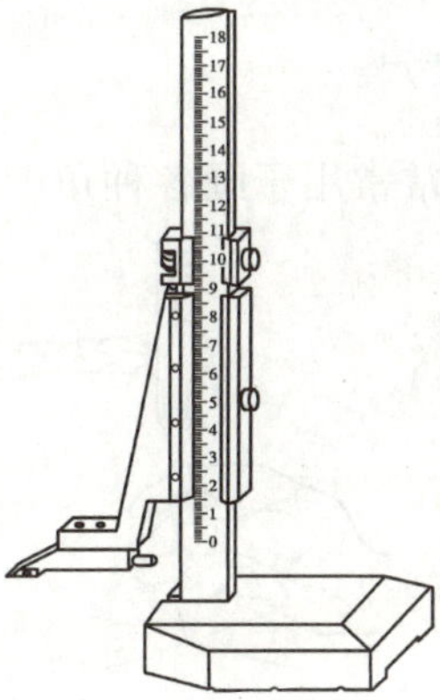

图2.7　高度游标尺

六、钢直尺

钢直尺是一种简单的测量工具和画直线的导向工具，如图2.8所示。尺面上刻有尺寸画线，最小刻度间距0.5 mm，其长度规格有150 mm、300 mm、500 mm、1 000 mm等。

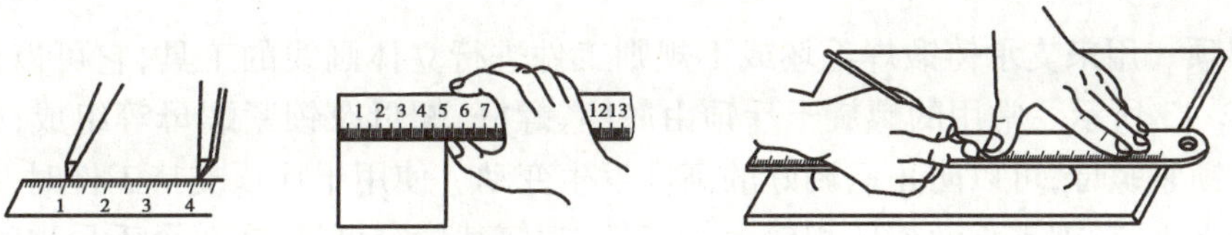

(a)量取尺寸　(b)测量工件　(c)画直线

图2.8　钢直尺的使用

七、90°角尺

90°角尺是钳工常用的测量工具，画线时用来画垂直或平行线的导向工具，同时可用来校正工件在平台上的垂直位置，如图2.9所示。

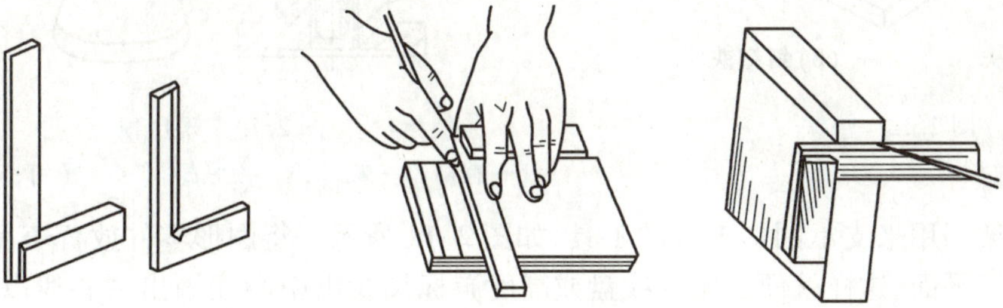

(a)　(b)　(c)

图2.9　90°角尺及使用

八、样冲

用于在工件所画加工线条上打样冲眼，作加强界线标志和作圆弧或钻孔时的定位中心。样冲一般由碳素工具钢制成，尖端处淬硬，顶尖角磨成 45°～60°，冲加工线时角度磨小些，而用于冲钻孔中心时角度应磨大些，如图 2.10 所示。

九、万能角度尺

万能角度尺常常用于画各种角度线，如图 2.11 所示。

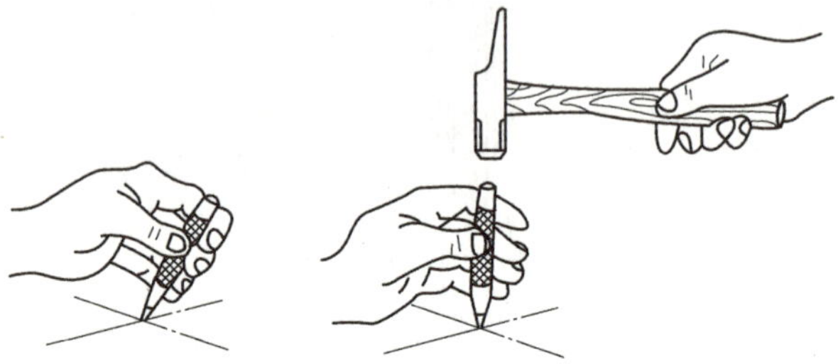
(a)　(b)

图 2.10　样冲的使用方法

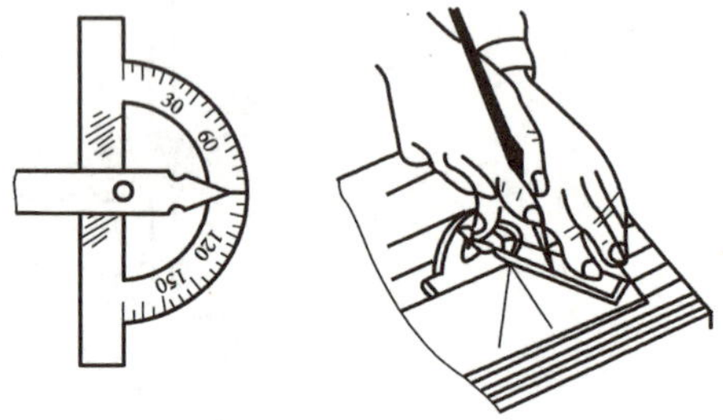

图 2.11　万能角度尺

十、各种支承工具

1）垫铁　用来支持、垫平及升高毛坯工件的工具。常用的有平垫铁及斜垫铁两种，如图 2.12所示。

2）千斤顶　用来支承铸锻焊毛坯或不规则工件进行立体画线的工具，它可以调整工件的高度，如图 2.13 所示。常用的螺旋千斤顶由底座、螺杆、螺母及锁紧螺母等组成，螺杆可上下升降。拧紧锁紧螺母，可以防止已调好的高度发生变动。使用千斤顶支持工件时，以 3 个为一组作为主要支承，对被支承面或体积较大的工件，为使其稳定可靠，在 3 个千斤顶间另设支承。为防止工件滑倒造成事故，可在工件下面加垫块等安全措施。

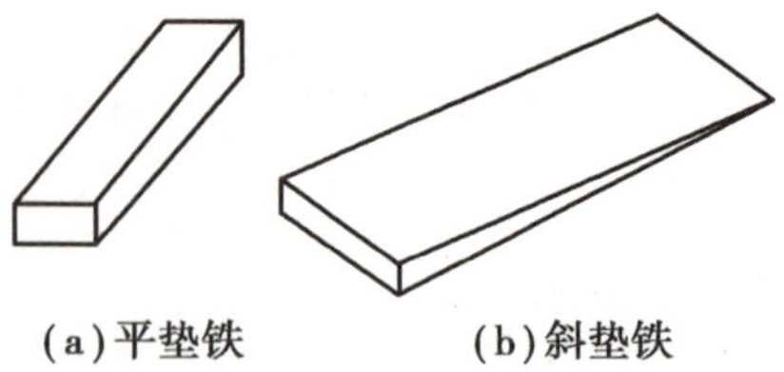
(a)平垫铁　(b)斜垫铁

图 2.12　垫铁

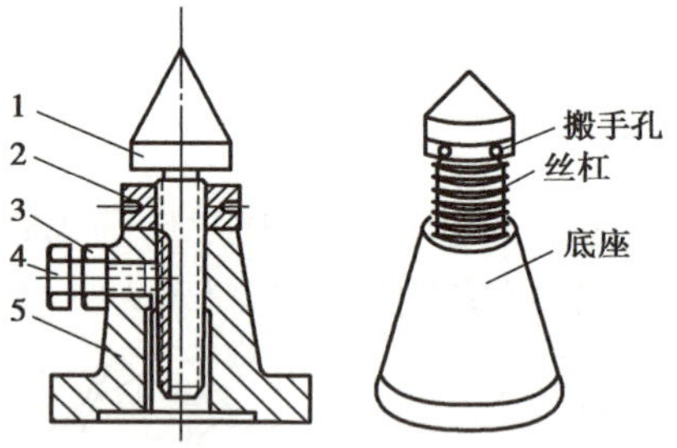

图 2.13　千斤顶

1—螺杆；2—螺母；3—锁紧螺母；4—螺钉；5—底座

3）V 形架　用来支承圆形工件的工具，如图 2.14 所示。将圆形零件放置于 V 形槽内，它的轴线平行于平面，这样就便于用画线盘或高度游标尺找出中心或画出中心线以及完成其他画线工作。V 形铁一般用碳素钢或铸铁制成。V 形铁应成对加工，制成相同尺寸，避免两个 V 形铁尺寸不同而引起误差。

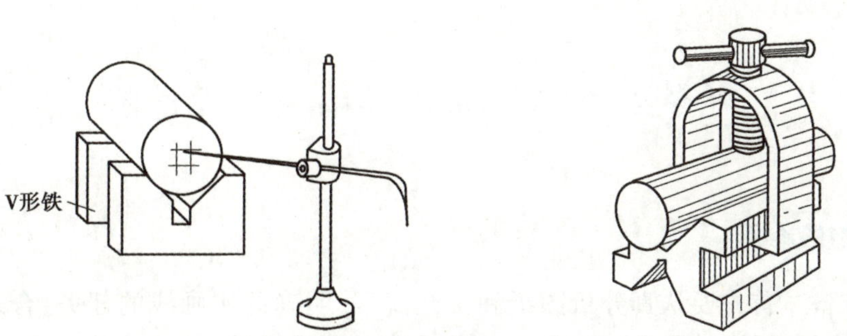

图 2.14　V 形铁

4）直角铁　一般用铸铁制成，常与夹头、压板等配合使用，如图 2.15 所示。它有两个互相垂直的平面。直角铁上的孔和槽是搭压板是穿螺栓用的。

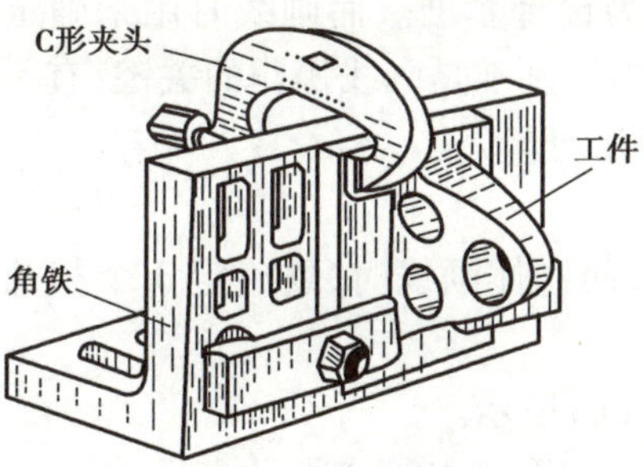

图 2.15　直角铁

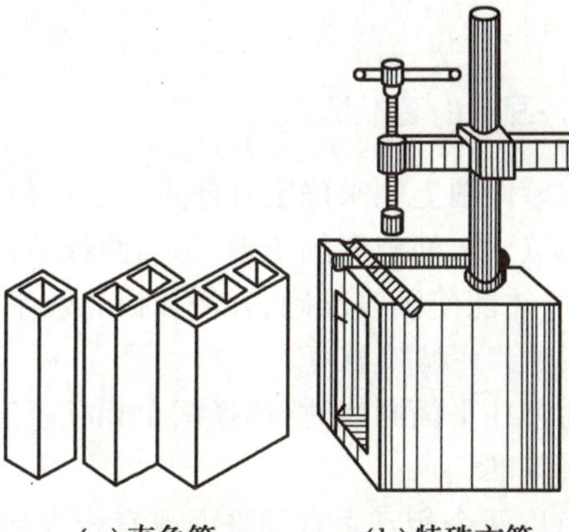

图 2.16　方箱

5）方箱　方箱是用铸铁制成的空心立方体，其相对平面互相平行、相邻平面互相垂直，如图 2.16 所示。画线时，可用 C 形夹头将工件夹于方箱上，在通过翻转方箱，便可在一次安装情况下，将工件上相互垂直的线全部画出来。

十一、画线涂料

为使画出的线条清晰可见，画线前应在零件画线部位涂上一层薄而均匀的涂料，常用画线涂料配方和应用见表 2.1。

表 2.1　画线涂料配方和应用

名称	配制比例	应用场合
石灰水	石灰水加入适量牛皮胶	大、中型铸锻件毛坯
蓝油（龙胆紫）	龙胆紫 2% ~4% + 漆片 3% ~5% + 酒精 91% ~95% 混合而成	已加工面
硫酸铜溶液	100 g 水中加 1 ~1.5 g 硫酸铜和少许硫酸	形状复杂的工件或已加工面

任务2.2　画线前的准备及基准选择

一、画线前的准备

1）技术准备　首先要认真分析图纸和工艺流程，明确此次画线的任务，合理选择画线基准，确定画线位置、画线步骤及画线方法，选择合理的画线工具。

2）工件准备　清理铸件上的浇冒口，锻件上的飞边及氧化皮，已加工面上的锐边毛刺等；对有孔的工件可在毛坯孔中填塞木块或铅块，以便划规画圆。

3）涂色　在工件需要画线的部位涂上一层均匀的涂料，根据工件的情况按表2.1选取合适的涂料。

二、画线的基准选择

在零件图上用来确定其他点、线、面位置的基准，称为设计基准。而画线时用来确定零件上其他点、线、面位置的依据，称为画线基准。正确选择画线基准是画线操作的关键，有了合理的基准，才能使画线准确、方便和提高效率。画线应从基准开始。

1.画线的基准选择

通常在平面画线时，选择两个相互垂直的画线基准，而立体画线时，要确定3个相互垂直的画线基准。

1）以两个相互垂直的平面或直线为基准，如图2.17(a)所示。

2）以一个平面或直线和一个对称平面或直线为基准，如图2.17(b)所示。

3）以两个相互垂直的中心平面或直线为基准，如图2.17(c)所示。

2.画线基准的选择原则

1）画线基准应尽量与设计基准重合。

2）对称形状的工件，应以对称中心线为基准。

3）有孔或塔子的工件，应以主要的孔和塔子中心线为基准。

4）在未加工的毛坯上画线，应以主要不加工面作基准。

5）在加工过的工件上画线，应以加工过的表面作基准。

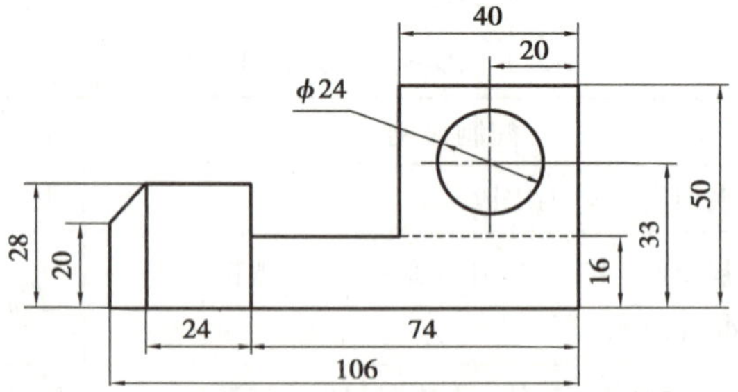

(a)以两个相互垂直的平面为画线基准

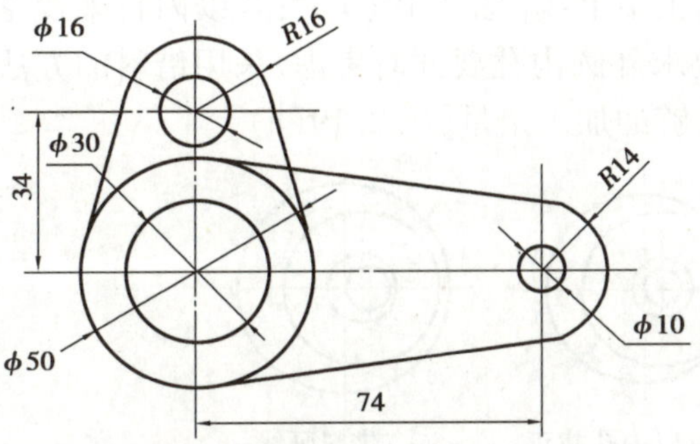

(b)以两条相互垂直的中心线为画线基准

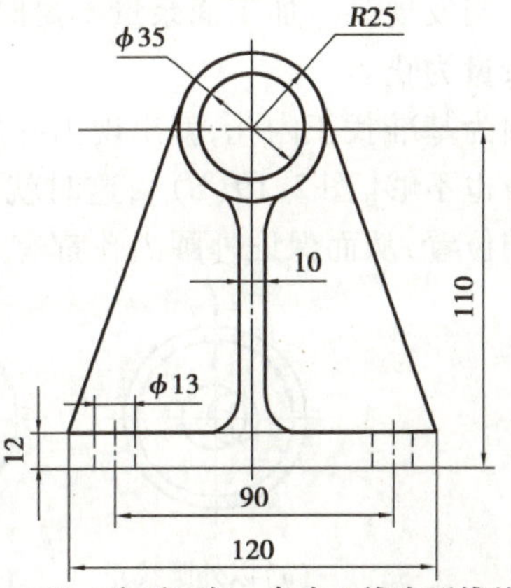

(c)以一个平面与一条中心线为画线基准

图 2.17　画线基准选择

任务 2.3　画线的找正与借料

在立体画线时,往往是对铸件、锻件毛坯进行画线。各种铸、锻毛坯件,由于各种原因,容易形成歪斜、偏心,各部分壁厚不均匀等缺陷。当误差不大时,可以通过画线找正和借料的方法来弥补缺陷,避免造成损失。

一、找正

找正就是利用画线盘、90°角尺等工具,通过调节支承工具,使工件的有关表面处于合适的位置,将此表面作为画线时的依据。如图 2.18 所示,A 面即为不加工面,就以该面为基准,再画出底面加工线,加工后保证底面与 A 面保持平行。

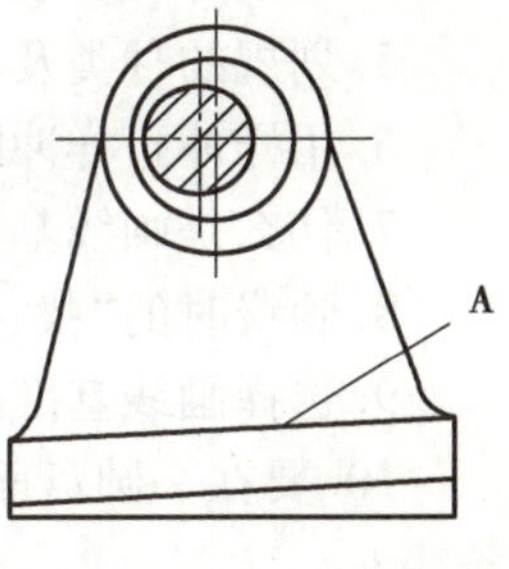

图 2.18　毛坯件的找正

找正的方法如下:

1)毛坯上有不加工表面时,应按不加工面找正后再画线,使待加工表面与不加工表面各处尺寸均匀。

2)工件上若有几个不加工表面时,应选重要的或较大的不加工表面作为找正的依据,使误差集中到次要表面或不显眼的地方。

3)若没有不加工表面时,可以将待加工的孔毛坯和凸台外形作为找正的依据。

二、借料

当工件毛坯存在位置、形状或尺寸误差时和缺陷时,造成某些待加工面的加工余量不足,且用画线找正的方法也不能补救时,就要通过试画和调整来重新分配各待加工面的加工余量,使各个待加工面都能顺利加工,这种画线的方法称为借料。

对于待借料的工件,首先测量工件各部分尺寸,找出偏移的位置及偏移的大小及方向,根据工件各加工面的加工余量判断能否借料。若能够借料,确定借料的方向及大小,从基准开始逐一画线。当发现某一加工面余量不足时，则再次借料，重新画线，直到各加工面都有允许的最小加工余量为止。

以外圆为基准找正内孔，就出现内孔加工不上线[图2.19(a)]；若以内孔来找正外圆，外圆加工余量也不够[图2.19(b)]；这时就要求外圆内孔要同时考虑，采用借料的方法，将圆心选在适当的位置，从而保证外圆内孔都有足够的加工余量[图2.19(c)]。

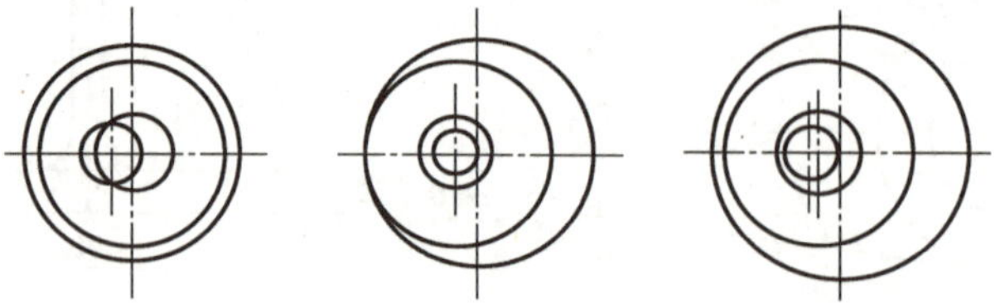

(a)以外圆找正　(b)以内孔找正　(c)借料画线

图2.19　圆环借料画线

复习思考题

1. 为什么加工前要画线？是否一定要画线？
2. 什么是平面画线？什么是立体画线？
3. 画线平板应如何维护保养？
4. 对划针的要求及使用要点是什么？
5. 划规的种类及其使用要点有哪些？
6. 用样冲打样冲眼要注意哪些要点？
7. 什么是画线基准？平面画线和立体画线时各要选定几个基准？
8. 画线时的"找正""借料"各起什么作用？
9. 选择画线基准时应考虑哪些方面？
10. 要在一圆盘面上画出14条等分线，求每画一条线后，分度手柄应转几周后再画第二条线？

项目 3

錾削、锯削与锉削

任务 3.1　錾削

錾削是用手锤打击錾子对金属工件进行切削加工的方法，是钳工工作中一项较重要的基本操作。錾削主要用于不便机械加工的场合，工作范围包括去除凸缘、毛刺、分割材料、錾油槽等，有时也作较小的表面粗加工。

一、錾削工具

錾削工具主要有錾子和手锤。

1. 錾子

錾子是錾削中的基本工具，其材料一般用碳素工具钢锻制而成，切削部分磨成所需的楔形后，经热处理便能满足切削要求。

(1)錾子的切削部分(两面一刃)

錾子的切削部分由前刀面、后刀面以及它们交线形成的切削刃组成，如图 3.1 所示。

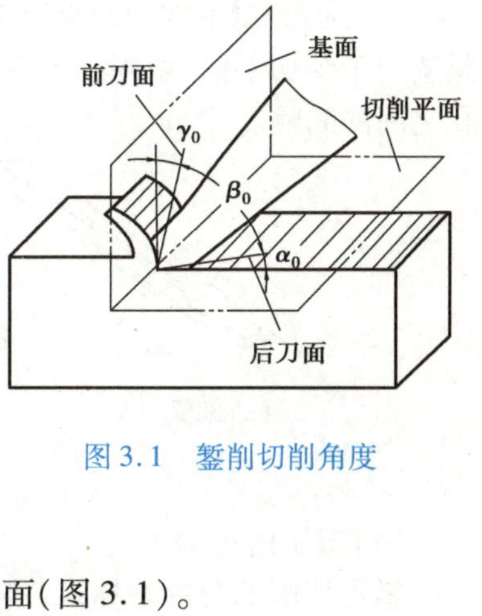

图 3.1　錾削切削角度

1)前刀面　切屑流经的表面。

2)后刀面　与切削表面相对的表面。

3)切削刃　前刀面与后刀面的交线。

(2)錾子切削时的几何角度(三个角度)

为了确定錾子在切削时的几何角度，需要选定两个坐标平面(图 3.1)。

基面:通过切削刃上任一点与切削速度垂直的平面。

切削平面:通过切削刃任一点与切削表面相切的平面，图中切削平面与切削表面重合。

錾削时形成的角度有:

1)楔角 β_0　錾子前刀面与后刀面之间的夹角称为楔角。楔角大小对錾削有直接影响，楔角越大，切削部分强度越高，錾削阻力越大。所以选择楔角大小应在保证足够强度的情况下，尽量取小的数值。錾削材料的硬度对楔角也有影响，錾削硬材料时，楔角应取大些；而錾削软材料时，楔角应取小些。

一般硬材料，高碳钢、硬铸铁等，楔角取 60°~70°。

錾削中等硬度材料，一般碳素钢、合金结构钢等，楔角取 50°~60°。

錾削铜、铝软材料，楔角取 30°~50°。

2）后角 α_0　后刀面与切削平面之间的夹角称为后角，后角的大小由錾削时錾子被掌握的位置决定。后角越大，切入深度就越大，切削越困难；但后角也不能太小，否则容易滑出工件表面，一般取 5°~8°，作用是减小后刀面与切削平面之间的摩擦，如图 3.2 所示。

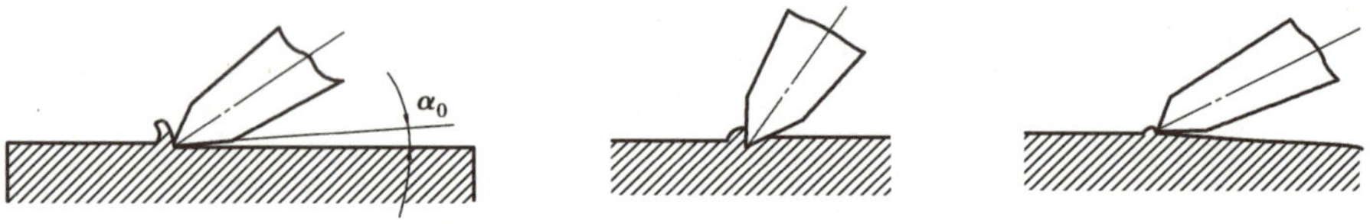

(a)后角 α_0　(b)后角太大　(c)后角太小

图 3.2　后角对錾削的影响

3）前角 γ_0　前刀面与基面之间的夹角，作用是錾切时，减小切屑的变形和使切削轻快。前角越大，錾切越省力。由于基面垂直于切削平面，存在 $\gamma_0 = 90° - (\alpha_0 + \beta_0)$ 关系，当后角 α_0 一定时，前角 γ_0 的数值由楔角 β_0 的大小决定。

（3）錾子的材料、种类和构造

錾子由头部、切削部分及錾身三部分组成，头部有一定的锥度，顶端略带球形，以便锤击时作用力容易通过錾子中心线。錾身多呈八棱形，以防止錾子转动。

1）錾子一般用碳素工具钢锻成，然后将切削部分刃磨成楔形，经热处理后其硬度达到 HRC56~62。

2）种类。钳工常用的錾子有扁錾（阔錾）、狭錾（尖錾）、油槽錾和扁冲錾四种（图 3.3）。阔錾用于錾切平面、切割和去毛刺；狭錾用于开槽；油槽錾用于切油槽；扁冲錾用于打通两个钻孔之间的间隔。

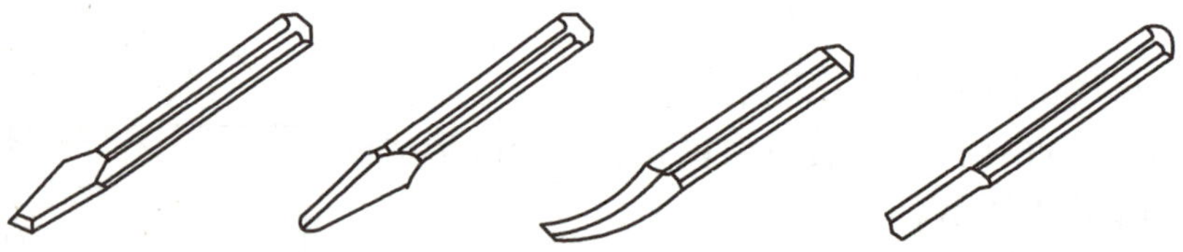

(a)阔錾　(b)狭錾　(c)油槽錾　(d)扁冲錾

图 3.3　常用錾子

（4）錾子的刃磨

錾子切削部分的好坏，直接影响到錾削质量和工作效率。刃磨时，錾子在旋转的砂轮轮缘上左右移动（高于砂轮中心），錾子两面交替刃磨，并保持宽度一致（图 3.4）。为了保证刃口形状正确而且锋利，必要时在砂轮上刃磨后再用油石精磨。刃磨时经常浸水，防止过热退火。

（5）錾子切削部分的热处理

錾子的热处理包括淬火和回火这两个过程，来确保其切削部分具有适当的硬度而又不致太脆。

热处理时，先将錾子切削部分的 15 ~ 20 mm 长度加热至 750 ~ 780 ℃（呈暗樱红色），然后迅速将 5 ~ 6 mm 浸入冷水中冷却（图 3.5），并将錾子沿水平面微微移动，这样既可以加速冷却，同时由于水平面的波动，使錾子淬硬部分和未淬硬部分不至于有明显的界线，避免錾削时容易沿此线断裂。

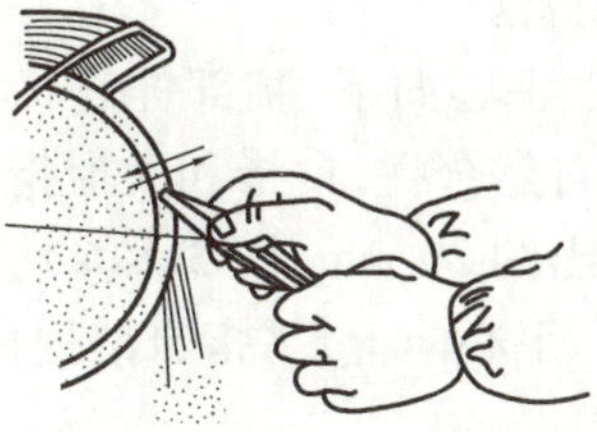

图 3.4　錾子的刃磨

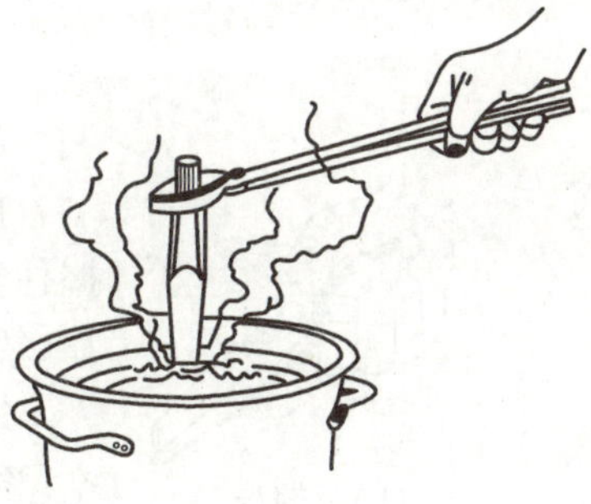

图 3.5　錾子的淬火

2. 手锤

手锤是钳工常用的敲击工具，由锤头、木柄和楔子组成（图 3.6）。手锤的规格以锤头的质量来表示，有 0.25 kg、0.5 kg、0.1 kg 等。锤头用 T7 钢制成，并经热处理淬硬。木柄用比较坚韧的木材制成，常用 0.5 kg 手锤柄长约 350 mm。木柄装在锤头中，必须稳固可靠，要防止脱落造成事故。为此，装木柄的孔做成椭圆形，且两端大中间小。木柄敲紧在孔中后，端部再打入楔子可防松动。木柄做成椭圆形防止锤头孔发生转动以外，握在手中也不易转动，便于进行准确敲击。

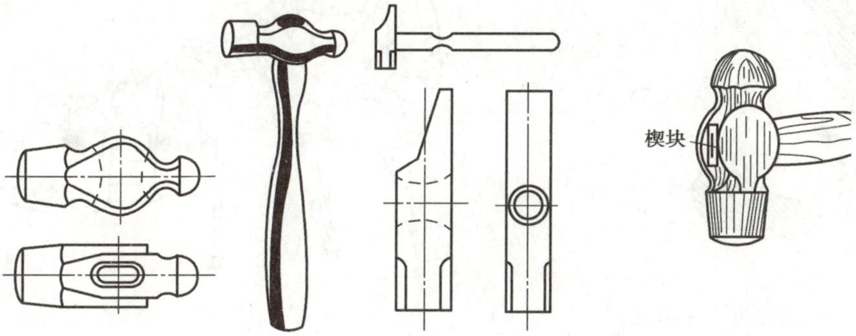

图 3.6　手锤

二、錾削方法及其应用

1. 錾削姿势

（1）手锤的握法

1）紧握法　用右手五指紧握锤柄，大拇指合在食指上，虎口对准锤头方向（木柄椭圆的长轴方向），木柄尾部露出 15 ~ 30 mm。在挥锤和锤击过程中，五指始终紧握，如图 3.7（a）所示。

2）松握法　只用大拇指和食指始终握紧手柄。在挥锤时，小指、无名指、中指依次放松；在锤击时，又以相反的方向依次收拢握紧。这种握法手不易疲劳，且锤击力大，如图 3.7（b）所示。

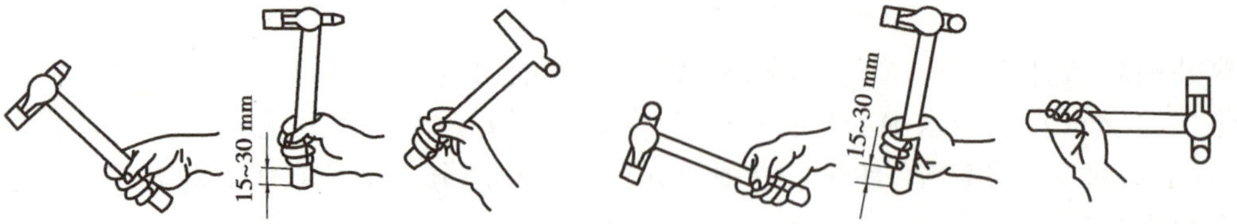

(a)紧握法　　(b)松握法

图 3.7　手锤的握法

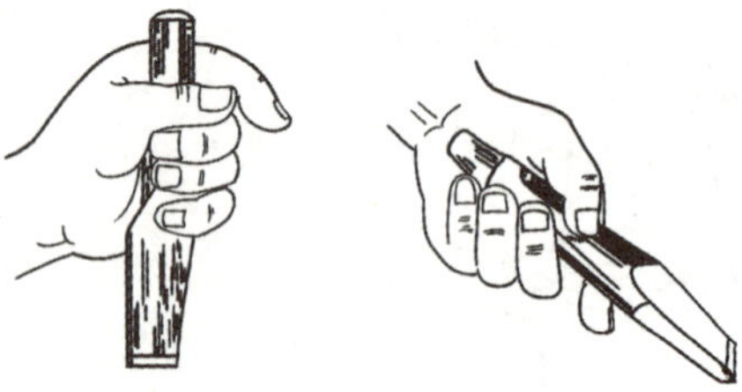

(a)正握法　　(b)反握法

图 3.8　錾子握法

(2)錾子的握法

1)正握法　手心向下,腕部伸直,用中指、无名指握住錾子,小指自然合拢,食指和大拇指自然伸直地松靠,錾子头部伸出约 20 mm[图 3.8(a)]。

2)反握法　手心向上,手指自然捏住錾子,手掌悬空[图 3.8(b)]。

(3)站立姿势

身体与台虎钳中心线大致呈 45°,且略向前倾,左脚跨前半步,膝盖处稍有弯曲,保持自然,右脚站稳伸直,不要过于用力。右手挥锤,使锤头沿弧线运动,进行敲击(图 3.9、图 3.10)。

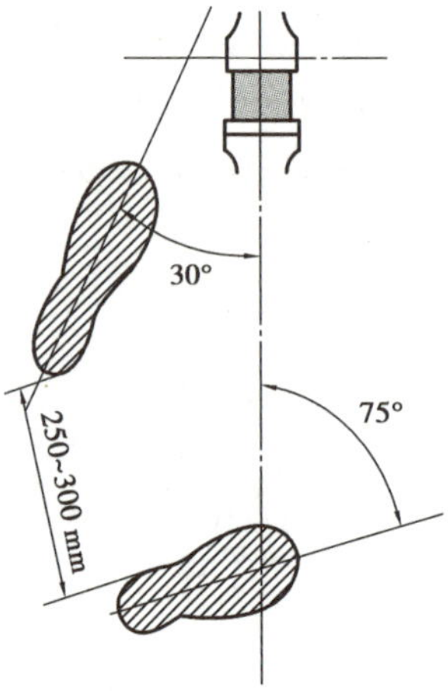

图 3.9　錾削时双脚的位置

图 3.10　錾削姿势

(4)挥锤方法

挥锤有腕挥、肘挥和臂挥三种方法。

1)腕挥是仅用手腕的动作来进行锤击运动,采用紧握法握锤,一般仅用于錾削余量较少及錾削开始或结尾[图 3.11(a)]。

2)肘挥是用手腕与肘部一起作锤击运动,采用松握法握锤,因挥动幅度较大,锤击力大,应用最广[图 3.11(b)]。

3)臂挥是手腕、肘和全臂一起挥动,其锤击力最大,用于需大力錾削的工件[图 3.11(c)]。

(5)锤击速度

錾削时的锤击稳、准、狠,其动作要有节奏地进行,一般肘挥时约 40 次/分钟,腕挥 50 次/分钟。

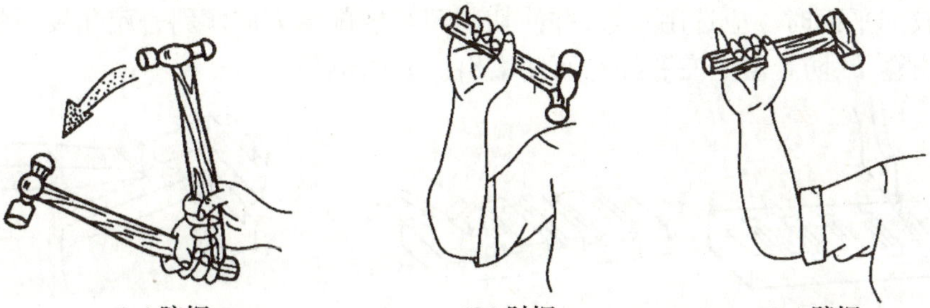

图3.11　挥锤方法

(6)锤击要领

1)挥锤　肘收臂提,举锤过肩,手腕后弓,三指微松,锤面朝天,稍停瞬间。

2)锤击　目视錾刃,臂肘齐下,收紧三指,手腕加劲,锤錾一线,锤走弧形,左脚着力,右腿伸直。

3)要求　稳——40次/分,准——命中率高,狠——锤击有力。

(7)锤击安全技术

1)工件在台虎钳中央必须夹紧,伸出高度一般以离钳口10~15 mm为宜,同时下面要加木衬垫。

2)发现手锤木柄有松动或损坏时,要立即更换或装牢;木柄上不应沾有油,以免使用时滑出。

3)錾子头部有明显毛刺时,应及时磨去。

4)手锤应放置在台虎钳右边,柄不可露在钳台外面,以免掉下伤脚,錾子应放在台虎钳左边。

2. 錾削方法

(1)錾削平面

錾削平面用扁錾进行,每次錾削余量为0.5~2 mm。錾削时要掌握好起錾的方法。起錾时从工件的边缘的尖角处入手,用锤子轻敲錾子,錾子便容易切入材料(图3.12)。因为尖角处与切削刃接触面小,阻力小,易切入,能较好地控制加工余量,而不致产生滑移及弹跳现象。起錾后把錾子逐近移向中间,使切削刃的全宽参与切削。

当錾削快到尽头,与尽头相距10 mm时,应调头錾削,否则尽头的材料会崩裂(图3.13)。对铸铁、青铜等脆性材料尤应如此。

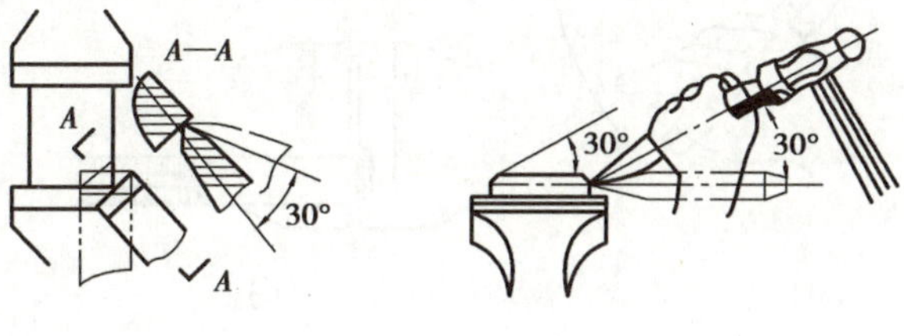

图3.12　起錾方法

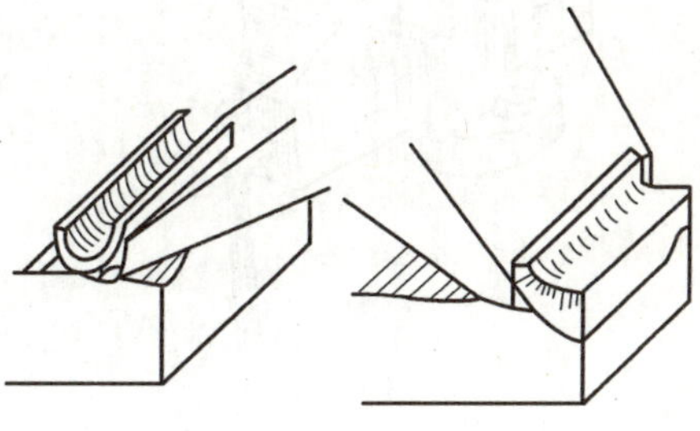

图3.13　錾到尽头的方法

1)錾削较大平面时　应在平面上先用窄錾在工件上錾出若干条平行槽,槽的深度尽量保持一致,再用扁錾将剩余的部分除去,这样能避免錾子的切削部分两侧受工件的卡阻(图3.14)。

2)錾削较窄平面时　应选用扁錾,并使切削刃与錾削的方向倾斜一定角度(图3.15)。其作用是易稳住錾子,防止錾子左右晃动而使錾出的表面不平。

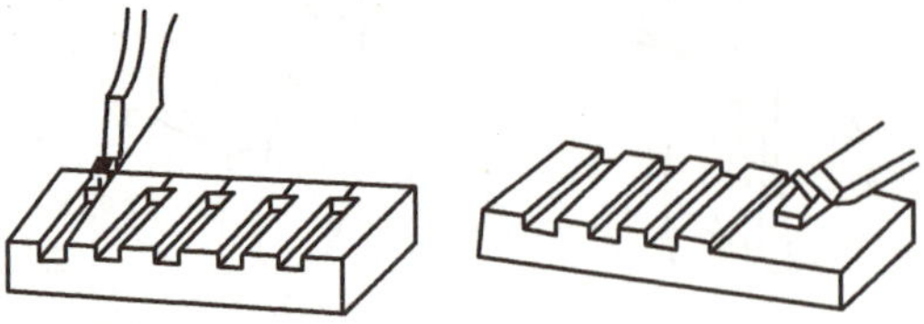

图3.14　錾宽平面图

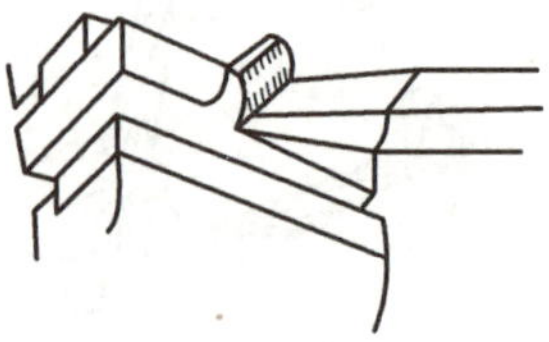

图3.15　錾削窄平面

(2)油槽的錾削方法

1)油槽的作用　油槽一般是起储存和输送润滑油的作用,当用铣床无法加工时,可用油槽錾开油槽。

2)錾法　錾削前首先要根据油槽的断面形状对油槽錾的切削部分进行准确的刃磨,再在工件表面上准确画线,最后一次錾削成形。也可以先錾出浅痕,再一次錾削成形(图3.16)。在平面上錾油槽时,錾削方法基本上与錾削平面一样,而在曲线面上錾槽时,錾子的倾斜角度应该根据曲面的变化而变化,以保持錾削时的后角不变。錾削完毕要用刮刀或砂布等除去槽边的毛刺,使槽的表面光滑。

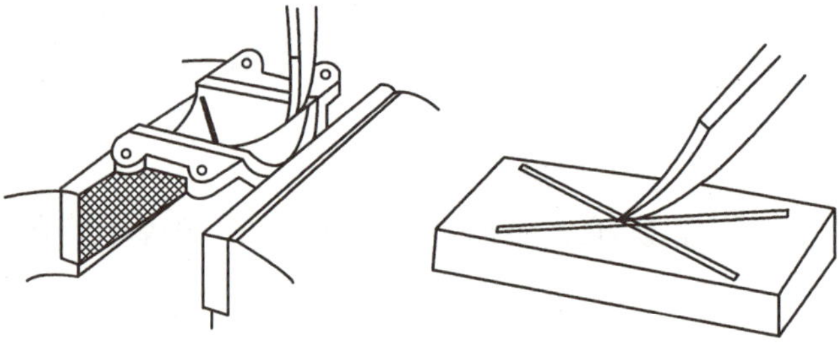

图3.16　錾削油槽

(3)錾切板料

在缺乏剪切设备的情况下,有时要依靠錾子切断板料或分割出形状比较复杂的薄板零件。

1)在台虎钳上錾切(图3.17)　錾削时,工件的切断线要与平口钳平齐,工件要夹牢,用扁錾沿钳口并斜对着板面(约45°)自右向左錾切。

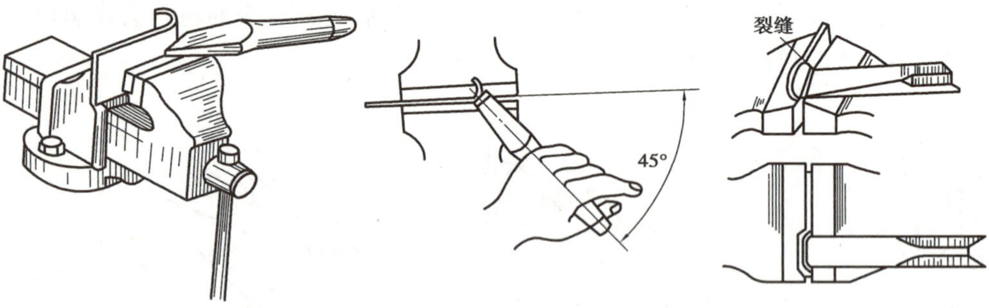

图3.17　台虎钳上錾切

2)在铁砧或平板上錾切较大薄板件(图3.18)　此时板料下面要衬以软垫铁,以免损坏錾子刃口。

3)用密集排孔配合錾切较为复杂的薄板件(图3.19)　一般是先按轮廓线钻出密集的排孔,再用扁錾或狭錾逐步切成。

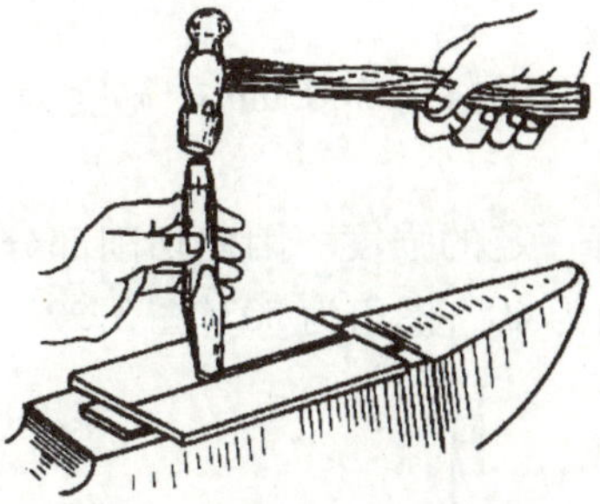

图3.18　较大薄板料錾切图

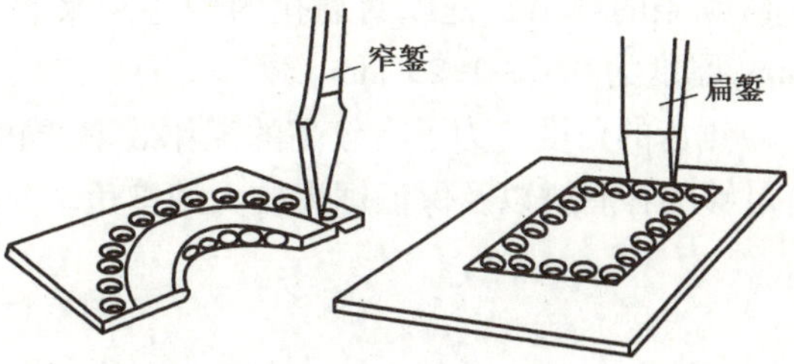

图3.19　复杂薄板的錾切

任务3.2　锯削

采用手锯对材料或工件进行分割或锯槽等加工方法,称为锯削,适用于较小材料或工件的加工。图3.20为手锯的主要应用。

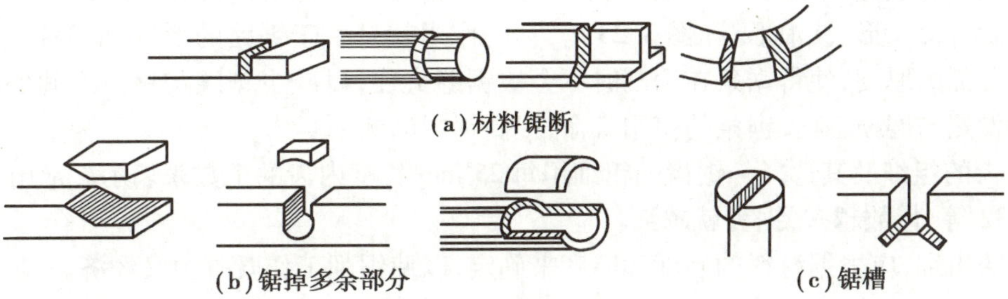

图3.20　锯削的应用

一、手锯

手锯是由锯弓和锯条两部分组成。

(1)锯弓

锯弓是用来张紧锯条的,有固定式和可调式两种。固定式弓架是整体的,只能安装一种长度的锯条;而可调式弓架分为两个部分,长度可以调节,能安装几种长度的锯条(图3.21)。将夹头上的销子插入锯条的安装孔后,通过旋转翼形螺母来调节锯条的张紧程度。

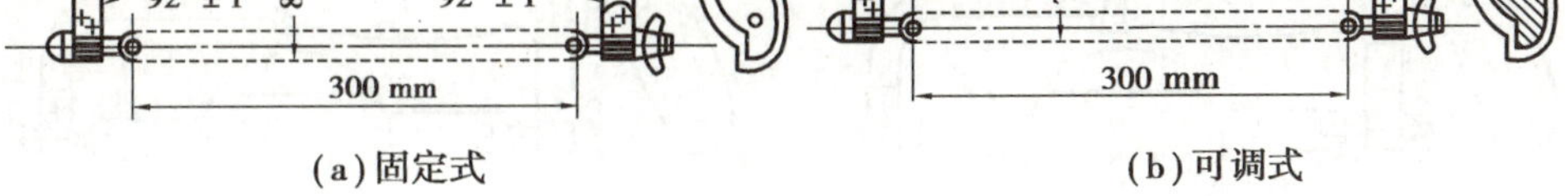

图3.21　锯弓

(2)锯条

锯条是直接锯削材料或工件的刃具。一般是用渗碳钢冷轧而成,也有用碳素工具钢或合金钢制成,并经热处理淬硬。

1)锯条的规格　是以两端孔的中心距来表示的,钳工常用规格为300 mm。宽度为10～25 mm,厚度为0.6～1.25 mm。

2)锯齿的角度　为了有较高的工作效率,同时使锯齿具有一定的强度。因此切削部分必须具有足够的容屑槽以及保证锯齿较大的楔角。前角为0°,后角为40°,楔角为50°(图3.22)。

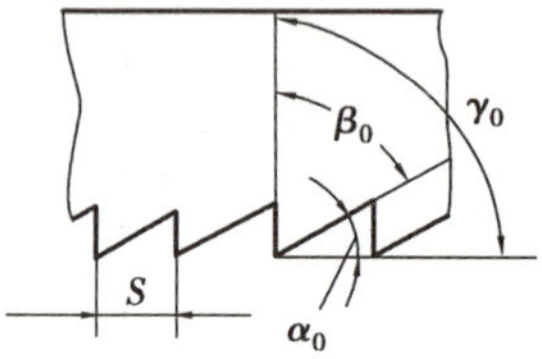

图3.22　锯齿的切削角度

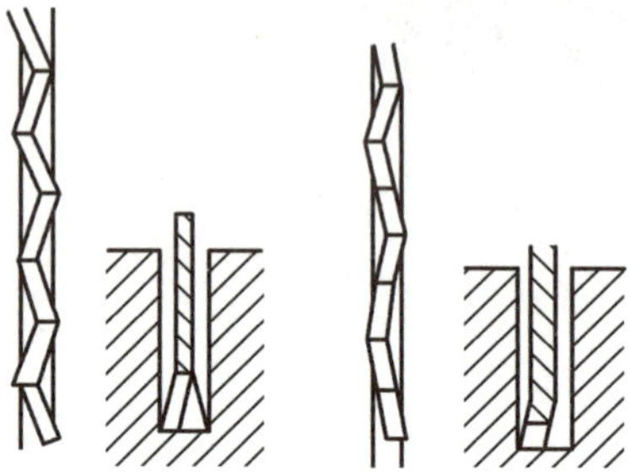

(a)交叉形　(b)波浪形

图3.23　锯路

3)锯路　在制造锯条时,所有的锯齿按照一定的规则左右错开排成一定的形状,称为锯路。其形状有交叉形、波浪形等(图3.23)。它的作用就是由于锯路的形成,能使锯缝的宽度大于锯条背部的厚度,使得锯条在锯割时不会被锯缝夹住,以减少锯缝与锯条之间的摩擦,减轻锯条的发热与磨损,延长锯条的使用寿命,提高锯削的效率。

4)锯齿的粗细及其选择　锯齿的粗细用每25 mm长度内齿的个数来表示。常用的有14、18、24和32等,齿数越多,锯齿就越细。

锯齿的粗细,应根据材料的硬度和厚度来确定,以使锯削工作既省力又经济。

①粗齿锯条。适用于锯软材料和较大表面的材料,因为在这种情况下每一次推锯都会产生较多的切屑,这就要求锯条有较大的容屑槽,以防止产生堵塞现象。

②细齿锯条。适用于锯硬材料及管子或薄壁材料。对于硬材料,一方面由于锯齿不易切入材料,切屑少,不需要大的容屑槽;另一方面由于细齿锯条的锯齿较密,能使更多的齿同时参加切削使得每一个齿的切削量小,容易实现切削。对于薄壁或管子,主要是为了防止锯齿被钩住甚至使锯条折断。

5)锯条的安装　由于手锯在向前推进时进行切削,回程时不起切削作用,故安装时,锯齿的切削方向应朝前(图3.24)。安装松紧要适当,由翼型螺母调节,如太松,锯条易扭曲折断,锯缝易歪斜;而太紧,预拉伸力太大,稍有阻力易崩断。锯条安装好后,应检查锯条安装得是否歪斜、扭曲,如有则必须校正。

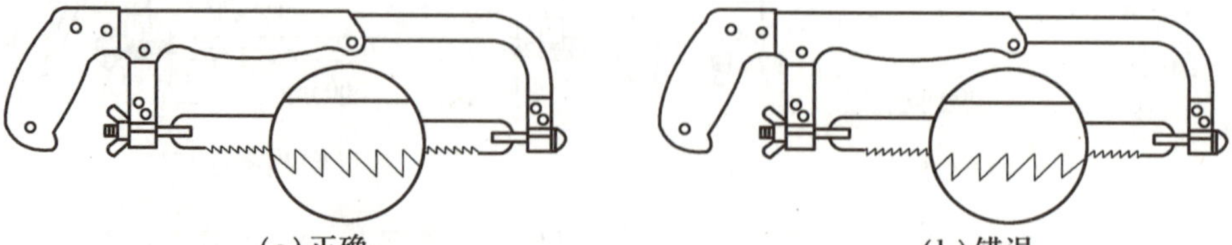

(a)正确　(b)错误

图3.24　锯条的安装

二、锯削方法及其应用

1. 锯削的基本方法

锯削的基本方法包括锯弓的运动方式和起锯方法。

(1)推锯时锯弓的运动方式

1)直线式　锯弓直线往复运动,适用于要求锯缝底面平直的槽、薄壁零件。

2)摆动式　锯弓上下摆动。推时,左手上翘、右手下压;退时,右手上抬、左手自然浮动。这样可以减少切削阻力,提高工作效率,操作更自然,两手不易疲劳。

(2)起锯方法

起锯方法有远起锯和近起锯两种(图3.25)。一般采用远起锯较好。无论采用哪种方法,其起锯的角度一般不大于15°,起锯角太大,不易平稳,锯齿易被工件的棱边崩断;起锯角太小,不易切入。起锯时,可用大拇指挡住锯条作为导向,同时施加的压力要小,行程要短,这样起锯容易平稳,起锯正确。

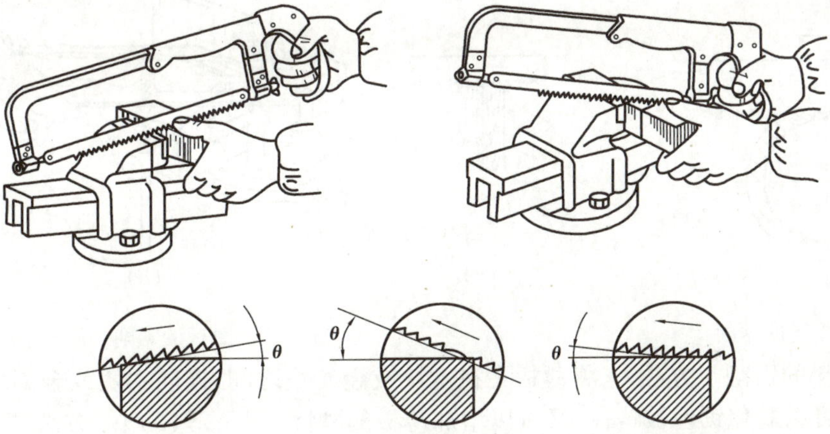

(a)远起锯　(b)起锯角太大　(c)近起锯

图3.25　起锯的方法

2. 锯削要领

1)工件的夹持　工件夹在台虎钳的左侧,伸出台虎钳的部分不应太长(约20 mm),锯缝与钳口保持平行,工件要夹紧,同时避免夹坏工件。

2)手锯的握法　右手握柄,左手扶住锯弓前端。

3)锯削时的姿势　基本上与錾削的姿势相同,两脚距离稍近,推锯时身体稍微向前倾。

4)锯削时的压力　推力、压力均由右手控制,左手扶正锯弓,几乎不加压力只起一个导向的作用。推锯时加压力,回锯时不加压力。

5)锯削行程与速度　锯削的行程应为锯条长度的2/3,不宜太短。其速度为20~40次/分。硬材料的锯削速度应慢一些,软材料的锯削速度可以快一些;切削行程即推时速度应慢一些,空行程即拉时速度时可以快一些。

3. 工件的锯削方法

1)棒料和轴类零件的锯割方法(图3.26)　首先根据工件的材质、形状选择合适的锯条及锯削方法。如对断面要求高时,应该一次起锯,一锯到底。对断面要求不高时,可以进行多次起锯。

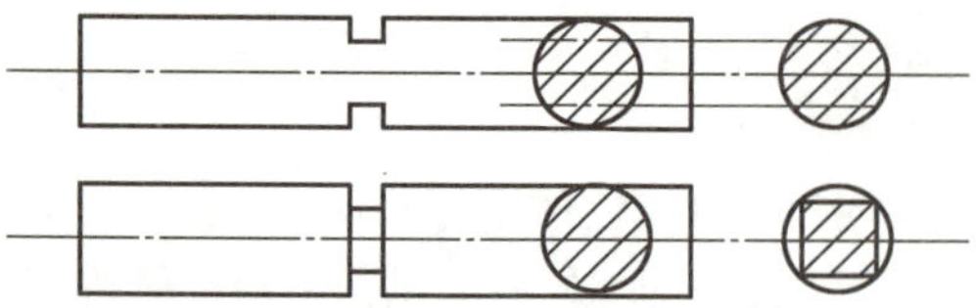

图 3.26 棒料的锯削

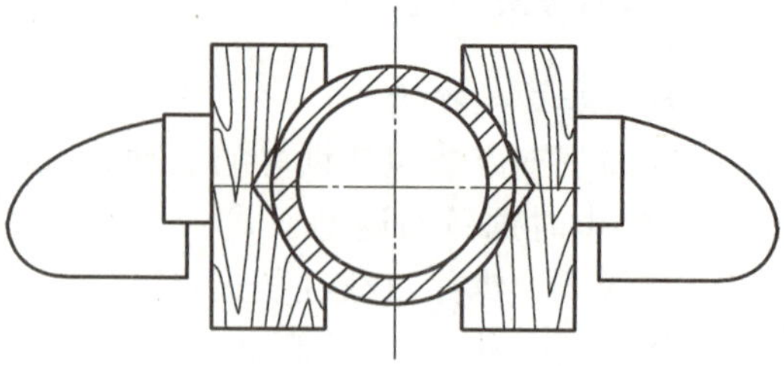

图 3.27 管子的夹持

2)管子的锯割方法　首先应使用两块木制的 V 形槽或方形槽垫块夹持以防止夹扁管子或夹坏管子表面(图 3.27)。然后要选择正确的起锯方法,每一个方向只锯到管子的内壁处,然后把管子转过一角度后再起锯,且仍锯到管子的内壁处,如此循环进行直到锯断。在转动管子时,应使已锯的部分向推锯方向转动,否则锯齿也会被管壁勾住(图 3.28)。

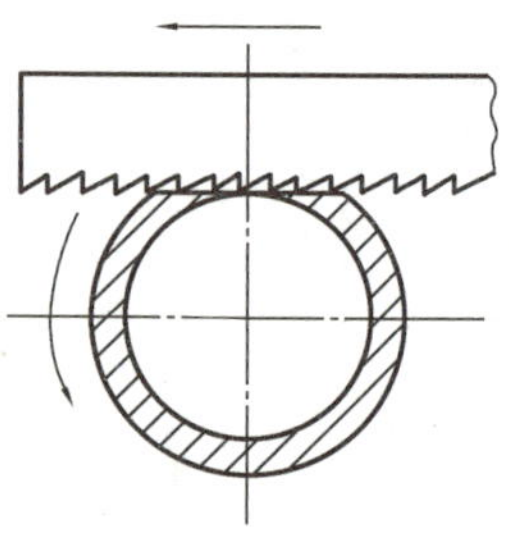

图 3.28 管子的锯削

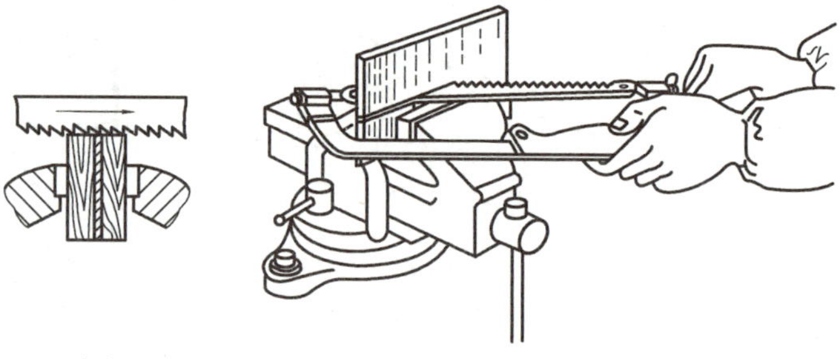

(a)　(b)

图 3.29 薄板的锯削

3)薄板料的锯割　方法一,将薄板夹在木块或金属块之间,连同木块或金属块一起锯削。这样一来既可以避免锯齿被钩住,又可以增加薄板的刚性[图 3.29(a)]。方法二,将薄板料夹在台虎钳上用手锯作横向斜推,就能使同时参加切削的齿数增多,避免锯齿被钩住,又可以增加薄板的刚性[图 3.29(b)]。

4)深缝的锯割　当锯缝的深度超过锯弓的高度时[图 3.30(a)],我们称这种缝为深缝。锯削方法:当锯弓快要碰到工件时,应将锯条拆出旋转 90°重新安装[图 3.30(b)]或把锯条的锯齿朝着锯弓背进行锯削[图 3.30(c)],使锯弓背不与工件相碰。

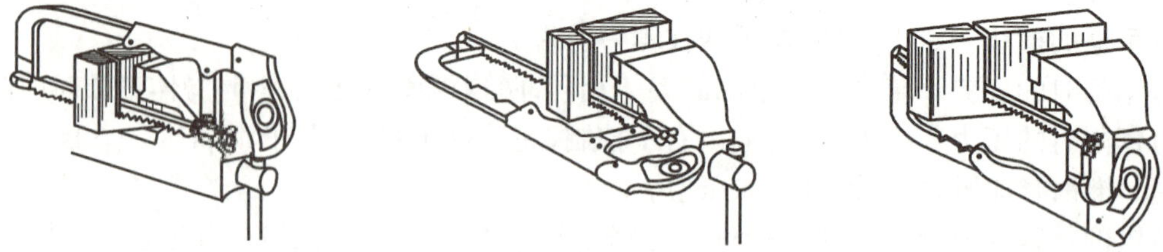

(a)　(b)　(c)

图 3.30 深缝的锯削

任务3.3　锉削

用锉刀对工件进行切削加工，使工件达到所要求的尺寸、形状和表面粗糙度，这种加工方法称为锉削。锉削的尺寸精度可达0.01 mm，表面粗糙度最小可达$Ra0.8$ μm。锉削是钳工的主要操作技能之一，其工作范围较广，它可以加工工件的内外平面、内外曲面，内外角、沟槽以及各种复杂形状的表面。虽然现代化技术迅猛发展，但是锉削仍用来对装配过程中个别零件进行修整，用来对装配过程小批量生产条件下某些复杂形状的零件进行加工，以及用来对模具进行制作等。

一、锉刀

锉削的主要工具是锉刀，常用碳素工具钢T12、T13制作，经淬火后硬度可达62 HRC以上。

1. 锉刀的构造(图3.31)

1)锉身　锉梢端至锉肩之间所包含的部分为锉身。对于没有锉肩的整形锉和异形锉，锉身是指有锉纹的部分(锉身的长度=梢部长度+锉身平行部分)。

2)锉柄　锉身以外的部分。

3)锉身平行部分　在锉身部分母线相互平行的部分为锉身平行部分。

4)梢部　锉身截面尺寸开始逐渐缩小的始点到梢端之间的部分。

5)主锉纹　在锉刀工作面上起主要切削作用的锉纹为主锉纹。

6)辅锉纹　被主锉纹覆盖着的锉纹为辅锉纹。

7)边锉纹　锉窄边或面上的锉纹为边锉纹。

8)主(辅)锉纹斜角$\lambda(\omega)$　主(辅)锉纹与锉身轴线所夹的锐角为主(辅)锉纹斜角$\lambda(\omega)$。

9)边锉纹斜角θ　边锉纹与锉身轴线所夹的锐角为边锉纹斜角θ。钳工锉的边锉纹斜角为90°。

10)锉纹条数　锉刀轴线方向上每10 mm长度内的锉纹的数目为锉纹条数。

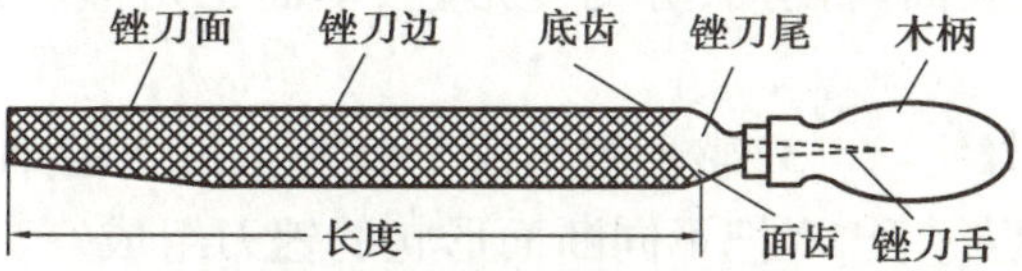

图3.31　锉刀的构造

由图3.32可知，双锉纹锉刀在工作面上有主锉纹和辅锉纹两种锉纹，主锉纹覆盖在辅齿纹上，使锉齿间断，达到分屑断屑的作用，故双锉纹锉刀在锉削时省力。单锉纹锉刀锉削时由于全宽同时切削，需要较大的切削力，因此仅适用于铝等软金属的锉削。为使锉削出的表面较为光滑，应使主锉纹斜角与辅锉纹斜角大小不同，以便使各锉齿有规律地排列且与轴线成一定斜角(图3.33)，这样就能使锉痕交错而不重叠，锉出的表面较为光滑。

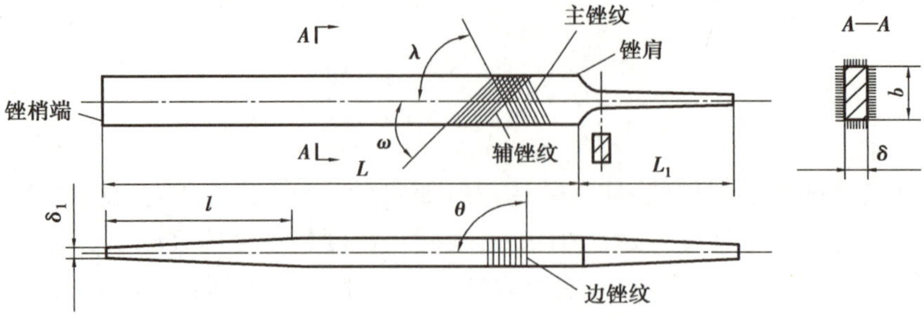

图 3.32　锉刀各部分名称

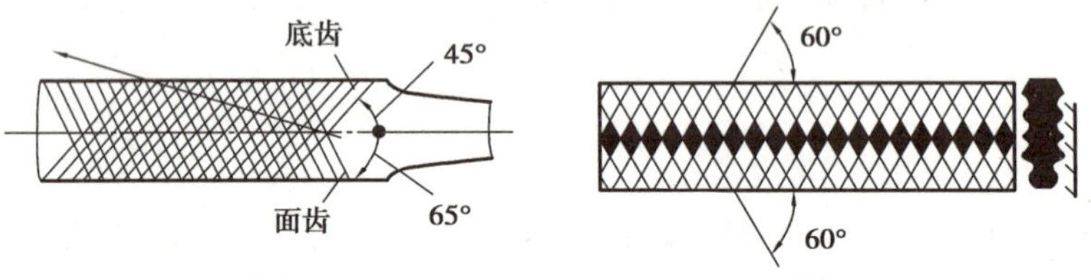

(a)　　(b)

图 3.33　锉齿的排列

2. 锉刀的类型

锉刀分钳工锉、异形锉和整形锉(什锦锉)三类。

1)钳工锉　按照锉身断面形状不同,又可以分为扁锉、半圆锉、三角锉、方锉、圆锉等(图3.34)。

图 3.34　钳工锉断面形状

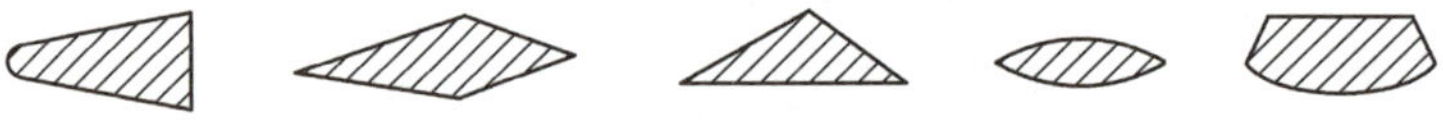

图 3.35　异形锉截面形状

2)异形锉　加工特殊表面时使用,分为菱形锉、单面三角锉、刀形锉、双半圆、椭圆、圆肚锉等(图 3.35)。

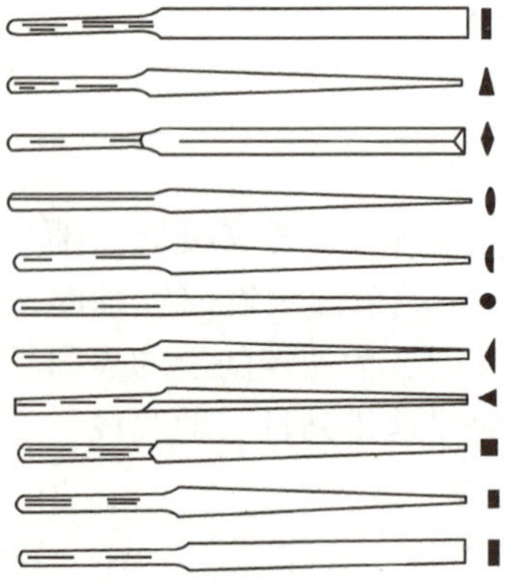

图 3.36　整形锉

3)整形锉　用于修整工件上的细小部分,它可由 5、6、8、10 及 12 把不同断面形状的锉刀组成一套(图 3.36)。

4)锉刀的规格　钳工锉刀的规格是指锉身的长度。异型锉和整形锉的规格是指锉刀的全长。

5)锉刀的基本尺寸　锉刀的基本尺寸主要包括宽度、厚度。对圆锉而言,指其直径。

6)锉刀锉纹的主要参数　锉刀的锉纹号是表示锉齿粗细的参数。

①钳工锉。钳工锉按照每 10 mm 轴向长度内主锉纹的条数划分为五种,分别为 1 号、2 号、3 号、4 号、5 号。锉纹号越小,锉

齿越粗。其中1号为粗锉刀;2号为中锉刀;3~6号为细锉刀。

②异形锉。锉纹号共分为十种分别为:00号、0号、1号、2号、……、8号。同样也是锉纹号越小,锉齿越粗。

7)锉刀的编号　根据GB/T 5806—2003《钢锉通用技术条件》规定,锉刀编号的组成顺序为类别代号—形式代号—规格—锉纹号。其中的类别代号:Q—钳工锉;Y—异形锉;Z—整形锉。而形式代号参见表3.1,在形式代号后面还可以有其他代号,规定为:P—普通形;B—薄形;H—厚形;Z—窄形;T—特窄形;L—螺旋形,见表3.1。

表3.1　锉刀的类别与形式代号

类别	类别代号	形式代号	形式
钳工锉	Q	01	齐头扁锉
		02	尖头扁锉
		03	半圆锉
		04	三角锉
		05	方锉
		06	圆锉
异形锉	Y	01	齐头扁锉
		02	尖头扁锉
		03	半圆锉
		04	三角锉
		05	方锉
		06	圆锉
		07	单面三角锉
		08	刀形锉
		09	双半圆锉
		10	椭圆锉

类别	类别代号	形式代号	形式
整形锉	Z	01	齐头扁锉
		02	尖头扁锉
		03	半圆锉
		04	三角锉
		05	方锉
		06	圆锉
		07	单面三角锉
		08	刀形锉
		09	双半圆锉
		10	椭圆锉
		11	圆边扁锉
		12	菱形锉

例:解释锉刀代号Q-03-350-4的含义。

解:Q-03-350-4即表示该锉刀为钳工类的半圆锉,规格350 mm,4号锉纹。

3.锉刀的选择

每把锉刀都有一定的用途和使用寿命,只有选择得当,才能充分发挥锉刀的效能,不至于过早地丧失锉削能力。

1)选择锉齿的粗细　根据工件的加工余量、尺寸精度、表面粗糙度和材质决定的。加工余量大、加工精度低、表面粗糙度大的工件选择粗齿锉;反之则选细齿锉刀。油光锉用于最后修光工件表面。材质软,选粗齿锉刀,反之选细齿锉刀,见表3.2。

2)单、双齿纹选择　有色金属选用单齿纹、粗齿锉刀,防止切屑堵塞;而钢和铸铁则选用双齿纹锉刀,以便于断屑、容屑。

3)选择锉刀的截面形状　根据工件表面的形状决定锉刀的断面形状,如图3.37所示。

4)选择锉刀的规格　根据加工表面的大小及加工余量的大小来决定,为保证锉削效率,合理使用锉刀,一般大的表面和大的加工余量宜用长大的锉刀,反之则用短的锉刀。

表 3.2 按加工精度选择锉刀

锉刀粗细	适用场合		
	加工余量/mm	加工精度/mm	表面粗糙度 *Ra*/μm
1 号(粗齿锉)	0.5~1	0.2~0.5	100~25
2 号(中齿锉)	0.2~0.5	0.05~0.2	25~6.3
3 号(细齿锉)	0.1~0.3	0.02~0.05	12.5~3.2
4 号(双细齿锉)	0.1~0.2	0.01~0.02	6.3~1.6
5 号(油光锉)	0.1 以下	0.01	1.6~0.8

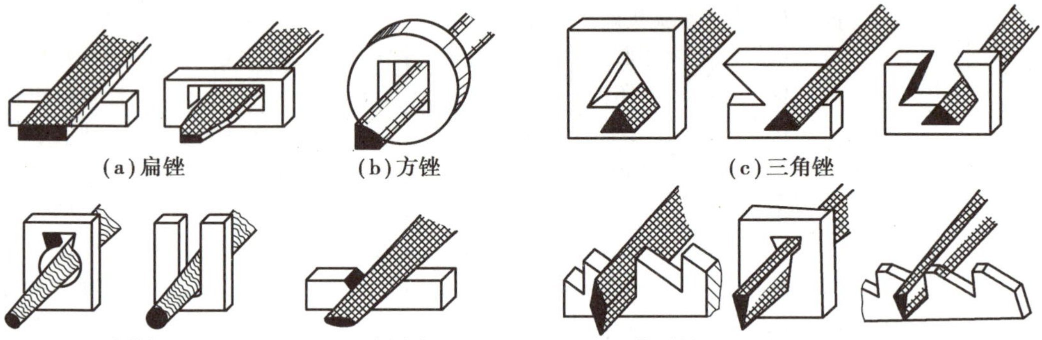

图 3.37 不同加工表面使用的锉刀

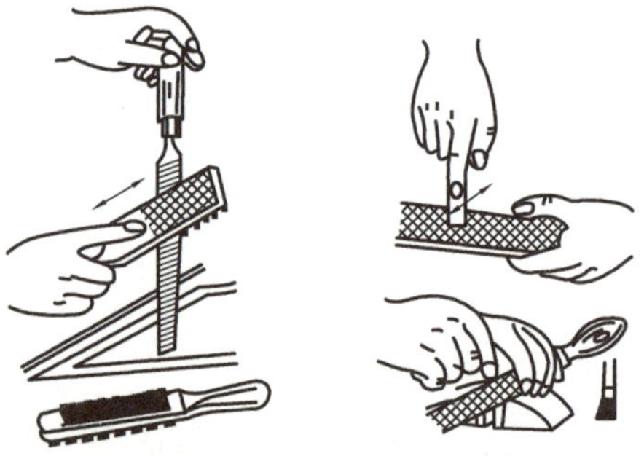

图 3.38 清除铁屑

4. 锉刀的使用和保养

1)为防止锉刀过快磨损,不可用锉刀锉削毛坯件的硬皮或工件的淬硬表面。

2)锉刀要防水防油。沾水后锉刀易生锈。沾油后锉刀在工作时易打滑。

3)锉削时应先用锉刀的一面,待这个面用钝后再用另外一面。因使用过的锉齿易锈蚀。

4)锉削过程中,若发现锉纹上嵌有切屑,要及时将其除去,以免切屑刮伤加工表面。锉刀用完后,要用锉刷或铜片顺着锉纹刷掉残留下的切屑,以防生锈。千万不能用嘴吹切屑,以防止切屑飞入眼内(图 3.38)。

5)不能用锉刀作为装拆、敲击和撬物的工具,防止因锉刀材质较脆而折断。

6)放置锉刀时要避免与硬物相碰,避免锉刀与锉刀重叠堆放,防止损坏锉刀。

二、锉削方法

1. 锉刀的握法

正确握锉刀有助于提高锉削质量,提高生产效率。

(1)较大锉刀的握法 右手握着锉刀柄,将柄的外端顶在拇指根部的手掌上,大拇指放在手柄上，其余手指由上而下握住手柄。左手在锉刀上的放法有三种。其一，左手掌斜放在锉刀上方，拇指根部肌肉轻压在锉刀的刀尖上，中指和无名指抵住梢部右下方。其二，左手掌斜放在锉刀梢部，大拇指自然伸出，其余各指自然蜷曲，小指、无名指、中指抵住锉刀的前下方。其三，左手掌斜放在锉刀梢上，其余各指自然平放，如图3.39所示。

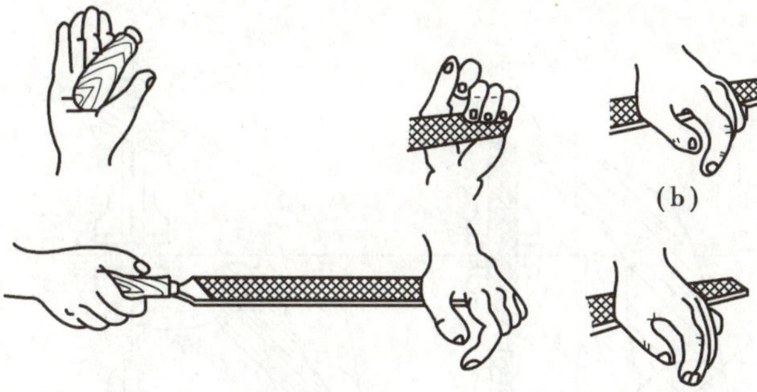

图3.39　较大锉刀的握法

(2)中、小型锉刀的握法　握持中型锉刀时，右手与按大锉刀的方法相同。左手的大拇指和食指轻轻扶持锉削就行。在使用较小型锉刀时，右手食指平直扶在手柄的外侧面；左手手指压在锉刀的中部以防止锉刀弯曲。在使用最小型锉刀时，单手持手柄，食指放在锉身上方，如图3.40所示。

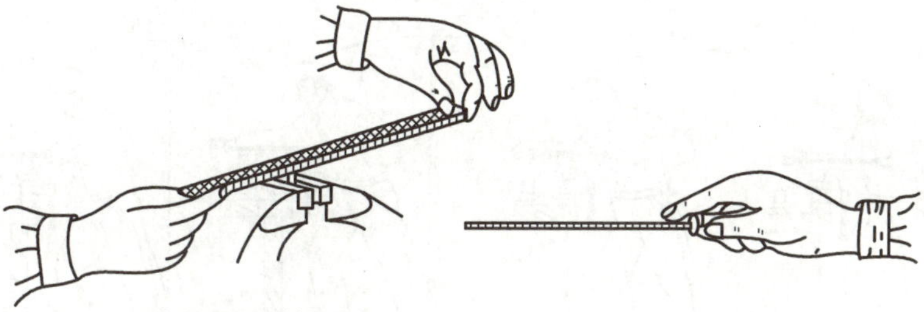

图3.40　中、小型锉刀的握法

2. 工件的装夹

工件的装夹是否正确，直接影响到锉削质量的高低。在装夹工件时应注意以下三个方面：

1)工件尽量夹持在台虎钳钳口宽度方向的中间。锉削面靠近钳口，以防锉削时产生震动。

2)装夹要稳固，但用力不可太大，以防工件变形。

3)装夹已加工表面和精密工件时，因应在台虎钳钳口上衬上紫铜皮或铝皮等软的衬垫，以防夹坏工件。

3. 锉削姿势

锉削姿势的正确与否，关系到能否提高锉削质量和锉削效率。锉削时的站立步位，如图3.41所示。锉削时的站立姿势，如图3.42所示。

1)两手握住锉刀放在工件上面，左臂弯曲，小臂与工件锉削面的左右方向保持基本平行，右小臂要与工件锉削面的前后方向保持基本平行。

2)身体的重心落在左脚上，右膝要伸直，脚始终站稳不可移动，靠右膝的屈伸而作往复运动。

3)开始锉削时,身体前倾10°左右,右肘尽可能缩到后方。锉刀推出行程三分之一时,身体前倾到15°左右,使右膝稍弯曲。锉刀推出行程三分之二时,身体前倾18°左右,左右臂均向前伸出。锉刀推出全行程时,身体随着锉刀的反作用力退回到15°位置。行程结束后,身体恢复到初始位置。

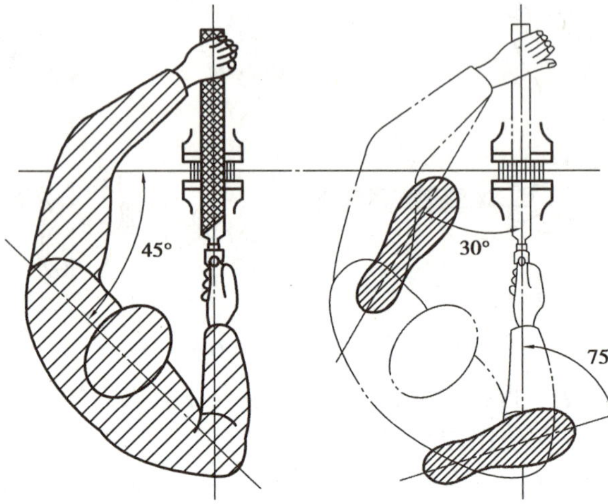

图3.41 锉削时的站立步位

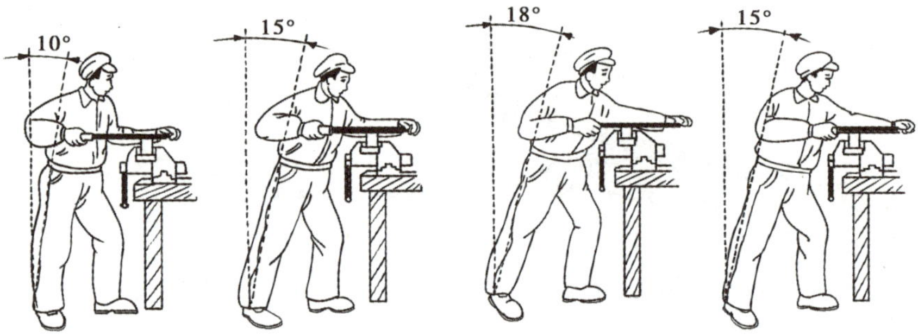

图3.42 锉削姿势

4. 锉削力和锉削速度

1)锉削力　为了保证锉削表面平直,锉削时必须掌握好锉刀的平衡。锉削力主要由水平推力和垂直压力组合而成,水平推力主要由右手控制,压力是由两手控制的。锉削时,由于锉刀两端伸出工件的长度随时都在变化,因此两手对锉刀的压力大小也要随着变化,如图3.43所示。

2)锉削速度　锉削速度不宜太快,一般为30~60次/min。要注意:推出时稍慢,回程时稍快,动作要自然协调。

5. 锉削方法

(1)平面的锉削方法

1)顺向锉(图3.44)　顺向锉是顺着同一方向对工件进行锉削的方法,是最基本的锉削方法,适用于不大的平面和最后锉光。锉削后可得到正直的锉痕。

2)交叉锉(图3.45)　它是两个方向交叉对工件进行锉削的方法。交叉锉时,锉刀与工件

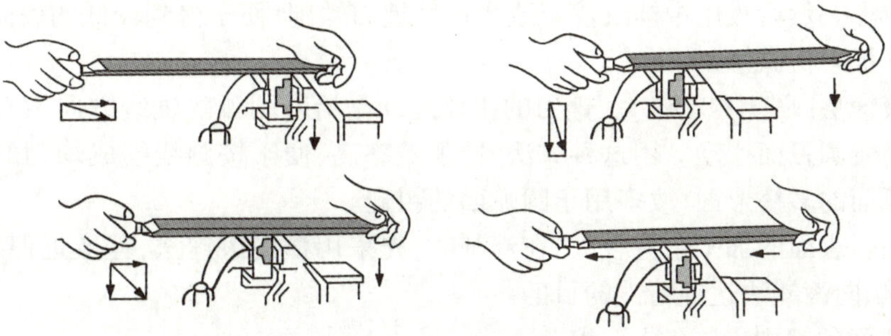

图3.43　锉削用力方法

接触面较大，锉刀容易掌握平稳，且能从交叉的刀痕上判断出锉削面的凹凸情况。锉削余量大时，一般可以在锉削的前阶段用交叉锉，以提高工作效率。当余量不多时，再改用顺向锉使锉纹方向一致，得到较光滑的表面。

3)推锉(图3.46)　它是用两手对称地横握持锉刀，用大拇指推锉刀顺着工件长度方向进行锉削。当锉削狭长平面或采用顺向锉受阻时，可以采用推锉。推锉时的运动方向不是锉齿的切削方向，且不能充分发挥手的力量，故切削效率不高，只适合于窄长平面及锉削余量小的场合。锉削平面时，不管采用哪种锉削方法，当抽回锉刀时，锉刀要按如图3.47所示的每次向旁边移动一些，这样可使整个加工面均匀地锉削。

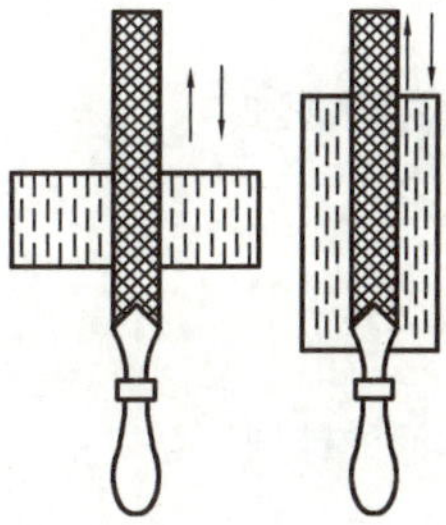

图3.44　顺向锉

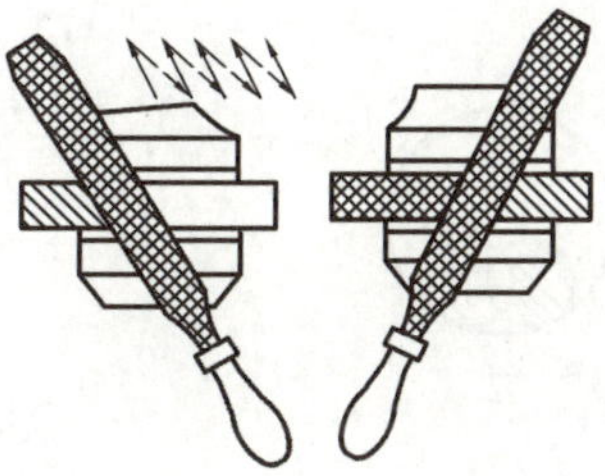

图3.45　交叉锉

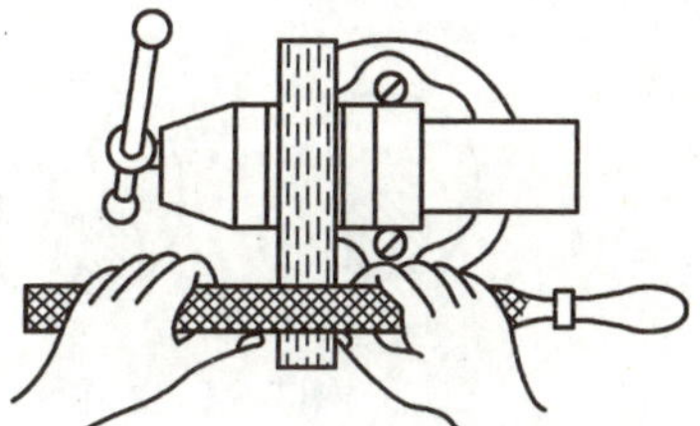

图3.46　推锉

(2)曲面的锉削

1)外圆弧面的锉削方法

①顺向滚锉法[图3.48(a)]。锉削时，锉刀需要同时完成两个运动，即锉刀的前进运动和锉刀绕工件圆弧中心的转动。锉削开始时，一般选用小锉纹号的扁锉用左手将锉刀置于工件的左侧，右手握柄抬高，接着右手下压推进锉刀，左手随着上提且仍施加压力。如此往复，直到

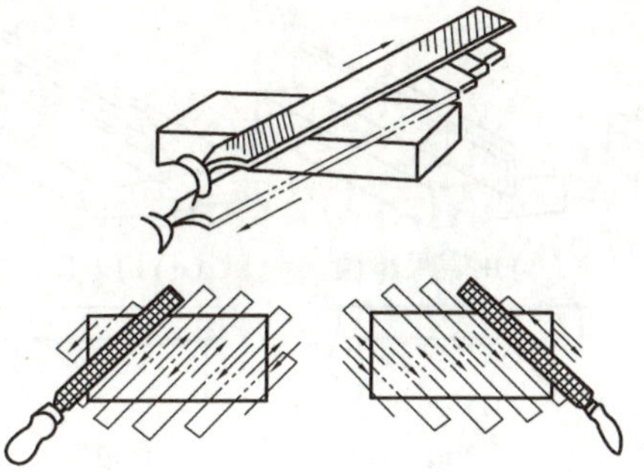

图3.47　锉刀的移动

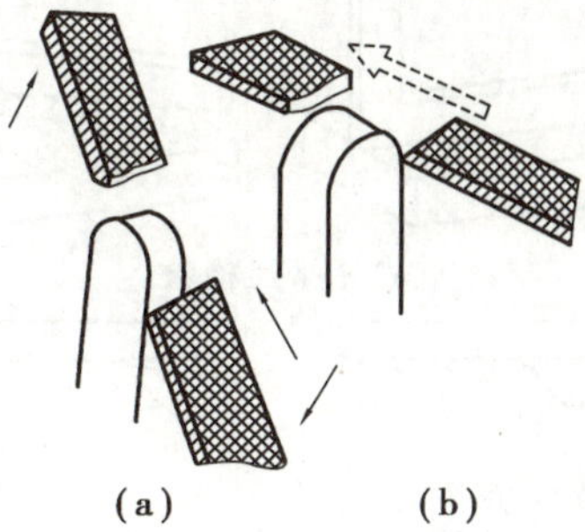

图3.48　外圆弧面的锉法

圆弧面基本成形。然后改用中锉纹锉刀或大锉纹锉刀锉削，便于得到较低的表面粗糙度，并随时用外圆弧样板来检验修正。

②横向滚锉法［图3.48(b)］。锉刀的主要运动是沿着圆弧的轴线方向做直线运动，同时锉刀不断地沿着圆弧面摆动。用这种方法，锉削效率高，便于按画线锉成均匀的近弧线，但只能锉成近似弧面的多棱形面，故多用于圆弧面的粗锉。

如果外圆弧表面的加工余量较大，在锉削时，先采用横向滚锉法，锉成近似弧面的多棱形面后，再采用顺向滚锉法达到精锉的目的。

2）内圆弧面的锉削方法(图3.49)

在锉内圆弧面时，要有以下三个运动同时进行时，才能锉好内圆弧面。锉刀要同时完成的三个运动：

①沿着轴向做前进运动，以保证沿轴向方向全程切削。

②向左或向右移动半个至一个锉刀直径，以避免加工表面出现棱角。

③绕锉刀轴线旋转，若只有前面两个运动而没有后面这一转动，锉刀的工作面仍不是沿着工件圆弧的切线方向运动。

3）球面的锉法(图3.50)

锉削球面的方法是：锉刀一边沿凸圆弧面做顺向滚锉动作，一边绕球面的球心和同周向做摆动。

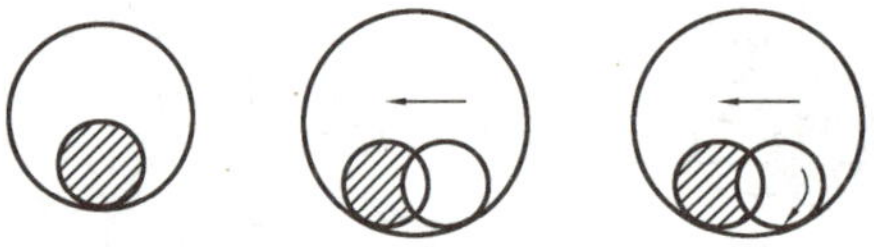

图3.49　内圆弧面的锉法图

图3.50　球面的锉削

(3)锉削平面的质量检验

在平面的锉削过程中或完工后，常用钢直尺或刀口形直尺，以透光法来检验其平面度。检查纵向、横向及两对角方向，从间隙处透光的明暗、强弱程度来判定高低不平的程度。若透光微弱而均匀，表明锉削平面已较平直。反之，若透光强弱不一，则表明锉削平面不平整，光强处较低，光弱处或不透光处较高。在检查过程中，需要改变检验位置时，应将尺子提起，再轻放到新的检验处。而不应在平面上移动，如图3.51所示。

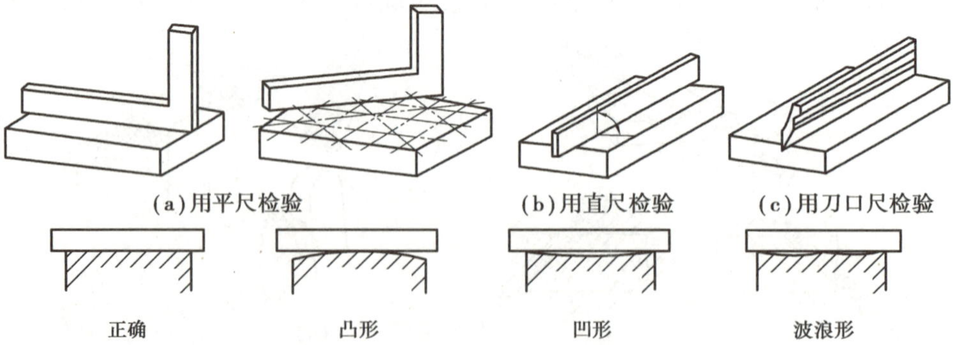

图3.51　锉削平面的检验

复习思考题

1. 试说明在錾削时錾子的楔角、前角和后角的意义。这些角度对錾削工作各产生怎样的影响？怎样选择其角度的大小？

2. 狭錾切削部分两侧面为什么要磨成向柄部逐渐变窄？

3. 錾子常用什么材料制成？试述錾子的淬火和回火过程。

4. 怎样刃磨錾子？刃磨时应注意些什么？

5. 起錾时为什么要从工件的边缘尖角处开始？錾削快到尽头时,要注意些什么？

6. 什么叫锯条的锯路？它有什么作用？

7. 锯削时怎样选择锯条的粗细？

8. 起锯的方法有哪几种？起锯的角度不大于多少度？为什么？

9. 管子和薄壁件的锯削应注意哪些方面？

10. 怎样根据锉削对象来正确选择锉刀？

11. 平面锉削的方法有哪几种？各有何特点？分别在什么情况下采用？

12. 锉削能达到哪些精度要求？

项目 4
孔加工

任务 4.1 钻孔

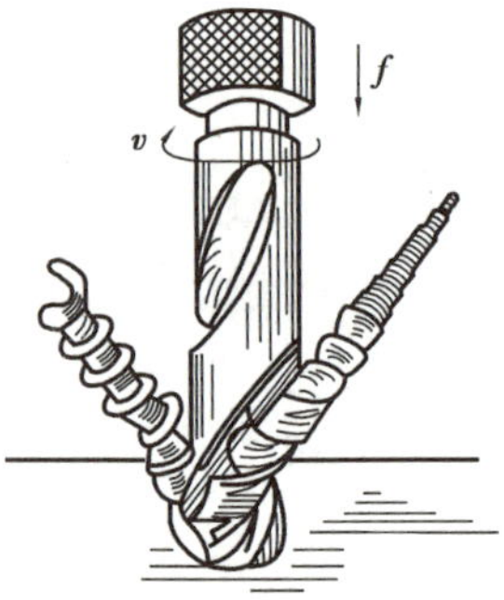

图 4.1 钻削运动
v—主运动；f—进给运动

在机械零件中，孔是很常见的一种结构。孔的加工是钳工的重要工作内容之一。根据孔的用途不同，孔的加工方法分为两类：一类是在实心材料上加工出孔，即采用麻花钻等进行钻孔。另一类是对已存在的孔进行加工，即扩孔、锪孔、铰孔。

用钻头在实体材料上加工出孔的方法叫钻孔。钻孔时，工件固定，钻头安装在钻床主轴上做旋转运动，称为主运动；钻头沿轴线方向移动称为进给运动，如图 4.1 所示。

作为切削刀具的钻头，转速高、切削量大，又几乎是在封闭状态下进行切削，所以钻削加工有以下特点：

1）摩擦严重，切削力较大，产生较多热量。

2）传热、散热困难，切削温度较高。

3）由于转速较高、产生较多热量，使钻头易磨损。

4）钻孔壁易产生冷作硬化，会给扩、铰等后续加工增加困难。

5）钻头钻削时由于产生对孔壁的挤压、摩擦，钻头本身刚性差，钻孔尺寸精度低，只能达到 IT10 ~ IT11，表面粗糙度只能达到 $Ra50 \sim 12.5$。

一、钻头

用来钻孔的刀具称为钻头。钻头是影响被钻孔质量、生产效率、成本、报废率等的关键因素之一。根据应用场合的不同，钻头的种类很多，机械制件中常用的钻头有标准麻花钻、用标准麻花钻刃磨而成的标准群钻、硬质合金钻头等。

1. 麻花钻

麻花钻是应用最广泛的钻头，尤其是在机械行业中加工孔应用最多，其结构由柄部、颈部、工作部分三部分组成(图4.2)。麻花钻一般用高速钢W18Cr4V或W9Cr4V2制成,淬火硬度值为HRC62～68。

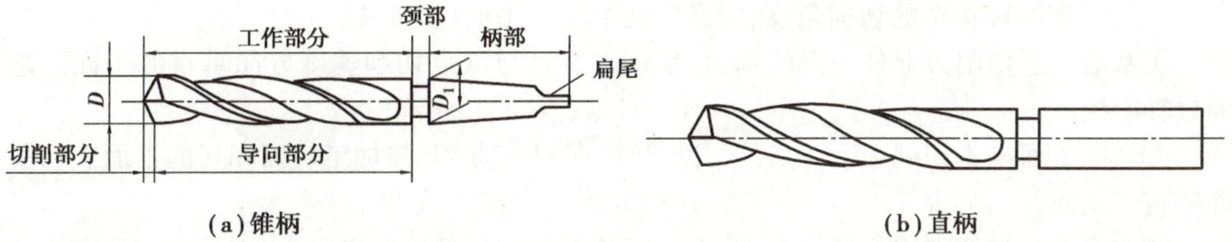

图4.2　麻花钻

(1)柄部

柄部是麻花钻与机床连接的部分,并由此来传递扭矩、轴力。柄部分直柄和锥柄两种。直径在13 mm以下的钻头都是直柄钻头;直径大于13 mm的钻头一般采用锥柄,以传递较大的扭矩。锥柄上的扁尾的作用是增加传递扭矩、防止钻削时打滑和拆下钻头时的敲击之处。

莫氏锥柄的钻头直径、锥柄大端直径和莫氏锥柄号的对应,如表4.1所示。

表4.1　莫氏锥柄的钻头直径、锥柄大端直径和莫氏锥柄号

莫氏锥柄号	1	2	3	4	5	6
钻头直径D	6～15.5	15.6～23.5	23.6～32.5	32.6～49.5	49.6～65	65.1～80
大端直径D_1	12.240	17.980	24.051	31.542	44.731	63.760

(2)麻花钻的工作部分

麻花钻的工作部分为切削部分和导向部分。切削部分完成主要的切削工作;导向部分起导向、修光孔壁的作用,也是备用切削部分。

1)切削部分是由六面五刃组成(图4.3)

①两个前(刀)面。切削部分的两螺旋槽表面。

②两个后(刀)面。切削部分顶端的两个曲面。

③两个副后(刀)面。钻头上与已加工表面相对应的两条棱边。

④两条主切削刃。两前刀面与两后面的交线。

⑤两条副切削刃。螺旋槽与棱边的交线。

⑥一条横刃。两个后刀面间的交线。

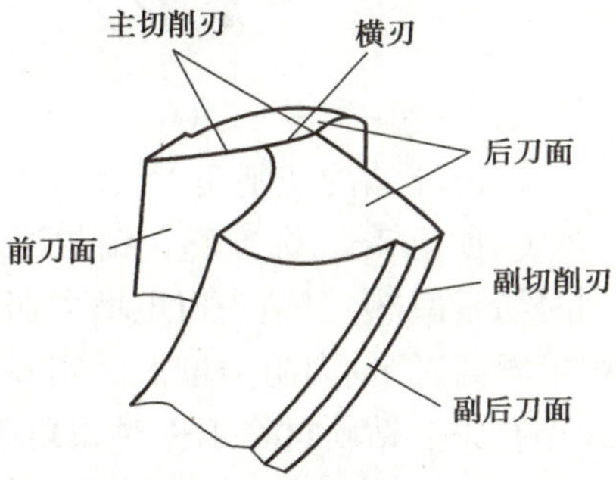

图4.3　麻花钻头的切削部分

2)导向部分及其作用

①螺旋槽　两螺旋槽面形成钻头的两个前刀面。两螺旋槽面还起排屑、输送切削液的作用。

②棱边　螺旋槽边缘突起的窄边就是棱边。棱边磨成很小的倒锥,直径向柄部逐渐减小(每100 mm长度上,减小0.03～0.12 mm),以减少棱边与孔壁的摩擦。棱边既起导向的作用又有修光已加工孔壁的作用。

③钻心　两螺旋形刀瓣中间的实心部分称为钻心,它的厚度向钻柄部逐渐增大,以增强钻

头的强度、刚度。

(3)切削角度及对切削的影响

1)为了理解麻花钻的切削角度,定义了几个辅助平面(图 4.4)

①基面　主切削刃上任一点的基面,是过该点且与该点切削速度方向垂直的平面。基面通过轴心线。

②切削平面　主切削刃上一点的切削平面,是过该点,并与加工表面相切的平面。切削平面垂直于基面。

③主截面　过切削刃上任一点,并垂直于基面和切削平面的平面。

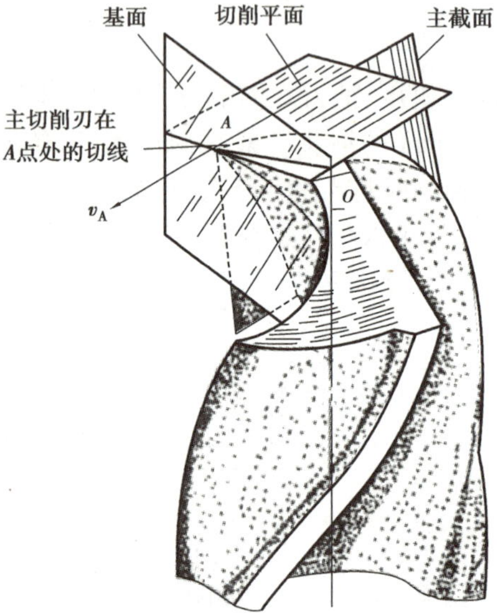

图 4.4　麻花钻的辅助平面

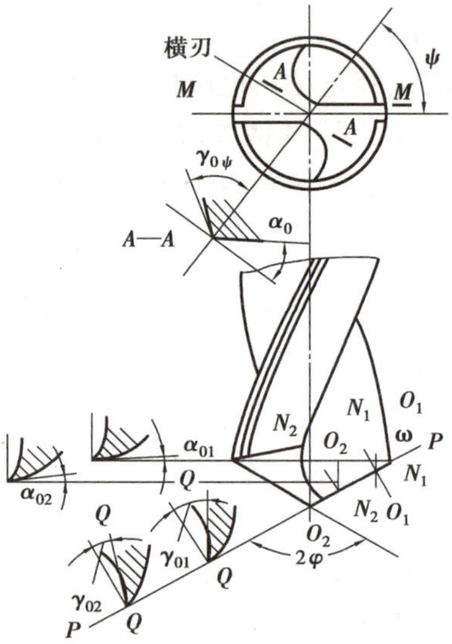

图 4.5　麻花钻的切削角度

2)麻花钻的切削角度(图 4.5)

①顶角 2φ。标准麻花钻的顶角 $2\varphi = 118° \pm 2°$;2φ 顶角越小,外缘处的刀尖角 ε 增大,切削时易于散热,但钻头扭矩增大切屑卷曲厉害,不便排屑,不易输入切削液;2φ 顶角越大,钻尖强度越高,但轴向阻力增大。实际工作中标准麻花钻顶角 2φ 的刃磨角度与工件的材料硬度大小有关。钻硬材料工件时顶角 2φ 应磨大些;钻软材料工件时顶角 2φ 应磨小些。

当 $2\varphi > 118°$时,主切削刃呈内凹形;$2\varphi < 118°$时,主切削刃呈外凸形。

②螺旋角 ω。主切削上最外缘处螺旋线的切线与钻头轴线的夹角。钻头外缘处的螺旋角最大,越靠近钻心,螺旋角越小。相同直径的钻头,螺旋角越大,强度越低。

③前角 γ。主切削刃上任意一点的前角是指主截面上,前面与基面间的夹角(图 4.5)。主切削刃上各点前角不等;外缘处前角最大,一般约 30°;自外缘向中心处逐渐减小,约在中心处 $d/3$ 范围内为负值,接近横刃处为 −30°,横刃处 $\gamma_{0\psi} = -54° \sim -60°$。前角越大,切削越省力。

④后角 α_0(图 4.5)。切削刃上某一点的后角是指在圆柱截面内,后刀面的切线与切削平面的夹角。图 4.5 主切削刃上各点的后角不等。刃磨时应使外缘处后角较小($\alpha_0 = 8° \sim 10°$),越靠近钻心后角越大($\alpha_0 = 20° \sim 26°$),横刃处 $\alpha_0 = 30° \sim 36°$。

后角越小摩擦越严重,但切削刃强度越高。钻硬材料,后角适当小,以保证刀刃强度;钻软材料,后角可稍大些,使切削省力;但钻有色金属时,后角不宜太大,以免产生扎刀现象。

不同直径的麻花钻直径越小,后角越大。如:

当 $D<15$ mm 时,$\alpha_0=10°\sim14°$。

当 $D=15\sim30$ mm 时,$\alpha_0=9°\sim12°$。

当 $D>30$ mm,$\alpha_0=8°\sim11°$。

⑤横刃斜角 ψ。横刃与主切削刃的平行轴向截面 M-M 之间的夹角称为横刃斜角,标准麻花钻的横刃斜角 $\psi=50°\sim55°$。横刃斜角大小与靠近钻心处的后角大小之间的关系:靠近钻心处的后角磨得越大,则横刃斜角越小。横刃斜角刃磨准确,则近钻心处的后角也准确,ψ 标准则近钻心处 α_0 也标准。

⑥横刃长度 $b=0.18\ D$(标准麻花钻)。横刃长度太大,轴向阻力大;太小,钻头强度低。

⑦钻心厚度 d。钻心厚度是指钻头的中心厚度。钻心厚度过大,会增大横刃长度 b,而厚度太小又削弱了钻头的刚度。因此,钻头的钻心做成锥形,即由切削部分逐渐向柄部增厚。切削部分 $d=0.125\ D$,柄部 $d=0.2\ D$。

⑧副后角。副切削刃上副后面与孔壁切线间的夹角。

(4)标准麻花钻的缺点

1)定心不良,由于横刃较长,横刃处存在较大的负前角,使横刃在切削时产生挤压和刮削状态,由此产生较大的轴向抗力,这一轴向抗力是使钻头在钻削时产生抖动引起定心不良的主要原因,并且也是引起切削热的主要原因。

2)主切削刃上各点的前角大小不同,引起各点切削性能不同。

3)棱边较宽,副后角为零,靠近切削部分的棱边与孔壁之间的摩擦比较严重,容易发热和磨损。

4)切屑宽而卷曲,造成排屑困难。

(5)标准麻花钻的刃磨和修磨

1)标准麻花钻的刃磨　钻头的切削刃使用变钝后进行磨锐的工作称为刃磨。刃磨的部位是两个后刀面(即两条主切削刃)。手工刃磨钻头是在砂轮机上进行,刃磨钻头的砂轮粒度为 F46 ~ F80,硬度为中软级的氧化铝为宜。

①刃磨方法(图4.6),是右手拇指和食指握住麻花钻的头部,左手拇指和食指握住麻花钻的柄部。使钻头轴心线与砂轮圆柱母线夹角等于 φ,被刃磨的主切削刃处于水平位置,让主切削刃在略高于砂轮水平中心平面处接触砂轮。右手缓慢地绕钻头轴线由下向上转动,同时适当施加刃磨压力,使整个后面都磨到,左手配合右手做缓慢的同步下压运动,刃磨压力逐渐加大以便于磨出后角。刃磨时下压速度及弧度随要求的后角的大小而变化,后角大,下压速度及弧度大,反之,后角小,下压的速度及弧度小。为了保证钻头近中心处能磨出较大的后角,还应作适当地左右移动,刃磨时双手配合要自然协调,按上述方法反复进行,两后面经常轮换直至达到刃磨要求为止。

刃磨钻头时压力不宜过大,并要经常沾水冷却,防止钻头退火。砂轮旋转应平稳,否则要修整。

②钻头的检验方法。刃磨过程中常用目测法检验,把钻头切削部分向上,两面眼平视,要旋转180°反复观察两主切削刃是否一样高。要使用样板检查钻头的几何角度是否正确及两个主切削刃是否对称。

③钻头横刃的修磨。修磨时,钻头轴线在水平面内向砂轮侧面左倾 15°,在垂直平面内,与刃点的砂轮半径方向约成 55°下摆角。

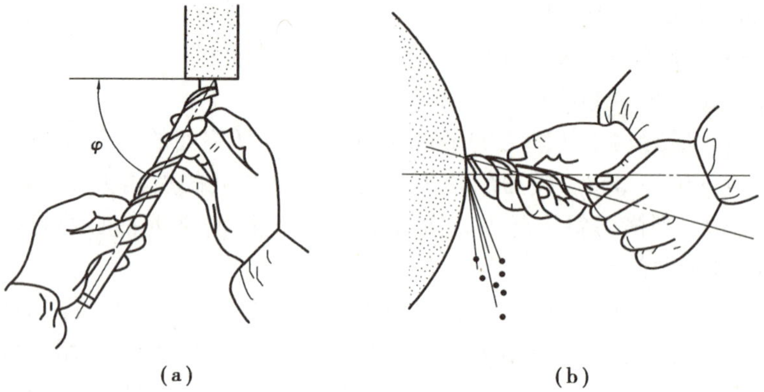

图 4.6　麻花钻的刃磨

2)标准麻花钻的修磨　为改善标准麻花钻的切削性能,根据钻孔的具体要求,通常要对钻头的几个切削部分进行修磨。

①修磨横刃(图 4.7)。将横刃磨短并增加靠近钻心处的前角,其目的是提高钻头的定心作用和切削的稳定性,减少轴向阻力,减轻挤刮现象。一般直径大于 5 mm 的钻头均须磨横刃,使横刃为原来长度的 1/5 ~ 1/3。

增大横刃处的前角,靠近钻心处形成斜角 τ = 20° ~ 30°内刃,内刃前角 γ_τ = 0 ~ −15°,目的是改善其切削加工性能。

②修磨主切削刃(图 4.8)　将主切削刃磨出第二顶角($2\varphi_0$ = 70° ~ 75°),目的是增大刀尖角 ε,从而增加刀齿强度,改善散热条件,提高切削刃与棱边交角处的抗磨性,延长切削刃的寿命,同时还有利于降低加工孔的粗糙度。二重刃长 f_0 = 0.2 D。

③修磨棱边(图 4.9)　在靠近主切削刃的一段棱边上,磨出副后角为 6° ~ 8°,使棱边宽度为原宽 1/3 ~ 1/2。目的是减少对孔壁的摩擦,提高钻头耐用度。

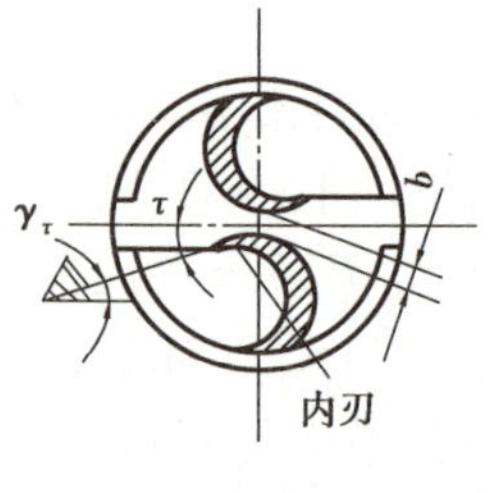

图 4.7　修磨横刃

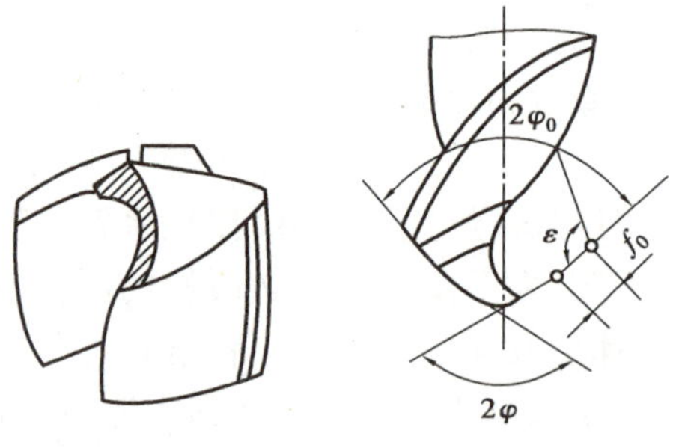

图 4.8　修磨主切削刃

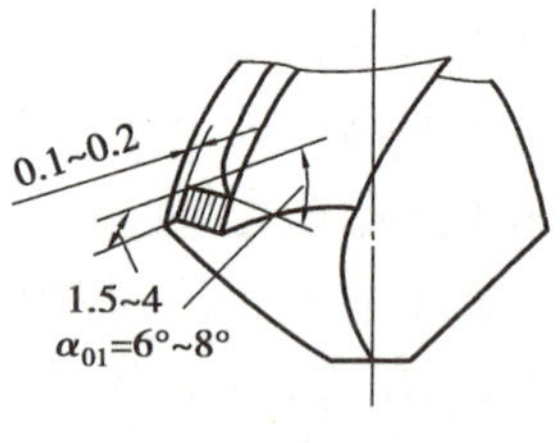

图 4.9　修磨棱边

④修磨前刀面(图 4.10)　在主、副切削刃交角处磨去一块(图中阴影部分),以减小该处前角。目的是在钻硬材料可提高刀齿强度,钻黄铜时避免切削刃过分锋利而引起扎刀现象。

⑤修磨分屑槽(图 4.11)　直径大于 15 mm 的麻花钻,可在两后面磨出几条相互错开的槽,使原来的宽切屑被切割成几条窄切屑,有利于切屑的排出,以利于分屑和排屑。

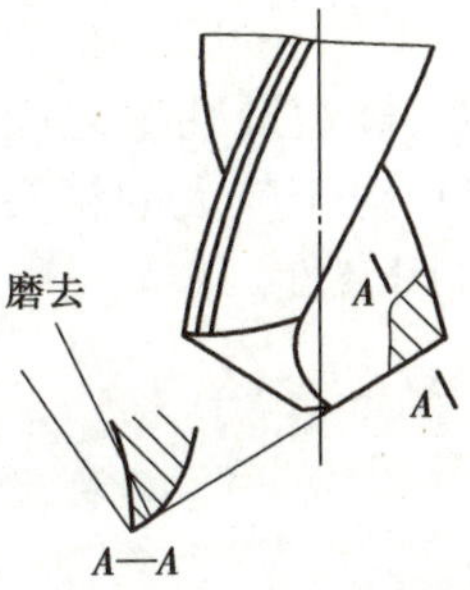

图4.10　修磨前刀面

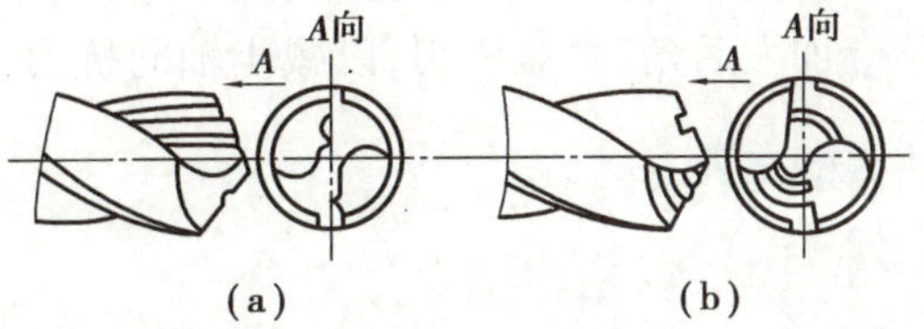

图4.11　修磨分屑槽

2. 群钻

群钻是用标准麻花钻头经刃磨而成的高加工精度、高效率、寿命长及适应性强的一种新型钻头。

(1)标准群钻(图4.12)

标准群钻主要用于钻削碳钢和各种合金钢。其主要结构特点:三尖七刃、两种槽。三尖是由于在后刀面上磨出了月牙槽,使主切削刃形成三个尖;七刃是两条外刃、两条内刃、两条圆弧刃和一条横刃;两种槽指的是月牙槽和单面分屑槽。

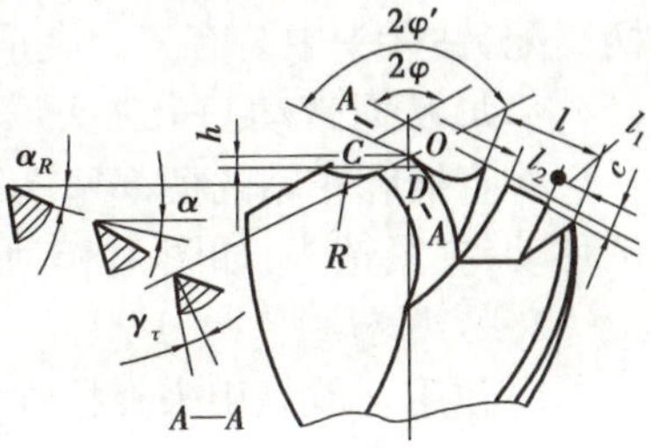

图4.12　标准群钻

(2)薄板群钻

在钻削薄板时,因麻花钻钻头太尖,当钻尖钻穿薄板时,钻头立刻失去定心作用,轴向力也同时减小,使孔不圆,孔口毛边很大,甚至扎刀或折断钻头,所以不能使用标准麻花钻头。薄板群钻是将标准麻花钻的两主切削刃磨成弧形(图4.13),两外刃尖比钻心高0.5~1.5 mm,形成三尖,避免扎刀。这样在钻孔时钻心尚未钻穿,两切削刃的外尖已在工件上画出圆环槽,起到良好的定心作用,保证了钻削质量。

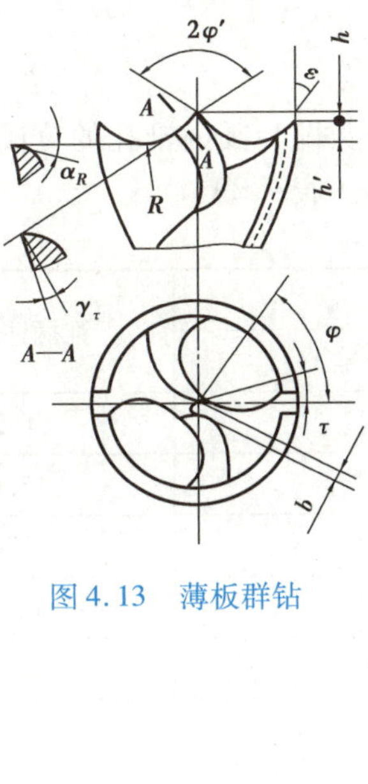

图4.13　薄板群钻

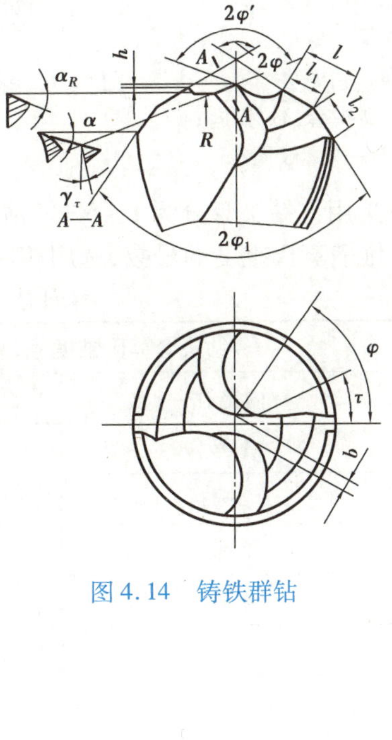

图4.14　铸铁群钻

(3)铸铁群钻(图4.14)

由于铸铁较脆,钻削时切屑呈崩碎状,挤压在钻头后刀面、棱边及孔壁之间,不易排屑,易产生摩擦,使钻头磨损。铸铁群钻应磨出两重顶角($2\phi=70°$),对于较大的钻头甚至磨出三重顶角。另外,还应加大后角,磨短横刃,以减小轴向抗力,提高耐磨性。

二、装夹钻头的工具

1. 钻夹头

钻夹头用来夹持ϕ13 mm以内的直柄钻头。

其结构和工作原理如图4.15所示。夹头体(1)上端有一个锥孔,用来与相同锥度的夹头柄紧配,钻夹头中装有三个夹爪(4),用来夹紧钻头的直柄。当夹头套(2)旋转带动内螺纹圈(5)转动,从而带动三个夹头爪伸出或缩进,伸出时夹紧钻头,缩进时松开钻头。

将直柄麻花钻的柄部塞入钻夹头的三个卡爪内,然后用钻夹头钥匙旋转外套,带动三只卡爪移动,夹紧钻头,如图4.16所示。

2. 钻头套

1)作用　就是用来夹持锥柄钻头[图4.17(b)]。

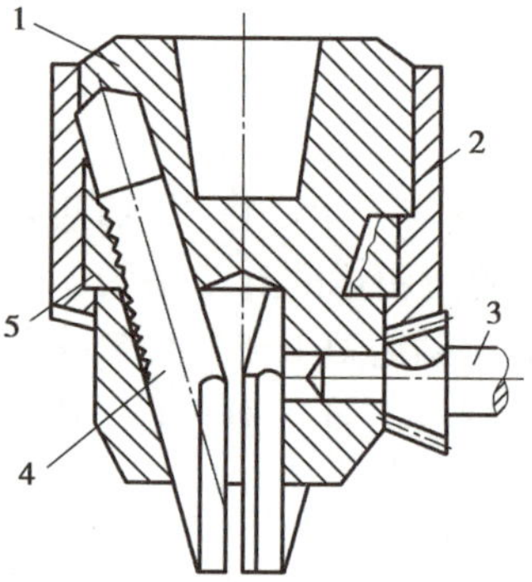

图4.15　钻夹头

1—夹头体;2—夹头套;3—钥匙;
4—夹爪;5—内螺纹圈

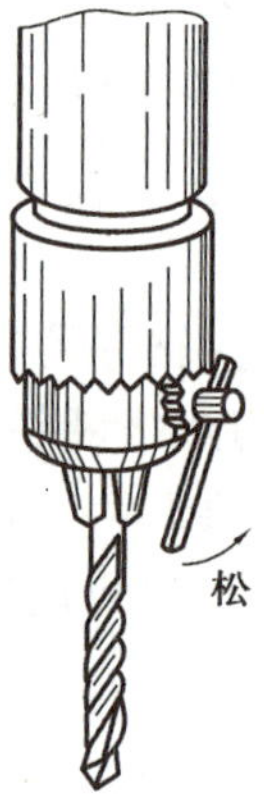

图4.16　钻头夹持图

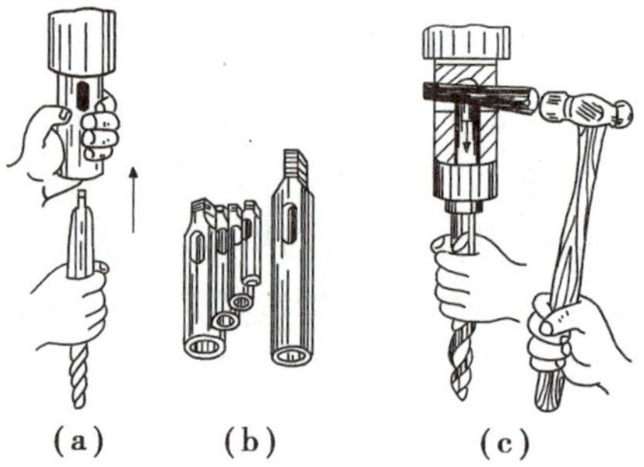

图4.17　锥柄钻头的拆装及锥套用法

2)种类及选用　钻头套分为1~5号,钻头套的号数即为其内锥孔的莫氏锥度号数,工作中应根据钻头锥柄莫氏锥度的号数,选用相应的钻头套(表4.2)。

表4.2　钻头套规格

种类	钻头套莫氏锥度号(莫氏锥度)		锥柄钻头直径/mm
	内锥孔	套外锥	
1	1号	2号	15.5以下
2	2号	3号	15.6~23.5
3	3号	4号	23.6~32.5
4	4号	5号	32.6~49.5
5	5号	6号	49.6~65

3)锥柄麻花钻的拆装　较小的钻头柄装到钻床主轴较大的锥孔内时,就要用钻头套来连接。在安装时必须将钻头柄部与主轴锥孔擦拭干净,并使钻头锥柄上的矩形舌与主轴腰形孔的方向一致,用手握住钻头,利用向上的冲力一次安装完成[图4.17(a)]。当较小的钻头柄装到钻床主轴较大的锥孔内时可用几个钻头套连接起来应用,但这样装拆比较麻烦且钻床主轴与钻头轴线同轴度也差,在这种情况下可以采用特制的钻头套。锥柄钻头的拆卸是利用斜铁来完成的[图4.17(c)]。斜铁使用时,斜面要放在下面,利用斜铁斜面向下的分力,使钻头与锥套或主轴分离。

3. 快换钻夹头

在同一工件上钻削不同直径的孔时,需要调换直径不同的钻头。如用普通的钻夹头或钻头套来装夹刀具,需要停车更换。而且多次借助敲打来装卸刀具,不仅容易损坏刀具和钻头套,甚至影响到钻床的精度。

使用不停车换刀具的快换钻夹头,不仅能避免上述缺点,而且大大提高了生产效率。快换钻夹头的结构,如图4.18所示。

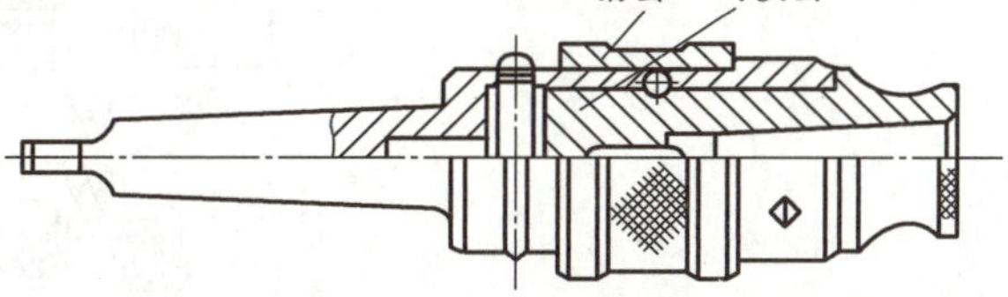

图4.18　快换钻夹头

可换套根据加工的需要备有多个,在可换套的外表面上有两个凹坑,钢球嵌入凹坑时,便可以传递动力。滑套的内孔与夹具体松配。当需要换钻头时可以不停车,只要用手握住滑套向上推,两粒钢球就会因受离心力而贴于套的端部大孔表面。这时可以用另一只手把可换套向下拉出,然后把装有另一个钻头的可换套插入,放下滑套,两粒钢球就会被重新压入可换套的凹坑内,于是就带动钻头旋转。

三、电钻及安全

电钻是应用十分方便的手持电动钻孔工具,常用于不便在钻床上钻孔的场合。

常用有手枪式及手提式两种形式,如图4.19所示。

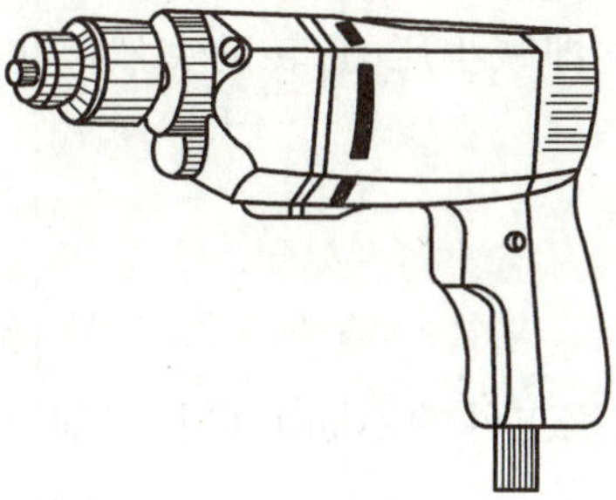

(a)手枪式

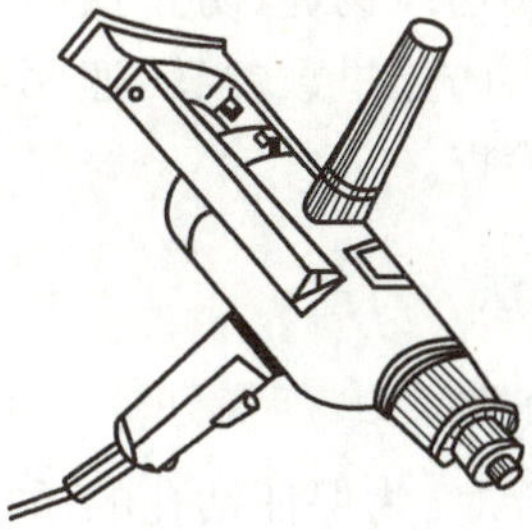

(b)手提式

图4.19　电钻

电钻的规格是用其最大钻孔直径表示,有6 mm、10 mm、13 mm、19 mm、23 mm等规格。

电钻的工作电压有 36 V、220 V、380 V 三种，使用时注意选用相匹配的电源。常用电钻为 220 V 工作电压，因为采用了双重绝缘结构，操作时不必另外采取绝缘安全措施。使用 380 V 的电钻时必须采取可靠的绝缘安全措施。

1. 电钻的构造

电钻的构造原理相同，结构相似。现以双重绝缘结构手枪式电钻示意图为例说明结构，如图 4.20 所示。它由电动机转子、定子、壳体、两级齿轮减速箱、钻夹头、整流子、开关、风叶、轴承、导线、手柄等主要零件构成。转子、定子经过特殊绝缘处理，定子与壳体间装有塑料套圈，加上塑料壳体形成双重绝缘结构。转速为 1 200 r/min。

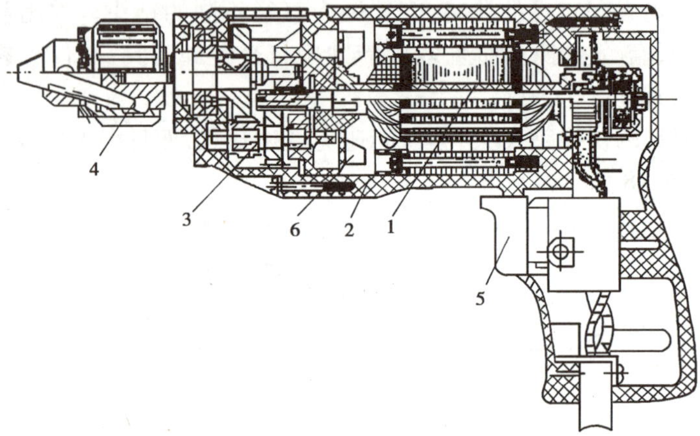

图 4.20　JIZ2-6 型电钻结构示意图

1—绝缘转子；2—绝缘机壳；3—减速箱；4—钻夹头；5—开关；6—风叶

2. 电钻的正确维护和安全使用

1）注意电钻工作电压要与电源相匹配。

2）使用前必须检查绝缘情况。

3）使用时，必须握持电钻手柄；防止软线被擦破、割断等，防止触电。

4）装夹钻夹头，忌用手锤等敲击。

5）妥善保护，防止壳体碰裂。

6）电钻不要接触汽油及其他溶剂，以免造成破坏和引起事故。

7）保持电钻通风畅通，防止铁屑等异物进入造成电钻损坏。

8）钻孔时要防止过载，当转速明显降低时，应立即减小压力；转动突然停止时，必须立即切断电源进行检查。

四、钻孔方法

1. 工件的夹持方法

工件在钻孔时，为保证钻孔的质量和安全，应根据工件的不同形状和切削力的大小，采取不同的装夹方法。

（1）平整工件的夹持

1）用手握持　当钻孔直径在 8 mm 以下，且工件又可以用手握牢而不会发生安全事故时，可用手直接拿稳工件进行钻孔，此时为防划手，应对工件握持边倒棱。当快要钻穿时，进给量要小。有些工件虽然可用手握持,但为了安全起见,最好再用螺钉将工件固定在工作台上。

2)手虎钳或平口钳夹持 直径在 8 mm 以上或用手不能握牢的小工件,可以用手虎钳夹持,或用小型机床用平口钳夹持[图 4.21(a)、(b)]。

(2)圆柱形工件的夹持

用 V 形架配以螺钉、压板夹持[图 4.21(c)],可使圆柱形工件在钻孔时不致转动。

(3)搭压板夹持

钻大孔或不便用机虎钳夹紧的工件可用压板、螺栓和垫铁把它固定在钻床工作台上[图 4.21(d)]。搭压板时应注意以下几点:

1)垫铁、螺栓尽量靠近工件,以减少压板的变形,并使工件获得最大的压紧力。

2)垫铁应略高于工件被压表面,否则压紧后压板对工件的着力点在工件的边缘处,当只用一块压板压紧工件时,工件会翘起。

3)对已精加工的压紧表面,上面应垫以铜皮等软衬垫物,以防压出印痕。

(4)对于加工基准在侧面的工件,可用角铁进行夹持[图 4.21(e)]。

(5)在圆柱形工件端面钻孔,可用三爪自定心卡盘进行夹持[图 4.21(f)]。

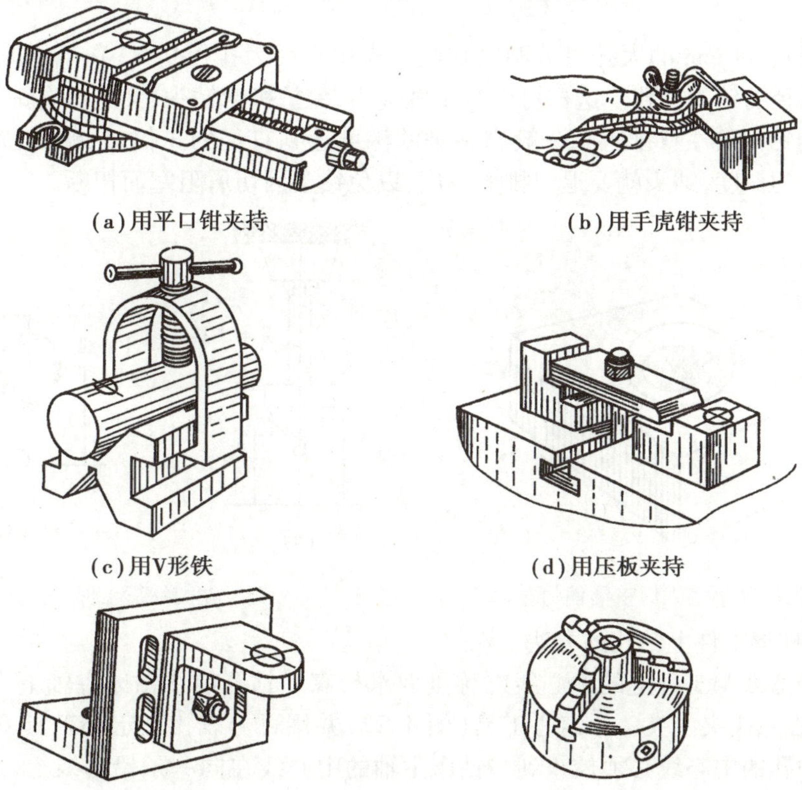

(a)用平口钳夹持 (b)用手虎钳夹持

(c)用V形铁 (d)用压板夹持

(e)用角铁 (f)用三爪定心卡盘

图 4.21 工件的夹持方法

2. 钻孔方法

钳工的钻孔方法与生产的规模有关。大批量生产时,借助于夹具可保证加工位置的正确性;小批量或单件生产时,要借助于画线来保证其加工位置的准确。

(1)一般工件的加工方法

1)准备　钻孔前把工件中心位置的样冲眼用样冲冲大一些,使钻头不易偏离中心。

2)起钻　起钻的位置是否正确,直接影响到孔的加工质量。起钻前先把钻尖对准中心孔,然后起动主轴先试钻一浅坑,看所钻的锥坑是否与所画的圆周线同心,如果同心可以继续钻下去,如果不同心,则要借正之后再钻。

3)借正　当发现所钻的锥坑与所画的圆周线不同心时,应及时借正。一般靠移动工件的位置来借正。当在摇臂钻床上钻孔时,要移动钻床的主轴。如果偏远移量较多,也可以用样冲或油槽錾在需要多钻去材料的部位錾上几条槽,以减少此处的切削阻力而让钻头偏过来,达到借正的目的(如图 4.22)。

4)限位限速　当钻通孔即将钻通时,必须减少进给量,如果原来采用自动进给,此时最好改成手动进给。因为当钻尖刚钻穿工件材料时,轴向阻力突然减小,由于钻床进给机构的间隙和弹性变形突然恢复,将使钻头以很大的进给量自动切入,以造成钻头折断或钻孔质量降低等现象。

如果钻不通孔,可按孔的深度调整挡块,并通过测量实际尺寸来检查挡块的高度是否准确。

5)直径超过 30 mm 的大孔可分两次切削　先用直径为孔径 0.5 ~0.7 倍的钻头钻孔,然后再用所需孔径的钻头扩孔。这样可以减少轴向力,保护机床钻头,又能提高钻孔的质量。

6)深孔的钻削要注意排屑　一般当钻进的深度达到直径的 3 倍时,钻头就要退出排屑。且每钻进一定的深度,钻头就要退刀排屑一次,以免钻头因切屑阻塞而扭断。

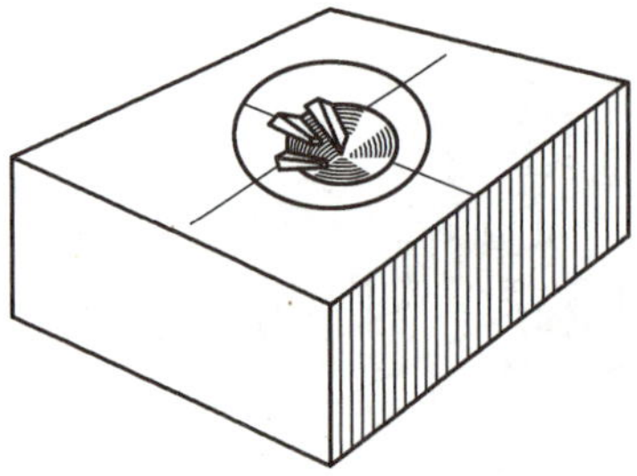

图 4.22　用錾槽来纠正钻偏的孔

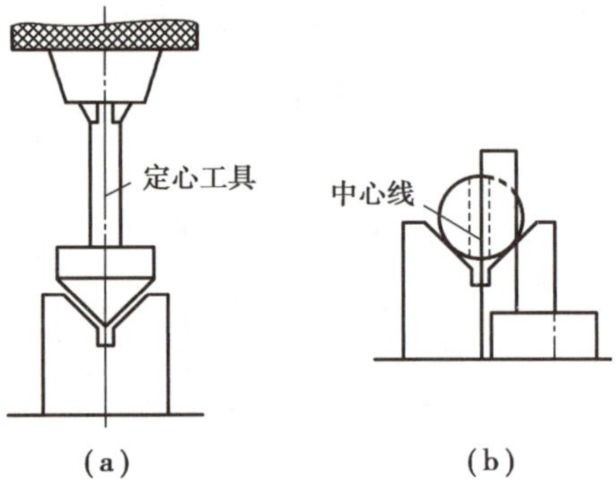

图 4.23　在圆柱形工件上钻孔

(2)在圆柱形工件上钻孔的方法

1)孔的中心线与工件上的中心线对称度要求较高　钻孔前在钻床主轴下安放 V 形铁来支撑工件,再在钻头夹上夹一个定心工具(图 4.23)并用百分表找正定心工具,V 形铁的对称线与工件钻的孔的中心线必须校正到与钻床主轴的中心线在同一条铅垂线上,然后进行试钻和钻孔。

2)孔的中心线与工件上的中心线对称度要求不高　可以不用定心工具,而利用钻头的钻尖来找正 V 形架的位置。再利用 90°角尺和借正工作工件端面的中心线,并使钻尖对准钻孔中心,进行试钻和钻孔。

(3)在斜面上钻孔的方法

由于钻头在单向径向力的作用下,切削刃受力不均匀而产生偏切现象,致使钻孔偏歪、滑移，不易钻进，即使勉强钻进，钻出的孔的圆度和中心轴线的位置也难以保证，甚至可能折断钻头。采用以下方法：

1）先用立铣刀在斜面上铣一个水平面，然后再钻孔。

2）用錾子在斜面上錾出一个小平面后，先用中心钻钻出一个较大的锥坑，或先用小钻头钻出一个浅孔，再钻孔时钻头的定心就较为可靠了。

（4）钻半圆孔的方法

1）相同材料的半圆孔的钻法　当相同材质的两工件边缘需要钻半圆孔时，可以把两个工件合起来，用台虎钳夹紧。若只需要做一件，可以用一块相同的材料与工件合并在一起在台虎钳内进行钻削。

2）不同材料的半圆孔的钻法　在两件不同材质的工件上钻齐缝孔时，可以采用“借料”的方法来完成。即钻孔的孔中心样冲眼要打在略偏向硬材料的一边，以抵消因阻力小而引起的钻头的偏移量（如图4.24）。

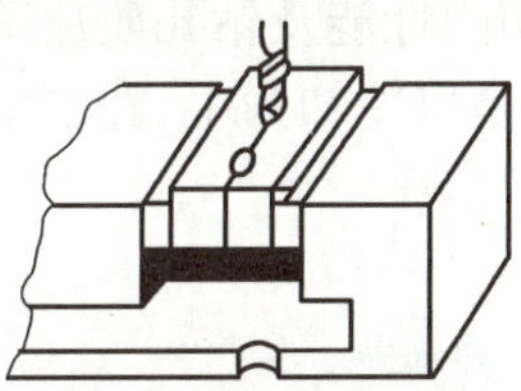

(a)将工件合起来钻半圆孔

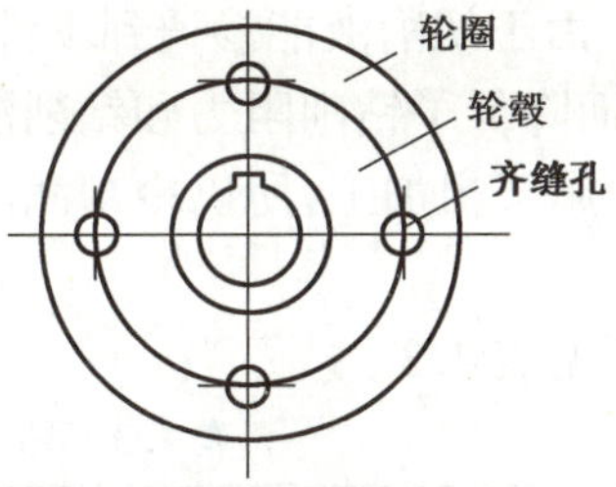

(b)钻齐缝孔

图4.24　钻半圆孔

3）使用半孔钻　半孔钻如图4.25所示，是把标准麻花钻切削部分的钻心修磨成凹凸形，以凹为主，突出两个外刃尖，使钻孔时切削表面形成凸肋，限制了钻头的偏移，因而可以进行单边切削。为防止振动，最好采用低速手进给。

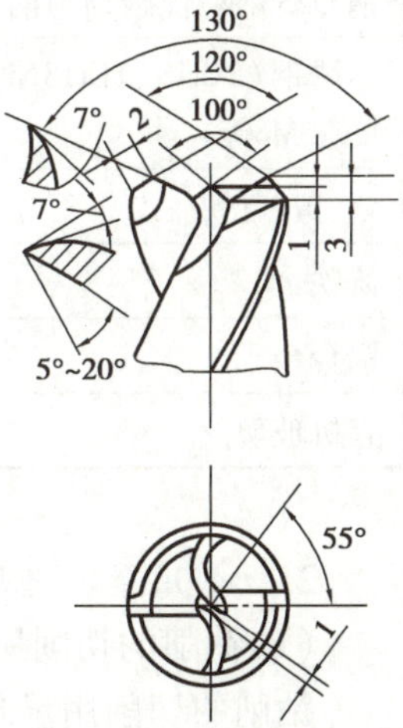

图4.25　半孔钻

3. 钻孔时的安全文明生产

1）不允许戴手套；袖口必须扎紧；头部不许与旋转的主轴靠得太近；女工必须戴工作帽；以免被旋转的铁屑和钻头造成伤害。

2）工件必须夹紧，特别在小件上钻较大孔时，夹持必须牢固。

3）开动钻床前应检查钻夹头钥匙是否还在钻夹头上，是否有斜铁插在主轴上；要清理工作台，如使用的刀具、量具和其他物品不应放在工作台上。

4）变速要先停车，后变速；检验工件必须在停车状态下进行。

5）孔快钻穿时要减小进给量、减小进给力。因为孔快钻穿时轴向阻力突然减小，轴线阻力突然消失，造成钻头走刀机构恢复弹性变形，无论是手动进给或机动进给都会突然加大进给量，往往造成事故。

6）不嘴吹切屑，以免铁屑飞入眼中；不能用手或棉纱清除切屑，必须用毛刷清除；如果钻出长切屑时，应用钩子钩断，除去。

7）停车时，要让主轴自然停止，不能用手去刹车，也不能用反转制动。

8)停车后用"钥匙"松紧钻夹头,不能敲击;钻头从钻套中取出时,应用斜铁敲击。

9)严禁在开车状态下拆装工件;清洁钻床或加注润滑油必须切断电源。

10)直接压装在工作台上进行钻孔的工件,钻通孔时要垫垫块,如钻头直径小于T形槽时对准T形槽,防止钻坏工作台。

五、切削液和切削用量的选择

1.钻孔时的切削液

钻头在钻削过程中,由于切屑变形及钻头与工件摩擦所产生的切削热,严重影响到钻头的切削能力和钻孔精度,甚至引起钻头退火,使钻削无法进行。为此,在钻孔时注入充足的切削液,它能起到如下的作用:

1)冷却作用　切削液的输入能吸附和带走大量的切削热,降低工件和钻头的温度,限制积屑瘤的产生,防止已加工表面硬化,减少因受热变形产生的尺寸误差。

2)润滑作用　由于切削液能渗透到工件与钻头的切削部分形成有吸附性的油膜,起到减小摩擦的作用,从而降低了钻削阻力和钻削温度,使切削性能及钻孔质量得到提高。

由于钻孔一般属于粗加工,所以冷却润滑的目的是以冷却为主,即主要是提高钻头的切削能力和耐用度。

切削液的选择见表4.3。

表4.3　钻孔时切削液的选择

工件材料	切削液种类
各类结构钢(合金结构钢40 Cr、65 Mn)(普碳结构钢Q235钢、优碳结构钢20、45号钢)	3% ~5%乳化液;7%硫化乳化液
不锈钢(2Cr13、1Cr18Ni9Ti)、耐热钢(1Cr18Ni9Ti、1 Cr5Mo等)	水溶液(3%肥皂、2%亚麻油)
紫、黄、青铜	5% ~8%乳化液
铸铁	5% ~8%乳化液;煤油
铝合金	5% ~8%乳化液;煤油;煤油与菜油的混合物
有机玻璃	5% ~8%乳化液;煤油

2.切削用量及选用

(1)钻削的切削用量

钻削的切削用量包含切削速度V_c(m/min)、进给量f(mm/r)、切削深度a_p(mm)。

1)切削速度(V_c)　是指钻削时钻头切削刃上任一点的线速度。一般是指钻头切削刃上最大直径处的线速度。若已知钻床的转速,则切削速度为:

$$V_c=\frac{\pi Dn}{1\ 000}(\text{m/min})$$

式中　D——钻头直径,mm;

n——钻头的转速,r/min;

V_c——切削速度,m/min。

2)进给量(f)　钻孔时的进给量是指钻头每转一圈,它沿着孔的深度方向移动的距离,单位:mm/r。

3)切削深度(a_p)　钻孔时的切削深度等于钻头的半径,即 $a_p = D/2$,单位:mm。

(2)钻削时切削用量的选用

合理地选择切削用量,是为了在保证加工精度、表面粗糙度的前提下,最大限度地提高生产率,同时不允许超过机床的功率和机床、刀具、夹具等的强度和刚度。

钻孔时切削深度已经由钻头的直径所决定,所以只需选择切削速度和进给量。

切削速度和进给量对生产率的影响是相同的。

对钻头的使用寿命来说,切削速度的影响大于进给量的影响,因为切削速度的增大,直接引起切削温度的升高和摩擦的增大。

对孔的表面粗糙度的影响,却是进给量明显于切削速度。因为进给量越大,加工表面的残留面积越大,表面越粗糙。

切削用量的选用基本原则:在允许范围内,先尽量选择较大的进给量f,再考虑选择尽可能大的切削速度 V_c。

切削用量的选用基本依据:钻头直径、工件材料、钻头材料、表面粗糙度等。

进给量f的选用:通常用查表法,先依据钻头直径 D,初步确定进给量f,见表4.4;再根据表面粗糙度要求等条件适当调整进给量。

表4.4　高速钢标准麻花钻的进给量f

钻头直径 D/mm	<3	3~6	6~12	12~25	>25
进给量f/(mm·r^{-1})	0.025~0.05	0.05~0.10	0.10~0.18	0.18~0.38	0.38~0.62

孔的精度要求高、表面粗糙度数值要求较小时,应选用较小的进给量f;钻深孔、钻头较长刚度和强度较差时应选有较小的进给量。

切削速度 V_c的选用:通常用查表法,先依据材料的硬度,初步确定速度 V_c,见表4.5;依据公式计算出转速 n,相应地在钻床上选择合适的转速挡。

表4.5　高速钢标准麻花钻的切削速度

加工材料	硬度/HB	切削速度 V_c/(m·min^{-1})	加工材料	硬度/HB	切削速度 V_c/(m·min^{-1})
低碳钢	100~125 >125~175 >175~225	27 24 21	可锻铸铁	110~160 >160~200 >200~240 >240~280	42 25 20 12
中、高碳钢	125~175 >175~225 >225~275 >275~325	22 20 15 12	球墨铸铁	140~190 >190~225 >225~260 >260~300	30 21 17 12
合金钢	175~225 >225~275 >275~325 >325~375	18 15 12 10	低碳 铸钢、中碳 高碳		24 18~24 15

续表

加工材料	硬度/HB	切削速度 $V_c/(m \cdot min^{-1})$	加工材料	硬度/HB	切削速度 $V_c/(m \cdot min^{-1})$
灰铸铁	100 ~ 140	33	铝合金、镁合金		75 ~ 90
	>140 ~ 190	27			
	>190 ~ 220	21			
	>220 ~ 260	15	铜合金		20 ~ 48
	>260 ~ 320	9	高速钢	200 ~ 250	13

孔深较大时应取较小的切削速度。

六、废品分析和钻头损坏的原因

1. 钻孔时废品分析

如果钻头或工件装夹不当，钻头刃磨不准确，切削用量选择不适当，以及操作不正确等，在钻孔时都会产生废品，见表4.6。

表4.6 钻孔时的废品分析

废品形式	废品原因
孔径大	1. 钻头振动大或产生摆动 2. 钻头两主切削刃刃磨不对称
钻孔位置偏移或歪斜	1. 工件安装问题 2. 工件夹紧问题 3. 画线及样冲眼位置问题、定位问题 4. 未试钻，未找正，或进刀过快 5. 机床锁紧问题 6. 钻床主轴与工作台不垂直
孔壁太粗糙	1. 钻头磨钝 2. 后角太大 3. 进给量太大 4. 切削液选择不当

2. 钻孔时钻头损坏原因

钻头用钝、切削用量太大、排屑不畅等，都容易损坏钻头，见表4.7。

表4.7　钻孔时钻头损坏原因

损坏形式	损坏原因
钻头工作部分折断	1. 进刀量太大 2. 快钻穿时未减小进给量 3. 强行借正 4. 切屑堵塞 5. 钻薄板或铜料时操作不当、未磨好钻头 6. 用磨钝的钻头钻孔,压力太大 7. 工件未夹紧 8. 钻铸件时,遇到气孔 9. 钻齐缝孔操作不当
切削刃迅速磨损	1. 切削速度过高 2. 钻头几何角度刃磨不当 3. 钻头刃磨角度与材料硬度不相适应 4. 钻头未及时退出冷却、排屑

任务4.2　扩孔、铰孔

一、扩孔

用扩孔钻或麻花钻等刀具扩大工件孔径的方法称为扩孔。扩孔尺寸公差等级可达IT9～IT10,表面粗糙度Ra12.5～3.2 μm。

1. 扩孔钻

扩孔钻的结构与麻花钻相比有较大的不同,如图4.26所示。其结构特点是:

1)中心不参与切削,没有横刃,只有靠边缘的部分是切削刃。

2)扩孔钻的钻芯粗,刚度高。

3)刀齿多,导向性好,单齿切削量少,一般整体扩孔钻有3～4个齿。

2. 扩孔钻扩孔的特点

1)相对于钻孔来讲,扩孔导向性较好。

2)切削深度$a_p=(D-d)/2$,比钻孔时小很多,切削阻力减小。

3)钻心较粗,切削平稳,所以扩孔的进给量$f_{扩}=(1.5\sim2)f_{钻}$。

4)没有麻花钻横刃切削所产生的不良影响。

5)切屑较少,排屑良好。

采用麻花钻扩孔时,第一次用直径为(0.5～0.7)D钻头,第二次用直径为D的钻头扩孔。D为扩后的孔径。

用扩孔钻扩孔,在扩孔前先用孔径=0.9D的钻头钻孔后,再进行扩孔。

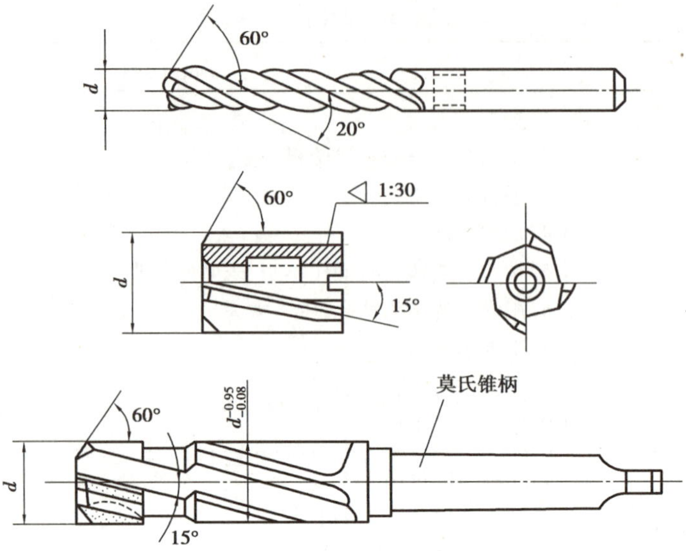

图 4.26　部分扩孔钻的结构

二、锪孔

用锪钻刮平孔的端面或切出沉孔的方法称为锪孔。锪孔的目的是保证孔端面与孔中心线的垂直度，以便与孔连接的零件位置正确，连接可靠。锪孔的应用，如图 4.27 所示。

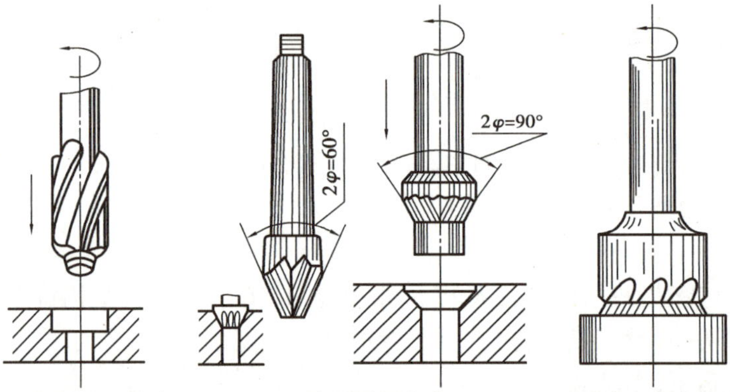

(a)锪圆柱埋头孔　(b)锪锥形埋头孔　(c)锪孔口和凸台平面

图 4.27　锪孔的应用

1. 锪孔钻

锪孔钻的分类：柱形锪钻、锥形锪钻、端面锪钻。

(1)柱形锪钻

如图 4.28 柱形锪钻起主要切削作用的是端面刀刃，螺旋槽的斜角就是它的前角，即 $\gamma = \omega = 15°$，后角 $\alpha_0 = 8°$。锪孔钻前端有导柱，导柱直径与工件孔为较小的间隙配合以保证良好的导向。有的导柱是可以拆卸的。

柱形锪孔钻常用麻花钻改制。端面刀刃可用锯片砂轮磨出，注意导柱上的麻花钻的两条螺旋槽的锋口必须倒钝，用麻花钻改制的无导柱的平底盲孔锪钻。平底盲孔底端的加工可用这种改制的柱形锪孔钻。

(2)锥形锪钻

如图4.29所示,锥形锪孔钻用于锪锥形埋头孔。锥形锪孔钻的锥角2φ有60°、75°、90°、120°四种,以加工不同锥角的锥形埋头孔。最常用的是90°的锥角锪孔钻。锥形锪钻的切削齿数为4~12个,随直径的增大齿数增多,直径d为12~60 mm。切削齿的前角$\gamma_0=0°$,后角$\alpha_0=6°\sim8°$。为了改善刀尖外的排屑、容屑条件,刀齿间每隔一齿切有一槽,如图4.29所示。用麻花钻改制锥形锪孔钻,主要是要保证顶角2φ与工件孔要求的锥角一致,两切削刃要磨得对称。考虑减少切削时的振动,常需磨成双重后角。后角$\alpha_0=6°\sim10°$,对应的后面宽度为1~2 mm;第二重后角$\alpha_1=15°$。为防止扎刀现象,外缘外的前角应修磨成$\gamma_0=15\sim20°$。

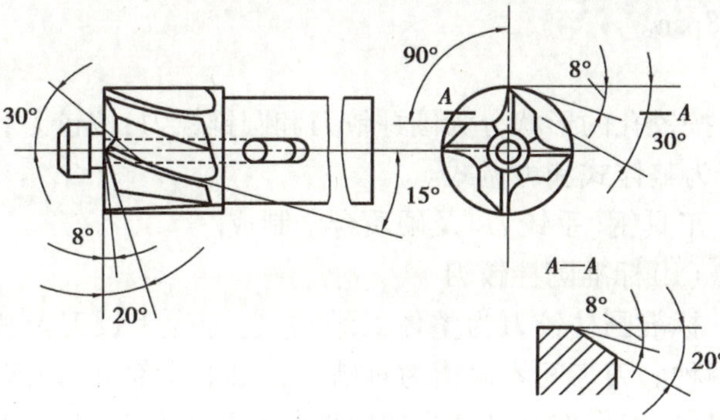

图4.28　柱形锪钻

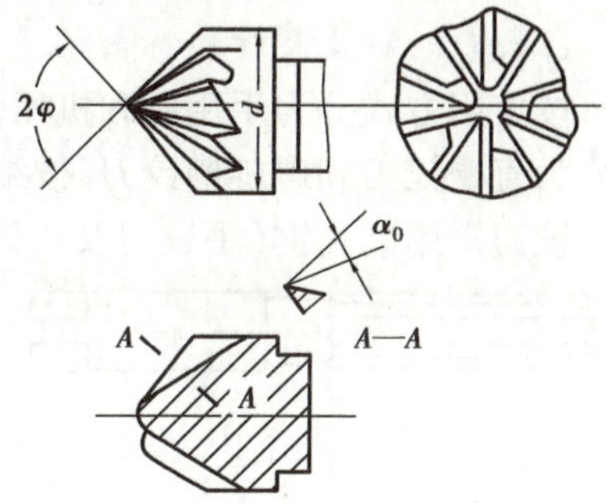

图4.29　锥形锪孔

(3)端面锪钻

专门用于锪平孔口端面的锪钻称为端面锪钻,其结构如图4.27(c)所示。导向柱与孔的配合采用H7/f7的间隙配合;其刀片用高速钢刀条刃磨,用螺丝钉紧固在刀杆下端的方孔里。刀片前角的大小,应根据被加工的工件材料而定。锪铸铁工件孔锪刀的前角$\gamma_0=5°\sim10°$,后角$\alpha_0=6°\sim8°$;锪钢孔锪刀的前角$\gamma_0=15°\sim25°$,后角$\alpha_0=6°\sim8°$,副后角$\alpha_0'=4°\sim6°$。刀杆下端的方孔应垂直于刀杆的轴线,以保证锪出的端面与孔的轴线的垂直度。

(4)薄板上锪大孔的套料工具

在薄板上加工大直径孔时,用图4.30所示的可调式套料工具进行加工既经济,加工质量又好,还能大大提高工作效率。调整所加工孔尺寸大小的方法是:松开刀体上固定刀杆的两紧固螺钉,将刀杆在刀体方槽中向右移动,就会调大加工孔的尺寸;向左移动就调小加工孔的尺寸。调节时可用测量$D/2$的尺寸,来判断尺寸是否正确,或用试切法来调整。当孔的尺寸较大时,为了增加定心作用,需在刀体下方有一段定心圆柱,锪孔前要先在工件上钻一个孔以便与定心圆柱相配合。高速钢割刀的刃磨类似于车床上的切刀。

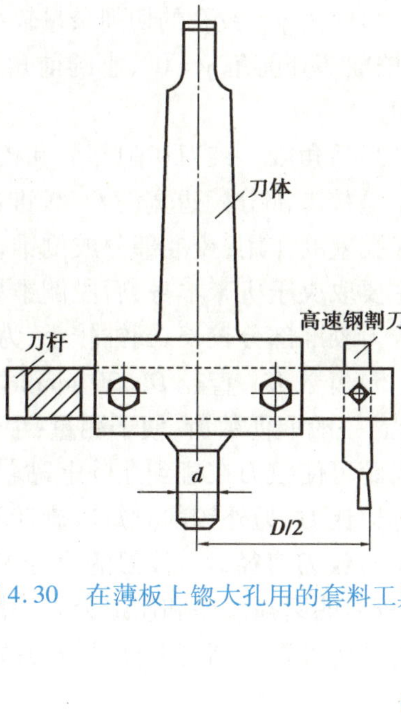

图4.30　在薄板上锪大孔用的套料工具

2. 锪孔时应注意的事项

1)麻花钻改锪钻,刀杆尽量短,以保证锪钻的刚度,以免加工时刀具产生振动。

2)适当减小锪钻的后角和外缘处前角以防止扎刀现象。

3)切削速度要低,选钻孔速度的(1/3～1/2)。精锪孔时为了获得平稳的转动和低的速度,可利用停车后的转轴的惯性来锪孔。

4)锪钻钢件,导柱要润滑。

三、铰孔

铰孔是用铰刀从孔壁切除少量金属层,以提高孔的尺寸精度和减小表面粗糙度数值的方法。由于铰刀刀齿多,导向性好,切削余量小,切削力小,所以铰削加工尺寸精度较高,可达IT7～IT9级,表面粗糙度可达 $Ra3.2$～$0.8\mu m$。

1.铰刀的种类及结构特点

按使用方式分为手用铰和机用铰刀;按铰孔的形状分为圆柱铰刀和圆锥铰刀;按铰刀容屑槽分为直槽铰刀和螺旋槽铰刀;按结构分为整体式和可调式。

铰刀常用高速钢(手铰刀及机铰刀)、工具钢(手铰刀)及硬质合金制成。

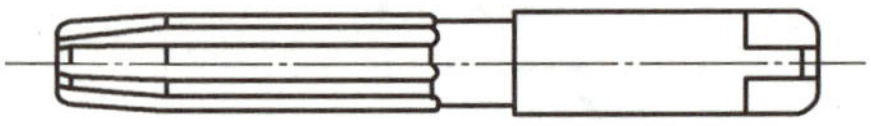

图4.31　部分铰刀的形状

(1)标准圆柱铰刀

标准圆柱铰刀为整体式结构,它分为手铰刀及机铰刀两种。刀齿间容屑槽为直槽。它由工作部分、颈部、柄部组成,工作部分又分为切削部分和校准部分,如图4.31所示。标准圆柱铰刀的主要结构参数有:

1)切削锥角 2φ　切削锥角 2φ 对切削力的大小和铰削质量有较大的影响。较小的切削锥角 2φ 可获得较小表面粗糙度数值。机用铰刀铰削钢件及其他韧性材料的通孔时,$2\varphi=30°$;铰削铸铁及其他脆性材料的通孔时,$2\varphi=6°\sim10°$。机用铰刀铰盲孔时,为了让铰刀铰出孔的圆柱部分尽量长些,圆锥顶角部分要尽量短,所以 $2\varphi=90°$。手用铰刀的切削锥角小 $2\varphi=1°\sim3°$,这样有利于提高铰削时的定心作用,铰削轴向力较小,铰削时较为省力,而铰刀的切削部分较长。

2)前角 γ　铰孔的切削余量较小,切屑的变形小,可取较小的前角。切削部分前角 $\gamma=0°\sim3°$;校准部分前角 $\gamma=0°$,小的前角使铰削近似于刮削作用,孔壁可以获得较小的表面粗糙度数值。

3)后角 α　铰刀切削部分和校准部分的后角 α 一般都为 $6°\sim8°$。

4)校准部分棱边宽度 f　校准部分棱边宽度 $f=0.1\sim0.3$ mm,棱边无后角以保证导向和修光孔壁的作用;校准部分成倒锥,机铰刀校准部分前段为圆柱形,校准部分较短,因其校准作用主要取决于机床本身,后段倒锥量为0.04～0.08 mm,以防止铰刀振动而扩大被铰孔孔口。手铰刀校准部分较长,倒锥较小,为0.005～0.008 mm,以起到良好的导向作用。

5)齿数 Z　直径 $D<20$ mm时,齿数 $Z=6\sim8$ 齿;当直径 $D>20\sim50$ mm时,齿数 $Z=8\sim12$ 齿;一般取偶数齿,便于测量;手铰刀齿距在圆周上是不均匀分布的。在圆周上不均匀分布的齿距可使铰刀在碰到孔壁上黏着的切屑或工件材料中的硬点时,各刀齿不会重复向硬点的对称边让刀,另外铰削时每次旋转转角和停歇方位大致相同时,避免孔壁产生轴向刀痕。

6)铰刀直径 D　铰刀的直径参数的选择,包含被铰孔的直径及公差,孔径扩张量或收缩量,铰刀的磨损公差和制造公差等因素。铰刀的直径公差直接影响被铰孔的精度,是铰刀最基本的结构参数。高速钢标准铰刀按直径公差分有三种型号:型号为1号、2号、3号。新的高速钢标准铰刀都留有0.005～0.02 mm的研磨余量备用，以适应所需孔径的具体需要。表4.8为未研磨的铰刀直径公差及其适用范围，以及研磨后能够达到的铰孔精度。

表4.8　工具厂出厂的未经研磨的铰刀直径公差及其适用范围

铰刀公称直径/mm	1号铰刀			2号铰刀			3号铰刀		
	上偏差 +μm	下偏差 +μm	公差 μm	上偏差 +μm	下偏差 +μm	公差 μm	上偏差 +μm	下偏差 +μm	公差 μm
3～6	17	9	8	30	22	8	38	26	12
>6～10	20	11	9	35	26	9	46	31	15
>10～18	23	12	11	40	29	11	53	35	18
>18～30	30	17	13	45	32	13	59	38	21
>30～50	33	17	16	50	34	16	68	43	25
>50～80	40	20	20	55	35	20	75	45	30
>80～120	46	24	22	58	36	22	85	50	35
未经研磨适用场合	H9			H10			H11		
经研磨适用场合	N7、M6、K7、J7			H7			H9		

铰孔后的孔径有时可能收缩，引起孔径收缩的因素有很多。如使用无刃铰刀、铰削硬材料时由于挤压现象严重，铰孔后由于弹性恢复而使孔径缩小。例如，铰铸铁孔时加煤油润滑，由于煤油的渗透性很强，工件表面形成油膜。铰刀与工件之间油膜产生挤压作用，会使铰后的孔径缩小。目前对收缩量的大小还没有统一的方法来预计，所以一般通过试铰后，应根据实际情况来选取铰刀直径或研磨铰刀直径。

机用铰刀一般用高速钢制作，手用铰刀用高速钢或高碳钢制作。

铰基准孔时铰刀的制造公差约为被加工孔公差的1/3，即$T_{铰刀}=1/3\ T_{孔}$（孔公差），其中铰刀的上偏差$e_s=2/3\ T_{孔}$，下偏差$e_i=1/3\ T_{孔}$。这种确定方法适合用在大批量生产中，单件或小批量生产可用可调铰刀铰基准孔。

(2)可调节手铰刀(活络铰刀)

图4.32所示为可调节手用铰刀，刀体上开有六条斜底直槽，具有同样斜度的刀条嵌在槽里，利用前后两支螺母压紧刀条的两端。调节两端的螺母可使刀条沿斜槽移动，即能改变铰刀的直径，以适应加工不同孔径的需要。主要用于单件小批生产，其孔径的加工范围为6.25～44 mm；对直径的调节范围为0.75～10 mm。

刀片切削部分前角$\gamma=0°$，后角$\alpha_0=6°\sim8°$；倒锥棱边宽度$f=0.25\sim0.4$ mm。

(3)锥铰刀

锥铰刀用于铰削圆锥孔。根据铰刀锥度不同，分为锥度1∶10；1∶30；1∶50；莫氏0～6号四种锥铰刀，如图4.33所示。

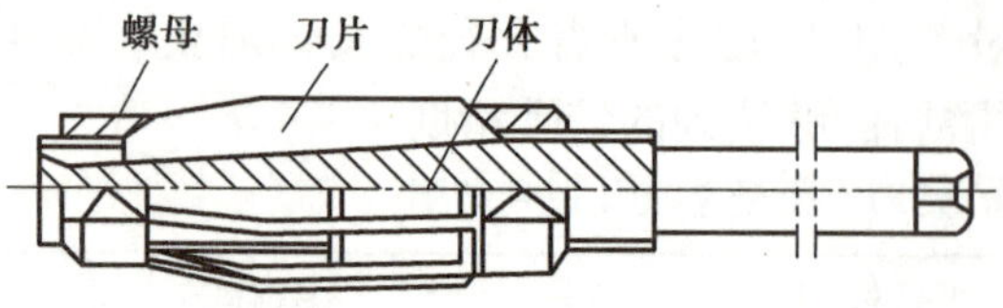

图 4.32　可调节手用铰刀

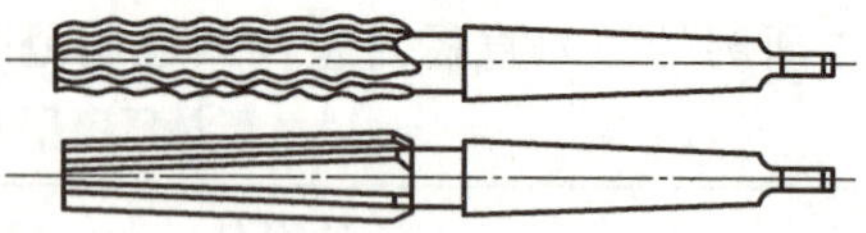

图 4.33　锥铰刀

1)1:10 的锥铰刀　用于铰削联轴节上与锥销的配合锥孔。

2)1:30 的锥铰刀　用于铰削套式刀具上的锥孔。

3)1:50 的锥铰刀　用于铰削锥形定位销的锥孔。

4)莫氏锥度铰刀　分别为 0 ~ 6 号,分别用于铰削 0 ~ 6 号莫氏锥孔。

1:10 的锥铰刀和莫氏锥度铰刀因锥度大,铰削较费力,所以一般为二至三把一套,二把粗铰刀(刀刃上开有呈螺旋形分布的分屑槽,以减轻切削负荷),一把精铰刀。

锥度较大的锥孔在铰削前应底孔钻成阶梯孔,阶梯孔的最小直径按锥孔铰刀的最小直径确定,并留有铰削余量,阶梯孔其余各段孔径应根据锥度进行推算,同时注意留铰削余量。

使用锥铰刀铰孔时,加工余量较大整齿都作为切削刃参与切削,因此每进刀 2 ~ 3 mm,应将铰刀退出一次,以清除切屑。

(4)螺旋槽手铰刀

如图 4.34 所示。用铰削有键槽的孔和孔的表面粗糙度要求较高的孔。由于螺旋槽的作用,铰削阻力沿圆周分布均匀铰削平稳,故铰出的孔较光滑。螺旋槽手铰刀的螺旋槽的方向有左旋和右旋两种,一般应选用左旋螺旋槽的铰刀,以避免铰削时发生自动旋进的现象,同时左旋螺旋槽刀刃使切屑向下容易推出外。铰削盲孔时适于用右旋螺旋槽手铰刀。

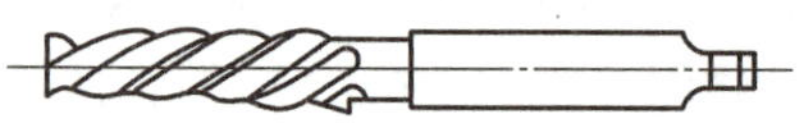

图 4.34　螺旋槽手铰刀

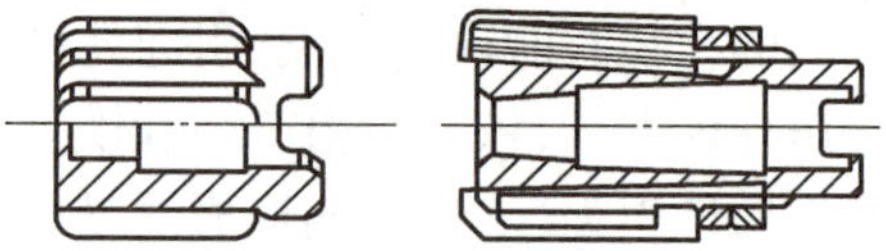

图 4.35　硬质合金机铰刀

(5)硬质合金机铰刀

如图 4.35 为硬质合金机铰刀,一般采用镶片式结构,适用于高速铰削和硬材料铰削(刀片材料有 YG 类,适宜于铰铸铁;YT 类适宜铰钢件)。硬质合金机铰刀有直柄和锥柄两种。

1)直柄硬质合金机铰刀规格　按直径分 6 mm、7 mm、8 mm、9 mm 四种;按公差分 1、2、3、4 号,铰孔后可分别直接获得 H7、H8、H9、H10 的孔。

2)锥柄硬质合金机铰刀规格　铰刀直径范围 10 ~ 28 mm。按公差分 1、2、3 号,铰孔精度对应 H9、H10、H11 的孔。

用硬质合金铰刀铰硬材料孔时,因铰削过程中挤压现象较严重,铰出的孔有收缩,所以在正式铰孔之前要通过试铰,以确定铰刀孔径。要获得合适铰刀直径,则需要通过研磨才能达到。

2. 铰削用量选择

铰削用量主要是指铰削余量、切削速度及进给量。铰削用量的合理选择,直接影响到孔的质量。

(1)铰削余量选择

铰削余量是指上道工序加工后留下的直径方向的加工余量。选择铰削余量的依据是：孔精度、表面粗糙度 *Ra*、孔径、材料硬度、铰刀类型，精铰时铰削余量一般为0.1～0.2 mm。具体可参考表4.9进行选取。

表4.9　铰削余量参考值

单位：mm

铰孔直径	<5	5～20	21～32	33～50	51～70
铰削余量	0.1～0.2	0.2～0.3	0.3	0.5	0.8

铰削必须要有合适的余量，若选取的铰削余量太大，切削刃负荷太大，切削热增多，易引起孔径扩张、孔表面粗糙度数值增大和引起切削不平稳。铰削余量太小时，难以消除前道工序残留下来的变形和刀痕，孔的质量不能保证。由于铰削余量太小，将使铰刀产生严重的啃刮现象，铰刀容易磨损。

(2)机铰时切削速度和进给量的选取

原则上在保证铰孔质量的前提下，应选择较大的切削速度和进给量。但切削速度和进给量太大，会加快铰刀的磨损；切削速度和进给量太小，会影响生产效率，同时由于进给量太小，铰刀刀齿会对工件材料产生推挤作用，被碾压过的材料产生塑性变形，使表面产生硬化现象，下一刀齿再切削时，会撕下一大片切屑，造成被加工表面变得粗糙。

用高速钢铰刀铰钢件孔时，切削速度 $v=4\sim8$ mm/min，进给量 $f=0.4\sim0.5$ mm/r。

用高速钢铰刀铰铸铁孔时，切削速度 $v=6\sim10$ mm/min，进给量 $f=0.5\sim1$ mm/r。

用高速钢铰刀铰铜件孔时，切削速度 $v=8\sim12$ mm/min，进给量 $f=1\sim1.2$ mm/r。

3.铰孔时切削液的选择

由于铰削时产生的切屑较细碎，易粘附在刀刃上或铰刀与孔壁之间，使已加工表面被拉毛，使孔径扩大，散热困难，易使工件和铰刀和工件变形、磨损。如果在铰削时加入适当的切削液，就可以及时对切屑进行冲洗，对刀具、工件表面进行冷却和润滑，以减小变形，延长刀具的使用寿命，提高铰孔的质量。切削液的选择见表4.10。

表4.10　铰孔时的切削液

工件材料	切削液种类
各类结构钢(合金结构钢40 Cr、65 Mn)(普碳结构钢 A_3 钢、优碳结构钢20、45号钢)	1.10%～20%乳化液 2.铰孔较高时，采用30%菜油加70%肥皂水 3.铰孔要求更高时，采用菜油、柴油、猪油等
铸铁	1.不用 2.煤油，会引起孔径缩小0.02～0.04 mm 3.5%～8%乳化液
铝合金	煤油
紫、黄、青铜	5%～8%乳化液

4. 铰削操作要点

1)首先工件的夹持要稳固,尽可能将孔竖直向下夹正。夹紧力要适当,防止因夹紧力过大而损伤工件、将孔夹变形,尤其是夹持薄壁工件更要引起注意。

2)手铰孔时,两手的用力要做到平衡、均匀、稳定;防止将孔口处铰成喇叭口或将孔径扩大;边旋转边轻轻加压,不要用猛力推压铰刀,以防止孔壁出现形成刀痕和使孔的表面粗糙度降低。

3)铰削时铰刀只能顺转,以避免切屑夹在孔壁和铰刀齿后刀面之间,将孔壁拉毛,使刀齿磨损,甚至产生铰刀崩齿。

4)在手铰削过程中,如出现手铰刀出现卡阻现象,应及时取出,查找原因,清除切屑,检查铰刀无问题后,再缓慢进给铰削,消除卡阻现象继续铰削。

5)机铰应先退刀再停车;铰通孔时铰刀的标准部分不要全出头,以防孔的下端被刮坏。

6)机铰要注意机床主轴、铰刀轴线与待铰孔之间同轴度是否符合要求。铰削高精度孔时,可采用浮动铰刀夹头以保证被子铰孔的位置精度不被破坏。

7)表面精度要求高时,要注意清洗铰刀、适当加机油润滑。

复习思考题

1. 钻头刃磨后应作哪些方面的检查?
2. 对照实物说明麻花钻的六面五刃;螺旋角、顶角、刀尖角、横刃斜角。
3. 麻花钻的顶角大小对钻削工作有哪些影响?
4. 为什么要将麻花钻的棱边设计成倒锥?
5. 麻花钻在结构上有哪些缺点? 对钻削有哪些影响?
6. 针对标准麻花钻存在的缺点,修磨时应采用哪些措施进行消除和改善?
7. 怎样刃磨薄板群钻?
8. 怎样刃磨钻铸铁的群钻?
9. 用标准群钻钻削黄铜、青铜时容易出现哪些问题? 怎样刃磨钻黄铜、青铜的群钻?
10. 为什么扩孔时的进给量可以比钻削时大?
11. 切削液的作用有哪些?
12. 铰孔时为什么铰孔的余量不能够太大或太小?
13. 怎样按照铰孔的尺寸来选择铰刀?
14. 怎样解决锪孔时易产生振痕的问题?
15. 钻直径 10 mm 的孔,转速为 270 r/min,试计算其切削速度。
16. 钻直径 10 mm 的孔,切削速度为 20 m/min,轴向进给速度为 100 mm/min,试计算选择主轴的转速和进给量。

项目 5
螺纹加工

螺纹的加工方法比较多，可在通用机床上进行切削加工，如车削和铣削螺纹；在大批量生产中，如生产标准紧固件等，多采用滚丝、搓丝等工艺，还可通过钳工的攻螺纹和套螺纹对工件进行螺纹加工，此种加工方法在装配过程中应用较多。

任务 5.1　攻螺纹

攻螺纹就是用丝锥在孔中切削加工内螺纹的方法。

一、攻螺纹的工具

攻螺纹的常用工具有丝锥、铰杠和保险夹头三种。

1. 丝锥

丝锥又称为螺丝攻，是一种钳工加工内螺纹的刀具，常用高速钢、碳素工具钢或合金工具钢材料制造；因其制造简单，使用方便，所以受到广泛的应用。

(1)丝锥的种类

按照加工螺纹的种类不同分为：普通三角螺纹丝锥、英制螺纹丝锥、圆柱螺纹丝锥、圆锥管螺纹丝锥、板牙丝锥、螺母丝锥、校准丝锥、特殊螺纹丝锥等。

按照加工方法可分为机用丝锥、手用丝锥；手用丝锥一般用碳素工具钢或合金工具钢制造，机用丝锥都用高速钢制造。

GB/T 3464.1—2007《机用和手用丝锥 第 1 部分：通用柄机用和手用丝锥》规定手用和机用普通螺纹丝锥有粗牙、细牙之分，有粗柄、细柄之分，有单支和成组之分，有等径和不等径之分。

(2)丝锥的结构

丝锥由工作部分和柄部组成，如图 5.1 所示。而工作部分包括切削部分和校准部分。

①切削部分。担负主要切削的任务。切削部分沿轴向开有几条容屑槽，形成切削刃和前角，同时能容纳切屑。切削部分磨出锥角，使切削负荷分布在几个刀齿上，这不仅可使工作省

力，同时不易产生崩刃或折断，而且攻螺纹时引导作用较好，也保证了螺孔的表面粗糙度。

②校准部分。具有完整的齿形，用来校准已切出的螺纹，并引导丝锥沿着轴向前进，丝锥校准部分有0.05～0.12/100 mm的倒锥，以减小与螺孔的摩擦。

③柄部。柄部有方榫，用来传递切削扭矩。

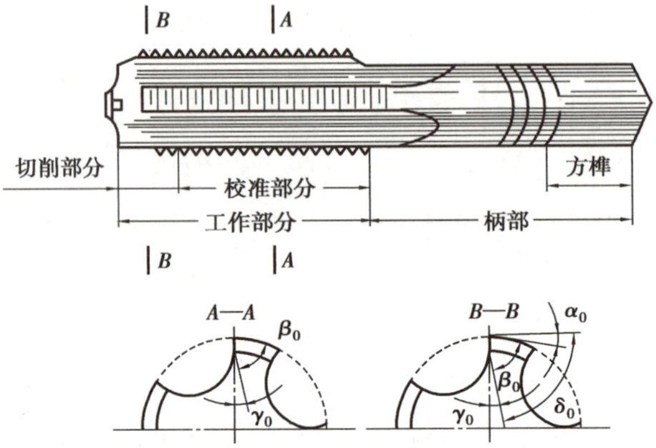

图5.1　丝锥的构造

(3)丝锥的几何参数

①前角 γ_0。丝锥的前角 $\gamma_0=8°\sim10°$，为了适应不同的工件材料，前角可在必要时作适当增减，见表5.1。

表5.1　丝锥前角的选择

被加工材料	铸青铜	铸铁	硬钢	黄铜	中碳钢	低碳钢	不锈钢	铝合金
前角 γ_0	0°	5°	5°	10°	10°	15°	15°～20°	20°～30°

②后角 α_0。切削部分的锥面上铲磨有后角，手用丝锥 $\alpha_0=6°\sim8°$，机用丝锥 $\alpha_0=10°\sim12°$，齿侧没有后角。丝锥的校准部分，手用丝锥没有后角，对M12以上的机用丝锥铲磨出很小的后角。

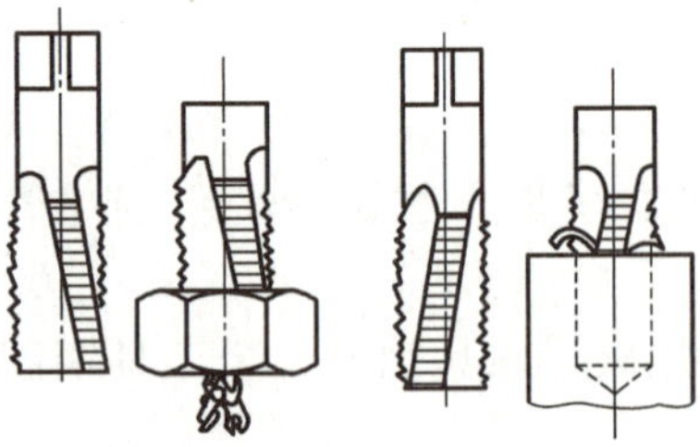

(a)左旋　　(b)右旋

图5.2　容屑槽的方向

③容屑槽。丝锥的容屑槽一般是直槽，以便于制造和刃磨，特别需要才采用螺旋槽(图5.2)。选用右螺旋槽丝锥，用来加工不通孔，使切屑能向上排出；选用左旋螺旋槽用来加工通孔，使切屑顺利向下排出。M8以下的丝锥一般有三条容屑槽，M8～M12的丝锥有三条也有四条的，M12以上的丝锥一般有四条容屑槽。较大的手用和机用丝锥及管螺纹丝锥也有六条容屑槽的。

(4)成套丝锥切削用量的分配

在实际应用过程中使用成套丝锥的目的是减小切削力、提高丝锥的耐用度，就是将攻螺纹的整个切削用量分配给几支丝锥来担负。M6～M24的丝锥一套有2支，M6以下及M24以上一套有3支。M6以下因丝锥容易折断，所以备有3支；大于M24的因切削负荷太大，也需要有3支。细牙丝锥不论大小均为2支一套。其切削用量的分配，三支一套的丝锥按顺序为6:3:1分担，两支一套的按7.5:2.5分担。机用丝锥与手用丝锥形状相似，不同的是在柄部多一条环形槽，用以防止丝锥从攻螺纹工具内脱落。

在成套丝锥中，切削量的分配方式有两种，即锥形分配和柱形分配，如图5.3所示。

图5.3　丝锥切削量分配

所谓锥形分配（也称为等径分配），其每套丝锥中的大径、中径、小径都相等，而切削部分的长度和锥角不同。头锥的切削部分长度为5~7个螺距，二锥切削部分长度为2.5~4个螺距，三锥切削部分长度为1.5~2个螺距。

柱形分配（不等径分配），其头锥、二锥的大径、中径、小径都比三锥的小，头锥、二锥的中径一样，大径不一样，头锥大径小、二锥的大径大。因此这种丝锥的切削量分配比较合理，使各丝锥磨损均匀，寿命长，攻螺纹也比较省力。同时因末锥的两侧刃也参加切削，所以加工表面粗糙度值较低。但攻通孔螺纹时也要攻两次或三次，丝锥的顺序也不能搞错，生产效率低。大于或等于M12的手用丝锥采用柱形分配，小于M12的采用锥形分配。所以攻M12或M12以上通孔螺纹时，一定要用最末一支丝锥攻过，才能得到正确的螺纹直径。

机用丝锥一套也有两支。攻通孔螺纹时，一般都是用切削部分较长的头锥一次攻出。只是攻不通孔螺纹时才用二锥再攻一次，以增加螺纹的有效长度。

(5)丝锥的螺纹公差带及选用

机用丝锥的公差带分H1、H2和H3三种；手用丝锥的公差带为H4，丝锥各种公差带所能加工的螺纹精度见表5.2。

表5.2　丝锥公差带适用范围

丝锥公差带代号	适用加工内螺纹公差等级	丝锥公差带代号	适用加工内螺纹公差等级
H1	5H、4H	H3	7G、6H、6G
H2	6H、6G	H4	7H、6H

2.铰杠

铰杠是手攻螺纹时用来夹持丝锥柄部的方榫，带动丝锥旋转切削的工具。铰杠的种类有普通铰杠和丁字形铰杠两类。

普通铰杠又分为固定铰杠和活络铰杠两种（图5.4），固定铰杠的方孔尺寸与柄长符合一定的规格，使丝锥受力不会过大，以防折断，一般在攻制M5以下螺纹时使用。活络铰杠的方孔尺寸可以调节，故应用广泛。活络铰杠的规格以其长度表示，使用时按表5.3选用。

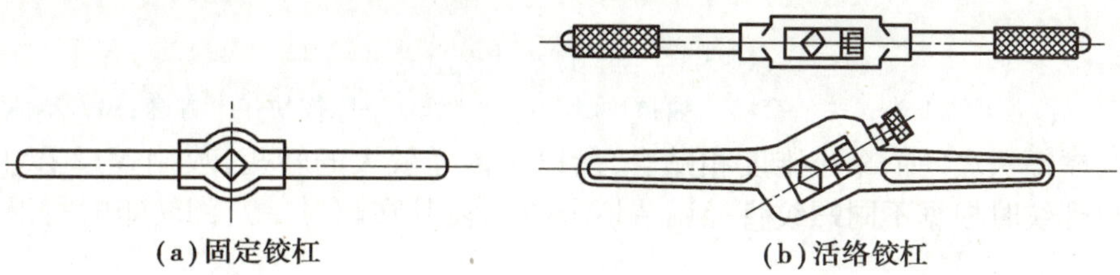

图5.4　铰杠

表 5.3　活络铰杠适用范围

活络铰杠规格	150	230	280	380	580	600
适用丝锥范围	M5 ~ 8	M8 ~ 12	M12 ~ 14	M14 ~ 16	M16 ~ 22	M24 以上

丁字形铰杠分为固定式和可调式(图 5.5),丁字形铰杠主要在攻制工作台阶旁边或攻制机体内部的螺纹时使用。攻制 M6 以下的螺纹使用可调节铰杠,是一个用四爪的弹簧夹头来夹持不同尺寸的丝锥;大尺寸螺纹使用的铰杠一般都是固定式的,通常按实际需要制成专用的。

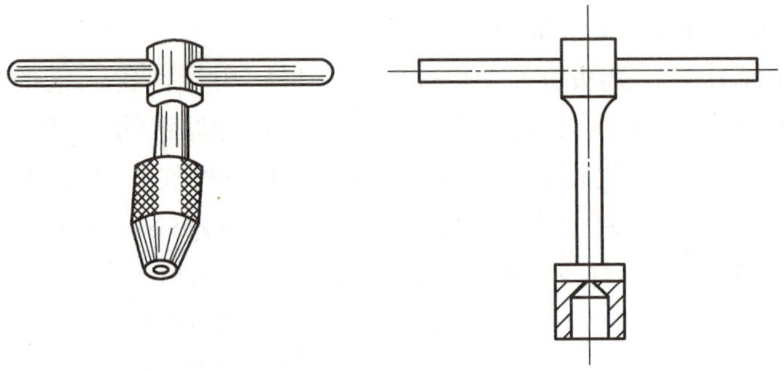

(a)固定铰杠　　(b)活络铰杠

图 5.5　丁字铰杠

3. 保险夹头

在钻床上攻螺纹时,通常用保险夹头来夹持丝锥,以免当丝锥负荷过大或攻不通孔到达底时,产生丝锥折断或损坏工件等现象。

常用的保险夹头是锥体摩擦式保险夹头,如图 5.6 所示。保险夹头本体(10)的锥柄装在钻床主轴孔内,在本体(10)的孔中装有轴(5),在本体的中段开有四条槽,嵌入四块 L 形锡锌铝青铜摩擦块(8),其外径带有 1∶10 的小锥度与螺套(9)时,螺母(7)的轴向位置靠两个螺钉(6)来固定。拧紧螺套(9)时,通过锥面作用把摩擦块(8)压紧在轴(5)上,成一套快换装置(其原理与快换钻夹头一样)。各种不同规格的丝锥可预先装在可换夹头的方孔中(可换夹头的方孔可制成多种不同尺寸),并用螺钉压紧丝锥的方榫,操作滑环(4)就可在不停机时调换丝锥。

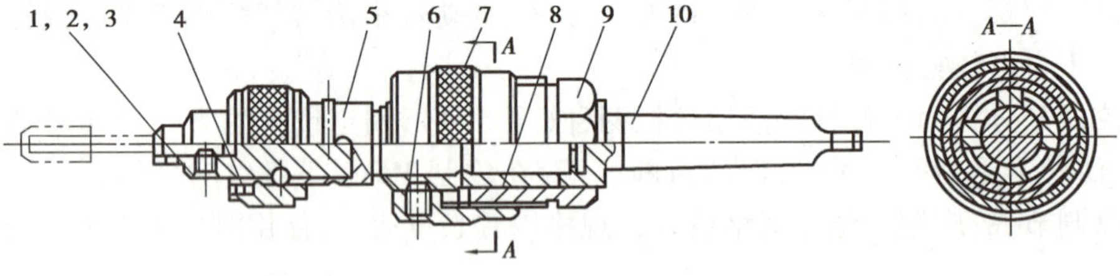

图 5.6　锥体摩擦式保险夹头

1,2,3—可换夹头;4—滑套;5—轴;6—螺钉;7—螺母;8—摩擦块;9—螺套;10—本体

螺套与摩擦块之间依靠小锥度相贴合,所以可传递较大的转矩,攻制 M12 以上的螺纹时也适用。攻螺纹时根据不同螺纹直径调节螺套(2),使其在超过一定的转矩时打滑,起到保险的作用。

二、攻螺纹的方法

1. 攻螺纹前螺纹底孔直径的确定

(1)攻丝过程中材料的塑性变形

丝锥的切削刃除了起切削作用外,还对工件的材料产生挤压作用,被挤压出来的材料凸出工件螺纹牙型的顶端,嵌在丝锥刀齿根部的空隙中。此时,如果丝锥刀齿根部与工件螺纹牙型的顶端之间没有足够的空隙,丝锥就会被挤压出来的材料扎住,造成崩刃、折断和工件螺纹烂牙。因此攻螺纹时螺纹底孔直径必须大于标准规定的螺纹内径。

(2)螺纹底孔直径大小的确定

螺纹底孔直径的确定应该根据工件材料的塑性和钻孔时的扩张量来考虑,使攻螺纹时既有足够的空隙来容纳被挤压出来的材料,又能保证加工出来的螺纹具有完整的牙型。

在钢和塑性较大的材料上攻制普通螺纹时,钻孔用钻头直径可根据下列经验公式计算得出:

塑性材料
$$D_0 = D - P$$

在铸铁和塑性较小的材料上攻制普通螺纹时,钻孔用钻头直径可根据下列经验公式计算得出:

脆性材料
$$D_0 = D - (1.05 \sim 1.1)P$$

式中　D_0——钻头直径,mm;

D——螺纹大径,mm;

P——螺距,mm。

螺纹底孔的钻头直径也可查表,见表5.4。

表5.4　攻制普通螺纹钻底孔的钻头直径　(单位:mm)

螺纹直径 D	螺距 P	钻头直径 D_0		螺纹直径 D	螺距 P	钻头直径 D_0	
		铸铁、青铜、黄铜	钢、可锻铸铁、紫铜、层压板			铸铁、青铜、黄铜	钢、可锻铸铁、紫铜、层压板
2	0.4	1.6	1.6	6	1	4.9	5
	0.25	1.75	1.75		0.75	5.2	5.2
2.5	0.45	2.05	2.05	10	1.5	8.4	8.5
	0.35	2.15	2.15		1.25	8.6	8.7
3	0.5	2.5	2.5		1	8.9	9
	0.35	2.65	2.65		0.75	9.1	9.2
4	0.7	3.3	3.3	12	1.75	10.1	10.2
	0.5	3.5	3.5		1.5	10.4	10.5
5	0.8	4.1	4.2		1.25	10.6	10.7
	0.5	4.5	4.5		1	10.9	11

续表

螺纹直径 D	螺距 P	钻头直径 D_0		螺纹直径 D	螺距 P	钻头直径 D_0	
		铸铁、青铜、黄铜	钢、可锻铸铁、紫铜、层压板			铸铁、青铜、黄铜	钢、可锻铸铁、紫铜、层压板
14	2	11.8	12	20	2.5	17.3	17.5
	1.5	12.4	12.5		2	17.8	18
	1	12.9	13		1.5	18.4	18.5
					1	18.9	19
16	2	13.8	14	22	2.5	19.3	19.5
	1.5	14.4	14.5		2	19.8	20
	1	14.9	15		1.5	20.4	20.5
					1	20.9	21
18	2.5	15.3	15.5	24	3	20.7	21
	2	15.8	16		2	21.8	22
	1.5	16.4	16.5		1.5	22.4	22.5
	1	16.9	17		1	22.9	23

加工英制螺纹时，钻孔用钻头直径可按表5.5中的公式计算得出。

表5.5 加工英制螺纹底孔钻头直径的计算公式

螺纹公称直径	铸铁与青铜	钢与黄铜
$\frac{3''}{16} \sim \frac{5''}{8}$	$D=25\left(d-\frac{1}{n}\right)$	$D=25\left(d-\frac{1}{n}\right)+0.1$
$\frac{3''}{4} \sim \frac{3''}{2}$	$D=25\left(d-\frac{1}{n}\right)$	$D=25\left(d-\frac{1}{n}\right)+0.2$

注：n－每英寸牙数

(3)攻不通孔螺纹时的钻孔深度

攻不通孔螺纹时，由于丝锥切削部分有锥角，前端不能切出完整的牙型，所以钻孔深度应大于螺纹的有效深度。其钻孔深度可按下式计算：

$$H_{钻}=h_{有效}+0.7D$$

式中 $H_{钻}$——底孔深度，mm；

$h_{有效}$——螺纹有效深度，mm；

D——内螺纹大径，mm。

2. 攻螺纹的要点

(1)手攻螺纹

手攻螺纹时应该注意以下几点:

①攻螺纹前螺纹底孔口要倒角,通孔螺纹底孔两端孔口都要倒角,使丝锥容易切入,并防止攻螺纹后孔口的螺纹崩裂。

②攻螺纹前工件的装夹位置要正确,应尽量使螺孔的中心线位于水平位置。目的是使攻螺纹时便于判断丝锥是否垂直于工件表面。

③开始攻螺纹时,应把丝锥放正,用右手掌按住铰杠的中部沿丝锥中心线用力加压,此时左手配合做顺向旋进[图5.7(a)],并保持丝锥中心线与孔中心重合,不能歪斜。当切工件1~2圈时,用目测或角尺检查和校正丝锥的位置(图5.8)。当切削部分全部切入工件时,应停止对丝锥施加压力,只需要自然地旋转铰杠,靠丝锥上的螺纹自然旋进[图5.7(b)]。

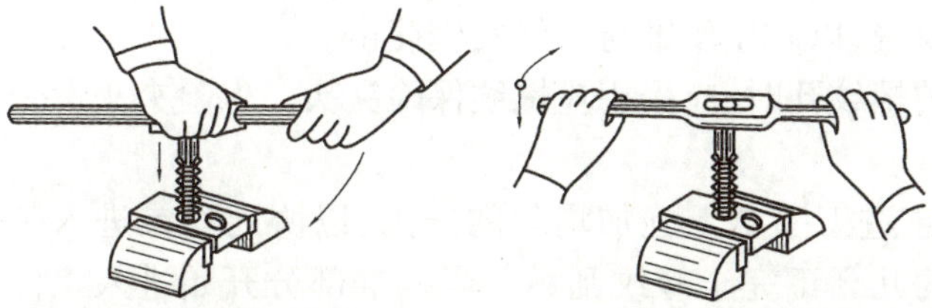

(a)　　(b)

图5.7　起攻方法

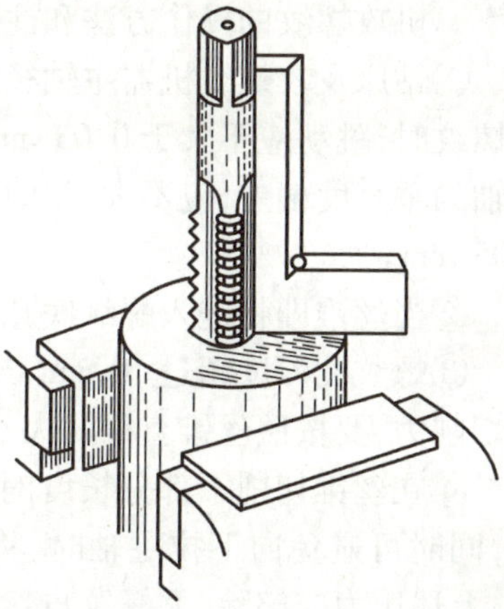

图5.8　用90°角尺检查螺纹的垂直度

④为了避免切屑过长咬住丝锥,攻螺纹时应经常将丝锥反方向转动1/2圈左右,使切屑碎断后容易排出。

⑤攻非通孔螺纹时,可在丝锥上做深度标记,要经常退出丝锥,排除孔中的切屑。当要攻到孔底时,更应及时排出孔底的切屑,以免攻到底时丝锥被扎住。

⑥攻通孔螺纹时,丝锥校准不应全部攻出头,否则会扩大或损坏孔口最后几牙螺纹。

⑦丝锥退出时,应先用铰杠带动螺纹平稳地反向转动,当能用手直接旋动丝锥时,应停止使用铰杠,以防止铰杠带动丝锥退出时产生摇摆和振动,破坏螺纹的粗糙度。

⑧在攻螺纹的过程中,换用另一根丝锥时,应该用手握住旋入已攻出的螺孔中。直到用手旋不动时,再用铰杠进行攻螺纹。

⑨在攻材料硬度比较高的螺孔时,应使用头锥二锥交替攻制,这样可以减轻头锥切削部分的负荷,防止丝锥折断。

⑩攻塑性材料的螺孔时,要加切削液,以减少切削阻力和提高螺孔的表面质量,延长丝锥的使用寿命。一般用机油或浓度较大的乳化液,要求高的螺孔也可以用菜油或二硫化钼等,见表5.6。

表 5.6　攻螺纹用的切削液

工件材料及螺纹精度		切削液	工件材料及螺纹精度	切削液
钢	精度要求一般	20#机油、乳化液	可锻铸铁	乳化液
	精度要求较高	菜油、二硫化钼、豆油	黄铜、青铜	机　油
不 锈 钢		30#机油、黑色硫化油、豆油	紫　铜	浓度较高的乳化液
灰铸铁	精度要求一般	不　用	铝及铝合金	机油中加适当煤油或浓度较高的乳化液
	精度要求较高	煤　油		

(2)机攻螺纹

除了对某些螺孔必须用手攻螺纹外,其余应积极使用机用丝锥,以保证攻螺纹质量和提高效率。机攻螺纹的操作方法和注意事项如下:

①钻床及攻螺纹机器主轴径向跳动,一般范围应在 0.05 mm 内,如攻削 6 H 级精度以上的螺纹时,跳动应不大于 0.03 mm。装夹工件的夹具定位支承面,与钻床主轴中心和攻螺纹机主轴的垂直度偏差,应不大于 0.05 mm/100 mm。工件螺纹底孔与丝锥的同轴度允差不大于 0.05 mm。

②当丝锥即将进入螺纹底孔时,进刀要慢,以防止丝锥与工件发生撞击。

③螺纹孔深度超过 10 mm,或攻不通的螺纹孔时,应采用攻螺纹保险夹头。保险夹头承受的切削力,要按照丝锥直径的大小进行调节。

④在丝锥切削了部分长度时,应在机床进刀手柄上施加均匀的压力,以协助丝锥进入工件,同时可避免向下拉主轴时,将刚开始的几牙不完全螺纹刮坏。当校准部分开始进入工件时,上述压力应解除,靠螺纹自然旋进,以免将牙型切“瘦”。

⑤机攻螺纹的切削速度主要根据工件材料、丝锥直径、螺距、螺孔的深度而定。当螺孔的深度在 10 ~ 30 mm 内时,其切削速度按表 5.7 选取。在同样条件下,丝锥直径小,取大值;直径大,取小值;螺距大,取小值。

表 5.7　攻螺纹切削速度

工件材料	切削速度/($m \cdot min^{-1}$)
一般钢材	6 ~ 15
调质钢或较硬钢	5 ~ 10
不锈钢	2 ~ 7
铸铁	8 ~ 10

⑥攻螺纹时应有充足的切削液。

⑦攻螺纹孔时,丝锥校准部分不能全部攻出头,以免在机床主轴反转退出丝锥时乱扣。

3. 丝锥的刃磨

(1)刃磨丝锥后刃面

当丝锥的切削部分磨损时,可刃磨其后刃面。可在工具磨床上刃磨后刃面,刃磨时要注意保持各刃瓣的半锥角 φ 以及切削部分长度的准确性和一致性。如果在砂轮机上刃磨后刃面,如图5.9所示,刃磨方法与刃磨钻头相似,应保持合理的后角并保证切削部分各刃齿半锥角的大小及长度保持一致,转动丝锥时要留心,不要使另一刃瓣的刃齿碰擦而磨坏。

(2)刃磨丝锥前刃面

当丝锥的校准部分磨损时,可刃磨其前刃面。磨损较少时可用油石研磨前刃面,研磨时,在油石上涂一些机油,油石要掌握平稳。磨损较显著时,要用棱角修圆的片状砂轮刃磨,见图5.10。刃磨时丝锥做轴向移动,使整个前面磨削均匀,并控制好前角 γ_0 的大小。刃磨时要经常用冷水冷却,避免丝锥刃口退火。也可在工具磨床上刃磨。

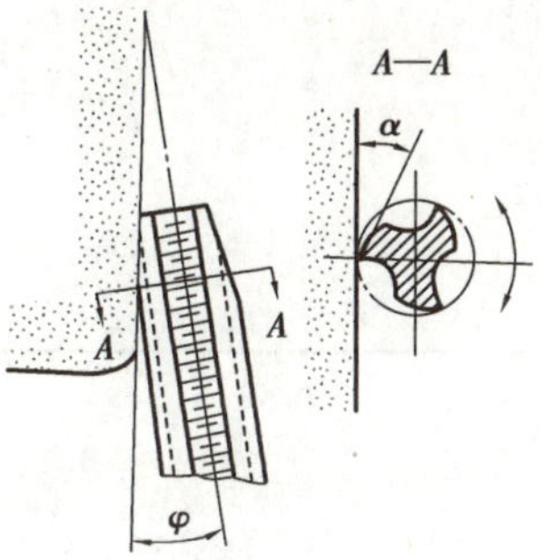

图5.9　刃磨丝锥后刃面

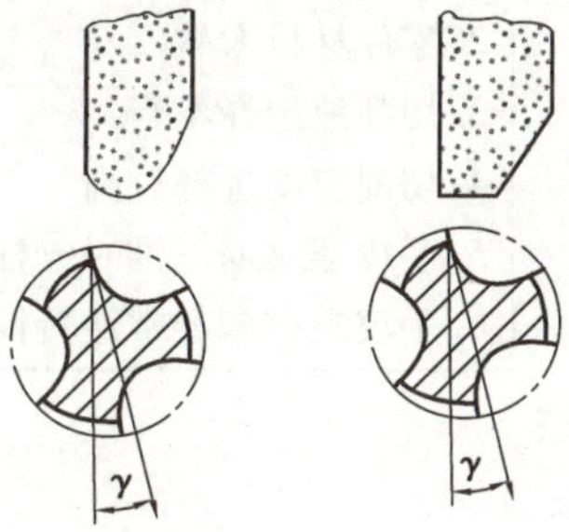

图5.10　刃磨丝锥前刃面

4.攻螺纹时常见缺陷分析

攻螺纹时常见缺陷分析及产生原因见表5.8。

表5.8　攻螺纹时常见缺陷分析

废品形式	产生原因
丝锥崩牙或扭断	1.工件材料硬度太高,或硬度不均匀 2.丝锥切削部分刀齿前、后角太大 3.螺纹底孔直径太小 4.丝锥位置不正 5.用力过猛,铰杠掌握不稳 6.丝锥没有经常倒转,致使切屑将容屑槽堵塞 7.刀齿磨钝,并黏附有积屑瘤 8.未采用合适的切削液 9.攻非通孔时,丝锥碰到孔底时仍在继续扳转
螺纹烂牙	1.螺纹底孔直径太小或孔口未倒角,丝锥不易切入,孔口烂牙 2.换用二锥、三锥时,与已切出的螺纹没有旋合好就强行攻削 3.头锥攻螺纹不正,用二锥、三锥时强行纠正 4.对塑性材料未加切削液或丝锥不经常倒转,而把已切出的螺纹啃伤 5.丝锥磨钝或刀刃有粘屑 6.丝锥铰杠掌握不稳,攻铝合金等强度较低的材料时,容易被切烂 7.攻不通螺纹时,丝锥已到底仍继续扳转 8.在强度较低的材料上攻较小螺孔时,丝锥已切出螺纹仍继续加压力,或攻完退出时连铰杠转出 9.机攻螺纹时,校准部分攻出底孔口,退丝锥时造成烂牙

续表

废品形式	产生原因
螺纹中径超差	1. 螺纹底孔加工过大 2. 丝锥精度等级选择不当 3. 切削速度选择不当 4. 手攻螺纹时铰杠晃动或机攻时丝锥晃动
螺纹表面粗糙度超差	1. 丝锥的前、后刃面粗糙 2. 零件材料太软 3. 切削液选择不当 4. 切削速度选择过高 5. 手攻螺纹退丝锥时铰杠晃动 6. 手攻螺纹未经常逆转铰杠断屑

5. 攻螺纹中丝锥折断的取出方法

1)用冲子或錾子,顺着退出方向打丝锥的断槽,由轻打开始,逐渐加重。振松以后,便可退出。

2)用弹簧钢丝插入断丝锥槽中,把断丝锥旋出。其方法是在带方榫的断丝锥上旋上两个螺母,把弹簧钢丝塞进二段丝锥和螺母间的空槽内,然后用铰杠向退出方向扳动断丝锥的方榫,带动钢丝,便可把断丝锥旋出。

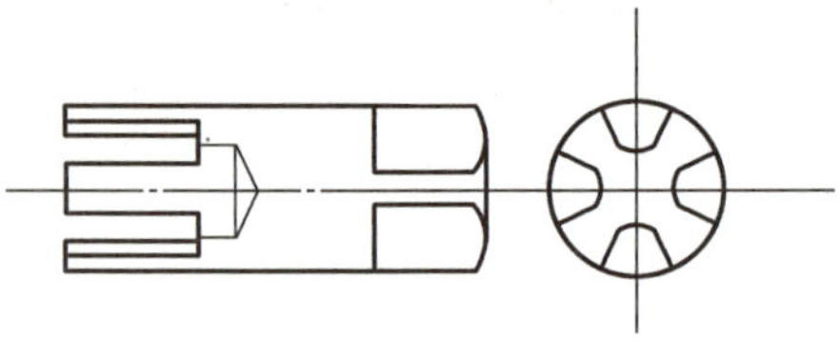

图 5.11　旋出断丝锥工具

3)使用专门工具旋出断丝锥。由钳工按丝锥的槽形及大小制造旋出工具,如图 5.11 所示。

4)用气焊在断丝锥上焊一个六角螺钉,然后按退出方向扳动螺钉,把断丝锥旋出。

5)将断丝锥用气焊退火,然后用钻头把断丝锥钻掉。

6)用电火花加工设备将断丝锥熔掉。

任务 5.2　套螺纹

用板牙在圆杆或管子上切削加工外螺纹的方法称为套螺纹。

一、套螺纹的工具

1. 圆板牙

圆板牙是加工外螺纹的工具,其外形像一个圆螺母,只是在它的上面钻有几个排屑孔并形成刀刃,如图 5.12 所示。

圆板牙两端的锥角 2φ 部分是切削部分。切削部分不是圆锥面(刀齿后角 $\alpha=0°$)而是经过铲磨而成的阿基米德螺旋面,形成后角 $\alpha=7°\sim9°$。锥角的大小一般是 $\varphi=20°\sim25°$(即 $2\varphi=40°\sim50°$)。板牙的中间一段为校准部分,也是套螺纹的导向部分。圆板牙的前刀面为曲线形，因此，前角大小沿着切削刃面变化，在内径处前角最大，外径处前角最小。一般 $\gamma_0=8°\sim12°$，粗牙 $\gamma_0=30°\sim35°$，细牙 $\gamma_0=25°\sim30°$。

板牙的校准部分因磨损会使螺纹尺寸变大而超出公差范围。因此，为延长板牙的使用寿命，M3.5 以上的圆板牙，其外圆上有一条 V 形槽（图 5.12），起调节板牙尺寸的作用。当尺寸变化时，用锯片砂轮将板牙 V 形槽切割出一条通槽，用板牙铰杠上的两个螺钉钉入板牙上面的两个偏心的锥孔坑内，使板牙尺寸缩小，其调节范围为 0.1～0.25 mm。上面两个坑之所以要偏心，是为了使紧定螺钉拧紧时与锥坑单边接触，使板牙尺寸缩小。在 V 形槽开口处旋入螺钉能使板牙尺寸增大。板牙下部两个通过中心的螺纹孔，是用紧定螺钉固定板牙并传递扭矩的。板牙两端都有切削部分，一端磨损后，可换另一端使用。

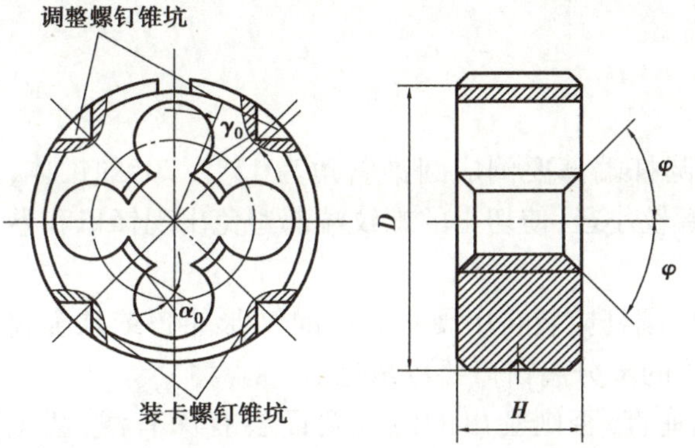

图 5.12　圆板牙

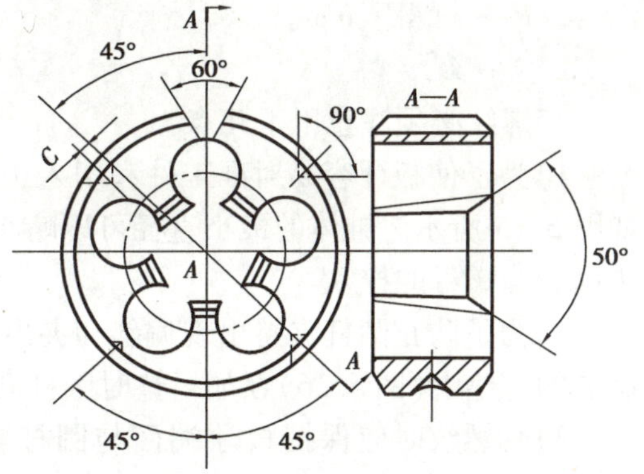

图 5.13　圆锥管螺纹板牙

2. 管螺纹板牙

管螺纹板牙分为圆柱管螺纹板牙和圆锥管螺纹板牙，圆柱管螺纹板牙的结构与圆板牙相仿。但圆锥管螺纹板牙（图 5.13）的基本结构也与圆板牙相仿，只是在单面制成切削锥，只能单面使用。圆锥管螺纹板牙的切削长度影响管牙的尺寸，因此套螺纹时要经常检查，不能使切削刃长度超过太多，只是相关配件旋入后能满足要求就可以了。

3. 板牙铰杠

板牙铰杠是手工套螺纹时的一种辅助工具（图 5.14）。板牙铰杠的外圆旋有四只紧定螺钉和一只调松螺钉，使用时，紧定螺钉将板牙紧固在铰杠中，并传递套螺纹时的扭矩。当使用的圆板牙带有 V 形调整槽时，通过调节上面两只紧定螺钉和调整螺钉，可使板牙螺纹直径在一定范围内变动。

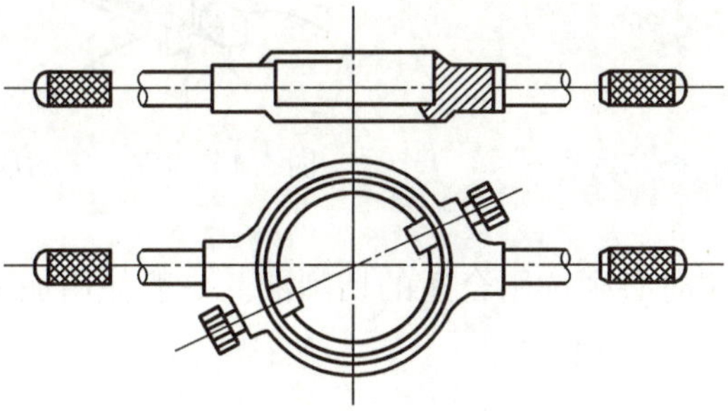

图 5.14　板牙铰杠

二、套螺纹的方法

1. 套螺纹前螺杆直径的确定

与攻螺纹时一样，用圆板牙在钢杆上套螺纹时，螺孔牙尖也要被挤高一些，所以，圆杆直径应比螺纹的小一些。

圆杆直径的计算公式：

$$d_0 = d - 0.13P$$

式中 d_0——圆杆直径，mm；

d——螺纹大径，mm；

P——螺距，mm。

2. 套螺纹要点

套螺纹必须注意以下几点：

1）为了使板牙容易对准工件和切入工件，圆杆端部要倒成圆锥斜角为 15°～20°的锥体，如图 5.15 所示。锥体的最小直径可以略小于螺纹小径，使切出的螺纹端部避免出现锋口和卷边而影响螺母的拧入。

2）为了防止圆杆夹持出现偏斜和夹出痕迹，圆杆应装在用硬木制成的 V 形钳口或软金属制成的衬垫中（图 5.16）在加衬垫时圆杆套螺纹的部分离钳口要尽量近。

3）套螺纹时应保持板牙端面与圆杆轴线垂直，否则套出的螺纹两面会有深有浅，甚至烂牙。

4）在开始套螺纹时，可用手掌按住板牙中心，适当地施加压并使铰杠转动。当板牙切工件 1～2 圈时，应目测检查和校正板牙的位置。当板牙切入圆杆 3～4 圈时，应停止施加压力，仅凭平稳地转动铰杠，板牙螺纹就会自然旋进套螺纹。

5）为了避免切屑过长，在套螺纹过程中板牙应经常倒转。

6）在钢件上套螺纹时要加切削液，以延长板牙的使用寿命，减小螺纹表面的粗糙度。

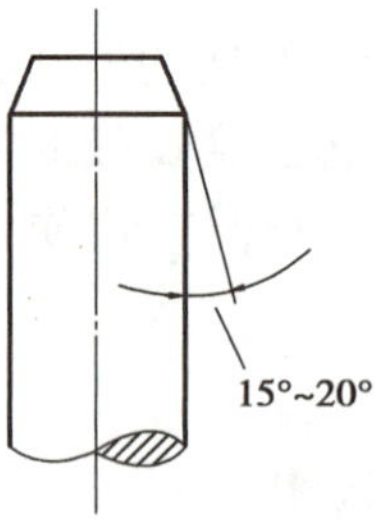

图 5.15 圆杆倒角图

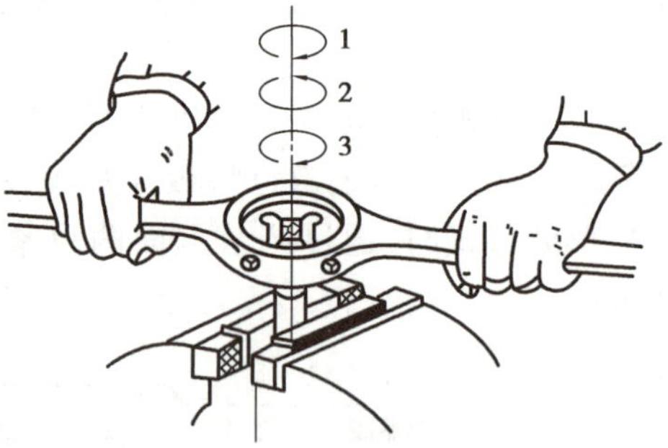

图 5.16 用 V 形块夹持圆杆

3. 切削液的选用

与攻螺纹一样，套螺纹时必须选用合适的切削液。一般使用加浓的乳化液或机油，要求较高时用菜油或二硫化钼。

三、套螺纹时常见缺陷分析

套螺纹时常见缺陷分析及产生原因见表 5.9。

表 5.9　套螺纹时常见缺陷分析

废品形式	产生原因
板牙崩齿、破裂或磨损过快	1. 工件材料硬度太高,或硬度不均匀 2. 丝锥或板牙切削部分刀齿前、后角太大 3. 圆杆直径太大或端部未倒角 4. 板牙位置不正 5. 用力过猛,板牙铰杠掌握不稳 6. 板牙没有经常倒转,致使切屑将容屑槽堵塞 7. 刀齿磨钝,并黏附有积屑瘤 8. 未采用合适的切削液 9. 套台阶旁的螺纹时,板牙碰到阶台仍在继续扳转
螺纹烂牙	1. 圆杆直径太大 2. 板牙磨钝或刀刃有积屑瘤 3. 套螺纹时板牙没有经常倒转断屑 4. 强行矫正已套歪的板牙 5. 未选用合适的切削液,套螺纹时速度过快
螺纹中径超差	1. 圆杆直径选择不当 2. 板牙切入后仍施加压力 3. 板牙端面与圆杆不垂直,多次矫正引起
螺纹表面粗糙度超差	1. 丝锥的前、后刃面粗糙 2. 零件材料太软 3. 切削液选择不当 4. 套螺纹时板牙铰杠转动不平稳,有晃动 5. 套螺纹时,铰杠转动太快,或未经常逆转断屑
螺纹歪斜	1. 板牙端面与圆杆轴线不垂直 2. 套螺纹时板牙铰杠左右晃动

复习思考题

1. 螺纹的主要几何参数是哪些？如何用代号表示？
2. 螺纹有哪些分类？列举三种以上常用螺纹的用途。
3. 钳工上攻螺纹和套螺纹时接触的有哪几种螺纹？它们在规格上各有何特征？
4. 试述丝锥各组成部分的名称、结构特点及其作用。
5. 成套丝锥在结构上怎样保证切削量的分配？
6. 攻螺纹前的钻孔直径是否等于螺纹小径？为什么？
7. 分别在钢料和铸铁上攻制 M12 和 M16 ×1 螺纹,求攻螺纹前钻螺纹底孔的钻头直径。

8. 试说明攻螺纹时的操作要点。
9. 丝锥磨钝后可用手工刃磨哪些部位？刃磨时应注意哪些？
10. 套螺纹时圆杆端部为何需要倒角？套螺纹前圆杆直径是否等于螺纹大径？为什么？
11. 套 M16 × 1 和 M10 螺纹时圆杆直径应为多少？
12. 试说明保险夹头的工作原理，摩擦式保险夹头在超载时各零件处于何种状态？

项目 6
平面精加工

刮削与研磨是两种钳工工作中非常重要的精加工方法。本章着重介绍刮削的基本概念、刮削工具、刮削方法及其质量检验；研磨的概念、研磨的工具、研磨剂的分类、研磨方法及其质量检验。

任务6.1 刮削

一、刮削概述

刮削就是用刮刀在工件表面上刮去一层很薄的金属，以提高工件加工精度的操作。它是钳工的重要手工操作技能之一。

1. 刮削的原理

将工件表面与标准工具或与其配合的工件之间涂上一层显示剂，经过对研，使工件上较高的部位显示出来，然后用刮刀进行微量的切削，刮去较高部位的金属层。经过这样反复地对研和刮削，工件就能达到正确的形状和精度要求。

2. 刮削的特点、作用及应用

1）特点　刮削具有切削量小、切削力小、产生热量小、装夹变形小等特点，不存在车、铣、刨等机械加工中不可避免的振动、热量变形等现象。

2）作用　在刮削过程中，由于工件多次反复地受到刮刀的推挤和压光作用，因此使工件的表面组织变得比原来紧密，并得到较细的表面粗糙度。经过刮削，可以提高工件的形状精度和配合精度；增加接触面积，从而增大了承载能力；形成了比较均匀的微浅凹坑，创造了良好的存油条件，改善了工件的润滑条件，减少了摩擦磨损；提高工件的表面质量，从而提高工件的耐磨和耐蚀性，延长了使用寿命；刮削还能使工件表面在光线反射下显示出明暗层次清晰、均匀整齐的花纹，使工件外观美化，在现代化高科技发达的今天仍有其不可替代的作用。

3）应用　机床导轨和滑动轴承的接触面，工具和量具的接触面及密封表面等，在机械加工之后也常用刮削方法进行加工。

3. 刮削余量

刮削的精度很高，且劳动强度大，效率很低，每次的刮削量又很少，所以对刮削余量就有一定的要求，因此机械加工所保留下来的刮削余量不能太大，一般为 0.05 ~ 0.4 mm。在确定工件的刮削余量时，应该考虑刮削工作面积大、余量大；刮削前加工误差大、余量大；工件的结构刚性差时，容易变形，余量大。一般来说，工件在刮削前的加工精度（直线度和平面度）应不低于形位公差规定的 9 级精度，见表 6.1。

表 6.1　刮削余量

单位：mm

平面的刮削余量					
平面宽度	平面长度				
	100 ~ 500	500 ~ 1 000	1 000 ~ 2 000	2 000 ~ 4 000	4 000 ~ 6 000
100 以下	0.10	0.15	0.20	0.25	0.30
100 ~ 500	0.15	0.20	0.25	0.30	0.40

孔的刮削余量			
孔径	孔长		
	100 以下	100 ~ 200	200 ~ 300
80 以下	0.05	0.08	0.12
80 ~ 180	0.10	0.15	0.25
180 ~ 360	0.15	0.20	0.35

4. 刮削种类

1）平面刮削　平面刮削有单个平面刮削和组合平面刮削两种。

2）曲面刮削　曲面刮削有内圆柱面、内圆锥面和球面刮削等。

二、刮削工具

1. 刮刀

刮刀是刮削的主要工具，刀头应具有较高的硬度，刃口必须保持锋利。刮刀一般采用碳素工具钢 T10A、T12A 或弹性较好的 GCr15 滚动轴承钢锻造而成，也可以采用焊接的硬质合金刀头。按用途不同刮刀可分为平面刮刀和曲面刮刀两大类。

（1）平面刮刀（图 6.1）

平面刮刀主要用来刮削平面，如平板、工作台等，也可以用来刮外曲面。按所刮表面精度要求不同平面刮刀又可以分为粗刮刀、细刮刀和精刮刀三种，规格见表 6.2。按形状不同平面刮刀又可以分为直头刮刀和弯头刮刀。直头刮刀的切削部分硬度较高，柄部硬度较低，而且富于弹性。弯头刮刀的刀体是曲形，能增加弹性，刮出来的工件表面质量较好。

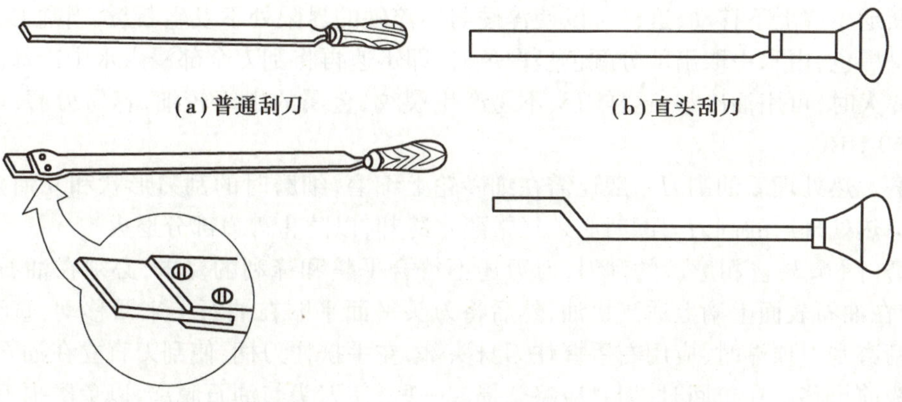

(a)普通刮刀　(b)直头刮刀　(c)活动刮刀　(d)弯头刮刀

图6.1　平面刮刀

表6.2　平面刮刀规格

单位:mm

种类	尺寸		
	全长 L	宽度 B	厚度 t
粗刮刀	450～600	25～30	3～4
细刮刀	400～450	15～20	2～3
精刮刀	400～450	10～12	1.5～2

1)平面刮刀头部几何形状和角度(图6.2)　刮刀头部的几何形状和角度按粗、细、精刮的要求来定,粗刮刀前角为90°～92.5°,刀刃平直;细刮刀前角为95°左右,刀刃稍带圆弧;精刮刀前角为97.5°左右,刀刃带圆弧较大。刮韧性材料的刮刀,可磨成正前角75°～85°进行粗刮,细、精刮时再将前角增大至90°左右。刃磨后的刮刀平面应平整光洁,刃口无缺陷。

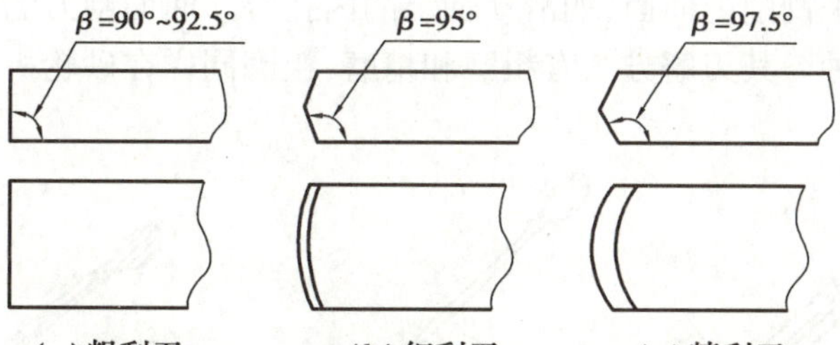

(a)粗刮刀　(b)细刮刀　(c)精刮刀

图6.2　刮刀头部几何形状和角度

2)平面刮刀的刃磨　分为四个阶段,即粗磨、热处理、细磨及精磨。

①粗磨。先在砂轮机上粗磨刮刀平面,使刮刀平面在砂轮外圆上来回移动,将两平面上的氧化皮磨去,然后两个平面分别在砂轮的侧面上磨平,要求达到两平面互相平行。然后刃磨刮刀的两侧面。最后将刮刀的顶端放在砂轮缘上平稳地左右移动,刃磨到使顶端与刀身中心线垂直即可。

②热处理。将粗磨好的刮刀,头部长度约25 mm处放在炉中缓慢加热到780～8 000 ℃(呈樱红色),取出后迅速放入冷水中冷却,浸入深度约8～16 mm。刮刀接触水面时应作缓慢

平移和间断地少许上下移动，这样可以使淬硬与不淬硬的界限处不发生断裂，当刮刀露出水面部分颜色呈黑色，由水中取出部分颜色呈白色时，即迅速再将刮刀全部浸入水中冷却。精刮刀及刮花刀淬火时，可用油冷却，这样刀头不易产生裂纹，金属的组织较细，容易刃磨，切削部分硬度接近 60 HRC。

③细磨。热处理后的刮刀一般还需在细砂轮上细磨，细磨时的刮刀形状和几何角度须达到要求。但热处理后的刮刀刃磨时必须经常蘸水冷却，以防止刃口部分退火。

④精磨（图 6.3）。粗磨后的刮刀，刀刃还不符合平整和锋利的要求，必须在油石上精磨。精磨时，应在油石表面上滴上适当机油，然后将刀头平面平贴在油石上来回移动，直至平面光整为止。精磨刮刀顶端时，应用右手握住刀身头部，左手扶住刀柄，使刮刀直立在油石上，然后右手用力线前推移。在拉回时，刀身应略微提起一些，使刀头与油石脱离，以免磨损刀刃。

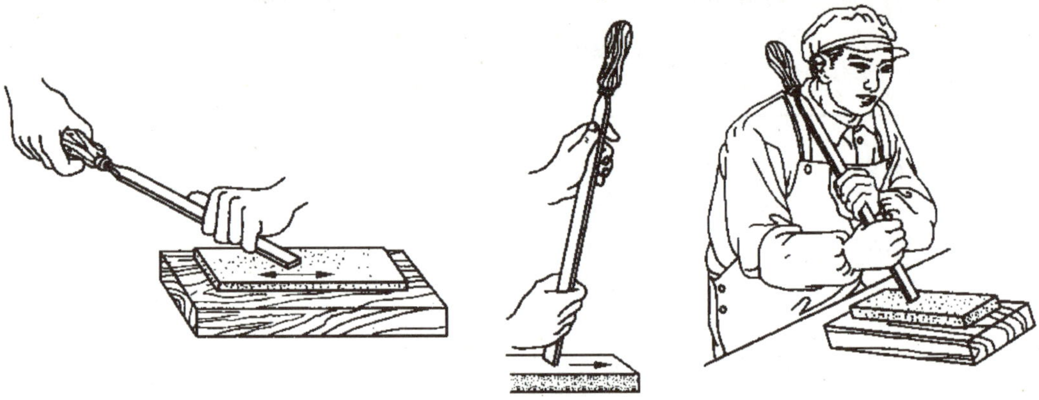

(a)磨平面　　(b)手持磨顶端面的方法　　(c)靠肩双手握持磨法

图 6.3　平面刮刀的精磨

(2)曲面刮刀（图 6.4）

曲面刮刀主要用来刮削内曲面，如滑动轴承的内孔等。曲面刮刀的种类较多，常用的有三角刮刀和蛇头刮刀两种。其刃磨方法有粗磨和精磨，粗磨同样在砂轮机上刃磨，精磨则在油石上刃磨。

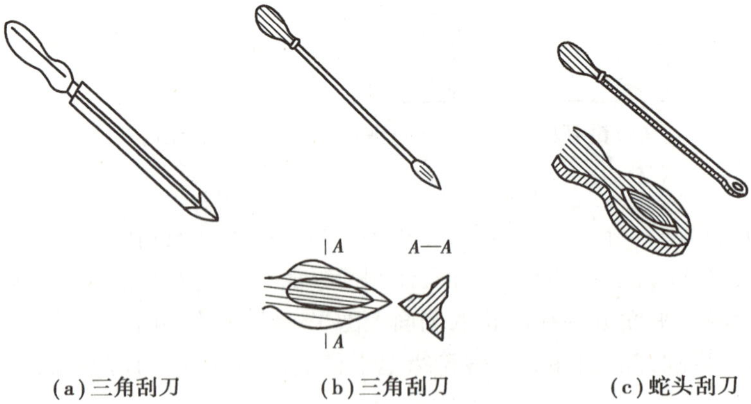

(a)三角刮刀　　(b)三角刮刀　　(c)蛇头刮刀

图 6.4　曲面刮刀

2. 校准工具

校准工具也称研具，它是用来合磨研点和检验刮削面准确性的工具。常用的有以下几种：

(1)标准平板(图6.5)

标准平板是用来检验较宽的平面，其面积尺寸有多种规格。选用时，它的面积一般不大于刮削面积的3/4。

(2)校准直尺[图6.6(a)和(b)]

校准直尺主要用来检验狭长的平面。平面常用的有桥式直尺和工字形直尺两种，桥式直尺主要用来检验大导轨的直线度。工字形直尺分单面和双面两种，单面工字形直尺的一个面经过精刮，精度较高，常用来检验较短导轨的直线度。双面工字形直尺的两面都经过精刮并且互相平行，它常用来检验狭长平面相对位置的准确性。

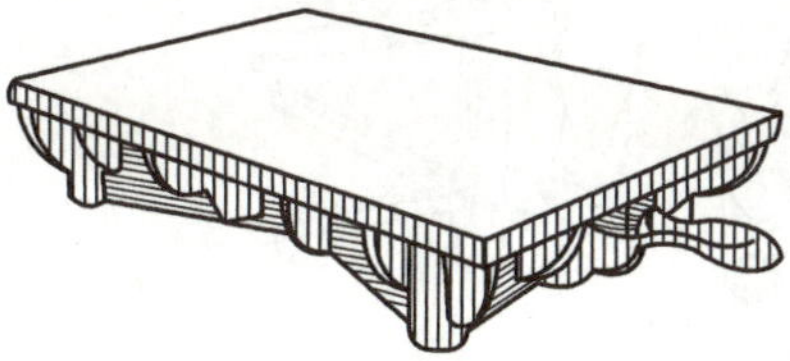

图6.5　标准平板

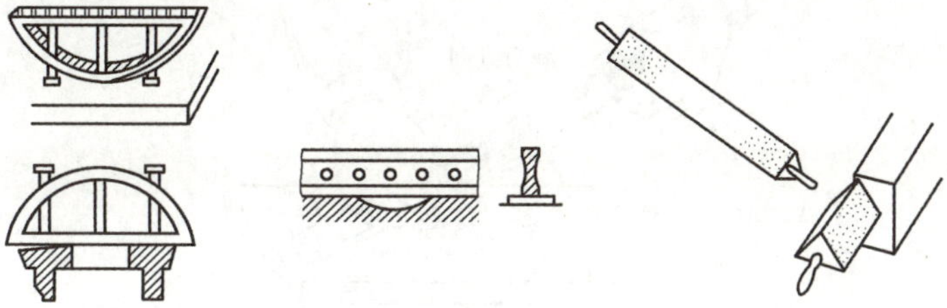

(a)桥式直尺　(b)工字直尺　(c)角度直尺

图6.6　校准直尺

(3)角度直尺[图6.6(c)]

角度直尺主要用来校验两个刮面成角度的组合平面，如燕尾导轨的角度等。角度直尺两个基准面经过精刮，第三面作为放置时的支承面，所以不必经过精加工。

各种直尺不用时，应该将其吊起。不便吊起时应安放平整，以防变形。

三、刮削方法

1. 刮削前的准备工作

1)工作场地的选择　刮削场地的光线应适当，光线太强或太弱都可能看不清研点。当刮削大型精密件时，还应有温度变化小、地基坚实和良好的环境卫生场地，以保证刮削后工件不变形。

2)工件的支承　工件必须安放平稳，使刮削时不产生摇动。

3)工件的准备　应去除工件刮削面毛刺，锐边要倒角，以防划伤手指，擦净刮削面上油污，以免影响显示剂的涂布和显示效果。

4)刮削工具的准备　根据刮削要求应准备所需的粗、细、精刮刀及校准工具和有关量具等。

2. 刮削方法

(1)平面刮削方法

平面的刮削姿势有手刮法和挺刮法两种。

1)手刮法(图6.7)　刮削时右手如握锉刀柄姿势，左手四指向下蜷曲握住刮刀近头部约50 mm处，刮刀和刮面成25°~30°角。左脚前跨一步上身随着推刮而向前倾斜，以增加左手压力，以便于看清楚刮刀前面的研点情况。右臂利用上身摆动使刮刀向前推进，在推进的同时，左手下压，引导刮刀前进，当推进到所需距离后，左手迅速提起，刀头提起高度约5~10 mm，这样就完成了一个刮动作。这种刮削方法动作灵活、适应性强，应用于各种工作位置，对刮刀长度要求不太严格，姿势可以合理掌握，但是手较易疲劳，故不宜在加工余量较大的场合采用。

2）挺刮法（图6.8） 刮削时将刀柄放在小腹右下侧，双手握住刀身，左手在前，握于距刀刃约80 mm处，右手在后，掌心向上握住刀身；刀刃对准研点，左手下压，利用腿部和臀部力量将刮刀向前推进，当推进到所需距离后，用双手迅速将刮刀提起，刀头提起高度约10 mm，这样就完成了一个挺刮动作。由于挺刮利用下腹肌肉施力，每刀切削量较大，所以适合大余量的刮削，工作效率较高，需要弯曲身体操作，故腰部易疲劳。

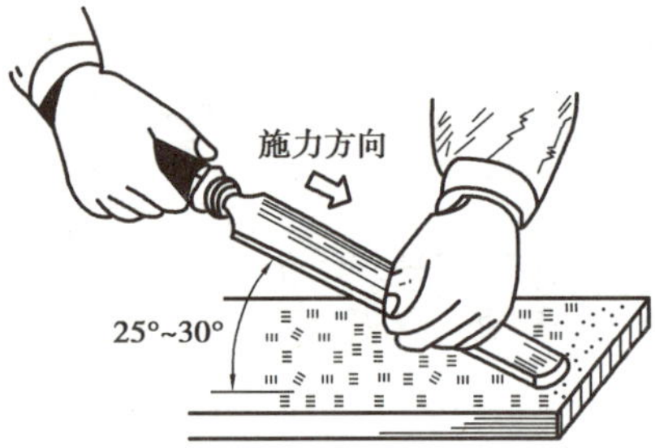

图6.7 手刮法

图6.8 挺刮法

（2）平面刮削的步骤

可以按粗刮、细刮、精刮和刮花四个步骤进行。工件表面的刮削方向应与前道工序的刀痕交叉，每刮削一遍后，涂上显示剂，用校准工具配研，以显示加工面上的高低不平处，然后刮掉高点，如此反复进行。

1）粗刮 当工件表面有明显的加工痕迹或严重生锈、加工余量较大（大于0.05 mm以上）时，必须进行粗刮。刮削时，可以采用连续推铲的方法，刮刀的刀痕连成长片。整个刮削面上要均匀地刮削，不能出现中间低、边缘高的现象，如果刮削面有平行度要求时，刮削前应先测量一下，根据前道加工所遗留的误差情况，进行不同量刮削，以消除显著的不平行情况，提高刮削精度。当刮到每25 mm×25 mm方框内有2~3个研点时，即可以转入细刮。

2）细刮 用细刮刀在刮削面上刮去稀疏的大块研点，以进一步改善不平行现象。细刮时，采用的刮刀不能太宽，在15 mm左右为宜，可以采用短刮法（刀迹长度约为刀刃的宽度）。随着研点的增多，刀迹逐渐缩短。在刮第一遍时，必须保持一定方向，刮第二遍时要交叉刮削，形成45°~60°角的网纹，以消除原方向的刀迹，达到精度要求。当整个刮面上，在每25 mm×25 mm内出现12~15个研点时，即可以进行精刮。

3）精刮 在细刮的基础上，通过精刮来增加研点，能显著提高刮削表面的质量。精刮时，刀迹长度一般为5 mm左右，若刮面越狭小，精度要求越高，刀迹则越短。刮削时，落刀要轻，起刀要迅速挑起，在每个研点只能刮一刀，不应重复，并始终交叉地进行刮削。当研点数逐渐增多到每25 mm×25 mm内出现20个研点以上时，即可分为三区分别对待。最大最亮的研点全部刮去；中等研点在其顶点刮去一小片；小研点留着不刮。这样连续刮几遍，即能迅速达到所需要的研点数。在刮最后两三遍时，交叉刀迹大小一致，排列整齐，以使刮削面美观。

在不同的刮削步骤中，每刮一刀的深度，应适当控制。刀迹的深度，可以从刀迹的宽度上反映出来。因此可以从控制刀迹宽度来控制刀迹深度。当左手对刮刀的压力大，刮后的刀迹则宽而深。粗刮时，刀迹宽度不要超过刃口宽度的2/3～3/4，否则刀刃的两侧容易陷入刮削面造成沟纹。细刮时，刀迹宽度约为刃口宽度的1/3～1/2，刀迹过宽也会影响到单位面积内的研点数。精刮时，刀迹宽度应该更窄。

4）刮花　刮花是在刮削面或机器外露表面上利用刮刀刮出装饰性的花纹，以增加刮削面的美观度，并能使滑动件之间造成良好的润滑条件。同时，还可以根据花纹的消失情况来判断平面的磨损程度。常见的花纹有斜花纹、鱼鳞花和半月花三种（图6.9）。此外，还有其他多种花纹，可以根据需要，自行设计、刮出。

(a)斜花纹　(b)鱼鳞花　(c)半月花

图6.9　刮花的花纹

3. 平行面和垂直面的刮削方法

1）平行平面的刮削方法　先确定被刮削的一个平面为基准面，首先进行粗、细、精刮，达到单位面积研点数的要求后，就以此面为基准面，再刮削对应的平行面。刮削前用百分表测量该面对基准面的平行度误差，确定粗刮时各刮削部分的刮削量，并以标准平板为测量基准，结合显点刮削，以保证平面度要求。在保证平面度和初步达到平行度的情况下，进入细刮工序。细刮时除了用显点方法来确定刮削部位外，还要结合百分表进行平行度测量，以做必要的刮削修正。达到细刮要求后，可进行精刮，直到单位面积的研点和平行度都合要求为止。

用百分表测量平行度时，将工件的基准平面放在标准平板上，百分表底座与平板相接触，百分表的测量头触在加工表面上，如图6.10所示。测量触头触及测量表面时，应调整到使其有0.3 mm左右的初始读数，然后将百分表沿着工件被测表面的四周及两条对角线方向进行测量，测得最大读数和最小读数之差即为平行度误差。

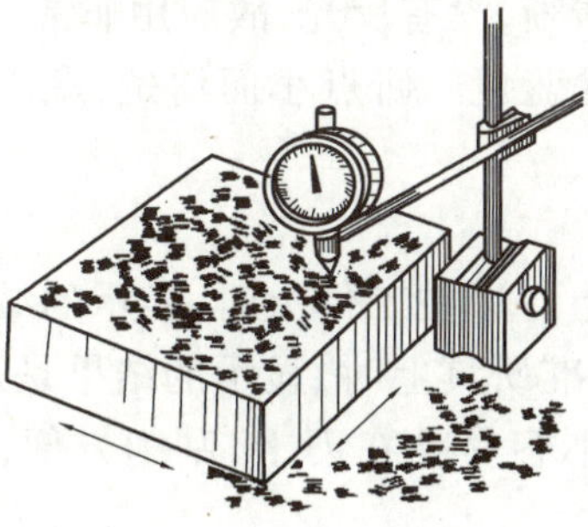
图6.10　用百分表测量平行度

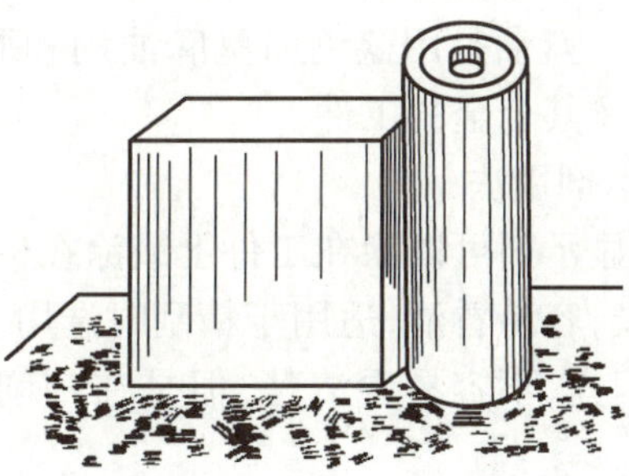
图6.11　垂直度测量

2）垂直面的刮削方法　垂直面的刮削方法与平面的刮削方法相似，先确定一个平面进行粗、细精刮后作为基准面，然后对处置面进行测量（图6.11），以确定粗刮的刮削部分和刮削量，并结合显点刮削，以保证达到平行度要求。细刮和精刮时，除按研点进行刮削外，还要不断地进行垂直度测量，直到被刮面的单位面积上的研点数和垂直度都符合要求为止。

4. 曲面的刮削方法

曲面刮削一般是指内曲面刮削。其刮削的原理和平面刮削一样,只是刮削方法及所用的刀具不同。内面刮削时,应该根据其不同形状和不同的刮削要求,选择合适的刮刀和显点方法。一般是以标准轴(也称工艺轴)或与其相配合的轴作为内曲面研点的校准工具。研合时将显示剂涂在轴的圆周上,使轴在曲面中旋转显示研点(图6.12),然后根据研点进行刮削。

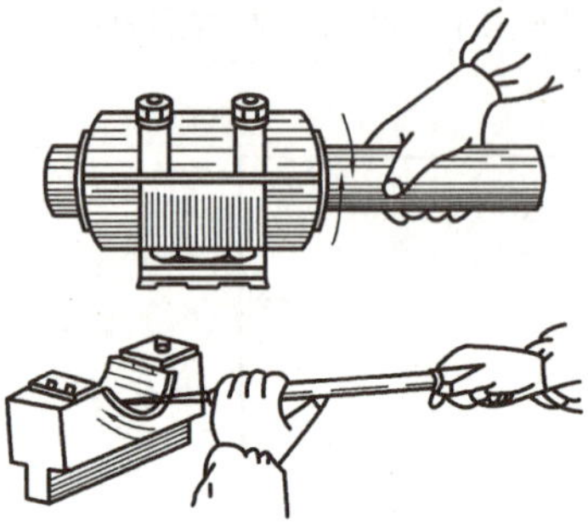

图6.12 内曲面刮削

内曲面的刮削姿势有两种。第一种如图6.12所示。刮削时右手握刀柄,左手掌掌心向下,四指横握刀身,大拇指抵住刀身,左、右手同时做圆弧运动,并顺曲面刮刀作后拉或前推的螺旋运动,刀迹与曲面轴线成45°夹角,且交叉进行。第二种就是将刮刀柄搁在右手臂上,双手握住刀身,刮削动作和刮刀轨迹与上一种姿势相同。

曲面刮削时的注意事项:

①刮削时用力不可太大,以不发生抖动,不产生振痕为宜。

②交叉刮削,刀迹与曲面内孔中心线约成45°,以防止刮面产生波纹,研点也不会为条状。

③研点时相配合的轴应沿着曲面来回转动,精刮时转动弧长应小于25 mm,切忌沿轴线方向做直线研点。

④在一般情况下由于孔的前后端磨损快,因此刮削时,前后端的研点要多一些,中间的研点可以少些。

四、刮削精度及其检查方法

1. 显示剂

工件和校准工具对研时,所加的涂料称为显示剂。作用是显示工件误差的位置和大小。

(1)显示剂的种类

常用的显示剂有红丹粉和蓝油两种。

1)红丹粉　红丹粉由氧化铁或氧化铅加20#或30#机油调和而成。前者呈紫红色,后者呈橘黄色。常用于铸铁和钢的刮削。由于红丹粉显点清晰,没有反光,故应用非常广泛。

2)蓝油　蓝油是用蓝色加蓖麻油调和而成,呈深蓝色。研点小而清楚,多用于精密工件和有色金属及其合金的工件。

(2)显示剂用法

刮削时显示剂可以涂在工件上或涂在标准研具上。涂在工件上时,显示的结果是红底黑点,没有闪光,容易看清,适用于精刮时选用。涂在标准研具上时,显示的结果是灰白底,黑红色点子,有闪光,不容易看清楚,但是在刮削时铁屑不容易粘在刀上,刮削方便,适宜粗刮时选用。

(3)显点的方法

1)中、小型工件的显点　一般是基准平板固定不动,工件被刮面在平板上推磨。如被刮面等于或稍大于基准平板面,则推磨时工件超出平板的部分不得大于工件长度的1/3,如图6.13所示。小于平板的工件推磨时最好不出头,否则其显点不能反映出真实的平面度误差。

2)大型工件的显点　一般是以平板在工件被刮面上推磨,采用水平仪与显点相结合来判断被刮面的误差。通过水平仪可以测出工件的高低不平状况，而刮削仍按照显点分轻重进行。

3）质量不对称工件的显点　推研时应在工件某个部位托或压。但用力大小要适当、均匀。显点时还应注意，如两次显点有矛盾则说明用力不当，分析原因及时纠正。

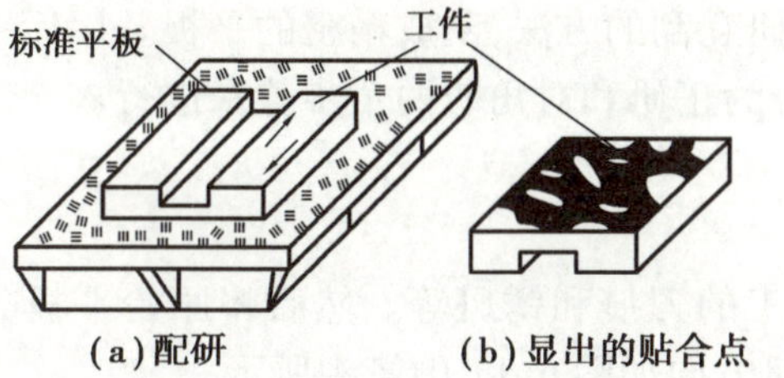

图6.13　工件在平板上显点

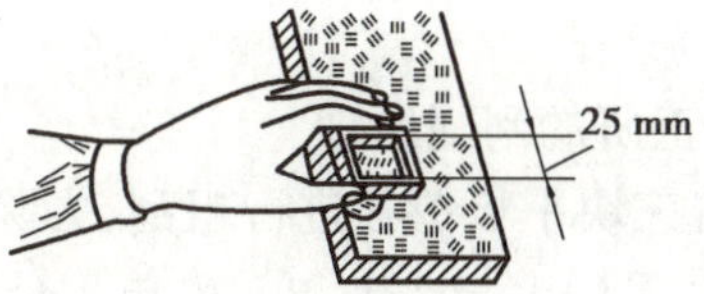

图6.14　用方框检查研点

2. 刮削精度的检查

对刮削面的质量要求，一般包括形状和位置精度、尺寸精度及贴合程度、表面粗糙度等。根据工件的工作要求不同，检查刮削精度的方法有下列两种：

1）以贴合点的数目来表示　以贴合点的数目来表示，同时也表示两平面接触精度的高低，即以边长为25 mm的正方形内的研点数目的多少来表示（图6.14）。点数越多，精度越高，见表6.3。

表6.3　各种平面的接触精度研点数

平面种类	质量情况（每25 mm×25 mm研点数）	应用举例
一般平面	2～5	较粗糙机件的固定结合面
	5～8	一般结合面
	8～12	机器台面、一般基准面、机床导向面、密封结合面
	12～16	机床导轨及导向面、工具基准面、量具接触面
精密平面	16～20	精密机床导轨、直尺
	20～25	1级平板、精密量具
超高密平面	>25	0级平板、高精度机床导轨、精密量具

2）用允许的平面度和直线度表示　工件大范围平面内的平面度以及机床导轨面的直线度等，可以用框式水平仪检查（图6.15），同时其接触精度应符合规定的技术要求。有些精度要求较低的机件，可用塞尺来检查贴合面之间的接触精度，如图6.16所示。

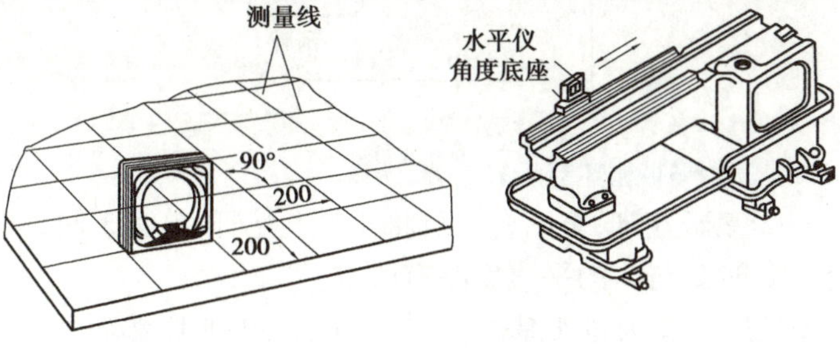

图6.15　用水平仪检查精度

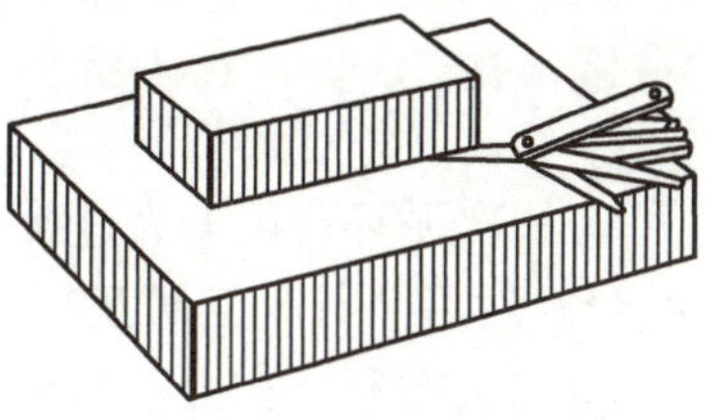
图6.16　用塞尺检查精度

五、原始平板刮削法

平板是基本的检验工具,要求非常精密。刮削平板,可以在标准平板上用合研显示方法刮削。如果缺少标准平板,也可以用三块平板互研互刮的方法,刮成精密的平板。用后一种方法刮成的平板称为原始平板。刮削原始平板可分为正研和对角研两个步骤来进行。

1. 正研

(1)正研的刮削原理

先将三块平板单独进行粗刮,去除机械加工的刀痕和锈斑等。然后将原始平板分别编号为1、2、3,采用1与2、1与3、3与2合研。对研方向如图6.17中箭头所示。

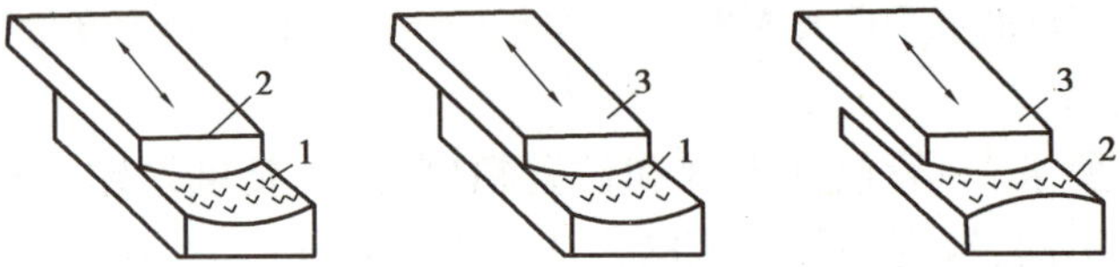

(a) (b) (c)

图6.17　正研

由图中可以看出,2、3号平板都和1号平板对研,1号平板叫过渡基准。刮研结果是图(a)为2号凸,图(b)为3号凸,图(c)则能消除2号和3号的凸。如果再分别以2、3号平板为过渡基准重复上面的过程,即三块轮换的刮削方法,则能消除平板表面的不平情况。

(2)正研的步骤和方法

正研刮削的具体步骤,如图6.18所示。

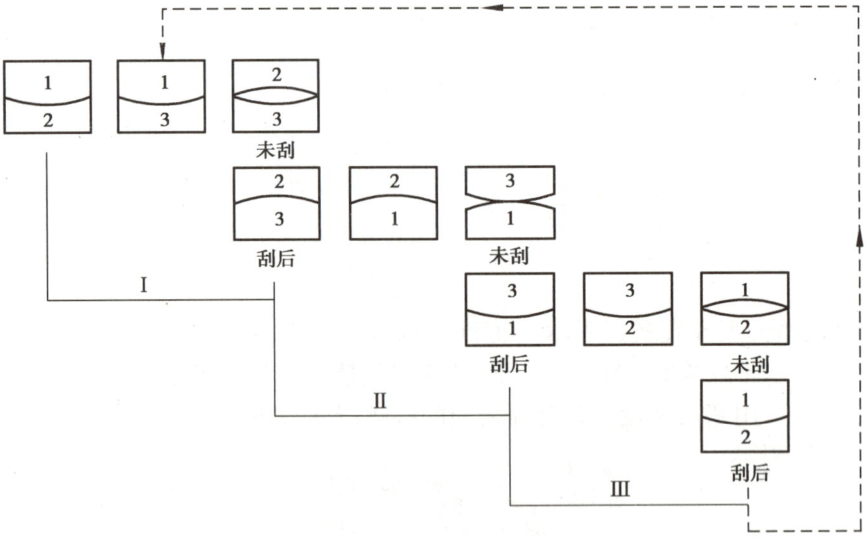

图6.18　原始平板循环刮研法

1)一次循环　以1为过渡基准,1与2互研互刮,至贴合。再将3与1互研,单刮3使3与1贴合。然后2与3互研互刮,至贴合。此时2与3的平直度略有改进。

2)二次循环　在上一循环基础上按顺序以2为过渡基准,1与2互研,单刮1,然后2与3互研互刮到全部贴合,这样平直度又有所提高。

3)三次循环　在上一次循环基础上按顺序以3为过渡基准,2与3互研,单刮2,然后1与2互研互刮至全部贴合,则1与2的平直度进一步提高。

重复上述三个顺序依次循环进行刮削,循环的次数越多则平板的平直度越高,直到三块平板中任取两块对研,显点基本一致,即在每25 mm×25 mm内达到12个研点左右,正研即告完成。

(3)正研存在的问题

正研是一种传统的工艺方法,其机械地按照一定顺序研配,刮后的显点虽能符合要求,但是有的显点不能反映出平面的真实情况,系假象,易给人以错觉,如图6.19所示。在正研过程中出现三块在相同位置上有扭曲现象,称同向扭曲。即都是*AB*对角高,而*CD*对角低。如果采取其中任意两块平板互研,则是高处(+)正好和低处(-)重合,经刮削后其显点也可能分布得很好,但扭曲却依然存在,而且越刮扭曲越严重,故不能继续提高平板的精度。

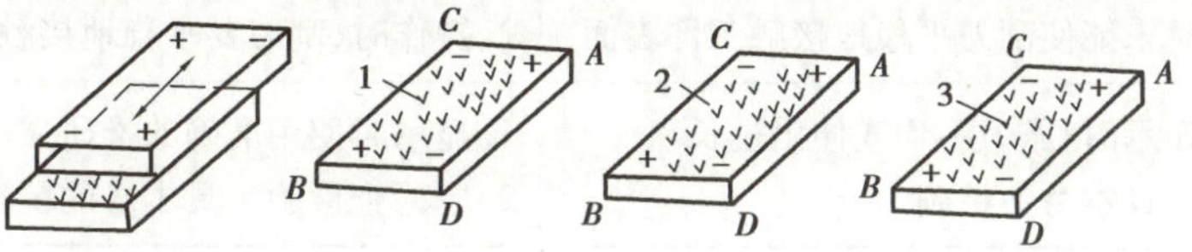

图6.19　正研的缺点

2.对角研

要了解是否存在扭曲现象,可采用一种如图6.20所示的对角研的方法来检查,经合研后,会明显地显示出来。根据研点修刮,直至研点分布均匀和消除扭曲,使三块平板相互之间,无论是直研、调头研、对角研,研点情况都完全相同,接触点数符合要求为止。

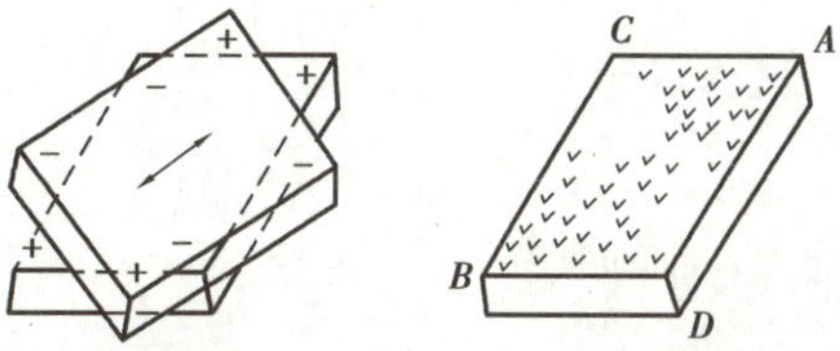

(a)对角研　　(b)显点情况

图6.20　对角研示意图

有时为了使大面积的平板符合平面度的要求,可用水平仪来配合测量,检查平板各个部位在垂直平面内的直线度,按测量误差大小,分别进行修刮,以达到精度等级要求。目前通用平板的精度分为0、1、2、3四级,见表6.4。

表6.4　通用平板的精度等级及规格

平板尺寸/mm	平面度偏差/μm			
	0级	1级	2级	3级
100×200	±3	±6	±12	±30
200×200	±3	±6	±12	±30
200×300	±3.5	±7	±12.5	±35
300×300	±3.5	±7	±13	±35
300×400	±3.5	±7	±14	±35
400×400	±3.5	±7	±14	±40
450×600	±4	±8	±16	±40
500×800	±4	±8	±18	±45
750×1 000	±5	±10	±20	±50
1 000×1 500	±6	±12	±25	±60
研点数/(25 mm×25 mm)	≥25	≥25	≥20	≥12

六、刮削常见的缺陷和预防措施(见表 6.5)

表 6.5 刮削常见的缺陷和预防措施

常见缺陷	产生原因	预防措施
深　凹	1. 刮刀刃口弧形过大 2. 刮削时压力过大	1. 适当磨平刮刀刃口的弧形,必要时更换刮刀 2. 减轻压力,刮削时防止敲击式进行
振　痕	1. 刮削时间一个方向进行的次数多 2. 表面的阻力不均匀而引起的刀刃弹动,造成有规律的波浪纹	1. 必须调换方向成网纹形进行,刮削几次就可解决 2. 用力均匀,刮刀的角度、位置要准确
撕　纹	1. 刮刀刃口不光滑 2. 操作时未能使刮刀平稳地接触工件表面	1. 刮刀刃口必须磨得光滑完整 2. 操作时,刮刀要平稳地接触工件表面
刮削不精确	1. 推研显示时,压力不均或伸出过长 2. 检验工具本身不精确	1. 显示时使用准确的推研方法 2. 应检查检验工具本身的精确程度

任务 6.2　研磨

一、研磨的基本知识

研磨就是使用研具和研磨剂从工件上除去一层极薄的金属,使工件达到精确的尺寸、准确的几何形状和很小的表面粗糙度。

1. 研磨的基本原理

研磨是一种微量的金属切削运动,它的基本原理包含着物理和化学的综合作用。

1)物理作用　研磨时,要求研具的材料比工件的材料软。当受到一定的压力后研磨剂中的微小颗粒(磨料)被嵌在研具的表面,成为无数个刀刃,由于研具和工件的相对运动,使磨料对工件产生微量的切削与挤压,工件表面被均匀地刮去一层极薄的金属,借助于研具的精确型面,从而使工件逐渐得到准确的尺寸精度及表面粗糙度。

2)化学作用　当采用氧化铬、硬脂酸或其他化学研磨剂对工件进行研磨时,与空气接触的金属表面很快形成一种氧化膜,而且氧化膜很快又被研磨掉,这就是研磨的化学作用。

2. 研磨的目的

1)减小表面粗糙度　与其他加工方法相比,经过研磨加工的表面粗糙度最小,一般情况表面粗糙度为 $Ra0.8 \sim 0.05$,最小可以达到 $Ra0.006$。

2)能达到精确的尺寸　经过研磨加工的工件,尺寸精度可达 0.001 ~ 0.005 mm。

3)提高零件的几何形状的准确性　工件在一般机械加工方法中产生的形状误差,可以通过研磨的方法来校正,形位误差可小于 0.005 mm。

4)延长工件的使用寿命　经过研磨加工后的工件,表面粗糙度值很小,形状准确,所以工件的耐蚀性、抗腐蚀能力和抗疲劳强度也相应得到提高，从而延长了零件的使用寿命。

3. 研磨余量

研磨的切削余量很小，一般每研磨一遍所能磨去的金属层不超过0.002 mm，所以研磨余量不能太大。否则会使研磨时间增加，研具的使用寿命也要缩短。通常研磨的余量在0.005～0.03 mm范围内比较适宜。有时研磨余量就留在工件的公差以内。

4. 研磨场地

为保证研磨质量，对工作场地有如下要求：

1）温度　室内温度控制在(20±1)℃或(20±5)℃内，精度要求不高的工件，也可在常温下进行研磨。

2）湿度　为防止工件锈蚀，一般空气相对湿度要求为20%～60%。

3）尘埃　尘埃对研磨表面粗糙度影响很大，研磨间一定要达到规定标准。

4）防震　精密研磨的场地，应选择在坚实的基础上，防止由于震动而影响加工和对精度的测量。

在选择场地的方面，要结合产品对研磨质量的要求，以及本厂的实际条件等来确定，切忌低要求高选择。

二、研具和研磨剂

1. 研具

研具是研磨过程中保证被研零件几何精度的重要因素，因此对研具的材料、精度和粗糙度都有较高的要求。

(1)研具材料

研具的组织结构应细而均匀，要有很高的稳定性和耐磨性，具有较好的嵌存磨料的性能，应有足够的刚性，工作面的硬度应比工件表面硬度稍软。常用的研具材料有如下几种。

1）灰铸铁　灰铸铁具有润滑性好，磨损较慢，硬度适中，研磨剂在其表面容易涂布均匀，易加工，成本低等优点。灰铸铁是常用的研磨材料之一。

2）球墨铸铁　比灰铸铁易于嵌入磨料微粒，同时强度高还能增加研具的寿命，精度保持性好，也得到广泛的应用。

3）低碳钢　本身韧性好，易于制造小规格螺纹和窄小内腔的研具。

4）铜　质软，表面容易被磨料嵌入，适宜做软钢研磨加工范围的研具。

(2)研具类型

生产中需要研磨的工件是多种多样的，不同形状的工件应用不同类型的研具。常用的研具有以下几种：

1）研磨平板(图6.21)　主要用来研磨平面，如块规、精密量具的测量面等。它分有槽和光滑的两种。有槽的用于粗研，研磨时易将工件压平，防止将工件磨成凸起的弧面。精研时，则应在光滑的平板上进行。

2）研磨套(图6.22)　主要用来研磨外圆柱表面。研磨套的内径通常比工件的外径大0.025～0.05 mm。经过一段时间研磨后，研磨套的内径增加，这时可以通过拧紧调节螺钉使孔径缩小，以保持所需要的间隙。

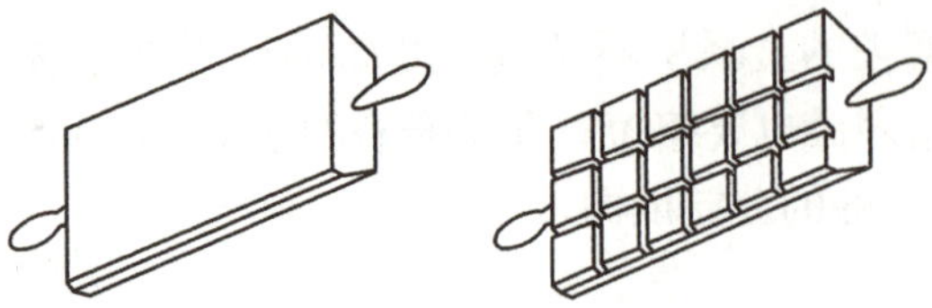

(a)光滑平板　　(b)有槽平板

图 6.21　研磨平板

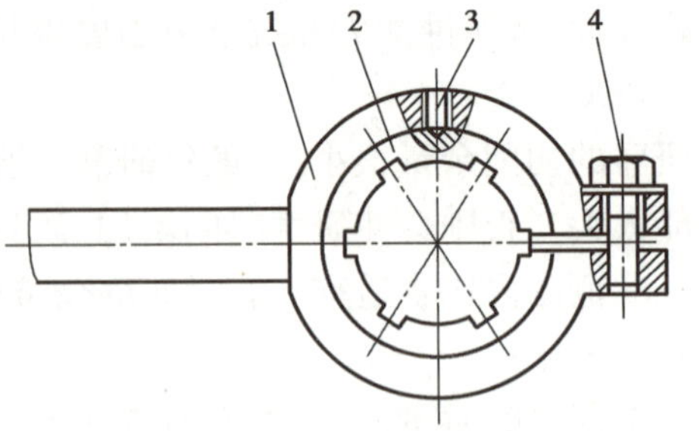

图 6.22　研磨套

1—夹箍;2—研磨套;3—紧固螺钉;4—调整螺钉

3)研磨棒(图 6.23)　主要用来研磨圆柱孔,有固定式和可调式两种。

固定式研磨棒制造容易,但是磨损以后无法补偿。因此对工件上某一孔位的研磨,需要 2~3个预先制好的有粗、半粗、精研磨余量的研磨棒来完成。有槽的用于粗研,光滑的用于精研。

可调式研磨棒(图 6.24),因为能在一定的尺寸范围内进行调整,适用于成批生产中工件孔位的研磨,可延长使用寿命,应用较广。

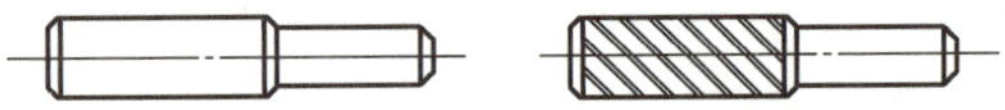

(a)光滑研磨棒　　(b)带槽研磨棒

图 6.23　固定式研磨棒

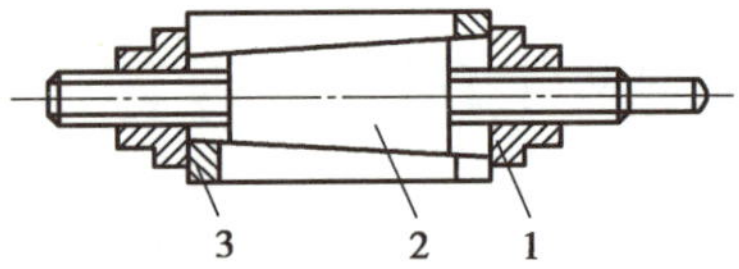

图 6.24　可调式研磨棒

1—调整螺母;2—锥度芯轴;3—开槽研磨套

2. 研磨剂

研磨剂是由磨料和研磨液调和而成的混合剂,常配制成液态研磨剂、研磨膏和固态研磨剂三种。

(1)磨料

磨料在研磨中起切削作用,研磨工作的效率、精度、表面粗糙度及研磨成本,都与磨料有密切的关系。常用的磨料有以下几种:

1)氧化物磨料(也称刚玉类)　有粉状和块状两种。主要用于碳素工具钢、合金工具钢、高速钢和铸铁工件的研磨。这类磨料能磨硬度 60 HRC 左右的工件。

2)碳化物磨料　呈粉状,它的硬度高于氧化物磨料,除了可用于研磨一般的钢铁材料制件外,主要用来研磨硬质合金、陶瓷与硬铬之类的高硬度工件。

3)金刚石磨料　分人造和天然两种。金刚石磨料的切能力和硬度,均高于氧化物磨料和碳化物磨料,且实用效果好。但是由于价格昂贵,一般只用于对硬质合金、硬铬、宝石、玛瑙和陶瓷等高硬度工件进行精磨加工。磨料的系列见表 6.6。

磨料粒度按颗粒尺寸分为 41 个号。其中磨粉类有 F4,F5,…,F1200 共 37 种,粒度号数越大,磨料越细;微粉类有 W3.5,W2.5,…,W0.5 共五种,这一组号数大,磨料越粗。在选用时应根据精度高低来选取,常用的研磨粉见表 6.7。

表 6.6 磨料的种类、特性和用途

类别	磨料名称	代号	特性	适用范围
氧化物	棕刚玉	A	棕褐色，硬度高，韧性大，价格便宜	粗、精研铸铁及硬青铜
	白刚玉	WA	白色，硬度比棕刚玉高，韧性比棕刚玉差	精研淬火钢、高速钢及有色合金
	铬刚玉	PA	玫瑰红或紫色，韧性大	研磨各种钢件、量具、仪表零件等
	单晶刚玉	SA	淡黄色或白色，硬度和韧性比白刚玉高	研磨不锈钢、高钒高速钢等强度高韧性大的材料
碳化物	黑碳化硅	C	黑色，硬度比白刚玉高，脆而锋利，导电、导热性良好	铸铁、黄铜、铝、耐火材料及非金属材料
	绿色碳化硅	GC	绿色，硬度和脆性比黑色碳化硅高，具有良好的导电、导热性	研磨硬质合金、硬铬、宝石、陶瓷、玻璃等材料
	碳化硼	BC	灰黑色，硬度次于金刚石	精研和抛光硬质合金和人造宝石等硬材料
金刚石	天然金刚石	JT	硬度极高，价格昂贵	精研和超精研硬质合金
	人造金刚石	JR	无色透明或淡黄色，硬度高，比天然金刚石脆，表面粗糙	粗、精研硬质合金和天然宝石
其他	氧化铁		红色或暗红色，比氧化铬软	精研或抛光钢、铸铁、玻璃、单晶硅等
	氧化铬		深绿色	

表 6.7 常用的研磨粉

研磨粉号数	研磨加工类别	可达到的表面粗糙度 $Ra/\mu m$
F100 ~ F220	用于最初的研磨加工	0.2 以上
F280 ~ F400	用于粗研磨加工	0.2 ~0.1
F500 ~ F800	用于半精研磨加工	0.1 ~0.05
F1000、F1200 及微粉	精细研磨加工	0.05 以下

(2)研磨液

研磨液在研磨中起调和磨料、冷却和润滑的作用。研磨液的质量高低和选用是否正确，直接关系着研磨加工的效果。研磨液应该具备以下条件：

1)有一定的黏度和稀释能力。磨料通过研磨液的调和与研具表面有一定的黏附性，使磨料对工件产生切削作用。同时研磨液对磨料有稀释作用。

2)有良好的润滑和冷却作用。

3)对工件无腐蚀性，且不影响人体健康，选用研磨液首先应考虑不损害操作者的皮肤和健康为主,而且易于清洗干净。

常用的研磨液有煤油、汽油、10 号、20 号机油、工业甘油、透平油及熟猪油等。其中煤油在粗、精研磨中均可采用;熟猪油主要用于精密工件的研磨;10 号、20 号机油用得最普遍。此外,根据需要在研磨液中加入适量的石蜡等填料和黏度较大和氧化作用较强的混合脂。它的作用是使工件表面形成氧化膜,加速研磨进程。常用的材料有油酸、脂肪酸、硬脂酸和工业甘油等。这样研磨效果更好。

三、研磨方法

研磨分为手工研磨和机械研磨两种。手工研磨时,要使工件表面各处都受到均匀的切削,应合理选择运动轨迹,这对提高研磨效率、工件表面质量和研具的耐用度都有直接的影响。手工研磨生产效率低、成本高,所以只有当工件精度要求较高时才采用。

1. 手工研磨运动轨迹的形式

手工研磨的运动轨迹,一般采用直线、摆线、螺旋线和 8 字形或仿 8 字形等几种,如图6.25所示。不论哪一种轨迹的研磨运动,其运动的共同特点是:工件的被加工表面和研具的表面在研磨过程中始终保持紧密结合的平行运动。这样既能获得比较理想的研磨效果,又能保持研究具的均匀磨损,提高研具的使用寿命,增加耐用度。

1)直线研磨运动轨迹　这种运动轨迹由于不能交叉,容易直线重叠。使工件难以得到很小的表面粗糙度值,但可获得较高的几何精度。所以它适合于有台阶的狭长平面的研磨。

2)摆动式直线研磨运动轨迹　其运动轨迹就是在做横向直线往复运动的同时,工件作前后摆动。如研磨刀形直尺、90°角尺的侧面等,主要保证被研磨面的平直度。

3)螺旋式研磨运动轨迹　是在研磨圆片或圆柱形工件的端面时,采用的一种螺旋式研磨轨迹,能获得较小的表面粗糙度值和较小的平面度误差。

4)8 字形或仿 8 字形研磨运动轨迹　这种运动轨迹能使相互研磨的面保持均匀接触,有利于提高工件的研磨质量,又可使研具保持均匀的磨损。适于小平面工件的研磨和研磨平板的修整,如图 6.25 所示。

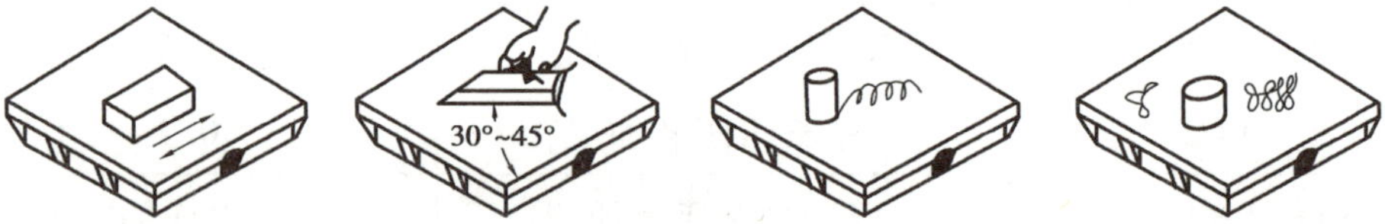

(a)直线形　(b)摆线形　(c)螺旋形　(d)8字形

图 6.25　手工平面研磨的运动轨迹

2. 平面的研磨

平面的研磨应在非常平整的平板(研具)上进行。单件小批量采用手工研磨,而在批量生产中多采用机械化研磨。研磨前要根据工件的特点选择合适的研具、研磨剂、研磨运动轨迹、研磨压力和研磨速度。研磨分粗研、半精研和精研三步完成。

1)粗研　选择在有槽平板上进行,有槽平板能保证研磨时整个平面内有足够的研磨剂,这样使表面不会磨成凸弧面。研磨压力较大,而研磨速度较慢。目的就是经粗研完成后要达到工件表面的机械加工痕迹基本消除,平面度接近图样标准。

2)半精研　选择光滑的平板并涂上相应的研磨剂,将工件沿平板的全部表面以 8 字形或螺旋形和直线形相结合的运动轨迹进行研磨，并不断地改变运动方向。研磨压力和速度适中，使工件加工表面机械加工痕迹完全消除，工件精度达到图样要求。

3)精研　选择与被研工件相适应的平板并涂上相应的研磨剂，采用与半精研相同的运动轨迹进行研磨，应用小的压力、较快的速度进行研磨，使完成后工件的精度、表面粗糙度完全符合图样要求。

在研磨狭窄平面时，可用金属块作导靠块与工件一起研磨。如工件数量较多，则可采用C形夹头，将工件夹在一起进行研磨，如图6.26所示。

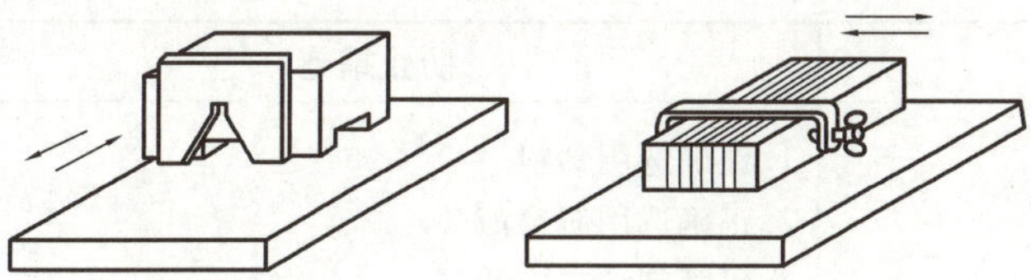

(a)导靠块的应用　(b)C形夹头的应用

图6.26　平面研磨中辅助工具的应用

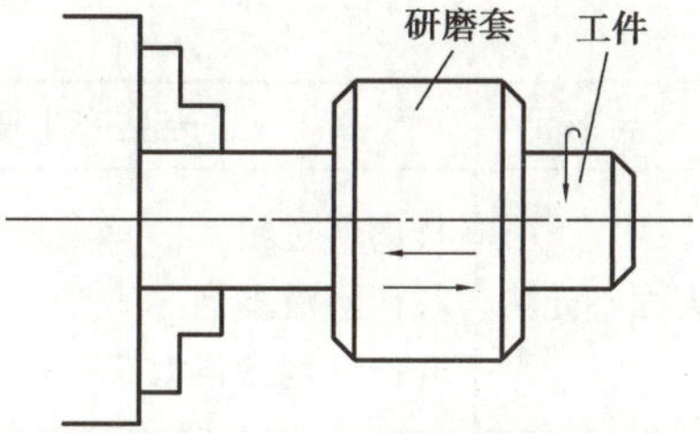

图6.27　研磨外圆

3. 圆柱面的研磨

圆柱面的研磨一般都采用手工和机床互相配合的方式进行研磨。

1)外圆柱面的研磨(图6.27)　研磨外圆柱面一般是在车床或钻床上用研磨环对工件进行研磨。研磨时工件由机床带动。研磨前在工件上均匀地涂上研磨剂，套上研磨套通过工件的旋转和研磨套在工件上沿轴线方向做往复运动进行研磨。研磨环的内径应该比工件的外径大0.25～0.05 mm，研磨套的长度一般为其孔径的1～2倍。

研磨外圆时，工件的转速一般为：直径 $<\phi 80$ mm时，工件转速为100 r/min，直径 $>\phi 100$ mm时，工件转速为50 r/min。

研磨时当研磨套往复速度适当时，工件上研磨出来的网纹呈45°交叉线，移动太快则网纹与工件轴线夹角较小，反之则较大，如图6.28所示。

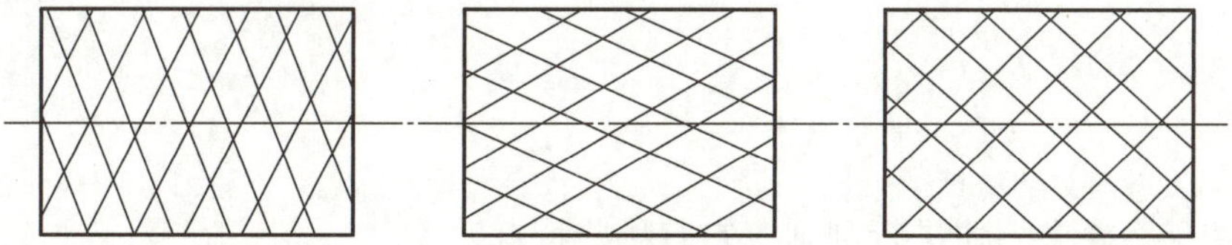

(a)太快　(b)太慢　(c)合适

图6.28　研磨套的移动速度

2)内圆柱面的研磨　内圆柱面的研磨与外圆柱面的研磨正好相反，是将工件套在研磨棒上进行。研磨棒的外径应该比工件的内径小0.01～0.025 mm，一般情况下，研磨棒的长度是工件长度的1.5～2倍。

内圆柱面研磨时要将研磨棒夹紧在车床或钻床的主轴上转动，把工件套在研磨棒上研磨。在研磨时应调节研磨棒与工件配合的松紧程度，一般以手把持工件不感到十分费力为宜。研磨时如工件的两端有过多的研磨剂被挤出时，应及时揩掉，否则会研磨成喇叭口形状。研磨后，因工件含有热量，应待工件冷却至室温后再进行测量。

四、研磨要点及质量缺陷分析

1. 研磨要点

研磨后工件表面质量的好坏,除了与能否合理用磨粉和研磨液及研磨工艺是否合理有很大关系外,对能否注意在研磨时的清洁工作,有直接影响。不注意清洁工作,轻则使工件拉毛,重则拉出深痕,导致工件报废。

2. 质量缺陷分析(见表6.8)

表6.8 研磨质量分析

废品形式	废品产生原因	防止措施
表面不光洁	1. 磨料过粗 2. 研磨液不当 3. 研磨剂涂得太薄	1. 正确选用磨料 2. 正确选用研磨液 3. 研磨剂涂布应适当
表面拉毛	研磨剂中混入杂质	做好清洁工作
平面成凸形或孔口扩大	1. 研磨剂涂得太厚 2. 孔口或工件边缘被挤出的研磨剂未揩去就继续研磨 3. 研磨棒伸出孔口太长	1. 研磨剂应涂得适当 2. 被挤出的研磨剂应揩去后再研磨 3. 研磨棒伸出孔口应适当
孔成椭圆形或有锥度	1. 研磨时没有更换方向 2. 研磨时没有调头研	1. 研磨时应变换方向 2. 研磨时应调头研
薄型工件拱曲变形	1. 工件发热了仍继续研磨 2. 装夹不正确引起变形	1. 不使工件温度超过50 ℃,发热后应暂停研磨 2. 装夹要稳定,不能夹得太紧

复习思考题

1. 工件在什么要求下才进行刮削?它有哪些特点?
2. 机床导轨为什么要用刮削方法进行加工?
3. 平面刮刀分粗、细、精三种,说明它们之间几何角度有何不同?
4. 在粗刮和精刮时,调制和涂布红丹粉有何不同?为什么?
5. 说明粗刮、细刮和精刮的特点,刮花的作用是什么?
6. 简述常用的显示剂有哪两种?各适用于什么场合?
7. 用示意图表示并说明原始平板正研的刮削方法。
8. 说明曲面刮削的方法和应注意的问题?
9. 刮削面产生振痕和深凹痕的原因是什么?
10. 什么是研磨?研磨有什么作用?
11. 常用的研具材料有哪些?其应用场合有何不同?

12. 磨料有哪几类？使用上有何不同？
13. 研磨液的作用有哪些？常用的有哪几种？
14. 用简图表示手工研磨的运动轨迹形式，如何应用？
15. 在研磨平面和圆柱面时，应怎样控制其速度及研磨压力？
16. 影响研磨质量的因素有哪些？

项目 7

矫正与弯曲

任务 7.1 矫正

一、矫正概述

用塑性变形来消除材料或制件的弯曲、翘曲、凸凹不平等缺陷的加工方法称作矫正。矫正分冷矫正和热矫正。

冷矫正是在常温条件下进行的矫正。冷矫正只适用于塑性较好、变形不严重的金属材料工件。冷矫正后的材料会产生一种冷作硬化现象。冷作硬化是冷矫正时，金属材料内部组织发生变化，硬度提高，性质变脆的现象。冷作硬化后的材料会给进一步矫正或其他冷加工带来困难，如有必要，应进行退火处理以恢复原来的机械性能。

热矫正是指工件在加热到 700～1 000 ℃条件下进行的矫正，用于变形十分严重或脆性较大，以及长期露天存放而生锈的金属坯料、制件、板材和型材等的矫正。

按矫正时产生矫正力的方法不同，常把矫正分为手工矫正、机械矫正、火焰矫正、高频热点矫正等。本节主要讲述手工矫正方法。

二、矫正的工具

1. 平板和铁砧

平板和铁砧是用于矫正板材、型材的基座。

2. 手锤

矫正不同材料的工件要用不同的手锤，通常，钳工锤和方头锤用于矫正一般材料的工件；木锤、铜锤、橡皮锤用于矫正已加工表面、薄钢件或有色金属件，如图 7.1 所示。

3. 抽条和拍板

1）抽条　是用条状薄板料弯成的简易工具，如图 7.2 所示。用于抽打矫正较大面积的薄板材料。

2）拍板　是用质地较硬的檀木制成的专用工具，用于拍打矫正薄材料。

4. 螺旋压力工具

螺旋压力工具适用于矫正轴类或棒料，图 7.3 为螺旋压力工具示意图。较大直径的轴类或棒料用螺旋压力机进行矫正。

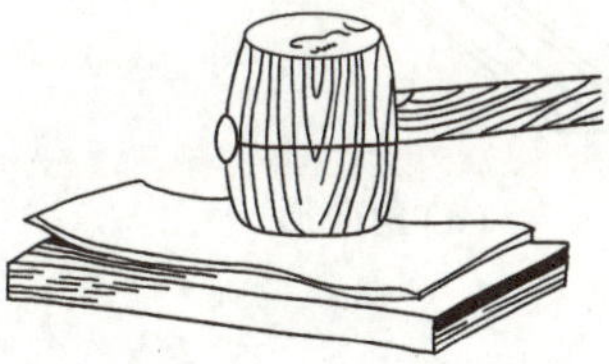

图 7.1　木锤矫正板料

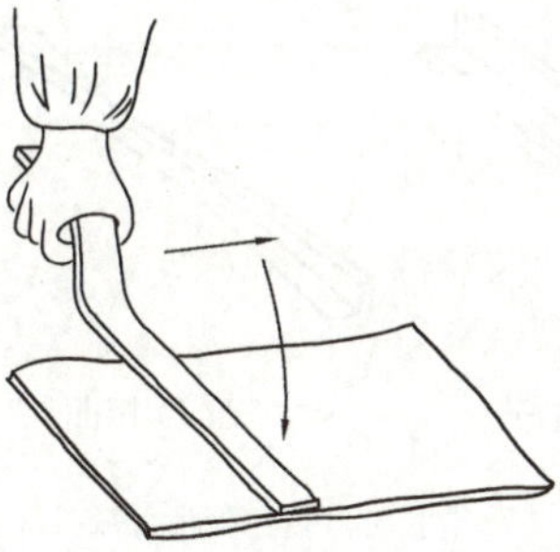

图 7.2　用抽条抽板料

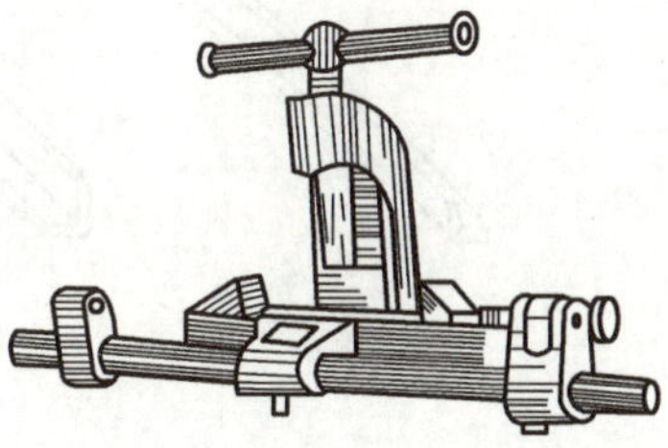

图 7.3　螺旋压力机矫正轴类零件

5. 检验工具及量具

常用检验工具有画线平台、角尺、钢直尺、百分表、划针、划针盘、V 形铁、样板及各种专用工具、量具等。检验工具及量具的使用是钳工的基本技能。

三、手工矫正方法

手工矫正方法是在平台、铁砧或台虎钳等上面，操作者用手锤等工具进行的矫正。手工矫正是钳工常用的矫正方法，本章就讲述手工矫正方法。

手工矫正方法根据工件或材料的形状、规格、变形情况等具体因素不同，可用不同的方法。常见手工矫正方法如下。

1. 条料和角钢的矫正方法

（1）条料（窄长的扁料）的矫正方法

1）反扭法　反扭法是条料工件发生扭曲变形时，用与工件扭曲变形方向相反的方向扭转，使工件矫正的方法，如图 7.4 所示。

2）反弯曲法　反弯曲法是条料工件厚度方向上弯曲时，用与工件弯曲方向相反的力使其初步平直，再在平台上用手锤打平使工件矫正的方法，如图 7.5 所示。

3）延展法　用延展法矫正条料在宽度方向上的弯曲时，应将条料放在铁砧上，凸边向上，锤凸边，再平放在铁砧上，用延展法锤打弯曲的内弧边（或只用延展法-若条料宽而薄）来进行矫正，如图 7.6 所示。

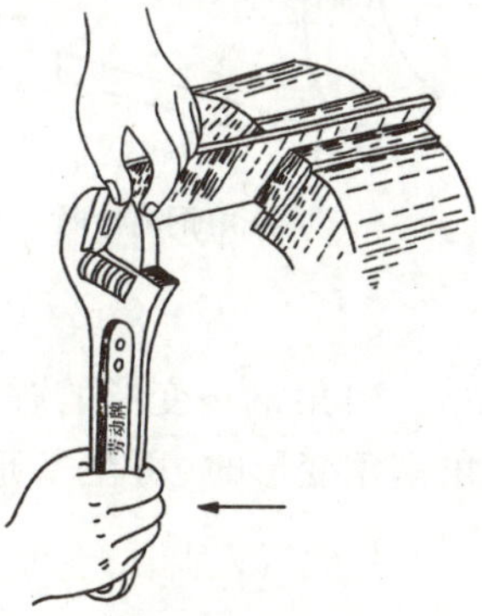

图 7.4　反扭法

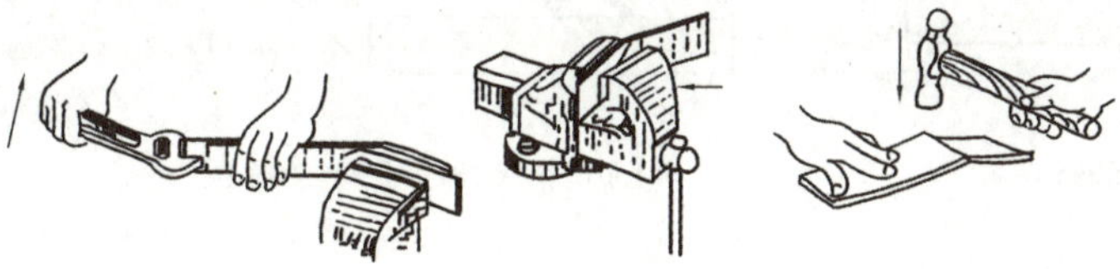

(a)　(b)　(c)

图 7.5　反弯曲法矫正条料

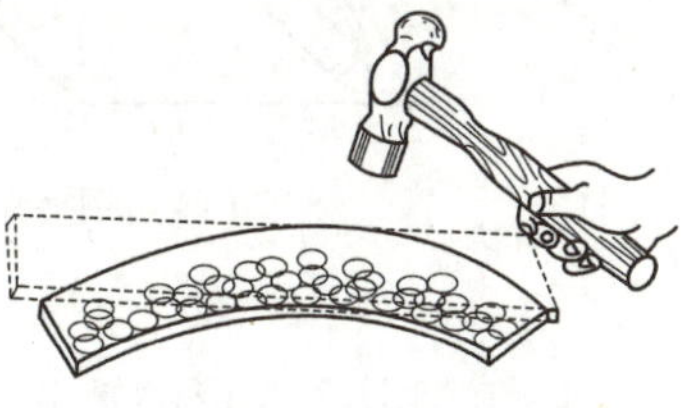

图 7.6　延展法矫正条料

(2)角钢的矫正方法

锤击法矫正角钢是将角钢的凸起处向上放在砧座上,锤击弯曲边进行矫正。角钢的变形形式有外弯、内弯、扭曲、角变形等(图 7.7),变形形式不同锤击的具体方法有所不同,现述如下。

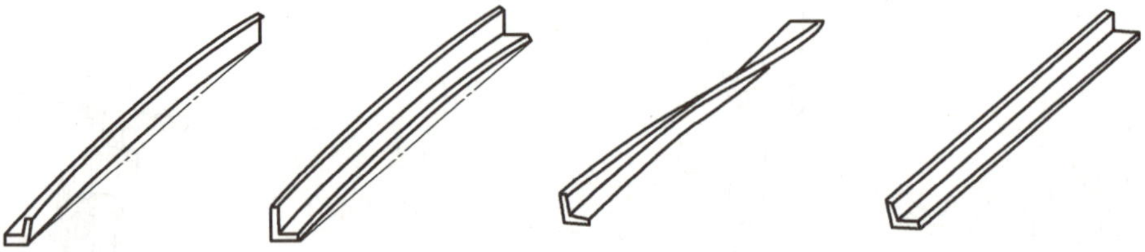

(a)外弯　　(b)内弯　　(c)扭曲　　(d)角变形

图 7.7　角钢的弯曲变形形式

1)角钢弯曲变形的矫正方法[图 7.8(a)和(b)]　角钢内弯时,将凸面向上放在铁砧上,弯曲边垂直铁砧平面,锤击弯曲边,由重渐轻;角钢外弯时,将凸边向上放在铁砧上,弯曲边垂直铁砧平面,锤击弯曲边由重渐轻。

2)角钢扭曲变形的矫正方法　将角钢平直部分放在铁砧上,锤击向上翘起的一面,如图 7.9 所示,由边向里,由重到轻。锤击一遍后,反方向再锤击另一面,方法相同,如此反复锤几遍,直到符合要求为止。注意,锤击应用夹钳把工件夹紧;若用手直接扶持角钢平直的一端,则应离锤击处远些,以防止锤击时震弹伤手。

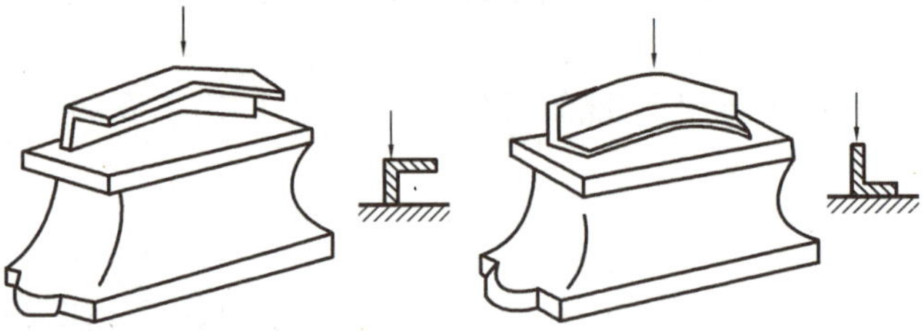

(a)角钢内弯时　　(b)角钢外弯时

图 7.8　在铁砧上矫角钢的弯曲变形

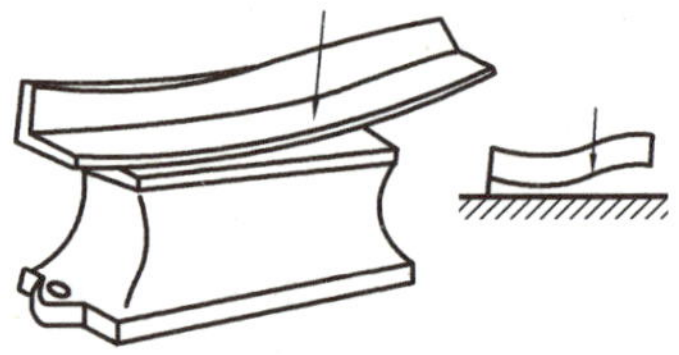

图 7.9　在铁砧上矫角钢的扭曲变形

3)角钢角变形的矫正方法　当角钢的角度大于或小于 90°时,称角钢发生了角变形。当角钢角变形时,可在 V 形架上或平台上锤击矫正,操作方法如图 7.10(a)、(b)所示。

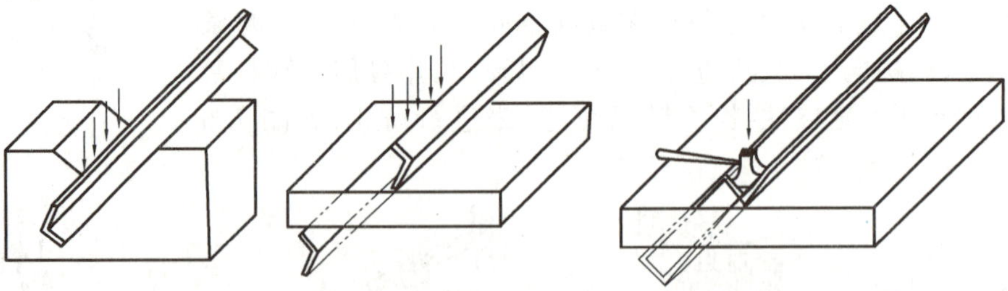

(a)角钢夹角大于90°的矫正　　(b)角钢夹角小于90°的矫正

图 7.10　角钢角变形的矫正

4)角钢混合变形的矫正方法　角钢的变形不止一处、不止一种时矫正应按一定的顺序进行。

如果角钢同时有几处变形,则先矫正变形较大的部位。

如果角钢同时有几种变形,则应先矫正扭曲变形,再矫正弯曲变形。

2. 棒料、轴类零件的矫直方法

棒料、轴类零件的变形主要是弯曲的形式,以下是常见的几种矫正方法。

1)锤击法　锤击法是矫正棒料、轴类零件弯曲变形的主要方法。具体操作方法及顺序如下。

首先在平板上(或用其他方法)检查出棒料、轴发生弯曲部位、方向,并准确做好记号(以便锤击部分准确),将其凸起部位向上,放在平板或铁砧上,用手锤连续锤击凸起处。矫正并配合检测,反复进行直至矫直。

对于工件外形及表面有较高要求时,可用合适的摔锤置于工件凸起处,锤击摔锤的顶部,避免损坏工件表面,如图7.11所示。

2)结合压力机矫正法　大直径棒料、轴类零件的矫直常结合压力机进行,否则难以达到矫正目的。

先将大直径工件在压力机上支撑好,转动工件,利用划针盘或百分表等工具、量具找出工件弯曲部位、弯曲方向、弯曲量多少并做好记号(以便施压部位准确),将凸起部位向上,用螺旋压力机矫正;边矫直边检查,根据具体矫正的情况,边调整加压部位和加压程度,直至检查合格为止。

3)卷曲的细长线料用伸张法矫正　其操作方法是:将线料的一端夹在台虎钳上,从钳口处一端开始,将线料在圆木上绕一圈,握住圆木向后拉。使线料拉长伸展变得平直、表面圆滑,如图7.12所示。

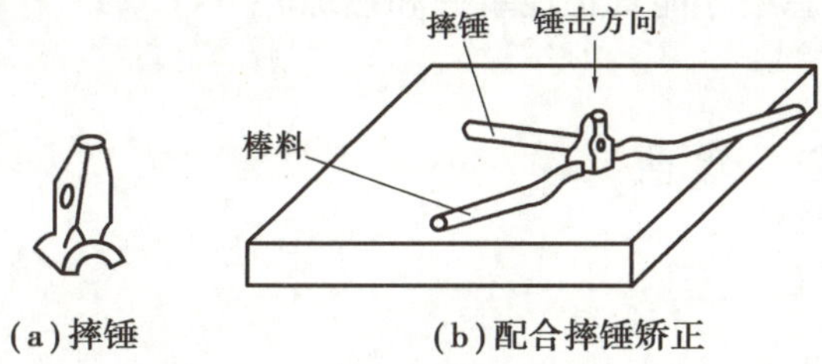

图7.11　棒类零件的矫直

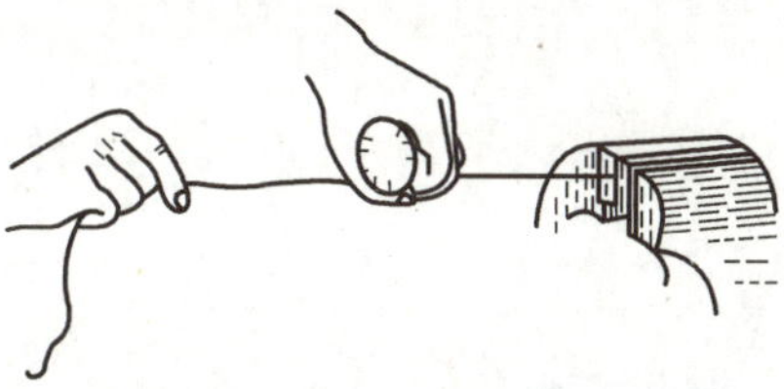

图7.12　用伸张法矫直细长线料

4)反弯法　对于直径不大的轴类,为了获得较高的矫正质量或当工件不便于用以上几种方法时,可用专用工具在工件弯曲变形的部位进行反弯矫正(避免其他部位发生变形,如小型电机转子支承轴颈根部弯曲),当精度(同轴度)要求较高时,可结合百分表边弯曲,边检查,反复进行,直至符合要求。注意,在操作前进行准确测量,做好记号,记录好弯曲量大小、弯曲部位、方向,分析、确定好反弯时轴上的支点位置和施力部位、反弯量大小等,做到心中有数,以便获得好的效果和效率。

3. 板料的矫平

板料的矫平的方法根据工件变形的不同,有如下几种。

1)板料弯曲变形　板料弯曲变形通常用相反方向的弯曲使其矫正。

2)板料中凸变形　板料中凸变形[图7.13(b)]应锤击板料边缘,由里向外,由轻到重,由稀到密。(若有几处凸起,则应先锤击凸起的边界处,成一点凸起,再矫平)。如果直接锤击板料凸起处,则会使凸起部位越凸越高,甚至报废。

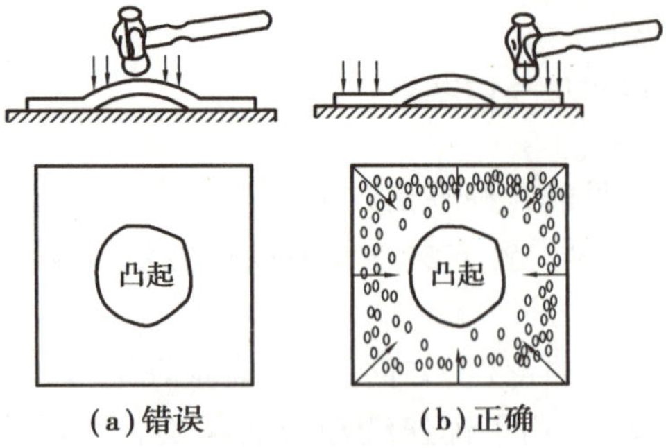

图 7.13　中凸板料的矫平方法

3)板料四周波浪形变形　若板料四周呈波浪形变形而中间平整(图 7.14),这说明板料四边变薄、伸长了,矫平时,应按图中箭头方向锤击板料平整的地方,由四周向中间锤打,锤打位置点逐渐变密,锤打力量逐渐加大,边锤打边观察变形的恢复情况,多次反复进行,直至板料平整。

4)很薄而软(如铜箔)的板料变形的矫平　由于板料薄而软,故不必用较大的力锤击,可用平木推压或用木槌、橡皮锤锤击;用抽条抽打平面。用抽条抽打时应注意掌握力度大小,板料应受力均匀,并从按一个方向顺序抽打,使整个表面均衡受打达到平整,如图 7.15 所示。

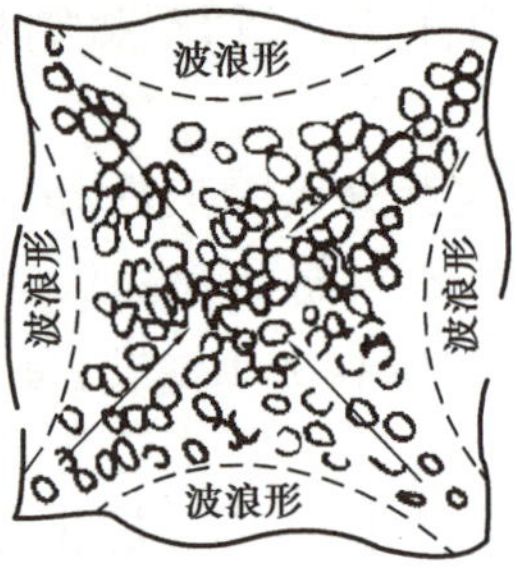

图 7.14　四周波浪形板料的矫平方法

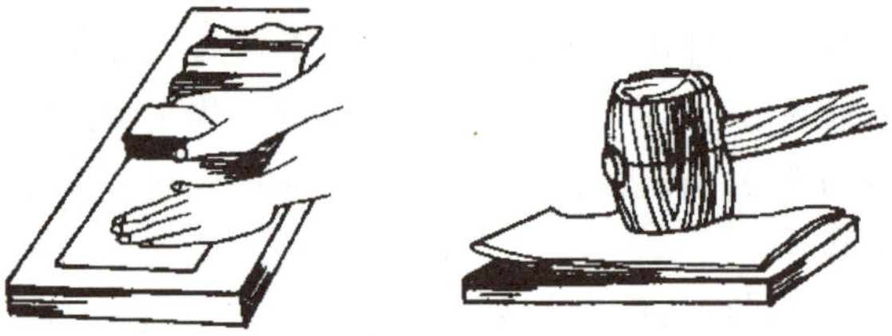

图 7.15　薄板类零件的矫平方法

以上矫正方法必须通过反复实践,并体会、总结才能真正地掌握和熟练。

任务 7.2　弯曲

一、弯曲概念

所谓弯曲是指将坯料弯折成具有一定角度或曲率半径的零件的成型方法。弯曲件的形状有很多,如 V 形、L 形、U 形、Z 形、O 形等(图 7.16)。

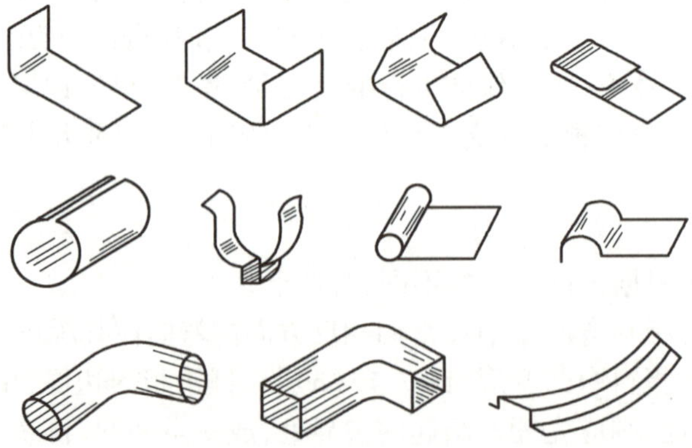

图 7.16　各种弯曲件

哪些材料可进行弯曲？塑性好的材料才能进行弯曲(弯曲是塑性变形过程)，如铁丝、铜丝、扁铁、角铁等。

二、毛坯长度计算和基本几何体的展开

1. 弯曲部分毛坯长度的计算——按中性层长度计算(图7.17)

钢板弯曲后外层材料被拉长；内层材料缩短；中间有一层材料长度没变，这层称作中性层。图7.17是钢板弯曲前后的断面情况，图中 $C—C$ 层即为中性层。

工件弯曲前坯料长度的计算可以按中性层的长度计算。中性层位置一般不在材料厚度的正中，而是偏向内层一边，实际位置取决于材料的弯曲半径 r 和材料厚度 t 的比值 r/t。设 X_0 为中性层位置系数，不同的比值 r/t 对应不同的 X_0，见表7.1，从表中 r/t 的比值可以看出，当弯曲半径 $r \geqslant 16\,t$ 时，中性层在材料的正中。在一般情况下，为简化计算，当 $r/t \geqslant 8$ 时，即可按 $X_0 = 0.5$ 计算。

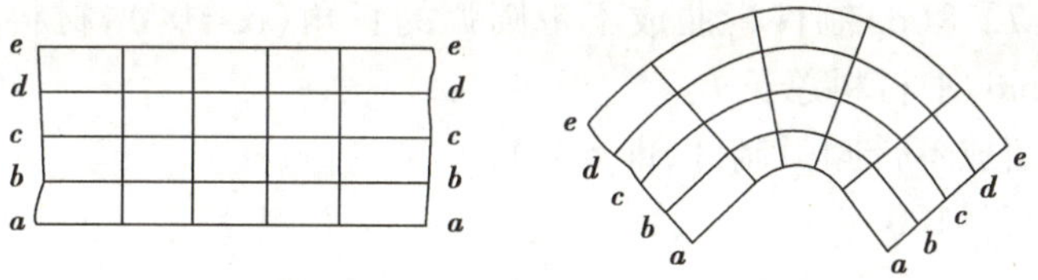

图7.17　钢板弯曲前后情况

表7.1　弯曲中性层位置系数 X_0

r/t	0.25	0.5	0.8	1	2	3	4	5	6	7	8	10	12	14	>16
X_0	0.2	0.25	0.3	0.35	0.37	0.4	0.41	0.43	0.44	0.45	0.46	0.47	0.48	0.49	0.5

图7.18为几种常见的弯形形式。图(a)、(b)、(c)为内边带圆弧的工件，图(d)为内边不带圆弧的直角工件。

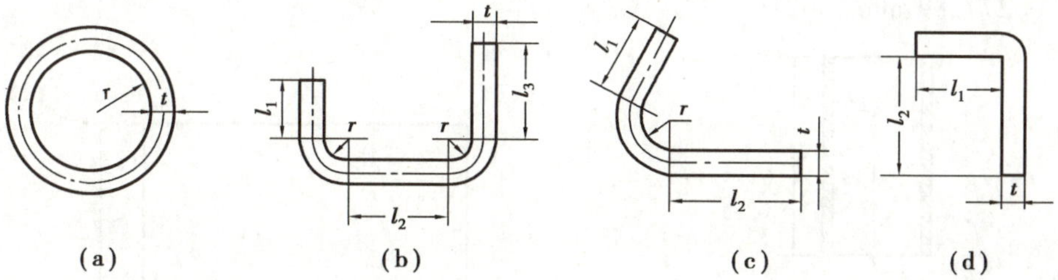

图7.18　常见的几种弯形形式

内边带圆弧的工件，其坯料长度等于直线部分长度(不变形部分)与圆弧中性层(弯形部分)之和，其中圆弧部分中性层长度可按下面公式计算。

中性层的实际位置：$X_0 \times t$

圆弧长度(中性层长度)计算公式：

$$A = \pi(r + X_0 \times t) \times \alpha / 180°$$

式中　r——内弯曲半径，mm；

X_0——中性层位置系数(表 7.1);

t——材料厚度,mm;

α——弯曲角,度(弯曲成整圆时 $\alpha=360°$;弯曲成直角时 $\alpha=90°$;内边弯曲成不带圆弧的直角时,$\alpha=0°$),见图 7.19。

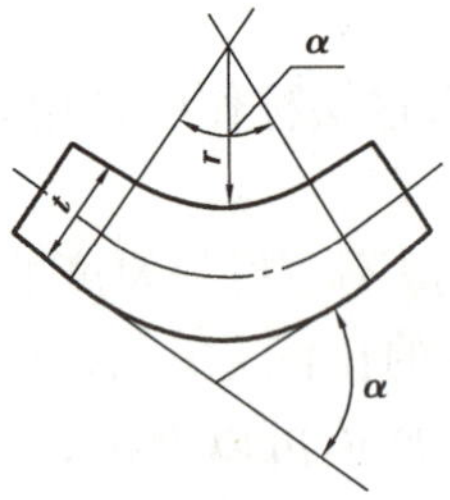

图 7.19　弯曲角

例 7.1　已知图 7.18(c)制件弯曲角 $\alpha=120°$,弯曲半径 $r=16$ mm,材料厚度 $t=4$ mm,边长 $l_1=60$ mm,$l_2=110$ mm,求材料总长 L。

解:$L=l_1+l_2+A$;$r/t=16/4=4$,查表得 $X_0=0.41$

$$A=\pi(r+X_0\times t)\times\alpha/180°$$
$$=3.14(16+0.41\times4)\times120°/180°$$
$$=36.93\ \text{mm}$$
$$L=60+110+36.93$$
$$=206.93\ \text{mm}$$

例 7.2　已知图 7.18(d)制件弯曲成不带圆弧的直角($\alpha=0°$),材料厚度 $t=3$ mm,边长 $l_1=60$ mm,$l_2=100$ mm,求材料总长 L。

解:因为内边弯曲成不带圆弧制件,即 $\alpha=0°$

$$L=l_1+l_2=60+100$$
$$=160\ \text{mm}$$

2. 基本几何体的展开方法

(1)圆柱形管的展开

展开成矩形,一边长为(管中性层长)$A=\pi(r+X_0\times t)\times\alpha/180°$;另一边为管长度 h。

例 7.3　已知图 7.20(a),圆管外径 $D=90$ mm,内径 $d=D-2t=90-2\times1.5=87$ mm,材料厚度 $t=1.5$ mm,弯曲角 $\alpha=360°$,弯曲半径 $r=d/2=43.5$ mm,求圆管中性层材料总长 A。

解:由 $r/t=29>16$,查表得 $X_0=0.5$

$$A=\pi(r+X_0\times t)\times\alpha/180°$$
$$=3.14\times(43.5+0.5\times1.5)\times360°/180°$$
$$=277.89\ \text{mm}$$

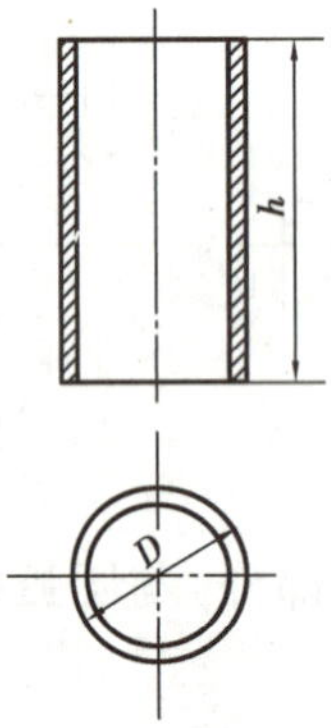

(a)圆管视图

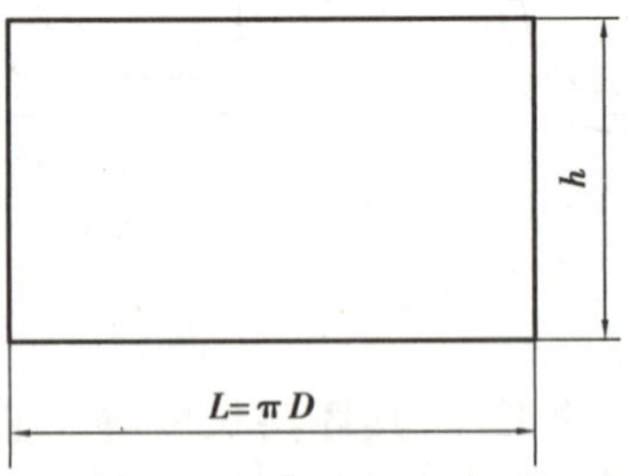

(b)圆管展开图

图 7.20　圆管视图和展开图

（2）圆锥体制件的展开法（如图 7.21 所示，圆锥直径为 D、母线长为 R）

有三种方法：

1）以 O 为圆心，R 为半径画圆弧，用钢卷尺在所画弧上量取圆周长 πD，其起点、终点与 O 点相连，如图 7.21(b) 所示。

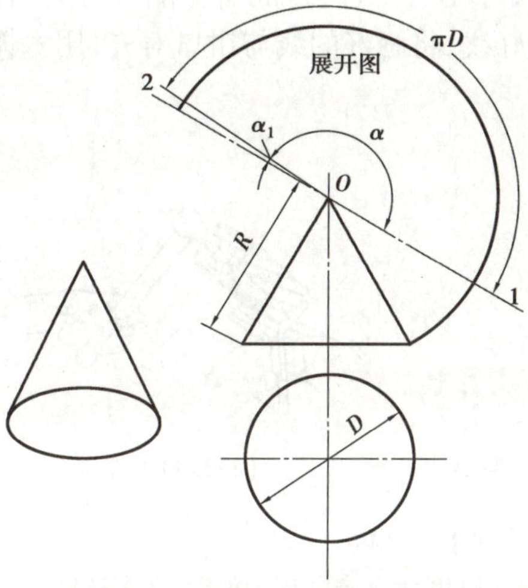

(a)　(b)

图 7.21　正圆锥和展开图

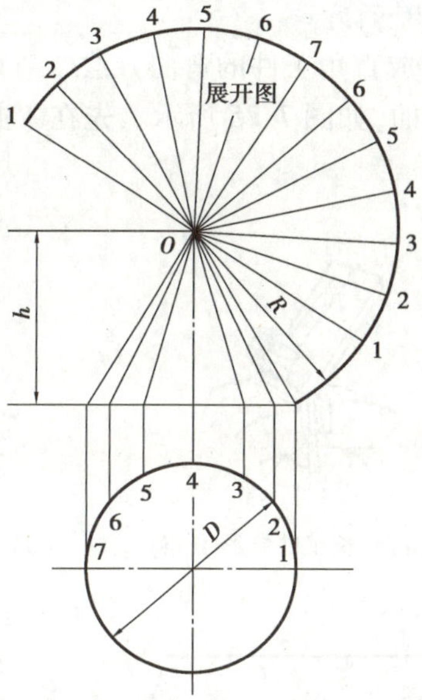

图 7.22　用量取弧长的方法作展开图

2）先求出展开图的角度（$\alpha = 180° \times D/R$），再得展开图，如图 7.21(b) 所示。

3）在要求不十分精确的情况下，可用圆规量取弧长的方法作展开图，如图 7.22 所示。

（3）正圆锥台展开方法

图 7.23 所示，先计算展开图半径 $r = ld/(D-d)$；再用圆锥展开的方法。

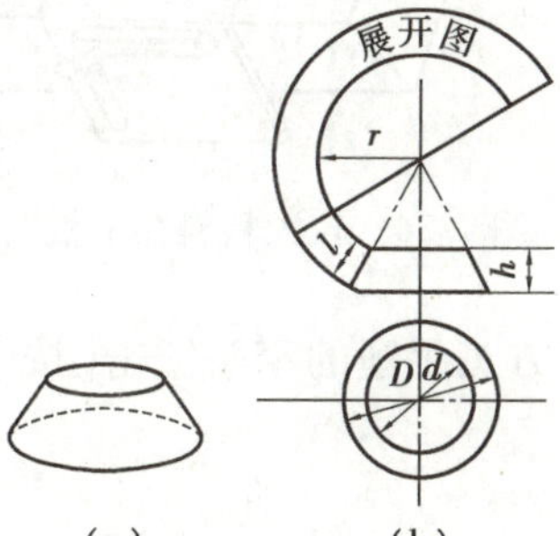

(a)　(b)

图 7.23　圆锥台和展开图

（4）方锥台展开法

方锥台展开，如图 7.24 所示。

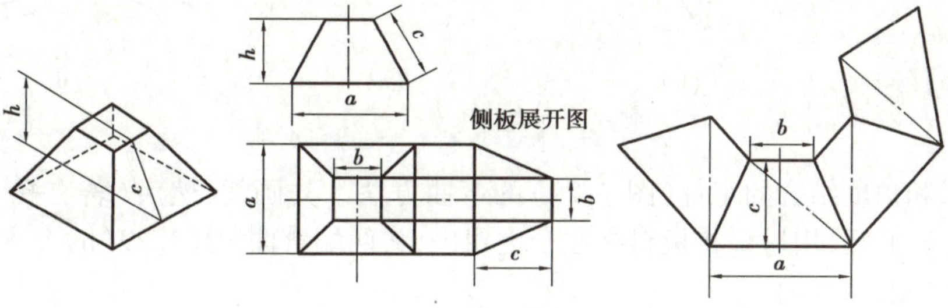

(a)　(b)　(c)

图 7.24　方锥台和展开图

三、弯曲的方法

工件的弯曲分冷弯和热弯两种。在常温下的弯曲称为冷弯，常由钳工完成。钳工可弯曲板料厚度 5 mm 以下的工件。

1. 板料的弯曲

1）弯成直角工件的弯曲方法　弯形状简单、尺寸不大工件，台虎钳上能夹持时，在台虎钳上进行弯曲，如图 7.25 所示。先在弯曲的部位画好线，将画好的线与钳口对齐，用木槌敲打成直角。

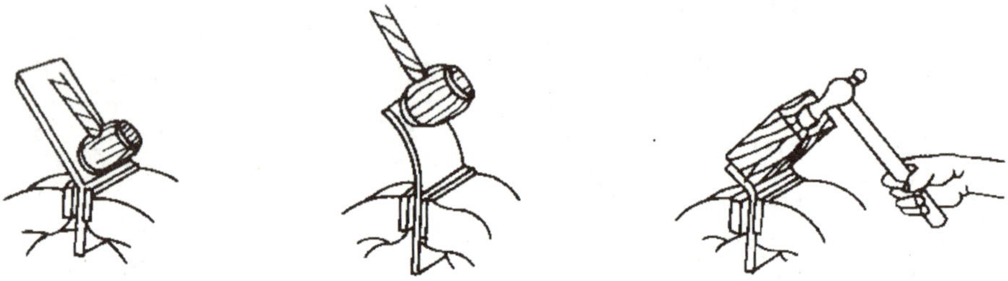

(a) 较长工件弯形(正确)　(b) 较长工件弯形(错误)　(c) 较短工件弯形

图 7.25　板料在台虎钳上弯直角

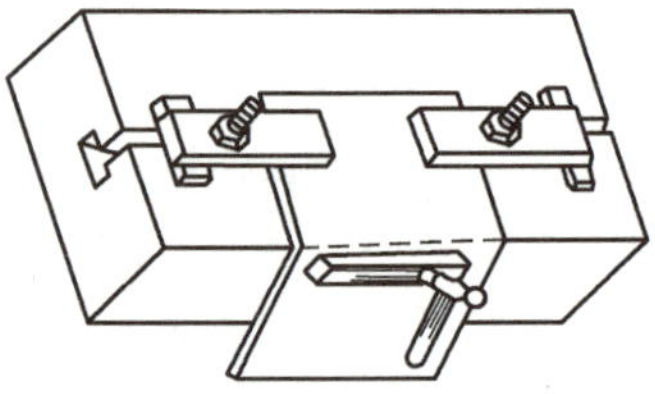

图 7.26　较大板料在平板上弯直角

弯曲工件部位长度大于钳口长度 2 ~ 3 倍，且工件两端较长，无法在台虎钳上夹持时可采用图 7.26 的方法。

弯多直角工件时可用图 7.27 的方法。先在弯曲的部位画好线，按线夹持在台虎钳的两块铁衬里，用锤击方法弯成角 1［图 7.27(b)］，再按图 7.27(c)、(d) 弯成角 2、3。

2）弯成弧形工件的弯曲方法　按尺寸要求在材料上画好弯曲线→按线夹在台虎钳的两块角铁衬里（图 7.28）→用方头手锤的窄头锤击［按图 7.28(b)、(c)、(d) 三步成形］→半圆模上修整圆弧［图 8.28(e)］。

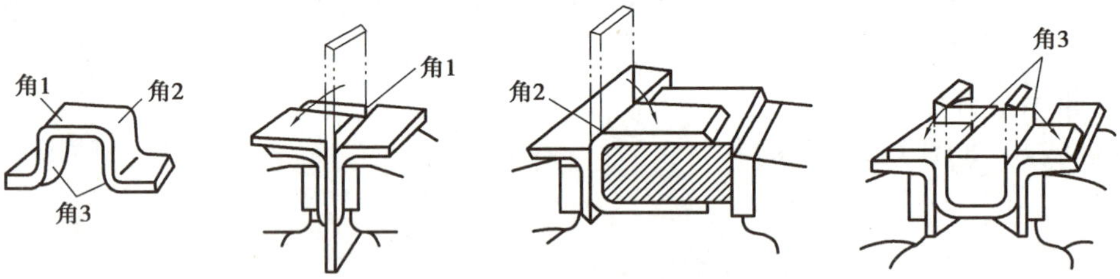

(a)　(b)　(c)　(d)

图 7.27　弯多直角形工件顺序

3）弯圆弧和角度结合的工件（图 7.29）的弯曲方法　先画线，然后（若有孔，弯前先将两端的圆弧和孔加工好）用衬垫将板料夹在台虎钳内，将两端弯曲［图 7.29(b)］，最后在圆钢上弯工件的圆弧［图7.29(c)］。

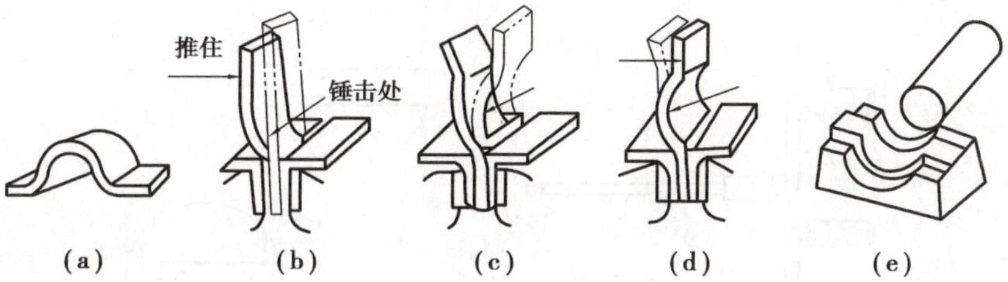

图7.28 板料在台虎钳上弯直角

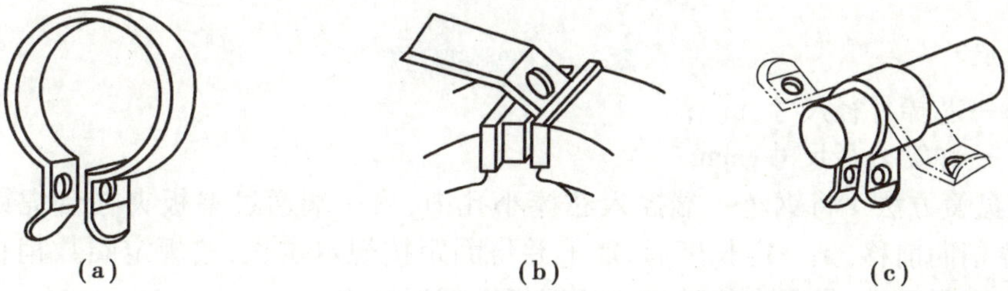

图7.29 弯圆弧和角度结合工件的顺序

4)板料在宽度方向上的弯曲　可利用金属材料的延伸性能，锤击弯形的外弯部分，使材料向相反方向逐渐延伸，达到弯形的目的[图7.30(a)]；较窄的板料可在V形铁或专用弯形模上锤击，使工件变形[图7.30(b)]；还可在专用弯形工具上进行弯形[图7.30(c)]。

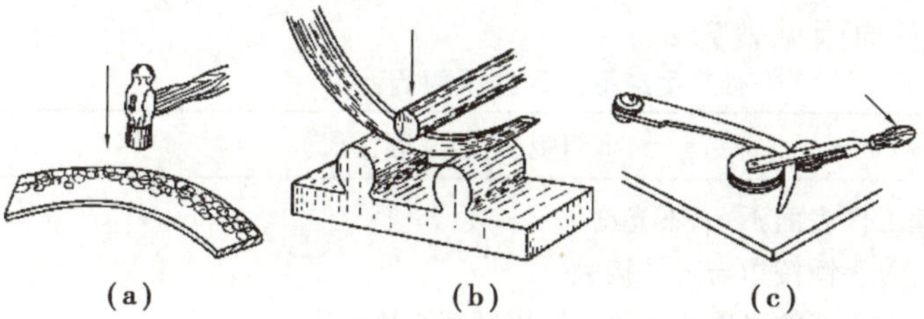

图7.30 板料在宽度方向上的弯形

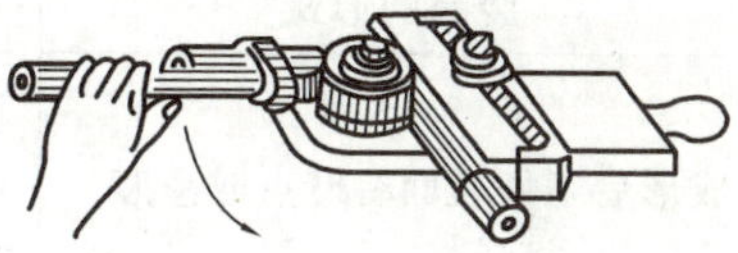

图7.31 弯管工具

2. 管子的弯曲(最小弯曲半径必大于管径的4倍)

管子的直径在12 mm以下，可用冷弯方法；管子直径在12 mm以上，用热弯方法。

弯10 mm以上的管子，管内必须灌满干砂(用木棒敲击管子使其灌结实)两端用木塞塞紧(如管子有焊缝则必须放在中性层位置上)，在弯管工具上进行(图7.31)。

3. 盘弹簧

1)弹簧的种类　按其形状分为圆柱形弹簧、圆锥形弹簧和专用扭簧等；按其工作性质分为压缩弹簧、拉伸弹簧和扭转弹簧等。常用的是圆柱形压缩弹簧。

2)芯棒的确定　手工盘弹簧，首先根据弹簧的直径做好一根盘弹簧用的芯棒，在芯棒一端开槽或钻一小孔，另一端弯成摇手柄式的直角弯头(图7.32)。

确定芯棒的直径尺寸，首先应考虑到弹簧盘好之后，当绕力消除后，在钢丝本身弹性恢复力的作用下，弹簧的直径会随之增大；圈距和长度也随着加长。由于这种现象的存在，预制芯棒的直径应比弹簧的内径小。

计算芯棒内外径的经验公式

$$D_{外}=(0.75\sim0.8)D_{内}$$

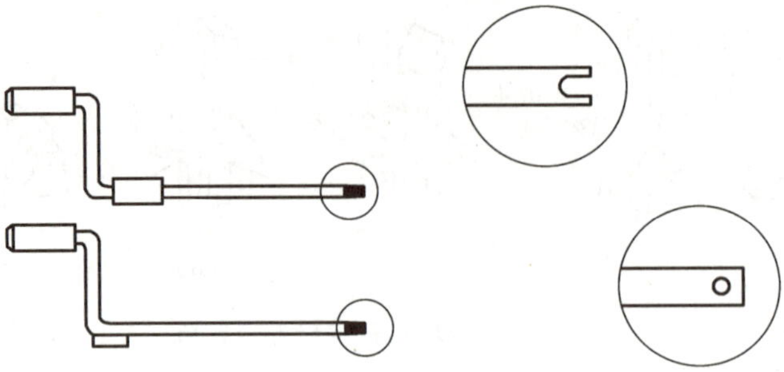

图 7.32　盘弹簧芯棒

式中　$D_{外}$——芯棒外径尺寸,mm;

$D_{内}$——弹簧内径尺寸,mm。

3)手工盘簧方法　将钢丝一端插入芯棒小孔内,另一端通过夹板夹在台虎钳中,转动芯棒,同时芯棒稍向前移;到一定长度后,取下并将圈距按规定拉长,按规定圈数稍长 2~3 圈截断;在砂轮上磨平两端,最后在热砂内或热钢板上低温回火。

任务 7.3　废品分析

矫正和弯曲时,产生废品的形式及原因见表 7.2。

表 7.2　常见矫正和弯曲时产生废品的形式及原因

废品的形式	产生废品的原因
成形后工件表面有麻点或锤痕	1. 手锤工作表面不平、不光滑 2. 锤击时手锤棱边与工件接触 3. 对已加工好的表面或有色金属用硬锤直接锤击
工件断裂	1. 工件材料塑性差 2. r/t 值过小 3. 对同一处反复多次折弯,破坏了金属组织
弯曲成形后尺寸不合格	1. 弯曲前毛坯尺寸计算错误 2. 计算方法出错 3. 工件各部位间的尺寸出错
弯曲成形后形状不合格、各部位间相对位置不合格	1. 用不正确的样板、模具 2. 锤击力过重、不均匀 3. 锤击部位不正确或方法不正确 4. 夹持不正或夹持不紧,锤击偏向一边
管子有瘪痕或焊缝裂纹	1. 夹持工具或方法不正确 2. 没灌砂或没灌满 3. 弯曲半径偏小或重复弯曲 4. 焊缝没放在中性层上

复习思考题

1. 什么叫矫正？矫正有哪几种方法？
2. 简述手工矫正的方法。
3. 如何矫正弯曲的小直径轴？
4. 什么叫弯曲？
5. 什么叫中性层？
6. 将直径为 $\phi8$ mm 的圆钢弯曲成内径为 $\phi200$ mm 的圆环，求圆环下料长度。

项目 8
装配与调试

任务 8.1　认识装配与调试

一、装配工艺过程

机械产品一般由许多零件和部件构成。按规定的技术要求，将若干零件组合成部件或若干个零件和部件结合成机器的过程称为装配。

在学习装配工艺之前，必须对机械产品的组成有全面的认识和了解。

1. 机器的组成

1）零件　构成机器的最小单元，如一根轴、一个螺钉等。

2）部件　两个或两个以上零件结合形成机器的某一部分，如车床主轴箱、进给箱、尾座等都是部件。部件是一个通称，其划分是多层次的。直接进入产品总装的部件称为组件；直接进入组件装配的部件称为一级分组件；直接进入一级分组件装配的部件称为二级分组件；其余依次类推。产品越复杂，分组件级数越多，如图 8.1 所示。

3）装配单元　可以独立进行装配的部件称为装配单元。

4）装配基准件　最先进入装配的零件称为装配基准件，它可以是一个零件，也可以是低一组的装配单元。

2. 装配工件的重要性

装配工件是产品制作工艺过程中的最后一道工序，产品质量的好坏除了取决于零件的加工质量以外，还要取决于装配质量。装配工作的好坏，对产品质量起着决定性的作用。通过装配才能形成最好的产品，并保证它具有规定的精度及设计所要求的使用功能以及质量要求。如果装配不当，不重视清洁工作，不按工艺要求进行装配，即使零件的加工质量再好，也不一定能够装配出合格的、优质的产品。装配质量较差的产品，精度低、性能差、能耗大、工作可靠性差、使用寿命短，将会造成很大的经济损失。反之，虽然某些零部件的加工质量并不很高，但经过仔细地修配和精细地调整之后，仍有可能装配出性能良好的机器。因此，装配工作是一项非

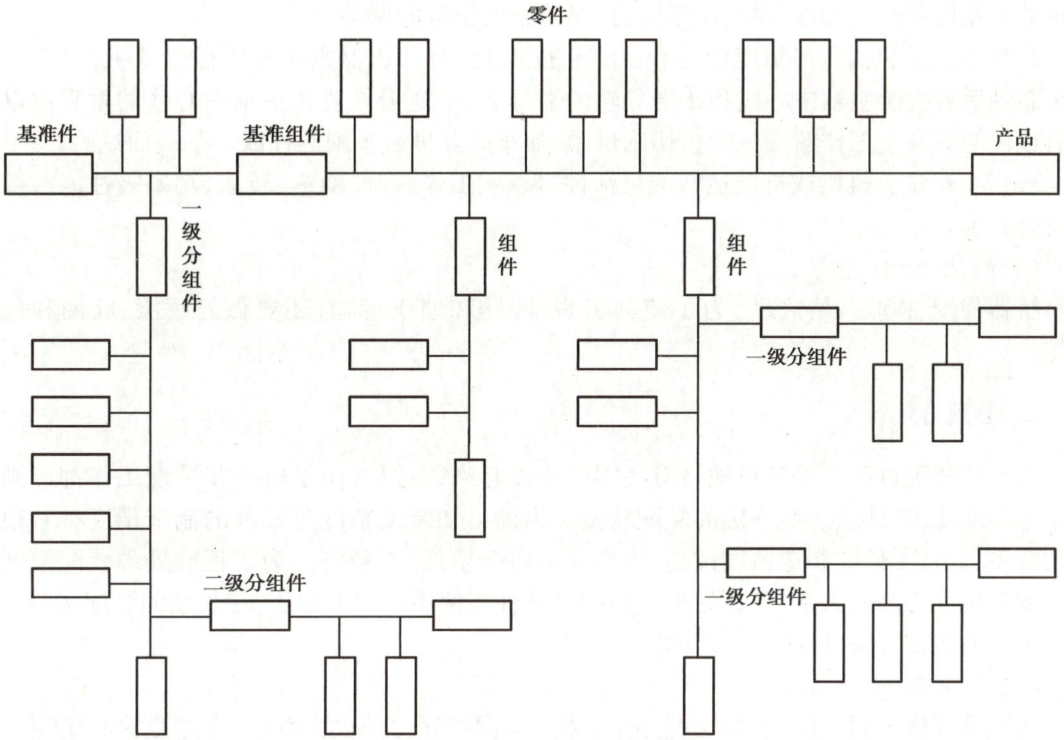

图 8.1　组件与分组件划分

常重要而又细致的工作，必须认真做好，这就要求从事装配工作的操作者除了具有较高的技术水平外，还应具有高度的工作责任感，二者缺一不可。

3. 产品装配工艺过程

产品的装配工艺过程由以下四个部分组成：

（1）装配前的准备工作

1）研究和熟悉产品装配图、工艺文件及技术要求；了解产品的结构、零件的作用以及相互的连接关系。

2）确定装配方法、顺序和准备所需要的工具。

3）对装配的零件进行清理和洗涤，去掉零件上的毛刺、锈蚀、切屑、油污，检查零件加工质量，对有些零件进行必要的平衡试验和压力试验。

4）对有些零件还需要进行刮研等工作。

（2）装配工作

对于比较复杂的产品其装配工作通常划分为部件装配和总装配（简称总装）。

1）部件装配指产品在进入总装以前的装配工作。凡是将两个以上的零件组合在一起或将零件与几个组件结合在一起，成为一个装配单元的工作，均称为部件装配。

2）总装配是指把零件和部件装配成最终产品的过程。产品的总装通常是在工厂的装配车间（或装配工段）内进行。有些大型机器的总装常在其工作现场进行。

（3）调整、精度检验和试车

1）调整是指调整零件或机构的相互位置，配合间隙，结合面的松紧程度等，目的是使机构或机器工作协调。如轴承间隙、镶条位置、涡轮轴向位置的调整。

2)精度检验包括几何精度检验和工作精度检验(有的机器则不需要做这项工作)等。如车床总装后要检验主轴中心线和床身导轨的平行度、中拖板导轨和主轴中心线的垂直度以及前后顶尖的等高。工作精度一般指切削试验,如车床要进行车削圆柱或车削端面试验。

3)试车是试验机构或机器运转的灵活性、振动、工作温升、噪声、转速、功率等性能参数是否符合要求。

(4)喷漆、涂油、包装

机器装配、检验合格之后,为了使其美观、除锈和便于运输,还要做好喷漆、涂油和包装工作。

二、装配方法

产品的装配过程不是简单地将有关零件连接起来的过程,而是每一步装配工作都应满足预定的装配要求,即应达到一定的装配精度。由前可知装配精度与零件的制造精度有着很密切的联系,但是零件的制造精度过高,生产成本将会增加,不经济。为了正确处理装配精度与零件制造精度之间的关系,妥善处理生产的经济性与使用要求的矛盾,在长期的装配实践中创造了不同的装配方法,以满足生产的需求。

1. 互换装配法

按互换程度不同,互换装配法有完全互换法和不完全互换法两种。在这里只介绍完全互换法。

在同类零件中任取一个装配零件,不经修配即可装入部件中,并能达到规定的装配要求,这种装配方法称为完全互换法。

完全互换装配法的特点:

1)装配操作简便,生产效率高。

2)容易确定装配时间,便于组织流水线作业及装配自动化。

3)便于采用协作方式组织专业化生产。

4)零件磨损后便于更换。

但是这种方法对零件的加工精度要求较高,制造成本会随之增加,因此仅在配合精度不是很高,组成件数较少或大批量生产中采用。

2. 选择装配法(简称选配法)

选择装配法是将零件的制造公差适当放宽,然后选取其中尺寸合适的零件进行装配,以达到配合要求。选择装配法有直接选配法和分组选配法两种。

1)直接选配法是由装配工人直接从一批零件中选择“合适”的零件进行装配。这种方法比较简单,其装配质量取决于装配工人的技术水平,挑选零件时间较长,所以装配效率不高,不宜用于生产节拍要求较严的大批量生产。

2)分组装配法在成批或大批量生产,将一批零件逐一测量后,按实际尺寸的大小分成若干组,然后将尺寸大的包容件(如孔)与尺寸大的被包容件(如轴)相配,将尺寸小的包容件与尺寸小的被包容件相配。这种装配方法的配合精度取决于分组数,即增加分组数可以提高装配精度。

分组选配法的特点：

①按分组选配后零件的配合精度高。

②因零件制造公差放大，所以加工成本降低。

③增加了对零件的测量分组工作量，并需要加强对零件的储存和运输管理，可能造成半成品和零件的积压。

分组选配法常用于大批量生产中装配精度要求很高，配合件的组成数目较少，又不便于采用调整装配的情况。如汽车发动机的活塞与缸套、活塞与活塞销、滚动轴承的内外圈及滚动体等。

3. 调整装配法

在装配时用改变产品中可调整零件的相对位置或选用合适的调整件以达到装配精度的方法，称为调整装配法。一般采用斜面、锥面、螺丝等移动可调整件的位置；采用调换垫片、垫圈、套筒等控制调整件的尺寸。如图8.2所示为用垫片来调整轴向配合间隙的方法。

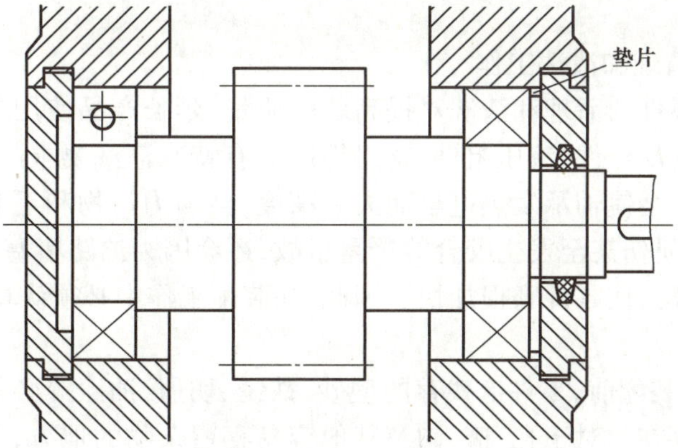

图8.2　垫片调整装配法

调整装配法的特点：

1)零件可按经济精度确定加工公差，装配时通过调整即能达到很高的装配精度。

2)在使用过程中还可进行定期调整以保证配合精度，这对于容易磨损或因温度变化而需要改变尺寸位置的结构是很有利的。

3)生产率低，对装配工人技术水平要求较高。

4)调整件容易降低配合副的连接刚度和位置精度，在装配时必须予以高度注意。

除必须采用分组装配的精密配合件外，调整法一般可用于各种装配场合。

根据调整的方法不同，调整法可分为可动调整法、固定调整法和误差抵消法三种，限于篇幅，兹不赘述。

4. 修配装配法

在装配时修去指定零件上预留修配量，以达到装配精度的方法，称为修配装配法。如图8.3所示为修刮尾底板尺寸 A_2 的预留量，使前后两顶尖中心线达到规定的等高度(即允差为 A_Δ)的方法。

修配装配法的特点：

①零件的加工精度可大大降低。

②不需要采用高精度的加工设备，而又能得到很高的装配精度。

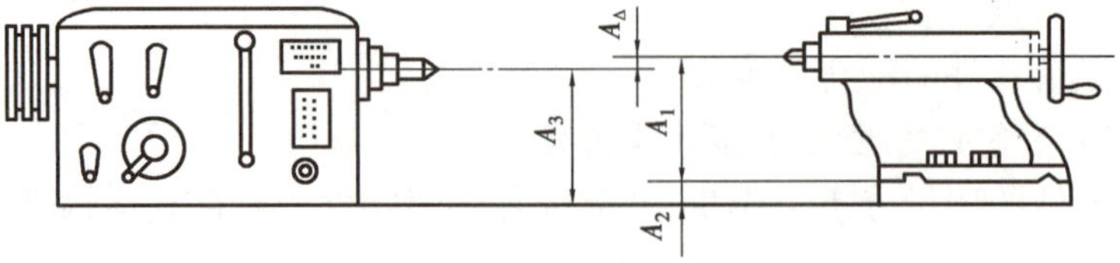

图 8.3 修配装配法

③但是装配周期较长，生产效率较低，对装配工人技术水平要求较高。

因此，修配装配法适用于单件和小批量生产以及装配精度要求较高的场合。

三、装配工作要点及调试

要保证产品的装配质量，必须按照规定的装配技术要求执行。不同的产品其装配技术要求是各不相同的，但在装配过程中有许多共同点却是必须遵循的。

1. 装配工作要点

(1)做好零件的清理和清洗工作

在装配过程中，零件的清理和清洗对提高装配质量、延长产品使用寿命具有重要的意义，特别是对于轴承、精密配合件、液压组件、密封件以及有特殊清洗要求的零件更为重要。清理和清洗工作做得不好，会使轴承发热过早而失去精度；会因为污物和毛刺划伤配合表面，使相对滑动的工作面出现研伤甚至发生咬合等严重事故；还会因为油路堵塞，造成相互运动的零件之间得不到良好的润滑，使零件磨损加快。因此，在装配工作中必须认真做好零件的清理和清洗工作。

1)零件的清理　装配前，零件上残存的型砂、铁锈、切屑、油漆等必须清除干净，绝不允许有油污、脏物和切屑存在。对于孔、槽、沟及其他容易存留杂物的地方，应特别仔细地清理，并应倒钝锐边和去除毛刺。在清理时，对重要的配合表面，应注意保持所要求的精度和表面粗糙度。装好的并经检查合格的组件或部件，必须加防护罩，以防止水、气、污物及其他脏物进入部件内部。

2)零件的清洗　零件的清洗工作是必不可缺的。零件的清洗过程，是一种复杂的表面物理化学现象，其清洁的程度，可视相互配合的精密程度高低允许有差别，例如对于轴承、液压组件和密封件等精密零件的清洁程度，要求应十分严格。而对于汽车发动机燃料供给系的某些精密偶件的清洁程度则要求更高。特别值得注意的是：对于已经仔细清洗过的零件，装配时随意拿棉纱头去擦、启动几下，这反而是一种不清洁的做法，必须纠正这种不良习惯。

(2)相配合表面在配合或连接前，一般都需加油润滑

如果在配合或连接之后再加润滑油润滑，会很不方便和不全面，会导致机器阶段性的不能及时供油而加剧运动零件的摩擦而导致磨损。对于过盈连接件，配合表面如缺乏润滑，则当敲入或压配时极易发生拉毛现象。活动连接的配合表面当缺少润滑时，即便配合间隙准确，也常常因有卡滞而影响正常的活动性能，而有时可能被误认为是配合不符合要求。

(3)相互配合零件的尺寸要准确

装配时，对于某些较重要的配合尺寸必须进行校验，这是一项非常重要的工作，尤其是当需要知道实际的配合间隙或过盈时。过盈配合的连接一般都不宜在装配后再拆下重装，所以对实际过盈量的准确性更要十分重视。

(4)边装配边检查

当所装配的产品较复杂时,每装完一部分则应检查其是否符合要求,而不应等大部分或全部装完之后再检查,此时发现问题已为时已晚,甚至不易查出故障产生的原因。

在对螺纹连接件紧固的过程中,还应注意对其他有关零部件的影响,即随着螺纹连接件的逐渐拧紧,有关零部件的位置也可能有所变化,此时,要防止发生卡滞、碰撞等现象,以免产生附加应力而导致零部件产生变形或损坏。

2. 调试

机械产品在装配后要通过试车(或试运行)对产品的质量和性能进行综合考查和检测,对在试车中出现的各类问题与弊病要作全面认真的分析,找出产生的原因,并对机械产品进行适当的调整,最终得到质量合格的产品。

(1)试车

试车是机械产品开始运动并经受负荷的考验,不能轻率盲目从事,因为这是最有可能出现问题的阶段。试车前,一次全面的检查是十分必要的,例如装配工作的完整性、各连接部分的准确性和可靠性,运动件运动的灵活性,润滑、冷却系统工作是否正常等。在确保都准确无误和运行安全的条件下,才能启动机械设备试运行。

当机械设备开始运行后,应立即全面地观察一些重要工作参数包括润滑油的压力和温度、振动和噪声,机器有关部位的温度等。只有当启动阶段各运行指标均正常稳定之后,才有条件进行下一阶段的试机内容。而启动一次成功的关键在于装配全过程的严密和认真负责。

(2)调整

在试车之后紧接着的工作就是调整,针对试车中出现的各类问题要作全面认真的分析,找出原因,然后像医生治病一样,对症下药地采取相应的措施,消除试车中出现的问题,使机械设备处于完好的工作状态,达到设计要求。

任务 8.2　装配质量检验和机器试运行

一、一般机械装配质量的检查

1. 外观检查

1)检查机械设备是否按所要求的位置安装、安装是否牢固可靠。所有地脚螺栓应符合设计要求,拧紧后的地脚螺栓的外露高度要一致(即螺纹露出螺母 2 ~3 牙)。

2)检查机器底座与基础间楔形垫铁,数量和分布位置应符合技术要求。

3)检查各类管材表面,应平整光滑,无变形、无裂纹、无气孔等。

4)检查液压油、润滑油、冷却液、压缩空气、燃料供给系统等的管子,螺纹应满口,中间不得断牙,管子内壁应清洁无堵塞,管口无毛刺。管路的安装位置,路径及所用材料应符合设计要求。

5)油漆完整,无脱落及碰撞痕迹。

6)检查各种性能或监控测量的表盘。表应清晰,无物遮盖(如压力表、温度表或温度计等)。

7)气液阀的关闭严密。

8)机械的活动部件(分)用手动盘车应轻便、灵活。

9)电器线路完整清晰整齐,有可靠接地。

2. 装配精度的检测

装配过程中的精度检测是一项十分重要而又必不可少的工作,如果仅有装配技术而缺少正确的测量方法,是很难达到预定的技术要求的。所以一定要以娴熟的操作技能和正确的测量方法相互结合,应用比较先进的符合生产实际需要的检测工具进行检测,才能可靠地保证装配质量。以金属切削机床的装配而言,其装配精度检测的项目是比较多的,其主要内容有相关零件配合表面之间的相互位置精度、相对运动精度、接触精度以及在装配中零件配合表面形状改变,还有形状精度和零件本身的形状及尺寸精度等。这些检测大多是在部件装配成组时逐一进行检测的。这些精度检测可分为以下几种:

1)基础零件精度检测　以机床设备为例,其基础零件有床身、立柱、横梁、滑座等。这些零件是各运动部件的基础,也是直接影响机床精度的主要零件。对基础零件精度的检测,主要是导轨的直线度误差、导轨间的平行度和导轨间的垂直度误差。

2)机床部件之间相互位置精度的检测　组、部件装配后,进行部件之间的装配或总装配,必须在基础零件各项精度检验合格后才能进行。但是,部件装配后,常会产生部件装配之间的累积误差,有时甚至会超过总装所规定的要求。因此在部件装配时,必须对部件之间的位置精度及影响总装配精度的零部件做出必要的规定。例如:卧式镗床立柱导轨的误差分布,就必须在立柱导轨的单件机械加工中消除总装的累积误差。

二、机器试车的基本知识

所有的机械设备在正常运行前必须经过试车,才能检验其是否达到设计要求、能否正常工作。因此,试车是装配或修理机械设备时必须经过的最后阶段。机械设备试车正常,其技术指标参数符合规定的要求,才能移交给操作人员进行正常运行,装配或修理工作方能结束。试车未达到正常要求,则仍然需要对机械设备的装配或修理工作进行全面检查、返工,直至达到规定的要求为止。

试车前的准备工作

在机械设备试车过程中,启动阶段是重要的。因为,机器在装配或修理结束后,如果立即进行启动试车,往往会出现无法预料的各种问题和故障,应急措施也无法做充分的准备,可能造成很大的经济损失。所以需要认真谨慎地做好试车前的准备工作,以免出现重大故障。试车前的准备工作有以下几项内容:

1)机械设备启动前,必须进一步对总装工作进行全面检查,看是否符合试车要求。特别是有些部件按规定必须事先单独经过试验,应该确保试验结果符合相关的规定。

2)机械设备启动前,工作场地应进行一次认真、全面的清理,多余的材料、零件和工具、设备等全部转移到合适的地方,方便试车所需的空间位置能满足工作的要求,以保证试车的安全和顺利进行。

试车时所需要使用的监测仪器仪表,应保证处于良好状态。

3)机器启动前,机器上某些运动机构和部件,暂时不参加工作的,通常都应处于“停止或非工作位置”。等到应该参加试车时再调整到“工作”位置。以免机器启动时,不应该参加工作的机构或部件也跟随动作，因而使试车人员无法兼顾而产生不应该出现的现象。机器上有危急保护装置的，应确保其动作灵敏可靠，严防产生失灵、卡滞现象。

4）机器启动前，必须用手转动各回转的传动件或移动应该移动的工作部件，应运动灵活。各操纵手柄应操纵灵活，定位准确，工作可靠。检查润滑系统应清洁畅通，贮油量及油压、油温均应在正常工作的范围内，以免试车时出现咬死现象。

5）对于某些大型和复杂的机械设备，试车时往往需要几人乃至几十人共同进行。此时试车应有统一的指挥，分工明确，各司其职，并应在各自的职责范围内全部工作准备就绪的条件下，方能由试车的总指挥下达启动指令。

1. 启动过程

试车必须严格按照制定的规程执行。启动过程中需要做的工作，有以下几个方面：

1）机械设备一旦启动，应立即全面观察和严密监视其工作状况。根据各类机械设备的不同特性，按试车规程所规定的各项性能参数及其指标进行读数，认真做好试车运行记录，同时应随时观察试车工况是否正常。例如油压、油温是否正常；齿轮，轴承的振动和噪声是否正常；机器的固定、运动部分是否有不正常的摩擦或碰撞；有无过热的部位，松动的部位；运动状况是否有不符合要求的部位以及热胀不符合要求的情况；机械设备其他各部分的振动和噪声是否超过规定数值；机器的转速是否准确平稳，功率是否正常；流体的压力、温度、流量和流速等是否正常；气压是否符合要求；密封处有无泄漏现象等。

2）在启动过程中，如发现不正常现象，应立即检查、分析和找出原因，必要时应降低运行转速。当发现有严重的异常状况时，应果断采取立即停机的措施，否则会造成重大的恶性事故，给生产带来不必要的损失。

3）启动过程应有步骤有次序地进行，待前一阶段的运行情况正常和稳定之后，再继续做下一阶段的试验。在前一阶段中出现的问题和故障应及时分析找出原因和进行妥善处理，以免导致故障的扩大或恶化，影响下一阶段试验的正常进行。

4）当机械设备上独立性较强的部件或机构较多时，应尽量分项投入试验。试验正常一个，再投入另一个进行试验，不宜全面同时进行，以免顾此失彼，以利于发现和鉴别故障原因。

5）对于某些高速旋转机械设备，当转速升高到接近其临界转速时，如果振动尚在允许范围之内，则继续升速时要尽快越过临界转速。以免停留在临界转速下运转时间过长，而产生共振的危害。但是在超越过程中如果发现振动有可能超出允许范围的趋势时，不应再继续强行超越，必须降低转速或停机检查，找出原因并予以排除故障之后，才允许重新启动升速。

6）升速过程达到标定转速后；如运行情况一切均属正常，则一般均需按规定再稳定运转一段时间，观察各工作性能参数的稳定性。并对机械设备各部分的运行情况做详细的检查，做好必要的测定和真实完整的记录。

7）有些产品的试车，还需要认真落实安全防范的应急措施。

2. 试车的类型

机械设备试车的具体内容，根据其要求目的不同而异。一般试车类型可归纳为几种：

1）空运转试验，也称空负荷试验，它是指机器或部件装配后，不加负荷所进行的运转试验。机械设备空运转试验的目的主要是检验和考核在其工作状态下，各部分的工作是否正常，工作性能参数是否符合规定指标要求，同时可以使各摩擦表面在工作开始阶段得到正常的磨合，为下一阶段的负荷试验创造必备的条件。

2)负荷试验是机械设备或部件装配后,加上额定负荷所进行的试验。负荷试验是机械设备试车的主要目的,它是保证机械设备能够长期在额定工况条件下正常运转的基础。

3)超负荷试验是按照技术要求对机械设备进行超出额定负荷范围的运转试验。超负荷试验主要是检验机械设备在特殊情况下超负荷工作的能力,观察机器的各部分是否工作可靠和运行安全。

4)超速试验是按照技术要求对机械设备进行超出标定转速范围的运转试验。超速试验主要是检验机械设备在特殊情况下超速运转的能力,观察其工作是否可靠和运行安全。

5)型式试验是根据产品试制鉴定大纲或设计要求,对产品样机的各项质量指标进行的全面试验或检验。

6)性能试验是为了测定产品及其部件的性能参数而进行的各种试验。例如对金属切削机床所进行的各项加工精度试验;对动力机械所进行的功率、转速、能耗、噪声、烟度试验等;对压缩机械设备所进行的流量、流速、压力试验;以及对各种机械设备所进行的噪声、振动试验等。

7)寿命试验是按照规定的使用条件(或模拟其使用条件)和要求、对产品或零、部件的寿命指标所进行的试验。

8)破坏性试验是按规定的条件和要求对产品或其零、部件进行直到破坏为止的试验。

任务 8.3　机械设备故障分析

一、机械设备故障分析的概念

机械设备在经过一段时间的运行之后,必然会出现某些故障。因此就有必要进行这样或那样的维护和修理工作,从生产安全和经济性的角度,正确而适当地进行维修是十分必要的。因为过度的维修会造成不必要的经济损失;反之,如果维修不及时则会导致工况恶化,发生事故和增加修理费用。所以,正确维护和修理的目的,在于以最低的生产成本,保证机械设备具有充分而又可靠的使用性能,同时又能保证人身安全。

为了达到正确维护修理的目的,在生产中常常需要采取相应的措施。而计划维修往往不能满足上述要求,因此近代的故障分析技术在国内外都得到了很快的发展。

对机械设备进行分析判断,目前很多地方还是在传统的停机解体之后进行,通过对产生故障所在系统的所在部位的零、部件发生异常变化等现象特征来进行分析和判断故障的性质、类型和原因;有时也会根据机械设备在运行过程中发生的平常现象,凭经验来进行分析判断。近年来,随着电子技术的高速发展,故障分析所需要的各种监测仪器、仪表也运用在生产实践当中,依靠这些较先进的检测手段,对机械设备工作条件下的有关信息进行及时而准确的测定和分析处理,就可以准确无误地判断机械设备存在故障的部位与性质。

二、故障的类型及其一般分析方法

在长期的生产实践中,根据机械设备故障产生的规律性不同可分为:

1. 偶发性故障

偶发性故障是在毫无规律的情况下突然发生的,因而不能预测。例如由于意外的超负荷造成的故障。这种故障一旦发生,往往会带来较大的危害性,但是如操作人员时刻严格遵守操作规程,并且养成良好的安全文明生产习惯,保证工作环境整治,偶发性故障是可以减少甚至杜绝的。

2. 规律性故障

规律性故障是按照已知的规律性,有阶段性地渐进发展产生的。例如由于密封装置损坏引起泄漏,发动机气缸磨损而导致功率下降等故障。

根据故障性质的不同,可分为很多种类型,比较普遍的有以下几点:

(1)泄漏

泄漏大多发生于法兰、阀门、填料压盖和管接头等的密封部位,少数是机体或管材本身的缺陷造成的。

1)产生泄漏的原因　产生泄漏的原因是密封部位密封不严密,密封不严密的原因除了制造和装配质量问题外,还有腐蚀或磨损、裂纹,材料不合适或老化,结构不合理或变形等。

2)检查泄漏的方法　检查泄漏的方法很多,常用的有:

①加压试验,以便使泄漏加剧而容易被发现。

②涂上肥皂水或煤油后观察密封部位是否泄漏。

③超声波检查,利用气体通过细缝隙泄漏时会产生高频率的超声波,应用超声波传声器可以测出。

(2)温度

温度是比较容易测量的,除了机器本身安装的测温仪表外,还可以用精式测温仪对机体任意部位进行测量。温升过高反映了轴承、齿轮等摩擦部位的工况不正常,或者使冷却、润滑和导热等性能异常。在检查时应根据机械设备的具体结构情况和所处工作条件进行分析判断。而主轴箱式传动箱、变速箱等箱内的润滑油油量过多或齿轮超负荷运行,以及润滑油牌号选择不合理以及润滑油品质的劣化和清洁度降低,也常常是造成工作温度过高的不可忽视的重要原因。

(3)连接松动

在机械设备上零部件之间的连接以螺纹连接所占的比例较大,其产生松动的现象也经常发生。

1)原因　产生螺纹连接松动大多是由于经受长期振动而产生的,尤其是在冲击负荷较大和温度变化较大的工作环境下更容易发生。螺纹连接件的轴线方向与机械设备振动方向一致时,最容易产生松动;而其轴线方向与机器振动方向相互垂直时松动则不易发生。

2)检查的方法　检查连接松动的方法很多,例如用手锤轻轻敲击连接位置,看其是否松动是一种简便迅速的判断方法。当螺纹连接保持紧固时,敲击后会产生敲钟一样的金属声;而松动的连接则是沉闷而空旷的声音。另外,也可在螺纹的结合表面处,事先涂上薄薄的一层密封漆(胶)作为标记,如果发生松动,漆膜便会破裂。

(4)振动

旋转机械设备的振动是否正常,可按有关的振动标准来衡量。过大的振动将会造成机械设备零部件的失效过程加快,降低机械设备的工作平稳性和工作精度。而异常的振动即便峰值不大,也具有突发的危害性。

振动的大小一般以位移峰峰值表示。振动值的大小凭手的感觉只能粗略估计其程度,用振动测量仪可测得精确的位移峰峰值。

引起振动的原因很多,有旋转物体不平衡、联轴器对中性不好和轴颈失圆等。采用先进的振动分析仪器可以判断振动的各种特征,根据振动特征再进行全面分析,就可以判断出产生振动的确切原因。

(5)噪声

随着对环境保护的重视,对机械设备工作时的噪声也日益被社会所重视,并提出了一定的要求,同时制定了相应的标准。

机械设备的噪声是由流体直接冲击大气,物体相互摩擦或机械振动等原因而产生的,例如发动机排放废气的噪声、齿轮传动的啮合噪声以及滚动轴承的噪声等。

噪声的大小以分贝(dB)表示,用噪声仪进行测量,通过对噪声的测量和分析,可以找出产生噪声的声源,为进一步降低噪声提供技术依据。

复习思考题

1. 什么叫装配?为什么说装配工作的好坏对产品质量起着决定性作用?
2. 机械设备包括哪些过程?各自的工作内容是什么?
3. 装配前应做哪些准备工作?其意义何在?
4. 常用的装配方法有哪几种?各有何特点?
5. 要做好装配工作,必须掌握哪些要点?
6. 为什么说启动过程是机械试车的重要阶段?
7. 机械设备启动前,要做好哪些工作?
8. 机械设备在启动后,要注意些什么?
9. 试车有哪些类型?分别说明其意义。
10. 为什么说正确地维护修理是最经济和安全的?
11. 故障分析技术有何实用意义?
12. 试述常见泄漏故障产生的原因和分析方法。
13. 试述机械设备工作中出现的较普通的故障类型。
14. 机械设备工作温度过高的原因一般有哪些?
15. 螺纹联接发生松动的原因是什么?与振动方向有何关系?

第2部分 基础技能训练

项目9 手工制作技能训练

任务9.1 制作錾口锤子

一、工作任务单

1)读懂錾口锤子零件图;
2)了解所用加工錾口锤子的设备、工具、量具及毛坯情况;
3)编写錾口锤子手工制作工艺;
4)手工制作錾口锤子;
5)正确使用量具测量錾口锤子。

二、錾口锤子制作教学设计(表 9.1)

表 9.1 錾口锤子制作教学设计

<table>
<tr><td colspan="2">课程名称</td><td>钳工技能实训</td><td>学时</td><td>28 学时</td></tr>
<tr><td colspan="2">工作任务</td><td colspan="3">手工制作錾口锤子</td></tr>
<tr><td colspan="2">教学目标</td><td colspan="3">完成錾口锤子手工制作,使学生具备手工制作零件的技能</td></tr>
<tr><td colspan="2">重点难点</td><td colspan="3">画线、锯销、锉销、孔加工</td></tr>
<tr><td colspan="2">教学方法</td><td colspan="3">讲授法、视频教学法、现场教学法、实践法</td></tr>
<tr><td rowspan="6">教学设计</td><td>教学组织</td><td>教学资源要求</td><td>教学方法</td><td>时间</td></tr>
<tr><td>任务引入,任务分析</td><td>工作任务单</td><td>讲授</td><td>0.5 学时</td></tr>
<tr><td>组织学生按组进行工艺分析,形成工艺文件</td><td>视频、PPT</td><td>讲授</td><td>1 学时</td></tr>
<tr><td>工具、量具、材料准备</td><td>工具、量具、刃具、材料足够</td><td>学生按制度领用</td><td>0.5 学时</td></tr>
<tr><td>任务实施</td><td>设备、工具、量具、刃具</td><td>学生练习,教师巡回指导</td><td>25 学时</td></tr>
<tr><td>任务评价</td><td>量具具有法定精度</td><td>学生按标准自测评价、教师抽查</td><td>1 学时</td></tr>
<tr><td colspan="2">参考资料或学习资源</td><td colspan="3">钳工技能实训教材</td></tr>
</table>

三、工作准备

1. 技术资料准备

1)錾口锤子零件图(见图 9.1)

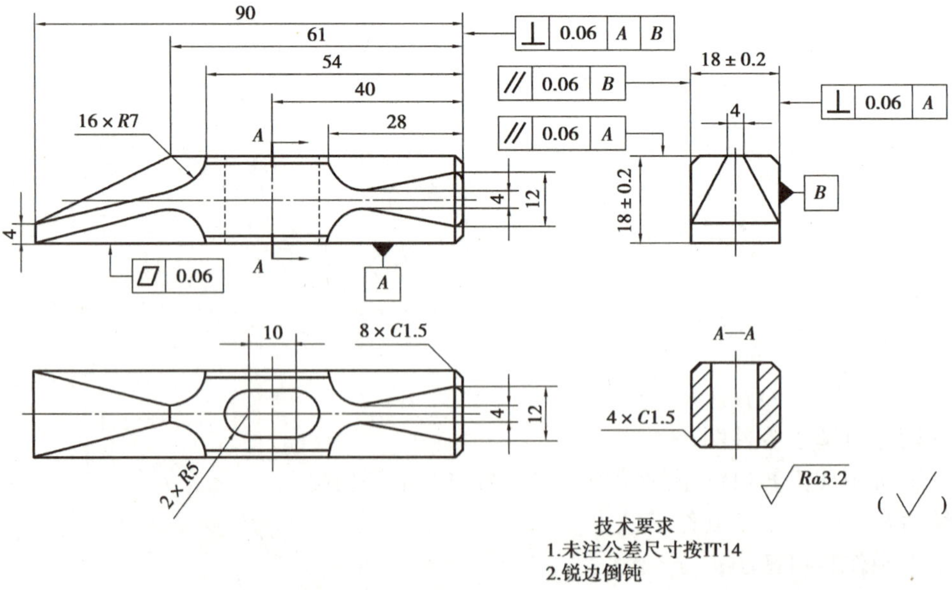

图 9.1 錾口锤子零件图

2）錾口锤子零件毛坯图（见图 9.2）

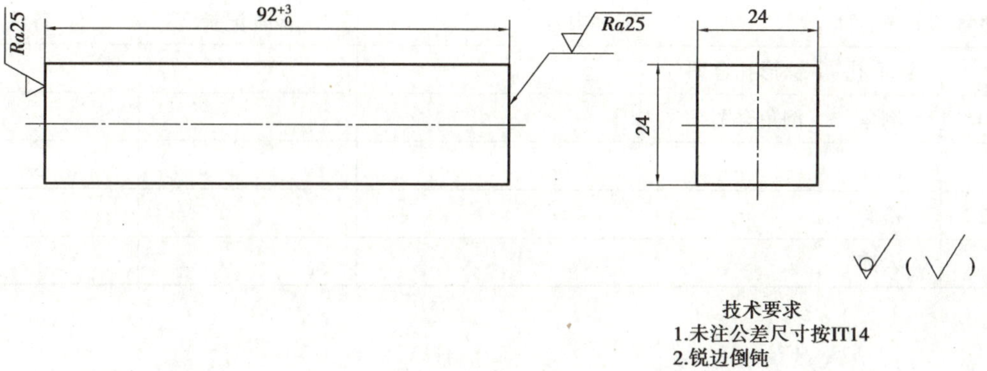

图 9.2　錾口锤子毛坯图

2. 錾口锤子制作任务分析

1）錾口锤子制作分析　錾口锤子是手工制作的练习零件，该零件需采用画线、锯削、锉削、钻孔等加工方法制作。

2）编写錾口锤子制作工艺流程（表 9.2）。

表 9.2　錾口锤子制作工艺卡

零件制作工艺卡		产品代号	产品名称	工作令号
			錾口锤子	
工序号	工序名称	工序内容	检查记录	备注
1	工作准备	1. 领取毛坯件和辅助材料 2. 准备好工具、量具、刃具 3. 准备好所需的设备		
2	下料	1. 清洁毛坯材料 2. 根据毛坯零件图中的参数画线 3. 锉削加工，毛坯长度合图		
3	锉基准	锉削加工长、宽、高基准面		
4	锯削	1. 根据零件图中的参数画线，各加工面留余量 1 ~ 2 mm 2. 锯削		
5	锉削	1. 根据零件图中的参数画线 2. 锉削长、宽、高尺寸合图		
6	锉斜面	1. 根据零件图中的参数画线 2. 锉削斜面合图		
7	锉形	1. 根据零件图中的参数画线 2. 锉削各形面合图		
8	钻孔	1. 根据零件图中的参数画线、打样冲 2. 钻 $\phi 10$ 孔		

续表

工序号	工序名称	工序内容	检查记录	备注
9	锉形孔	锉形孔合图		
10	倒角	倒角合图		
11	抛光			
12	检验			
	入库			

3. 工量器具及设备准备

1)列出制作錾口锤子所需的零件毛坯和辅助材料,领出相应的零件毛坯和辅助材料。

表 9.3　錾口锤子的毛坯件和辅助材料清单

序号	图号(标准号)	名称	数量	备注
1		錾口锤子毛坯	1	
2		煤油		
3		扁刷	1	
4		清洗盆	1	
5		全损耗系统油	1	
6		棉纱头		
7		破布		

2)列出制作錾口锤子所需的工具、量具和刃具清单,并准备好工具、量具和刃具。

表 9.4　錾口锤子制作所需的工具、量具和刃具清单

序号	名称	规格	刻度值	数量	备注
1	各种规格锉刀	100 ~ 300 mm	1 ~ 5 号	各 1	
2	半圆锉	150 mm		1	
3	整形锉			1 套	
4	锉刀刷			1	
5	钻头	ϕ10 mm		各 1	
6	锯弓			1	
7	锯条			自定	
8	画线工具			1 套	
9	样冲			1	
10	钳工锤	0.5、2 磅		各 1	
11	油石			自定	

续表

序号	名称	规格	刻度值	数量	备注
12	高度游标卡尺	0～300 mm	0.02 mm	1把	
13	游标卡尺	0～125 mm	0.02 mm	1把	
14	直角尺	100 mm×63	1级	1把	
15	刀口尺	100 mm	1级	1把	
16	R规			1套	
17	钢直尺	150 mm		1	

3)列出制作錾口锤子所需的设备。

表9.5　制作錾口锤子所需的设备

序号	型号	名称	数量	备注
1	Z4016B	台钻	1	
2	S3SL-250	砂轮机	1	
3		钳台	1	
4	125	台虎钳	1	
5		平口钳	1	
6		工作台灯	1	
7	1级	画线检验平板	1	

四、制作錾口锤子

1. 工作准备

1)按照錾口锤子毛坯和辅助材料清单,领出相应的零件毛坯和辅助材料。

2)按照制作錾口锤子所需的工具、量具和刃具清单,并准备好工具、量具和刃具。

3)按照制作錾口锤子所需的设备清单,并准备好所需的设备。

2. 下料

1)清洁型材　将型材毛坯清理、擦拭干净。

2)画线　用钢直尺测量型材毛坯尺寸,用钢直尺、划针在距型材毛坯端头92 mm、93 mm处画线。

3)装锯条　安装锯条时应锯齿向前,锯条的松紧要适当,太紧会失去应有的弹性,锯条容易崩断;太松会使锯条扭曲,锯缝歪斜,锯条也容易崩断。

4)锯削　将型材毛坯夹持在虎钳上,型材毛坯纵向应与钳口平行,锯割线应与钳口垂直,且离钳口不应太远,以防锯割时产生抖动;用锯弓沿93 mm线将型材毛坯锯断,錾口锤子毛坯尺寸如图9.2所示。

5)检验　用钢直尺检查毛坯尺寸。

3. 锉削

1)将錾口锤子毛坯的 *A* 面向上夹持在虎钳上,工件要夹持牢固,同时 *A* 面应与钳口平行;锉削加工 *A* 面达 *Ra*3.2(如图9.3所示),锉削加工时注意保证 *A* 面的平面度要求。

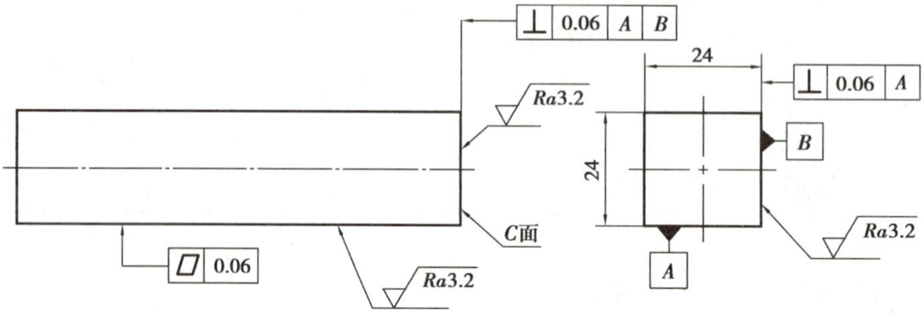

图9.3　基准面工序图

2)将錾口锤子毛坯 *B* 面向上夹持在虎钳上,*B* 面应与钳口平行;工件的夹持要牢固,同时也要防止夹坏已加工表面和工件变形。锉削加工 *B* 面达 *Ra*3.2(如图9.3所示)。锉削时注意用角尺测量 *A* 面与 *B* 面的垂直度,注意保证 *A* 面与 *B* 面相互垂直。

3)将錾口锤子毛坯 *C* 面向上夹持在虎钳上,*C* 面应与钳口平行;工件的夹持要牢固,同时也要防止夹坏已加工表面和工件变形。锉削加工 *C* 面达 *Ra*3.2(如图9.3所示)。锉削时注意用角尺测量 *A* 面与 *C* 面的垂直度、*B* 面与 *C* 面的垂直度,注意保证 *A* 面、*B* 面、*C* 面三个面相互垂直。

4)用刀口尺检查 *A* 面的平面度,用角尺检查 *A* 面、*B* 面、*C* 面的垂直度。

4. 锯削

1)画线　将錾口锤子毛坯 *A* 面向下放在画线平板上,校准画线高度尺后,分别把高度尺的高度设置为19 mm、20 mm依次画线;再将錾口锤子毛坯 *B* 面向下放在画线平板上,分别把高度尺的高度设置为19 mm、20 mm依次画线,如图9.4所示。

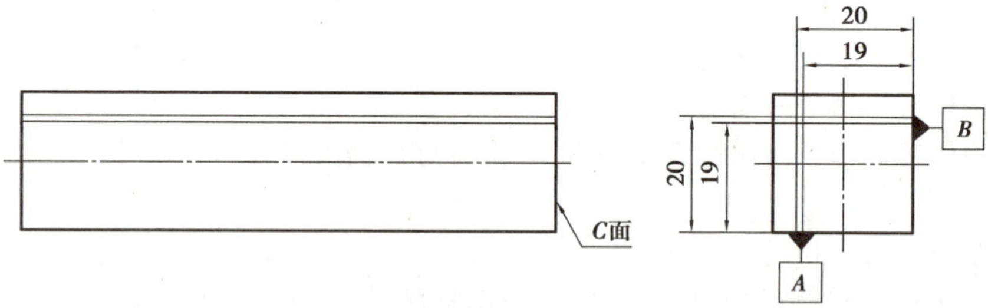

图9.4　画线工序图一

2)锯削　将錾口锤子毛坯夹持在虎钳的左面,工件的夹持要牢固,同时也要防止夹坏已加工表面和工件变形;锯割线应与钳口垂直,且离钳口不应太远。锯削时,沿锯削参考线(尺寸20 mm线)锯削,锯完一条线后,重新装夹再锯下一条尺寸20 mm线。锯削要求如图9.5所示。

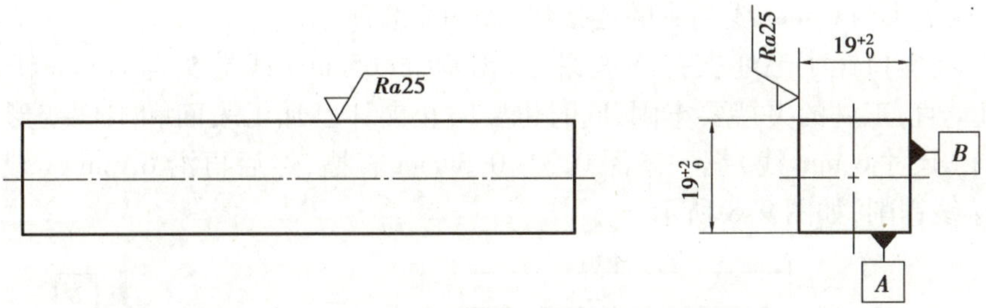

图9.5　锯削工序图

3)用钢直尺检查锯削加工尺寸。

5. 锉削

1)画线　分别将錾口锤子毛坯 A 面、B 面向下放在画线平板上,校准画线高度尺后,把高度尺的高度设置为18.2 mm,依次画线;再将錾口锤子毛坯 C 面向下放在画线平板上,把高度尺的高度设置为90.2 mm 画线,如图9.6所示。

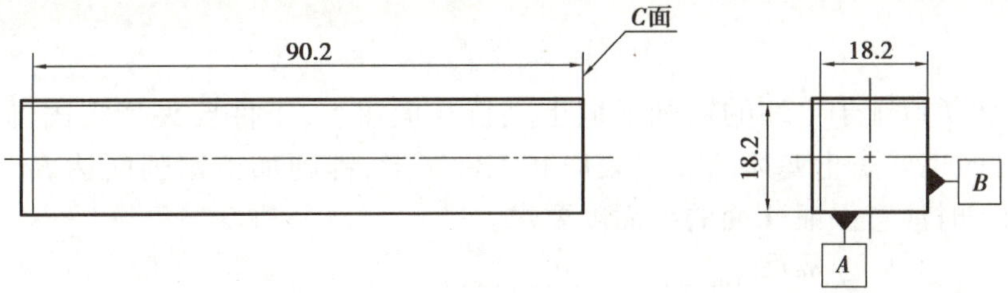

图9.6　画线工序图二

2)锉削　将錾口锤子毛坯的 A 面向下夹持在虎钳上,A 面应与钳口平行,工件要夹持牢固,同时也要防止夹坏已加工表面和工件变形,锉削加工18 ±0.2 mm(图9.7);再将錾口锤子毛坯的 B 面向下夹持在虎钳上,B 面应与钳口平行,工件要夹持牢固,同时也要防止夹坏已加工表面和工件变形,锉削加工18 ±0.2 mm 尺寸面(图9.7);最后将錾口锤子毛坯的 C 面向下夹持在虎钳上,C 面应与钳口平行,工件要夹持牢固,同时也要防止夹坏已加工表面和工件变形,锉削加工90 mm 尺寸面(图9.7);锉削加工时注意保证各面的平行度要求。

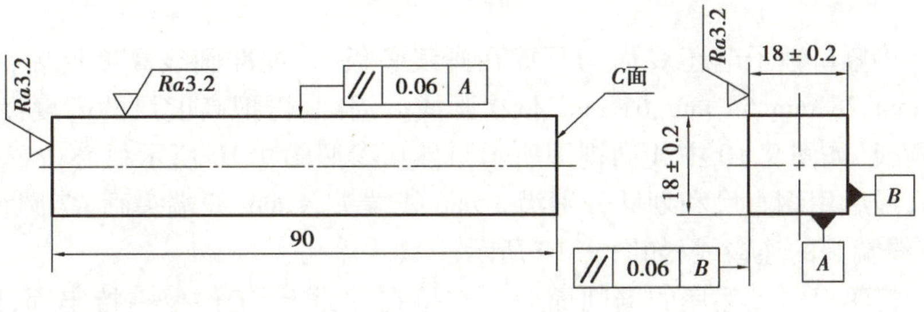

图9.7　尺寸加工工序图

3)用游标卡尺检查锉削加工尺寸。

6. 锉斜面

1)画线　分别将錾口锤子毛坯 A 面向下放在画线平板上,校准画线高度尺后,把高度尺的高度设置为4 mm、6 mm 依次画线;再将錾口锤子毛坯 C 面向下放在画线平板上,把高度尺的高度设置为61 mm、65 mm 依次画线;最后用钢直尺和划针分别画61 mm 线端头与4 mm 线端头、65 mm 线端头与 6 mm 线端头的连接线;如图 9.8 所示。

2)锯削　将錾口锤子毛坯夹持在虎钳上,锯割线(65 mm 线端头与 6 mm 线端头的连接线)应与钳口垂直,工件的夹持要牢固,同时也要防止夹坏已加工表面和工件变形;锯削时,先沿锯削参考线(尺寸 6 mm 线)锯一条深 0.3 ~0.5 mm 直槽,然后再沿 6 mm 线端头与 65 mm 线端头的连接线锯削,如图 9.8 所示。

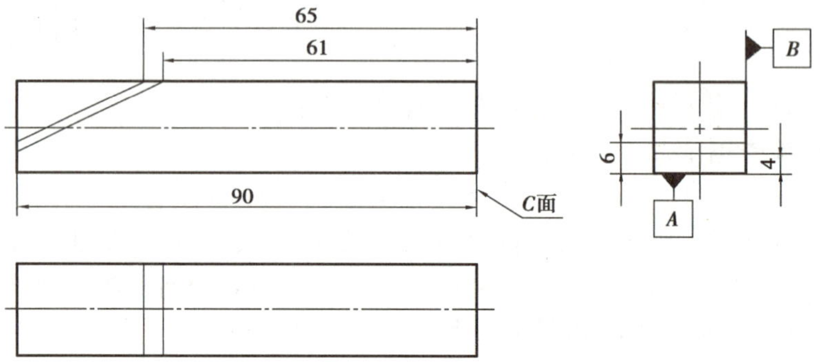

图 9.8　画线工序图三

3)锉削　将錾口锤子毛坯的锯削面向上夹持在虎钳上,工件要夹持牢固,同时锯削面应与钳口平行,同时也要防止夹坏已加工表面和工件变形;锉削加工锯削面达 *Ra*3.2(如图 9.9 所示),锉削加工时注意保证 *A* 面的平面度要求。

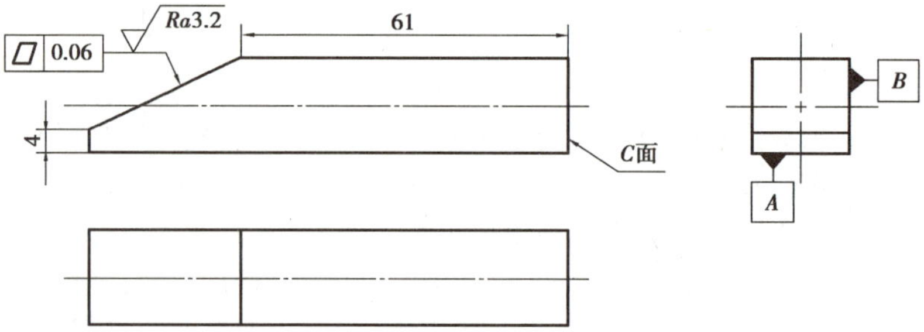

图 9.9　锉斜面工序图

7. 锉形

1)画线　将錾口锤子毛坯 *C* 面向下放在画线平板上,校准画线高度尺后,把高度尺的高度设置为 21 mm、28 mm、54 mm、61 mm,依次画线一周圈,再把高度尺的高度设置为 3 mm 在毛坯 *C* 面上画线(如图 9.10 中 *A* 向视图所示);然后参照图 9.10 所示弧心位置用划规在工件上画 *R*7 圆弧,最后用钢直尺和划针分别沿 3 mm 线端头、4 mm 线端头画 *R*7 圆弧的切线,在 *C* 面上画 3 mm 线端头的连接线;如图 9.10 所示。

2)锉削　将錾口锤子毛坯的锯削面向上夹持在虎钳上,工件要夹持牢固,同时也要防止夹坏已加工表面和工件变形;先用圆锉锉 *R*7 圆弧面并留一定的修锉余量,再用平锉锉平面与 *R*7 圆弧面相切,锉好一个面再锉另一个面,锉削加工面达 *Ra*3.2(如图 9.11 所示),锉削加工时注意保证个形面大小均匀。

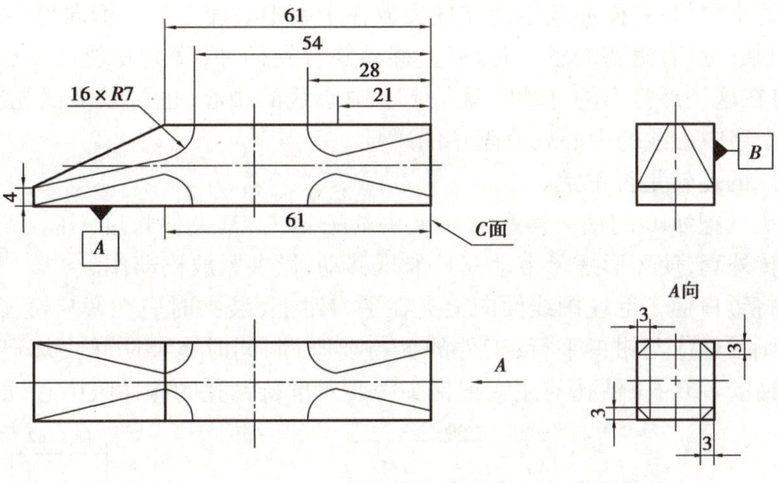

图9.10　画线工序图四

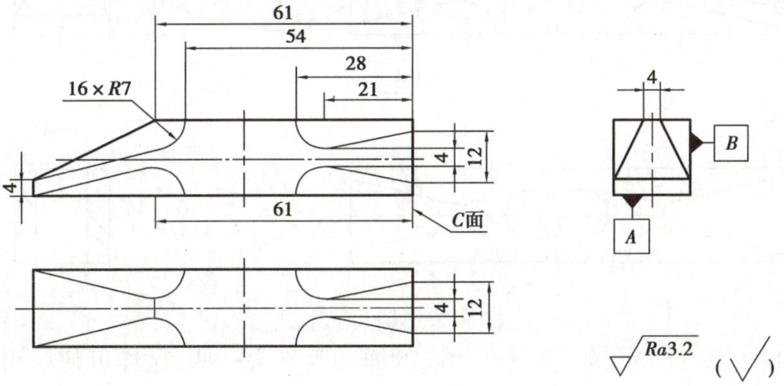

图9.11　锉形工序图

3）目测检查各形面。

8. 钻孔

1）画线　先将錾口锤子毛坯 B 面向下放在画线平板上，校准画线高度尺后，画中心线，再把 C 面向下放在画线平板上，分别把高度尺的高度设置为35 mm、45 mm，依次画线，最后分别在十字交叉点打样冲眼，再以样冲眼为圆心依次用划规画 $\phi10$，如图9.12所示。

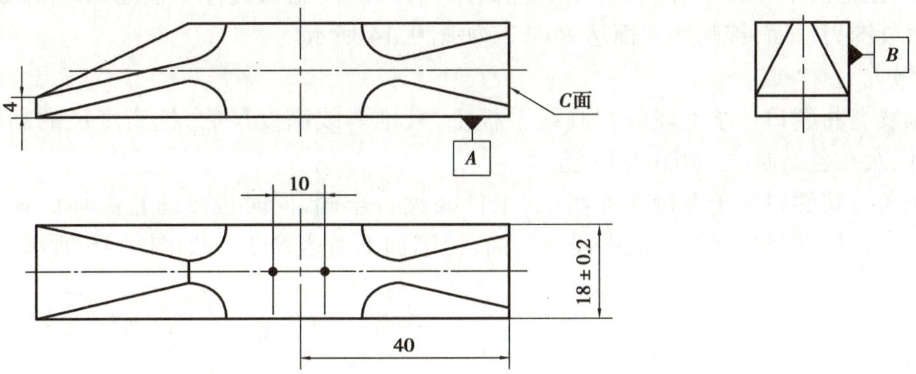

图9.12　画线工序图五

打样冲眼的小窍门：将样冲倾斜使样冲尖放在十字中心线上的一侧向另一侧缓慢移动，移动时，当感觉到某一点有阻塞的感觉时，停止移动并直立样冲，就会发现这一点就是十字中心线的中心；此时在这一点打出的样冲眼就是十字中心线的中心，也可以多试几次，这样就会发现样冲总会在十字中心线的中心处有阻塞的感觉。

2）检查钻床的运转是否正常。

3）装夹钻头　把 $\phi10$ 的钻头柄塞入钻夹头的三爪内，其夹住长度不能小于 15 mm，然后用钻夹钥匙旋转外套，使环形螺母带动三只卡爪移动，做夹紧放松动作。

4）钻孔　将錾口锤子毛坯画线面向上夹在平口钳上（装夹时应在錾口锤子毛坯下面放一块垫块），毛坯画线面应与钳口平行；工件的夹持要牢固，同时也要防止夹坏已加工表面和工件变形。依次钻削 $\phi10$ 孔，钻孔前注意把钻头中心对准待钻孔的样冲眼中心，如图 9.13 所示。

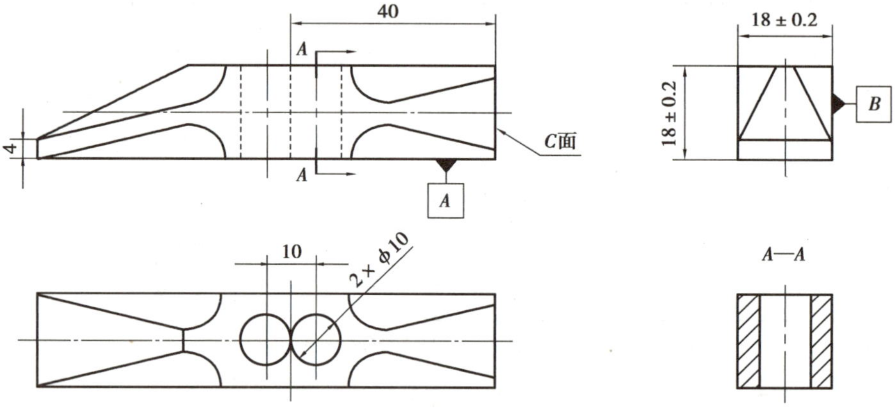

图 9.13　钻孔工序图

钻孔对中的方法：①钻孔前，先把孔中心的样冲眼打大一些，这样可使横刃预先落入样冲眼的锥坑中，钻孔时钻头就不易偏离中心。②钻孔时可先试钻一浅坑，如钻出的锥坑与所画的钻孔圆周线不同心，则必须靠移动工件或钻床主轴予以借正。如果偏离较多，则可用样冲或油槽錾子在需要多钻去一些的部位錾几条槽。以减少此处的切削阻力而让钻头偏过来，达到借正的目的。在钻通孔将要钻穿时，必须减少进给量。

9. 锉形孔

将錾口锤子毛坯夹持在虎钳上，工件要夹持牢固，同时也要防止夹坏已加工表面和工件变形；先用圆锉把两个 $\phi10$ 孔锉通，再用平锉修形，修形时注意保证锉平面与 $\phi10$ 圆弧面相切，锉好一面再锉另一面，锉削加工面达 $Ra3.2$，如图 9.14 所示。

10. 倒角

1）画线　将錾口锤子毛坯放在画线平板上，校准画线高度尺后，把高度尺的高度设置为 1.5 mm 依次在各面画线，如图 9.15 所示。

2）倒角　将錾口锤子夹持在虎钳上，工件要夹持牢固，同时也要防止夹坏已加工表面和工件变形，用平锉倒角，锉好一面再锉另一面，锉削加工面达 $Ra3.2$，如图 9.16 所示。

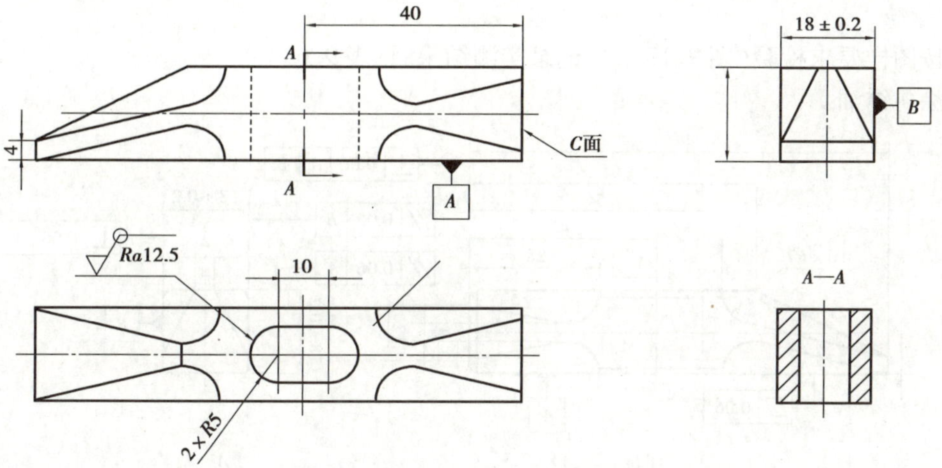

图 9.14　锉形孔工序图

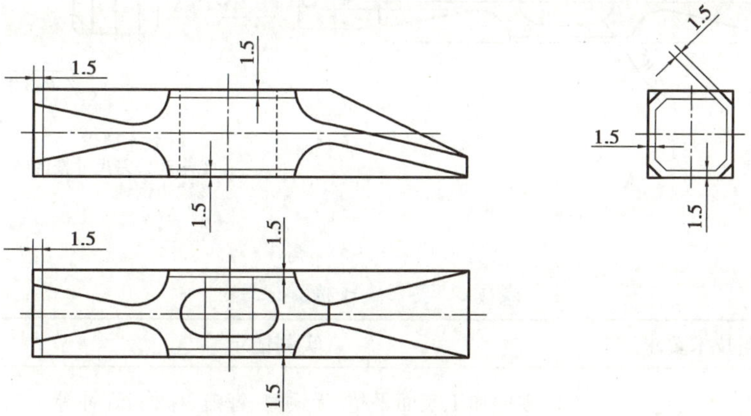

图 9.15　倒角画线工序图

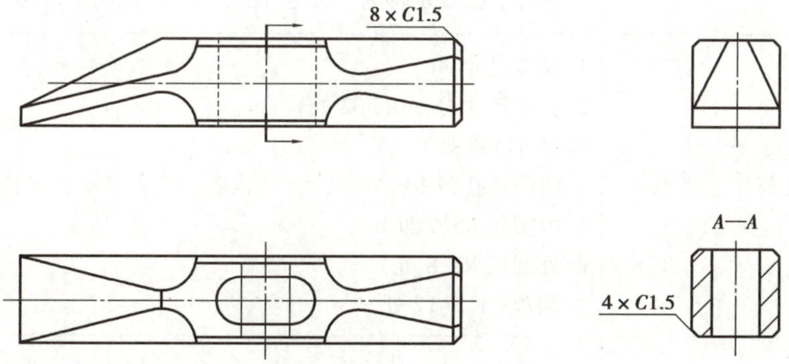

图 9.16　倒角工序图

11. 抛光

1）用锉刀将錾口锤子上的锐边倒钝。

2）打刻编号、图号、制件号、制造日期等。

3）用砂布抛光錾口锤子各面。

12. 检验

1)按图样要求检验(图 9.17),并记录实测结果,见表 9.6。

2)涂防锈油。

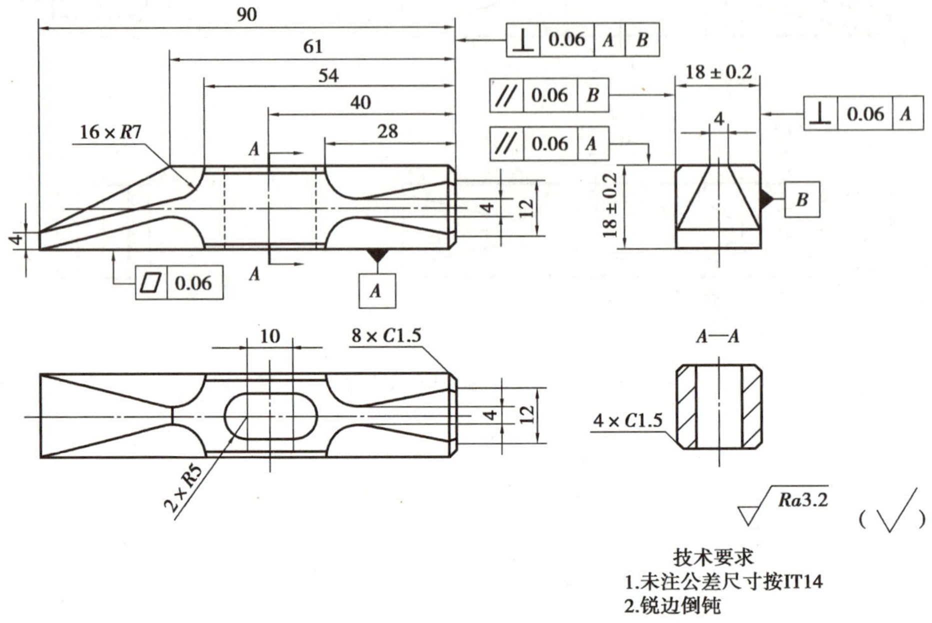

图 9.17　检验工序图

表 9.6　錾口锤子检测记录

项次	项目与技术要求	实测记录	备注
1	零件外观检验	1. 零件加工表面平整、无锈斑、锤痕、碰伤、焊补等 2. 锐边、尖角已倒钝 3. 零件上按规定打刻了编号、图号、制件号、制造日期等	
2	零件几何尺寸状态	1. 长度尺寸 90 2. 宽度尺寸 18 ±0.2(2 处) 3. 尺寸 4(8 处) 4. 横向孔孔距 10 5. 内圆弧 *R*5(2 处) 6. 外圆弧 *R*7(8 处) 7. 倒角 *C*1.5(12 处)	
3	零件形位误差	1. 平面度(2 处) 2. 垂直度(2 处) 3. 平行度(2 处)	
4	零件的表面粗糙度状态	表面粗糙度 *Ra*3.2	
5	判断数据及零件是否合格		

检验人:　　　　　　　　　　　　　　　　　　年　　月　　日

五、实训记录与成绩评定

1. 评分标准

1)在规定时间内完成不加分也不扣分。
2)未达到图纸要求的,按评分标准扣分。
3)依据《配分与评分标准》评分。

2. 评分方法

1)按单项记分扣分,每个检测尺寸检测不少于两点(以最大误差值计算)。
2)各项配分按精度最高和难易程度制订。

3. 錾口锤子实训记录及成绩评定表(表9.7)

表9.7　錾口锤子检测记录与成绩评定表

项次	项目与技术要求	配分/分	评定方法	实测记录	得分/分
1	准备工作充分	8	检查评定		
2	操作、检测方法正确、规范	30	按操作要求评定、错漏一项扣3分		
3	零件外观检验	20	各项数据记录符合要求,发现一项不符合要求扣1分	1. 零件加工表面平整、无锈斑、锤痕、碰伤、焊补等 2. 锐边、尖角已倒钝 3. 零件上按规定打刻了编号、图号、制件号、制造日期等	
	零件几何尺寸状态			1. 长度尺寸90 2. 宽度尺寸18 ±0.2(2处) 3. 尺寸4(8处) 4. 横向孔孔距10 5. 内圆弧 $R5$(2处) 6. 外圆弧 $R7$(8处) 7. 倒角 $C1.5$(12处)	
	零件形位误差			1. 平面度(2处) 2. 垂直度(2处) 3. 平行度(2处)	
	零件的表面粗糙度状态			表面粗糙度 $Ra3.2$	
4	数据计算分析正确、能判断零件是否合格	30	每错一项扣2分、缺一项扣2分		
5	时间安排合理	8	安排不合理每项扣1分		
6	安全文明生产	4	违者每次扣2分		
合计		100			

评分人:　　　　　　　　　　　　　　　　年　　月　　日

项目 10
手工制作钻孔模

任务 10.1　ZM001-3 制作定位板

一、工作任务单

1）读懂 ZM001-3 定位板零件图；
2）了解所用加工设备、工具、量具及毛坯情况；
3）编写 ZM001-3 定位板钳工制作工艺；
4）手工制作 ZM001-3 定位板；
5）正确使用量具测量 ZM001-3 定位板。

二、ZM001-3 定位板制作教学设计

表 10.1　ZM001-3 定位板制作教学设计

<table>
<tr><td colspan="2">课程名称</td><td>钳工技能实训</td><td>学时</td><td>12 学时</td></tr>
<tr><td colspan="2">工作任务</td><td colspan="3">手工制作 ZM001-3 定位板</td></tr>
<tr><td colspan="2">教学目标</td><td colspan="3">完成 ZM001-3 定位板手工制作，使学生具备手工制作零件的技能</td></tr>
<tr><td colspan="2">重点难点</td><td colspan="3">画线，锉销</td></tr>
<tr><td colspan="2">教学方法</td><td colspan="3">讲授法、视频教学法、现场教学法、实践法</td></tr>
<tr><td rowspan="5">教学设计</td><td>教学组织</td><td>教学资源要求</td><td>教学方法</td><td>时间</td></tr>
<tr><td>任务引入，任务分析</td><td>工作任务单</td><td>讲授</td><td>0.5 学时</td></tr>
<tr><td>组织学生按组进行工艺分析，形成工艺文件</td><td>视频、PPT</td><td>讲授</td><td>1 学时</td></tr>
<tr><td>工具、量具、材料准备</td><td>工具、量具、刃具、材料足够</td><td>学生按制度领用</td><td>0.5 学时</td></tr>
<tr><td>任务实施</td><td>设备、工具、量具、刃具</td><td>学生练习，教师巡回指导</td><td>9 学时</td></tr>
</table>

续表

教学设计	教学组织	教学资源要求	教学方法	时间
	任务评价	量具具有法定精度	学生按标准自测评价、教师抽查	1 学时
参考资料学习资源	钳工技能实训教材			

三、手工制作工作准备

1. 技术资料准备

1）ZM001-3 定位板零件图（图 10.1）

2）ZM001-3 定位板零件毛坯图（图 10.2）

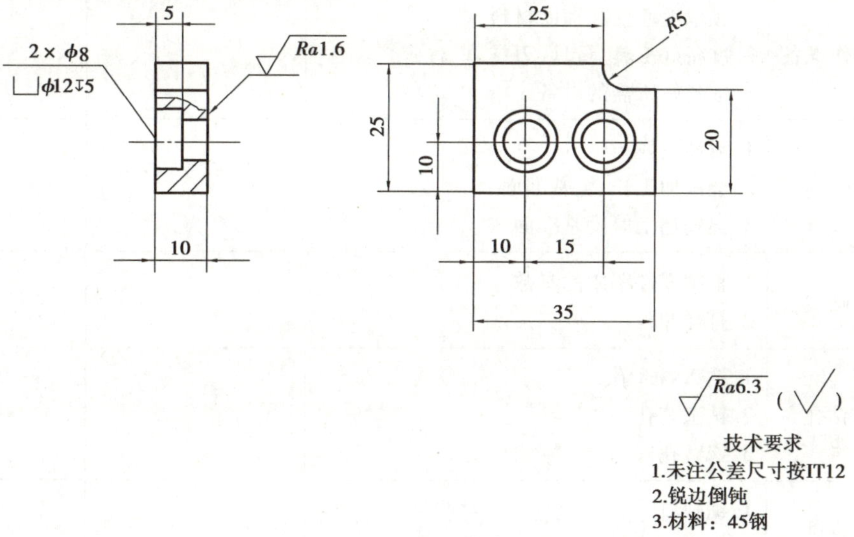

图 10.1　ZM001-3 定位板零件图

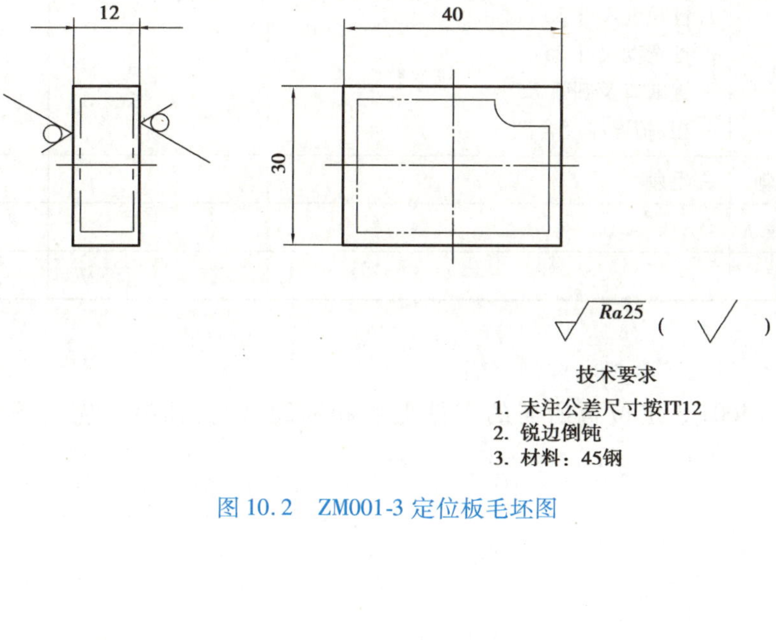

图 10.2　ZM001-3 定位板毛坯图

2. ZM001-3 定位板制作任务分析

1）ZM001-3 定位板制作分析　ZM001-3 定位板是 ZM001 钻孔模的定位零件，通过 ZM001-3 定位板的零件图与毛坯图对比可知，ZM001-3 定位板长度和宽度方向的单边加工余量均为 2.5 mm、厚度方向的单边加工余量均为 1 mm，ZM001-3 定位板中间有两个沉头螺钉孔、右上角有一个深 5 mm 的缺口和一个圆弧需要加工，ZM001-3 定位板的定位面的表面粗糙度为 *Ra*1.6，其余各面均为 *Ra*6.3。ZM001-3 定位板需采用画线、钻孔、锯削、锉削等加工方法制作。

2）编写 ZM001-3 定位板制作工艺流程。

表 10.2　ZM001-3 定位板制作工艺卡

零件制作工艺卡			产品代号	产品名称	工作令号
			ZM001-3	定位板	
工序号	工序名称	工序内容	检查记录		备注
1	工作准备	1. 领取毛坯件和辅助材料 2. 准备好工具、量具、刃具 3. 准备好所需的设备			
2	锉削	1. 清洁毛坯 2. 锉削加工长、宽基准面 3. 锉削加工厚度基准面			
3	画线	1. 根据零件图中的参数 2. 打样冲眼			
4	钻孔	1. 钻 2 × ϕ8 孔 2. 钻工艺孔 3. 锪沉孔			
5	锯削	1. 锯缺口 2. 锯直边			
6	锉削	1. 锉长度尺寸 35 2. 锉宽度尺寸 25 3. 锉缺口及圆弧 *R*5 4. 粗、精锉厚度合图			
7	去毛刺	去毛刺			
8	检验				
9	入库				

3. 清点零件毛坯、标准件和辅助材料

列出制作 ZM001-3 定位板所需的零件毛坯和辅助材料，领出相应的零件毛坯和辅助材料。

表 10.3　ZM001-3 定位板的毛坯件和辅助材料清单

序号	图号(标准号)	名称	数量	备注
1	ZM001-3	定位板毛坯	1	
2		煤油	自定	
3		扁刷	1	
4		清洗盆	1	
5		全损耗系统油	1	
6		棉纱头	自定	
7		破布	自定	

4. 列出制作 ZM001-3 定位板所需的工具、量具和刃具清单

表 10.4　ZM001-3 定位板制作所需的工具、量具和刃具清单

序号	名称	规格	刻度值	数量	备注
1	各种规格锉刀	100 ~ 300 mm	1 ~ 5 号	各 1	
2	半圆锉	150 mm		1	
3	整形锉			1 套	
4	锉刀刷			1	
5	钻头	$\phi 8$ mm		1	
6	锪钻			1	
7	锯弓			1	
8	锯条			自定	
9	画线工具			1 套	
10	样冲			1	
11	钳工锤	0.5 磅、2 磅		各 1	
12	压板			自定	
13	T 形螺钉			自定	
14	油石			自定	
15	高度游标卡尺	0 ~ 300 mm	0.02 mm	1 把	
16	游标卡尺	0 ~ 125 mm	0.02 mm	1 把	
17	直角尺	100 mm × 63	1 级	1 把	
18	刀口尺	100 mm	1 级	1 把	
19	R 规			1 套	
20	钢直尺	150 mm		1	

5. 列出制作 ZM001-3 定位板所需的设备

表 10.5　制作 ZM001-3 定位板所需的设备

序号	型号	名称	数量	备注
1	Z412	钻床	1	
2	Z5125	立钻	1	
3	S3SL-250	砂轮机	1	
4		钳台	1	
5	125	台虎钳	1	
6		平口钳	1	
7		工作台灯	1	
8	1 级	画线检验平板	1	

四、制作 ZM001-3 定位板

1. 工作准备

1）按照 ZM001-3 定位板毛坯和辅助材料清单，领出相应的零件毛坯和辅助材料。

2）按照制作 ZM001-3 定位板所需的工具、量具和刃具清单，准备好工具、量具和刃具。

3）按照制作 ZM001-3 定位板所需的设备清单，并准备好所需的设备。

2. 锉削

1）清洁毛坯。将 ZM001-3 定位板毛坯清理、擦拭干净。

2）用钢直尺测量 ZM001-3 定位板毛坯尺寸，确定毛坯加工余量。

3）将 ZM001-3 定位板毛坯的 C 面向下夹持在虎钳上，锉削加工上平面见光（图 10.3）。

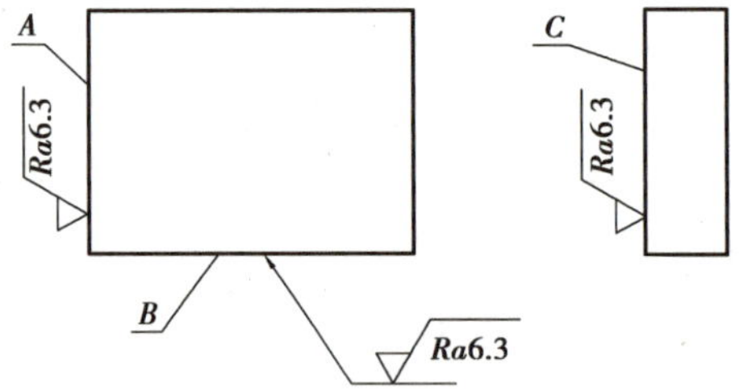

图 10.3　定位板锉基准面工序图

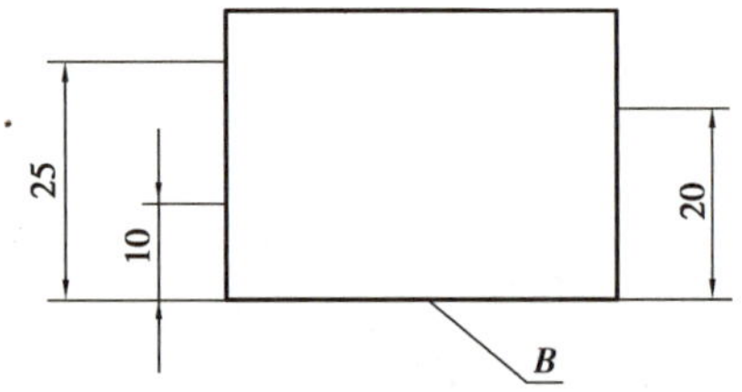

图 10.4　B 面为基准画线

4）将 ZM001-3 定位板毛坯的 C 面向上夹持在虎钳上，锉削加工 C 面达 Ra6.3（图 10.3），锉削加工时注意保证加工面的平行度。

5）将 ZM001-3 定位板毛坯 B 面向上夹持在虎钳上，锉削加工 B 面（图 10.3）达 Ra6.3，锉削时注意用角尺测量 C 面与 B 面的垂直度，确保 C 面与 B 面相互垂直。

6）将 ZM001-3 定位板毛坯 A 面向上夹持在虎钳上，锉削加工 A 面（图 10.3）达 Ra6.3，锉削时注意用角尺测量 A 面与 B 面的垂直度，确保 A 面与 B 面相互垂直。

7）用角尺检查 A 面、B 面、C 面的垂直度。

3. 画线

1）将ZM001-3定位板毛坯 *C* 面向下放在画线平板上，在毛坯的上平面涂上一层薄而均匀的紫色涂料（龙胆汁加虫胶和酒精）。

2）将ZM001-3定位板毛坯 *B* 面向下放在画线平板上，校准画线高度尺后，分别把高度尺的高度设置为10 mm、20 mm、25 mm，依次画线，如图10.4所示。

3）将ZM001-3定位板毛坯 *A* 面向下放在画线平板上，分别把高度尺的高度设置为10 mm、25 mm、30 mm、35 mm，依次在涂色面画线，如图10.5所示。

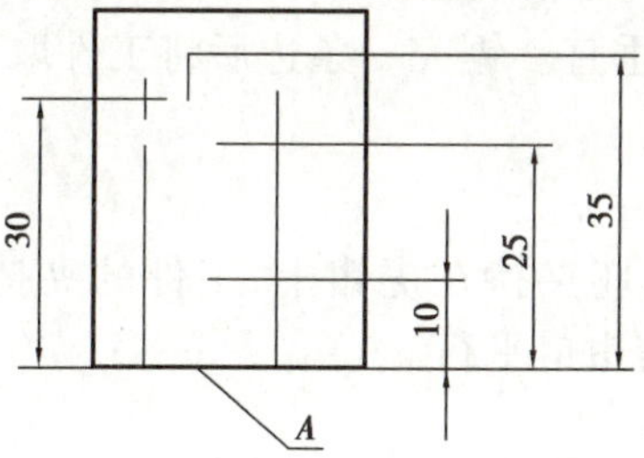

图10.5　*A* 面为基准画线图

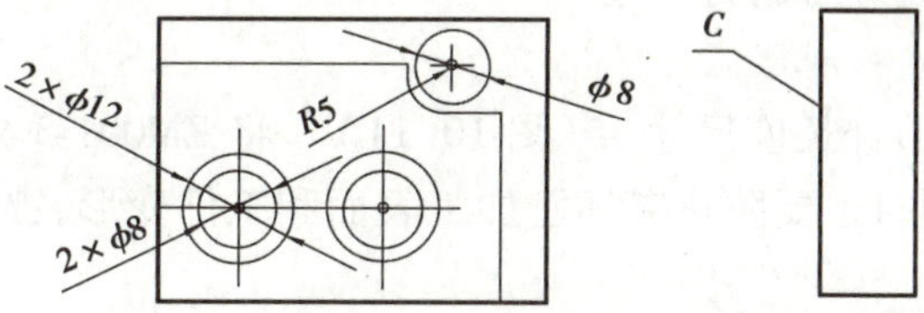

图10.6　ZM001-3定位板打样冲眼画圆及圆弧工序图

4）将ZM001-3定位板毛坯 *C* 面向下放在画线平板上，分别在十字交叉点打样冲眼，再以样冲眼为圆心依次用划规画 $\phi8$、$\phi12$、*R*5，如图10.6所示。

5）将ZM001-3定位板毛坯 *C* 面向下放在画线平板上，在画线交叉点及画线上打样冲眼，如图10.7所示。

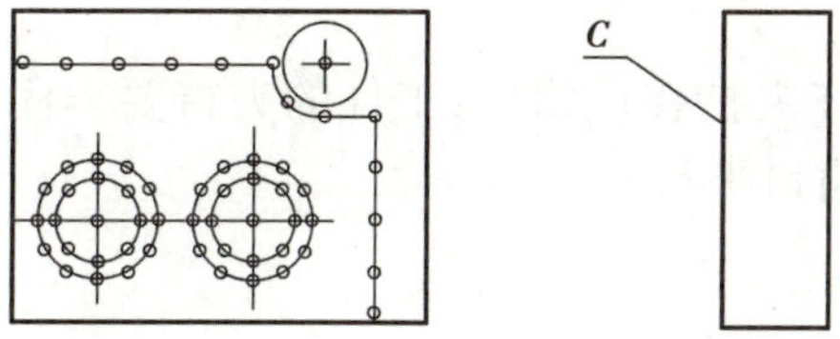

图10.7　ZM001-3定位板打样冲眼工序图

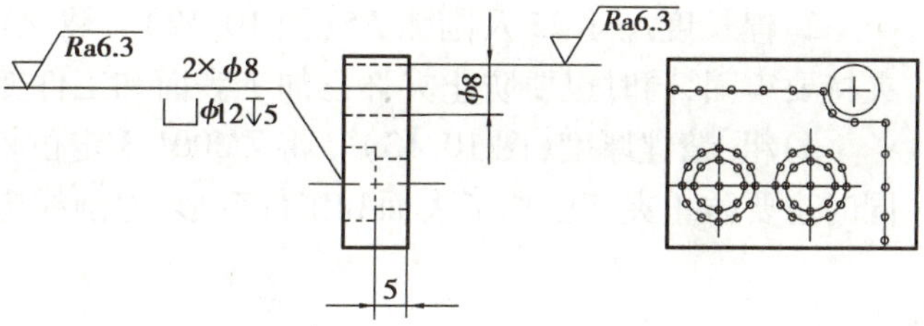

图10.8　定位板钻孔工序图

4. 钻孔

1）检查钻床的运转是否正常。

2）装夹钻头。把钻头塞入钻夹头的三爪内，然后用钻夹钥匙旋转外套夹紧钻头。

3）将ZM001-3定位板毛坯画线面向上夹在平口钳上（装夹时应在ZM001-3定位板毛坯下面放一块垫块），工件的夹持要牢固，同时也要防止夹坏已加工表面和工件变形，钻孔面应与钳口平行。把钻头中心对准 $\phi8$ 孔的样冲眼后钻 $\phi8$ 孔，在孔将要钻穿时，必须减小进给量。$\phi8$ 孔加工完成后，换 $\phi12$ 锪钻锪沉孔合图，如图10.8所示。

5. 锯削

1）锯缺口　将ZM001-3定位板毛坯夹持在虎钳的左面，工件的夹持要牢固，不可有抖动，以防锯割时工件移动而使锯条折断。同时也要防止夹坏已加工表面和工件变形。锯割线应与钳口垂直，以防锯斜；锯割线离钳口不应太远，以防锯割时产生抖动。锯缺口如图10.9所示。

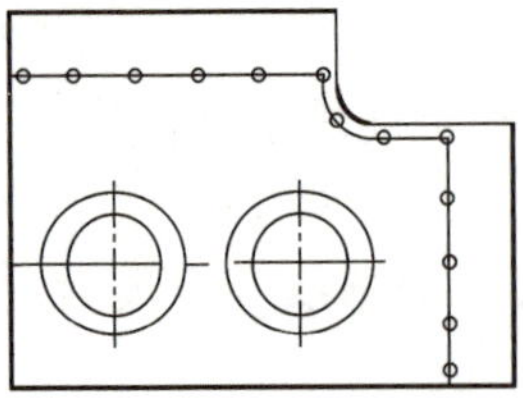

图 10.9　ZM001-3 定位板锯削缺口工序图

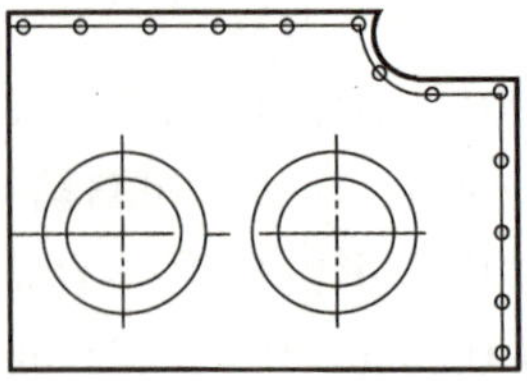

图 10.10　ZM001-3 定位板锯直边工序图

2）锯直边（图 10.10）　将 ZM001-3 定位板毛坯夹持在虎钳的左面，工件的夹持要牢固，同时也要防止夹坏已加工表面和工件变形，锯割线应与钳口垂直。锯完一条边后将工件取下，重新装夹好后锯另一边。

6. 锉削

1）锉长度尺寸 35（图 10.11）　将 ZM001-3 定位板毛坯夹持在虎钳上，工件的夹持要牢固，同时也要防止夹坏已加工表面和工件变形，锉削线应与钳口平行。

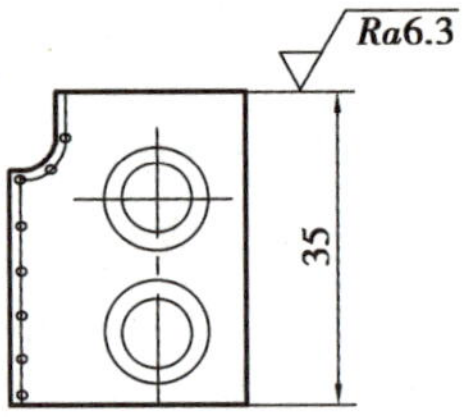

图 10.11　定位板锉 35 直边工序图

2）锉长度尺寸 25 及圆弧 *R*5（图 10.12）　将 ZM001-3 定位板毛坯夹持在虎钳上，工件的夹持要牢固，同时也要防止夹坏已加工表面和工件变形。

3）粗、精锉厚度（图 10.13）　将 ZM001-3 定位板毛坯夹持在虎钳上，工件的夹持要牢固，同时也要防止夹坏已加工表面和工件变形，锉削线应与钳口平行。

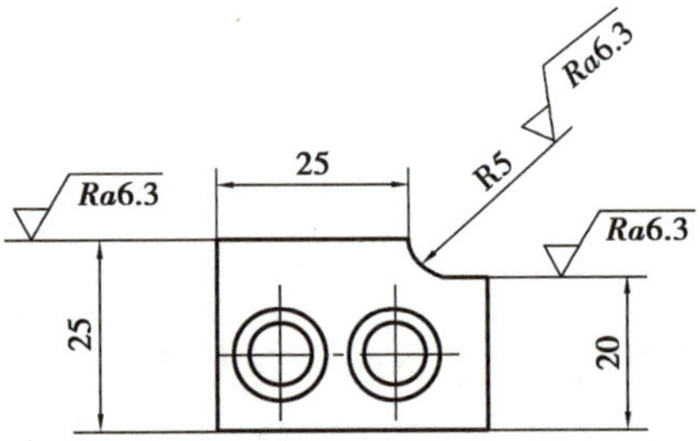

图 10.12　定位板锉缺口及直边工序图

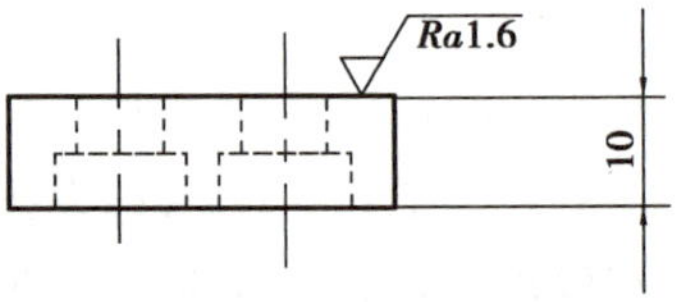

图 10.13　定位板锉厚度平面工序图

7. 去毛刺

1）用锉刀将 ZM001-3 定位板上的锐边倒钝。

2）打刻了编号、图号、制件号、制造日期等。

8. 检验

1）按图样要求检验（图 10.14），并记录实测结果。

2）涂防锈油。

3）ZM001-3 定位板检测记录（表 10.6）。

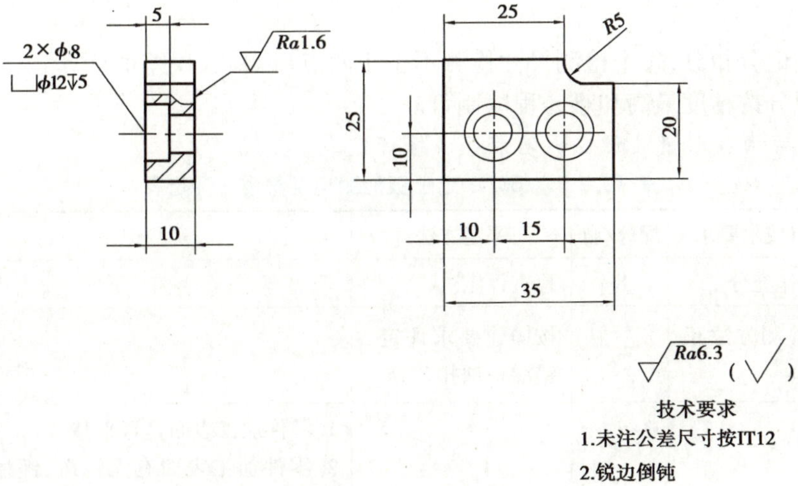

图 10.14 ZM001-3 定位板检验工序图

表 10.6 ZM001-3 定位板检测记录

项次	项目与技术要求	实测记录	备注
1	零件外观检验	1. 零件加工表面是否平整、有无锈斑、锤痕、碰伤、焊补等 2. 锐边、尖角 3. 零件上是否按规定打刻了编号、图号、制件号、制造日期等	
2	零件几何尺寸状态	1. 长度尺寸 25、35 2. 宽度尺寸 20、25 3. 厚度尺寸 10 4. 横向孔位置尺寸 10、孔距 15 5. 横纵向孔位置尺寸 10 6. 孔 $2 \times \phi 8$ 7. 沉孔 $2 \times \phi 12$ 深 5 8. 圆弧 $R5$	
3	零件的表面粗糙度状态	1. 表面粗糙度 $Ra6.3$ 2. 表面粗糙度 $Ra1.6$	
4	判断数据及零件是否合格		

检验人： 年 月 日

五、实训记录与成绩评定

1. 评分标准

1）在规定时间内完成不加分也不扣分。

2）未达到图纸要求的，按评分标准扣分。

3）依据《配分与评分标准》评分。

2. 评分方法

1)按单项记分扣分，每个检测尺寸检测不少于两点(以最大误差值计算)。

2)各项配分按精度最高和难易程度制订。

3. U 形板弯曲成形模装配实训记录及成绩评定表(表 10.7)

表 10.7 ZM001-3 定位板检测记录与成绩评定表

项次	项目与技术要求	配分/分	评定方法	实测记录	得分/分
1	准备工作充分	8	检查评定		
2	操作、检测方法正确、规范	30	按操作要求评定、错漏一项扣 3 分		
3	零件外观检验	20	各项数据记录符合要求，发现一项不符合要求扣 4 分	1. 零件加工表面是否平整 2. 零件加工表面有无锈斑、锤痕、碰伤、焊补等 3. 锐边、尖角 4. 零件上是否按规定打刻了编号、图号、制件号、制造日期等	
	零件几何尺寸状态			1. 长度尺寸 25、35 2. 宽度尺寸 20、25 3. 厚度尺寸 10 4. 横向孔位置尺寸 10、孔距 15 5. 横纵向孔位置尺寸 10 6. 孔 $2\times\phi8$ 7. 沉孔 $2\times\phi12$ 深 5 8. 圆弧 $R5$	
	零件的表面粗糙度状态			1. 表面粗糙度 $Ra6.3$ 2. 表面粗糙度 $Ra1.6$	
4	数据计算分析正确、能判断零件是否合格	30	每错一项扣 2 分、缺一项扣 2 分		
5	时间安排合理	8	安排不合理每项扣 1 分		
6	安全文明生产	4	违者每次扣 2 分		
合计		100			

评分人: 年 月 日

任务 10.2　制作 ZM001-4 固定板

一、工作任务单

1）读懂 ZM001-4 固定板零件图；
2）了解所用加工设备、工具、量具及毛坯情况；
3）编写 ZM001-4 固定板手工制作工艺；
4）手工制作 ZM001-4 固定板；
5）正确使用量具测量 ZM001-4 固定板。

二、ZM001-4 固定板制作教学设计

表 10.8　ZM001-4 固定板制作教学设计

<table>
<tr><td colspan="2">课程名称</td><td>钳工技能实训</td><td>学时</td><td>12 学时</td></tr>
<tr><td colspan="2">工作任务</td><td colspan="3">手工制作 ZM001-4 固定板</td></tr>
<tr><td colspan="2">教学目标</td><td colspan="3">完成 ZM001-4 固定板手工制作，使学生具备手工制作零件的技能</td></tr>
<tr><td colspan="2">重点难点</td><td colspan="3">画线，锉销圆弧</td></tr>
<tr><td colspan="2">教学方法</td><td colspan="3">讲授法、视频教学法、现场教学法、实践法</td></tr>
<tr><td rowspan="6">教学设计</td><td>教学组织</td><td>教学资源要求</td><td>教学方法</td><td>时间</td></tr>
<tr><td>任务引入，任务分析</td><td>工作任务单</td><td>讲授</td><td>0.5 学时</td></tr>
<tr><td>组织学生按组进行工艺分析，形成工艺文件</td><td>视频、PPT</td><td>讲授</td><td>1 学时</td></tr>
<tr><td>工具、量具、材料准备</td><td>工具、量具、刃具、材料足够</td><td>学生按制度领用</td><td>0.5 学时</td></tr>
<tr><td>任务实施</td><td>设备、工具、量具、刃具</td><td>学生练习，教师巡回指导</td><td>9 学时</td></tr>
<tr><td>任务评价</td><td>量具具有法定精度</td><td>学生按标准自测评价、教师抽查</td><td>1 学时</td></tr>
<tr><td colspan="2">参考资料学习资源</td><td colspan="3">钳工技能实训教材</td></tr>
</table>

三、手工制作工作准备

1. 技术资料准备

1）ZM001-4 固定板零件图（图 10.15）
2）ZM001-4 固定板零件毛坯图（图 10.16）

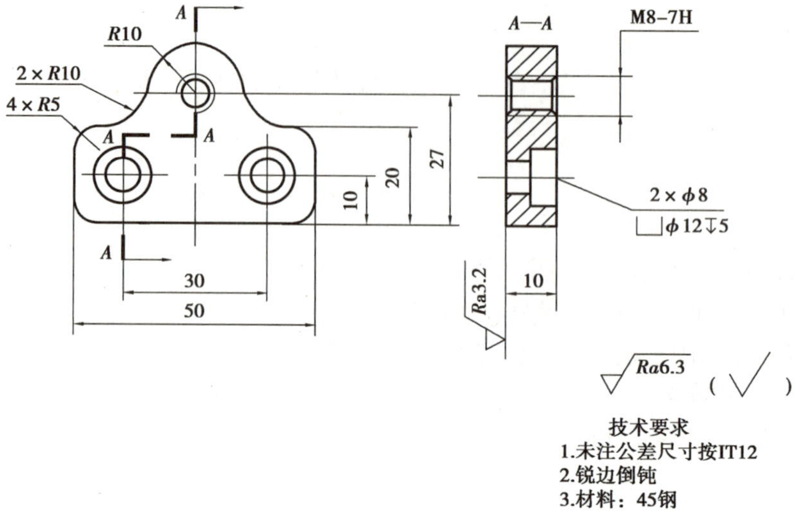

图 10.15　ZM001-4 固定板零件图

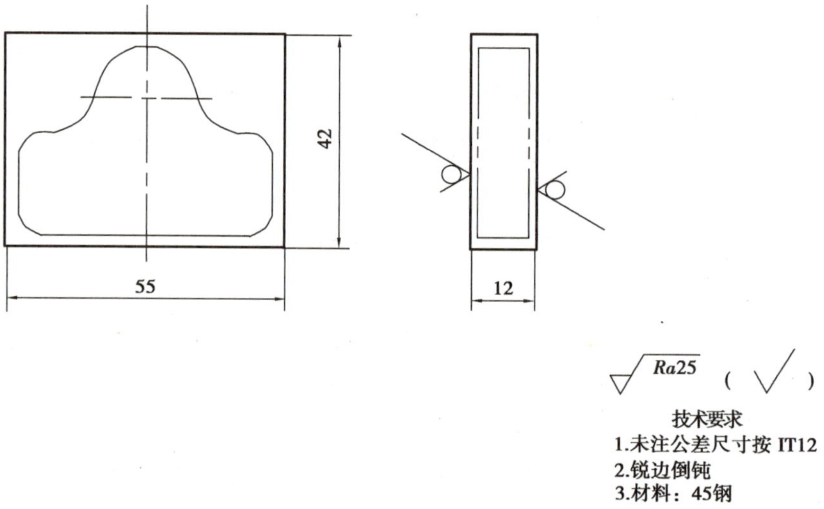

图 10.16　ZM001-4 固定板毛坯图

2. ZM001-4 固定板制作任务分析

1）固定板制作分析　ZM001-4 固定板是 ZM001 钻孔模的紧固零件，该零件与螺钉 7 共同对夹具中的工件进行夹紧。通过对比 ZM001-4 固定板的零件图与毛坯图可知，ZM001-4 固定板长度和宽度方向的单边加工余量均为 2.5 mm、厚度方向的单边加工余量均为 1 mm，ZM001-4 固定板中间有两个沉头螺钉孔、中上部有一个 M8 的螺纹孔，ZM001-4 固定板的外形均为圆弧过渡，ZM001-3 定位板的表面粗糙度最高为 *Ra*1.6，其余各面均为 *Ra*6.3。ZM001-4 固定板需采用画线、钻孔、锯削、锉削等加工方法制作。

2）编写 ZM001-4 固定板制作工艺流程。

表 10.9　ZM001-4 固定板制作工艺卡

零件制作工艺卡		产品代号	产品名称	工作令号
		ZM001-4	固定板	
工序号	工序名称	工序内容	检查记录	备注
1	工作准备	1. 领取毛坯件和辅助材料 2. 准备好工具、量具、刃具 3. 准备好所需的设备		
2	锉削	1. 清洁毛坯 2. 锉削加工长、宽基准面 3. 锉削加工厚度基准面		
3	画线	1 根据零件图中的参数画线 2. 打样冲眼		
4	钻孔、攻丝	1. 钻 $\phi6.7$、$2\times\phi7$ 通孔 2. 钻工艺孔 $\phi12$、$\phi18$ 3. 锪沉孔 $\phi12$ 合图 4. 攻丝 M8		
5	锯削	沿锯削参考线锯削		
6	锉削	1. 锉长度尺寸 55 合图 2. 锉外圆弧 $R10$ 3. 锉内圆弧 $R10$ 4. 锉外圆弧 $R5$ 5. 锉厚度合图		
7	去毛刺	去毛刺		
8	检验			
9	入库			

3. 清点零件毛坯、标准件和辅助材料

列出制作 ZM001-4 固定板所需的零件毛坯和辅助材料。

表 10.10　ZM001-4 固定板的毛坯件和辅助材料清单

序号	图号(标准号)	名称	数量	备注
1	ZM001-4	固定板毛坯	1	
2		煤油		
3		扁刷	1	
4		清洗盆	1	
5		全损耗系统油	1	
6		棉纱头		
7		破布		

4. 列出制作 ZM001-4 固定板所需的工具、量具和刃具清单

表 10.11　ZM001-4 固定板制作所需的工具、量具和刃具清单

序号	名称	规格	刻度值	数量	备注
1	各种规格锉刀	100 ~ 300 mm	1 ~ 5 号	各 1	
2	半圆锉	150 mm		1	
3	整形锉			1 套	
4	锉刀刷			1	
5	钻头	ϕ6.7、ϕ7、ϕ12、ϕ18 mm		各 1	
6	锪钻	ϕ12		1	
7	锥形锪钻			自定	
8	丝锥	M8		1 套	
9	丝锥绞手			1	
10	锯弓			1	
11	锯条			自定	
12	画线工具			1 套	
13	样冲			1	
14	钳工锤	0.5、2 磅		各 1	
15	压板			自定	
16	T 形螺钉			自定	
17	油石			自定	
18	高度游标卡尺	0 ~ 300 mm	0.02 mm	1 把	
19	游标卡尺	0 ~ 125 mm	0.02 mm	1 把	
20	直角尺	100 mm × 63	1 级	1 把	
21	刀口尺	100 mm	1 级	1 把	
22	R 规			1 套	
23	钢直尺	150 mm		1	

5. 列出制作 ZM001-4 固定板所需的设备

表 10.12　制作 ZM001-4 固定板所需的设备

序号	型号	名称	数量	备注
1	Z4016B	台钻	1	
2	Z5125	立钻	1	
3	S3SL-250	砂轮机	1	
4		钳台	1	

续表

序号	型号	名称	数量	备注
5	125	台虎钳	1	
6		平口钳	1	
7		工作台灯	1	
8	1 级	画线检验平板	1	

四、制作 ZM001-4 固定板

1. 工作准备

1)按照 ZM001-4 固定板毛坯和辅助材料清单,领出相应的零件毛坯和辅助材料。

2)按照制作 ZM001-4 固定板所需的工具、量具和刃具清单,并准备好工具、量具和刃具。

3)按照制作 ZM001-4 固定板所需的设备清单,并准备好所需的设备。

2. 锉削

1)清洁毛坯。将 ZM001-4 固定板毛坯清理、擦拭干净。

2)用钢直尺测量 ZM001-4 固定板毛坯尺寸,确定毛坯加工余量。

3)将 ZM001-4 固定板毛坯的 *C* 面向下夹持在虎钳上,工件的夹持要牢固,同时 *D* 面应与钳口平行;锉削 *D* 面达 *Ra*6.3(图 10.17)。

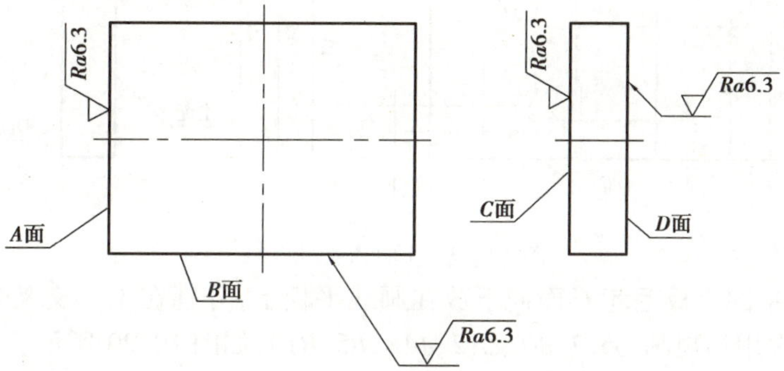

图 10.17　ZM001-4 固定板锉基准面工序图

4)将 ZM001-4 固定板毛坯的 *C* 面向上夹持在虎钳上,工件的夹持要牢固,同时 *C* 面应与钳口平行;锉削加工 *C* 面达 *Ra*6.3(图 10.17),锉削加工时注意保证 *C* 面与 *D* 面平行。

5)将 ZM001-4 固定板毛坯 *B* 面向上夹持在虎钳上,*B* 面应与钳口平行;工件的夹持要牢固,同时也要防止夹坏已加工表面和工件变形。锉削加工 *B* 面达 *Ra*6.3(图 10.17)。锉削时注意用角尺测量 *C* 面与 *B* 面的垂直度,注意保证 *C* 面与 *B* 面相互垂直。

6)将 ZM001-4 固定板毛坯 *A* 面向上夹持在虎钳上,*A* 面应与钳口平行;工件的夹持要牢固,同时也要防止夹坏已加工表面和工件变形。锉削加工 *A* 面达 *Ra*6.3(图 10.17)。锉削时注意用角尺测量 *A* 面与 *B* 面的垂直度,注意保证 *A* 面与 *B* 面相互垂直。

7)用角尺检查 *A* 面、*B* 面、*C* 面的垂直度。

3. 画线

1)将 ZM001-4 固定板毛坯 C 面向下放在画线平板上,在毛坯的 D 面上薄而均匀地涂一层紫色涂料(龙胆汁加虫胶和酒精)。

2)将 ZM001-4 固定板毛坯 B 面向下放在画线平板上,校准画线高度尺后,分别把高度尺的高度设置为 5 mm、10 mm、15 mm、27 mm、28 mm、30 mm,依次画线,如图 10.18 所示。

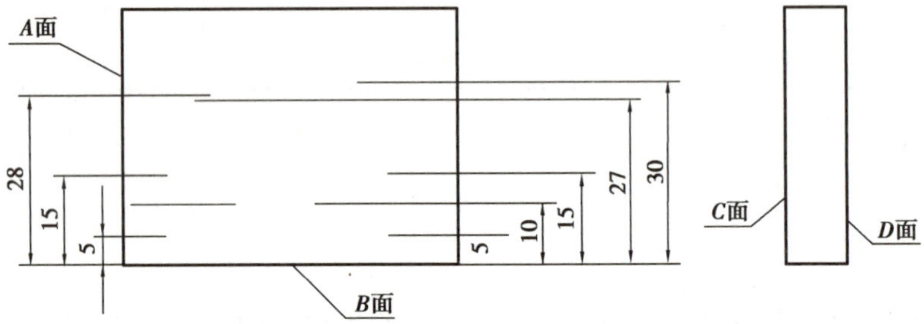

图 10.18　B 面为基准画线

3)将 ZM001-4 固定板毛坯 A 面向下放在画线平板上,分别把高度尺的高度设置为 5 mm、7.3 mm、10 mm、25 mm、40 mm、44.8 mm、45 mm、50 mm,依次在涂色面画线,如图 10.19 所示。

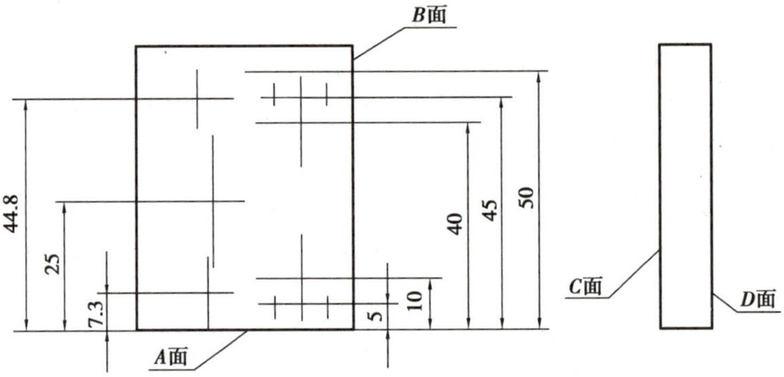

图 10.19　A 面为基准画线

4)将 ZM001-4 固定板毛坯 C 面向下放在画线平板上,分别在十字交叉点打样冲眼,再以样冲眼为圆心依次用划规画 $\phi6.7$、$\phi7$、$\phi12$、$\phi18$、$R5$、$R10$,如图 10.20 所示。

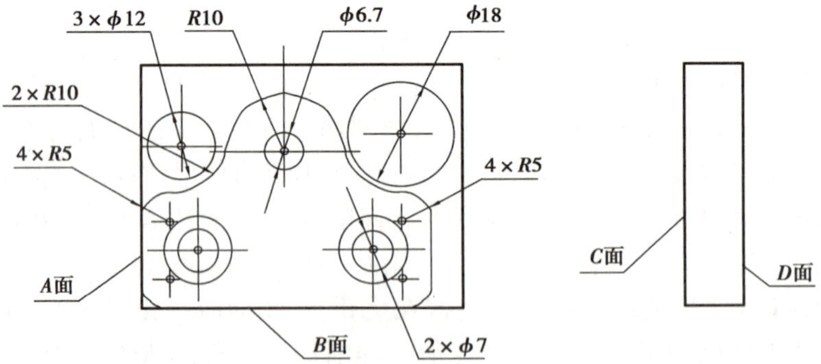

图 10.20　ZM001-4 固定板打样冲眼画圆及圆弧工序图

5)将 ZM001-4 固定板毛坯 C 面向下放在画线平板上,在画线交叉点及画线上打样冲眼,如图 10.21 所示。

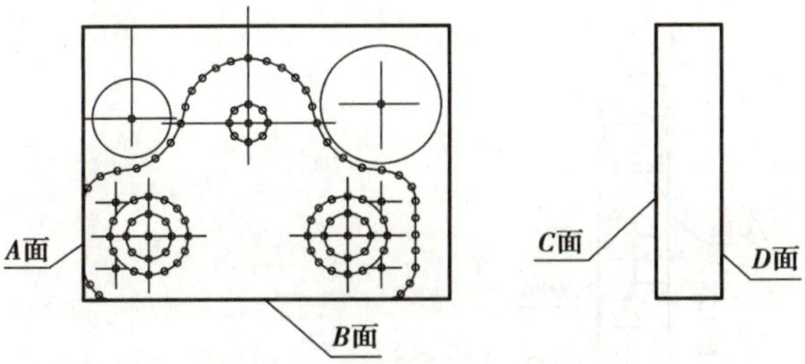

图 10.21　ZM001-4 固定板打样冲眼工序图

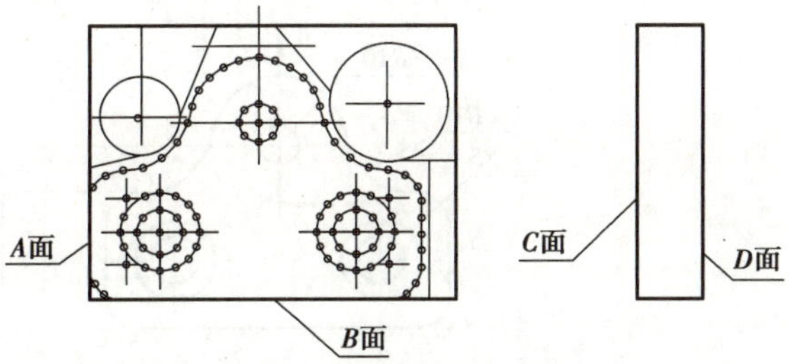

图 10.22　ZM001-4 固定板画锯削参考线工序图

6)参照图 10.22 画锯削参考线。

4. 钻孔

1)检查钻床的运转是否正常。

2)将 ZM001-4 固定板毛坯画线面向上夹在平口钳上(装夹时应在 ZM001-4 固定板毛坯下面放一块垫块),毛坯画线面应与钳口平行;工件的夹持要牢固,同时也要防止夹坏已加工表面和工件变形。依次钻削 ϕ6.7、ϕ7、ϕ12、ϕ18 孔,钻孔前注意把钻头中心对准待钻孔的样冲眼中心。换 ϕ12 锪钻锪沉孔合图,换锥形锪钻倒角合图。如图 10.23 所示。

3)将 ZM001-4 固定板毛坯夹在虎钳上,用 M8 的丝锥攻丝。

5. 锯削

1)装锯条　安装锯条时应锯齿向前,锯条的松紧要适当。

2)锯削　将 ZM001-4 固定板毛坯夹持在虎钳的左面,工件的夹持要牢固,同时也要防止夹坏已加工表面和工件变形。锯割线应与钳口垂直,且离钳口不应太远。锯削时,沿锯削参考线锯削,锯完一条线后,重新装夹再锯下一条线。图 10.24 为 ZM001-4 固定板锯削工序图。

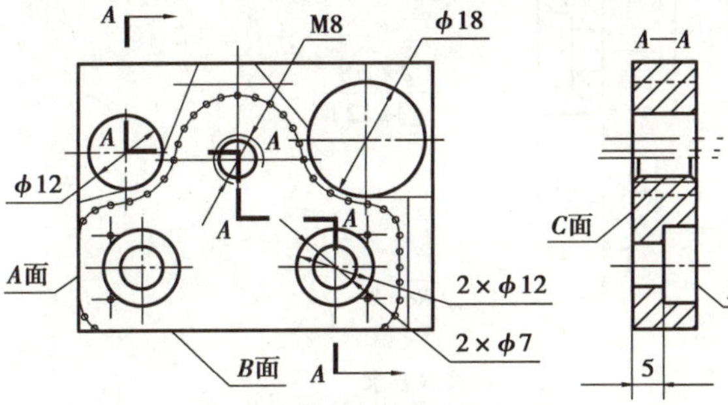

图 10.23　ZM001-4 固定板钻孔攻丝工序图

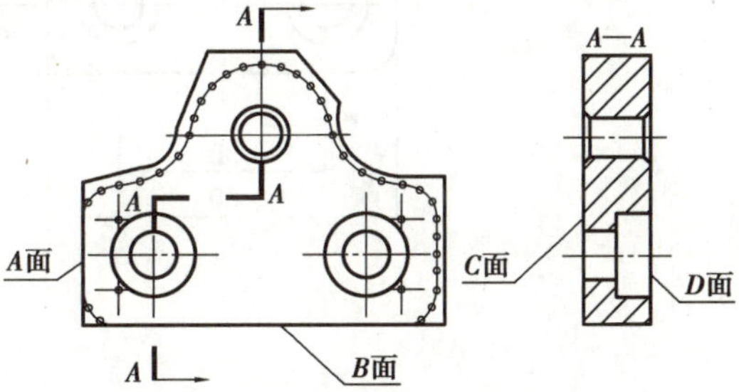

图 10.24　ZM001-4 固定板锯削工序图

6. 锉削

1)将 ZM001-4 固定板毛坯夹持在虎钳上,工件的夹持要牢固,同时也要防止夹坏已加工表面和工件变形,锉削面应与钳口平行。

(1)锉长度尺寸 50 合图 10.25。

(2)锉外圆弧 $R10$ 合图 10.25。

(3)锉内圆弧 $R10$ 合图 10.25。

(4)锉外圆弧 $R5$ 合图 10.25。

2)将 ZM001-4 固定板毛坯夹持在虎钳上,工件的夹持要牢固,同时也要防止夹坏已加工表面和工件变形,锉削面 C 面应与钳口平行。锉厚度尺寸合图 10.25,表面粗糙度达 $Ra3.2$。

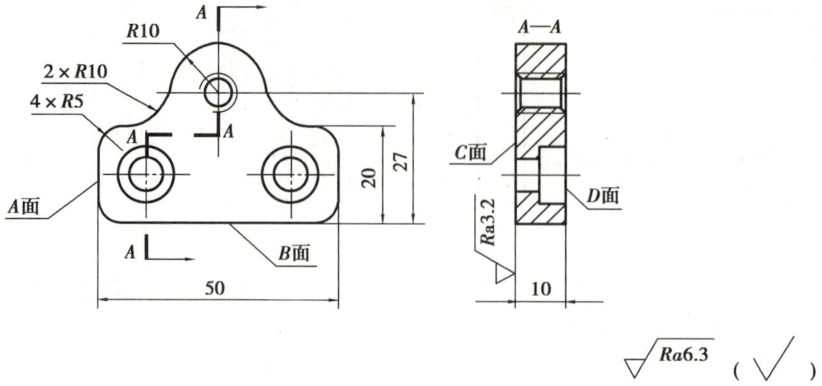

图 10.25　ZM001-4 固定板锉削工序图

7. 去毛刺

1)用锉刀将 ZM001-4 固定板上的锐边倒钝。

2)打刻编号、图号、制件号、制造日期等。

8. 检验

1)按图样要求检验(图 10.26),并记录实测结果,见表 10.13。

2)涂防锈油。

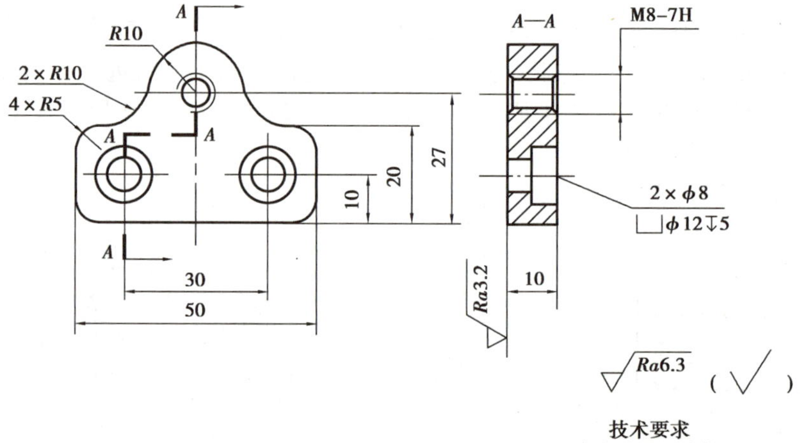

图 10.26　ZM001-4 固定板检验工序图

表 10.13　ZM001-4 固定板检测记录

项次	项目与技术要求	实测记录	备注
1	零件外观检验	1. 零件加工表面平整、无锈斑、锤痕、碰伤、焊补等 2. 锐边、尖角已倒钝 3. 零件上按规定打刻了编号、图号、制件号、制造日期等	

续表

项次	项目与技术要求	实测记录	备注
2	零件几何尺寸状态	1. 长度尺寸 50 2. 宽度尺寸 20、27 3. 厚度尺寸 10 4. 横向孔孔距 30 5. 孔 $2\times\phi7$ 6. 沉孔 $2\times\phi12$ 深 5 7. 螺纹孔 M8 8. 外圆弧 $R5$、$R10$ 9. 内圆弧 $R10$	
3	零件的表面粗糙度状态	1. 表面粗糙度 $Ra6.3$ 2. 表面粗糙度 $Ra3.2$	
4	判断数据及零件是否合格		

检验人：　　　　　　　　　　　　　　　　　　　　　年　　月　　日

五、实训记录与成绩评定

1. 评分标准

1）在规定时间内完成不加分也不扣分。

2）未达到图纸要求的，按评分标准扣分。

3）依据《配分与评分标准》评分。

2. 评分方法

1）按单项记分扣分，每个检测尺寸检测不少于两点（以最大误差值计算）。

2）各项配分按精度最高和难易程度制订。

3. U 形板弯曲成形模装配实训记录及成绩评定表（表 10.14）

表 10.14　U 形板弯曲成形模装配实训记录与成绩评定表

项次	项目与技术要求	配分/分	评定方法	实测记录	得分/分
1	准备工作充分	8	检查评定		
2	操作、检测方法正确、规范	30	按操作要求评定、错漏一项扣 3 分		
3	零件外观检验	20	各项数据记录符合要求，发现一项不符合要求扣 4 分	1. 零件加工表面平整、没有锈斑、锤痕、碰伤、焊补等 2. 锐边、尖角已倒钝 3. 零件上按规定打刻了编号、图号、制件号、制造日期等	
	零件几何尺寸状态			1. 长度尺寸 50 2. 宽度尺寸 20、27 3. 厚度尺寸 10	

续表

项次	项目与技术要求	配分/分	评定方法	实测记录	得分/分
3	零件几何尺寸状态			4. 横向孔孔距 30 5. 孔 $2\times\phi7$ 6. 沉孔 $2\times\phi12$ 深 5 7. 螺纹孔 M8 8. 外圆弧 $R5$、$R10$ 9. 内圆弧 $R10$	
	零件的表面粗糙度状态			1. 表面粗糙度 $Ra6.3$ 2. 表面粗糙度 $Ra3.2$	
4	数据计算分析正确、能判断零件是否合格	30	每错一项扣 2 分、缺一项扣 2 分		
5	时间安排合理	8	安排不合理每项扣 1 分		
6	安全文明生产	4	违者每次扣 2 分		
合计		100			

评分人：　　　　　　　　　　　　　　　　年　　月　　日

任务 10.3　制作 ZM001-2 钻模板

一、工作任务单

1）读懂 ZM001-2 钻模板零件图；
2）了解所用加工设备、工具、量具及毛坯情况；
3）编写 ZM001-2 钻模板手工制作工艺；
4）手工制作 ZM001-2 钻模板；
5）正确使用量具测量 ZM001-4 固定板。

二、ZM001-2 钻模板制作教学设计

表 10.15　ZM001-2 钻模板制作教学设计

课程名称	钳工技能实训	学时	12 学时
工作任务	手工制作 ZM001-2 钻模板		
教学目标	完成 ZM001-2 钻模板手工制作，使学生具备手工制作零件的技能		
重点难点	画线，锉角度面，高精度尺寸面		
教学方法	讲授法、视频教学法、现场教学法、实践法		

续表

	教学组织	教学资源要求	教学方法	时间
教学设计	任务引入,任务分析	工作任务单	讲授	0.5 学时
	组织学生按组进行工艺分析,形成工艺文件	视频、PPT	讲授	1 学时
	工具、量具、材料准备	工具、量具、刃具、材料足够	学生按制度领用	0.5 学时
	任务实施	设备、工具、量具、刃具	学生练习,教师巡回指导	9 学时
	任务评价	量具具有法定精度	学生按标准自测评价、教师抽查	1 学时
参考资料学习资源	钳工技能实训教材			

三、手工制作工作准备

1. 技术资料准备

1)ZM001-2 钻模板零件图(图 10.27)

2)ZM00-2 钻模板零件毛坯图(图 10.28)

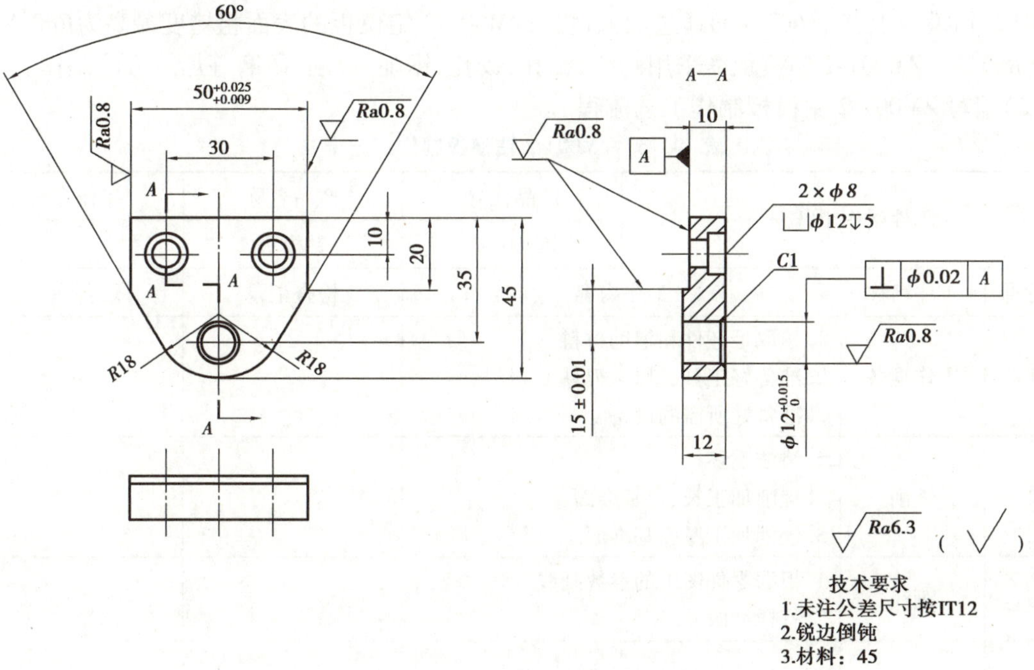

图 10.27　ZM001-2 钻模板零件图

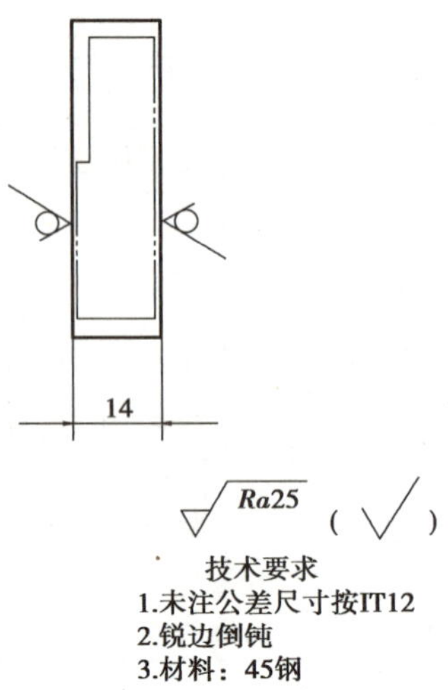

图 10.28　ZM001-2 钻模板毛坯图

2. ZM001-2 钻模板制作任务分析

1）ZM001-2 钻模板制作分析　ZM001-2 钻模板是 ZM001 钻孔模用于固定钻套 2 及保钻孔位置精度的零件。通过 ZM001-2 钻模板的零件图与毛坯图对比可知，ZM001-2 钻模板长度和宽度方向的单边加工余量均为 2.5 mm、厚度方向的单边加工余量均为 1 mm 和 3 mm；ZM001-2 钻模板中间有两个沉头螺钉孔、中下部有一个 $\phi12$ 的孔，该孔与钻套用外圆的配合为 H7/n6，ZM001-2 钻模板上有个 60°锥面通过圆弧过渡；ZM001-3 定位板的表面粗糙度最高为 $Ra0.8$，最低为 $Ra6.3$。ZM001-2 钻模板需采用画线、钻孔、铰孔、锯削、锉削、研磨等加工方法制作。

2）编写 ZM001-2 钻模板制作工艺流程。

表 10.16　ZM001-2 钻模板制作工艺卡

零件制作工艺卡			产品代号	产品名称	工作令号
			ZM001-2	钻模板	
工序号	工序名称	工序内容		检查记录	备注
1	工作准备	1. 领取毛坯件和辅助材料 2. 准备好工具、量具、刃具 3. 准备好所需的设备			
2	锉削	1. 清洁毛坯 2. 锉削加工长、宽基准面 3. 锉削加工厚度基准面			
3	画线	1. 根据零件图中的参数画线 2. 打样冲眼			
4	钻孔、扩孔、锪孔、铰孔	1. 钻 2 × $\phi8$ 通孔 2. 钻 $\phi11$，扩孔 $\phi11.85$ 3. 锪沉孔 $\phi12$ 深合图 4. 倒角 5. 铰孔 $\phi12$ 合图			

续表

工序号	工序名称	工序内容	检查记录	备注
5	锯削	参照画线尺寸锯削		
6	锉削、研磨	1. 锉研长度尺寸 50 合图 2. 锉 60°平面合图 3. 锉外圆弧 $R18$ 及高度 45 合图 4. 锉厚度尺寸 10 及端面 5. 锉研长度尺寸 50 合图 6. 锉研厚度尺寸 10 及端面合图		
7	去毛刺	去毛刺		
8	检验			
9	入库			

3. 清点零件毛坯、标准件和辅助材料

列出制作 ZM001-2 钻模板所需的零件毛坯和辅助材料，领出相应的零件毛坯和辅助材料。

表 10.17　ZM001-2 钻模板的毛坯件和辅助材料清单

序号	图号(标准号)	名称	数量	备注
1	ZM001-2	钻模板毛坯	1	
2		煤油		
3		扁刷	1	
4		清洗盆	1	
5		全损耗系统油	1	
6		棉纱头		
7		破布		

4. 列出制作 ZM001-2 钻模板所需的工具、量具和刃具清单，并准备好工具、量具和刃具

表 10.18　ZM001-4 固定板制作所需的工具、量具和刃具清单

序号	名称	规格	刻度值	数量	备注
1	各种规格锉刀	100 ~ 300 mm	1 ~ 5 号	各 1	
2	整形锉			1 套	
3	锉刀刷			1	
4	钻头	$\phi8$、$\phi11$、$\phi11.85$ mm		各 1	
5	铰刀	$\phi12$			
6	锪钻	$\phi12$		1	

续表

序号	名称	规格	刻度值	数量	备注
7	锥形锪钻			自定	
8	锯弓			1	
9	锯条			自定	
10	画线工具			1 套	
11	样冲			1	
12	钳工锤	0.5、2 磅		各 1	
13	压板			自定	
14	T 形螺钉			自定	
15	研磨棒	ϕ12		1	
16	油石			自定	
17	高度游标卡尺	0 ~ 300 mm	0.02 mm	1 把	
18	游标卡尺	0 ~ 125 mm	0.02 mm	1 把	
19	直角尺	100 mm × 63	1 级	1 把	
20	刀口尺	100 mm	1 级	1 把	
21	R 规			1 套	
22	钢直尺	150 mm		1	

5. 列出制作 ZM001-2 钻模板所需的设备

表 10.19 制作 ZM001-2 钻模板所需的设备

序号	型号	名称	数量	备注
1	Z4016B	台钻	1	
2	Z5125	立钻	1	
3	S3SL-250	砂轮机	1	
4		钳台	1	
5	125	台虎钳	1	
6		平口钳	1	
7		工作台灯	1	
8	1 级	画线检验平板	1	

四、制作 ZM001-2 钻模板

1. 工作准备

1)按照 ZM001-2 钻模板毛坯和辅助材料清单,领出相应的零件毛坯和辅助材料。

2)按照制作 ZM001-2 钻模板所需的工具、量具和刃具清单,并准备好工具、量具和刃具。

3)按照制作 ZM00-2 钻模板所需的设备清单,并准备好所需的设备。

2. 锉削

1)清洁毛坯　将 ZM001-2 钻模板毛坯清理、擦拭干净。

2)用钢直尺测量 ZM001-2 钻模板毛坯尺寸,确定毛坯加工余量。

3)将 ZM001-2 钻模板毛坯的 *C* 面向下夹持在虎钳上,工件的夹持要牢固,同时 *D* 面应与钳口平行;锉削 *D* 面达 *Ra*3.2(图 10.29)。

4)将 ZM001-2 钻模板毛坯的 *C* 面向上夹持在虎钳上,工件的夹持要牢固,同时 *C* 面应与钳口平行;锉削加工 *C* 面达 *Ra*6.3(图 10.29)、控制厚度 12 mm,锉削加工时注意保证 *C* 面与 *D* 面平行。

5)将 ZM001-2 钻模板毛坯 *B* 面向上夹持在虎钳上,*B* 面应与钳口平行;工件要夹持牢固,同时也要防止夹坏已加工表面和工件变形。锉削加工 *B* 面达 *Ra*6.3(图 10.29)。锉削时注意用角尺测量 *C* 面与 *B* 面的垂直度,注意保证 *C* 面与 *B* 面相互垂直。

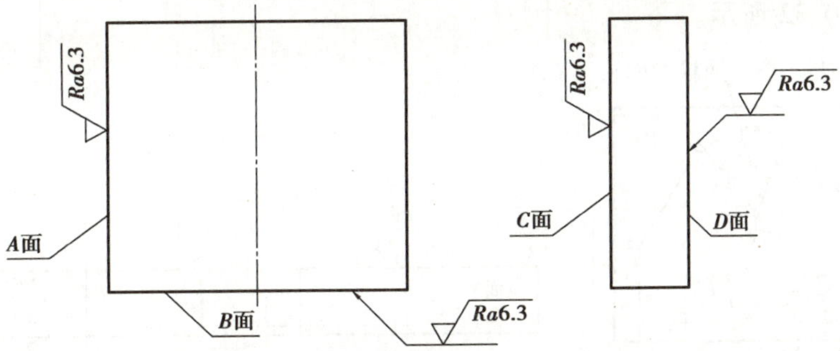

图 10.29　ZM001-2 钻模板锉基准面工序图

6)将 ZM001-2 钻模板毛坯 *A* 面向上夹持在虎钳上,*A* 面应与钳口平行;工件要夹持牢固,同时也要防止夹坏已加工表面和工件变形。锉削加工 *A* 面达 *Ra*6.3(图 10.29)。锉削时注意用角尺测量 *A* 面与 *B* 面的垂直度,注意保证 *A* 面与 *B* 面相互垂直。

7)用角尺检查 *A* 面、*B* 面、*C* 面的垂直度。

3. 画线

1)在 ZM001-2 钻模板毛坯 *A* 面、*C* 面、*D* 面上薄而均匀地涂一层紫色涂料(龙胆汁加虫胶和酒精)。

2)将 ZM001-2 钻模板毛坯 *B* 面向下放在画线平板上,校准画线高度尺后,分别把高度尺的高度设置为 10 mm、20 mm、27 mm、35 mm,依次在 *D* 面、*A* 面、*C* 面画线,如图 10.30 所示。

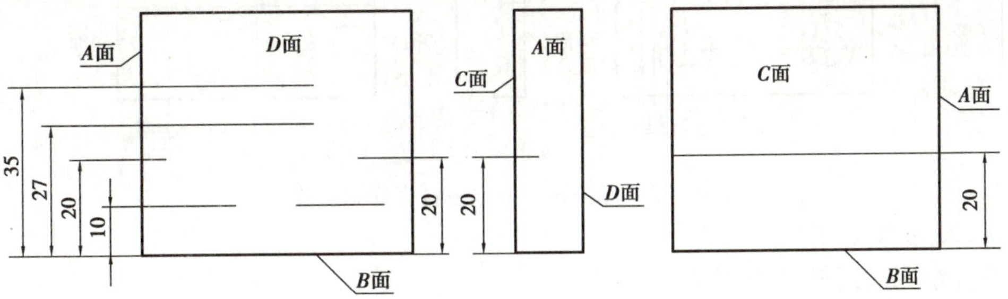

图 10.30　*B* 面为基准画线

3)将 ZM001-2 钻模板毛坯 *A* 面向下放在画线平板上,分别把高度尺的高度设置为 10.5 mm、25.5 mm、40.5 mm、50.5 mm,依次在 *D* 面画线,如图 10.31 所示。

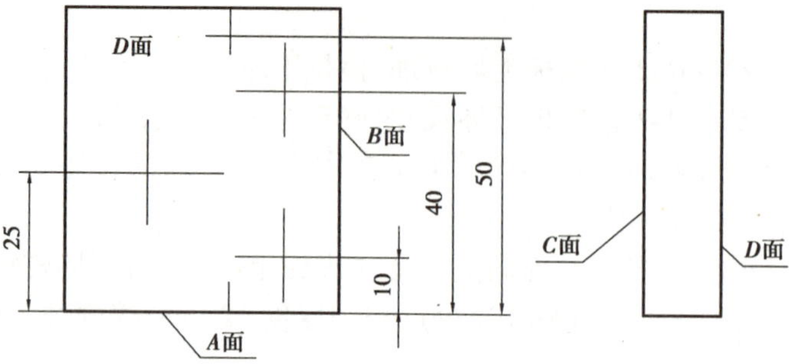

图 10.31　*A* 面为基准画线

4)将 ZM001-2 钻模板毛坯 *C* 面向下放在画线平板上,先把高度尺的高度设置为 2 mm,在 *A* 面、*B* 面上画线;然后分别在十字交叉点打样冲眼,再以样冲眼为圆心依次用划规画 $\phi8$、$\phi12$、$\phi18$,如图 10.32 所示。

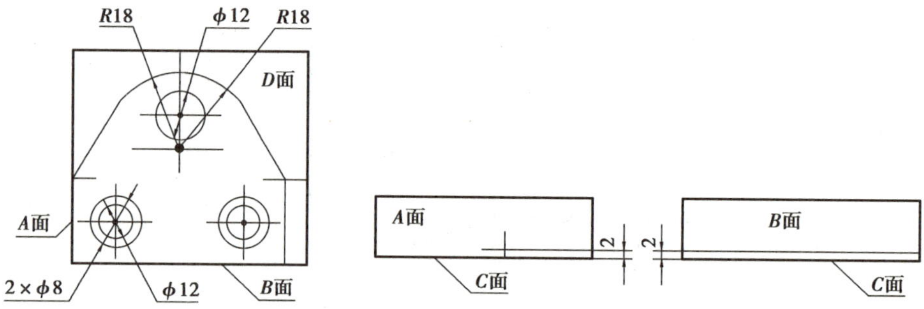

图 10.32　ZM001-2 钻模板打样冲眼画圆及圆弧工序图

5)将 ZM001-2 钻模板毛坯 *C* 面向下放在画线平板上,在画线交叉点及画线上打样冲眼,如图 10.33 所示。

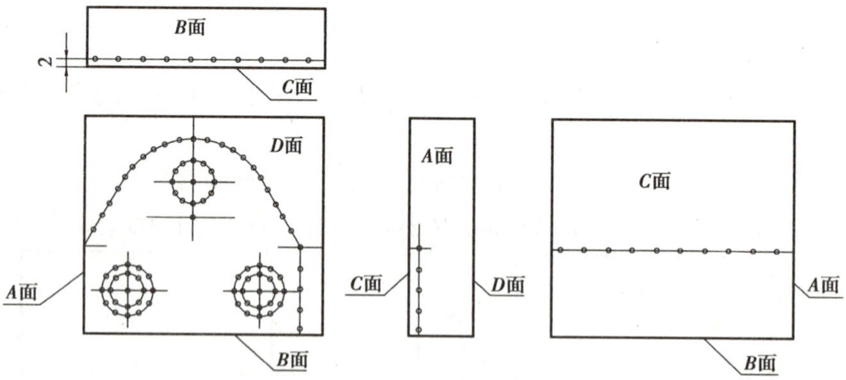

图 10.33　ZM001-2 钻模板打样冲眼工序图

4. 钻孔、锪孔、铰孔

1)检查钻床的运转是否正常。

2）将 ZM001-4 固定板毛坯画线面向上夹在平口钳上（装夹时应在 ZM001-4 固定板毛坯下面放一块垫块），毛坯的 *D* 面应与钻床工作台面平行（用百分表打表找平）；工件要夹持牢固，同时也要防止夹坏已加工表面和工件变形。依次钻削 ϕ8、ϕ11 通孔，扩钻 ϕ11.85 孔，钻孔前注意把钻头中心对准待钻孔的样冲眼中心。换 ϕ12 锪钻锪沉孔合图，换锥形锪钻倒角合图，如图 10.34 所示。

3）铰孔　铰 ϕ12 孔合图 10.34。

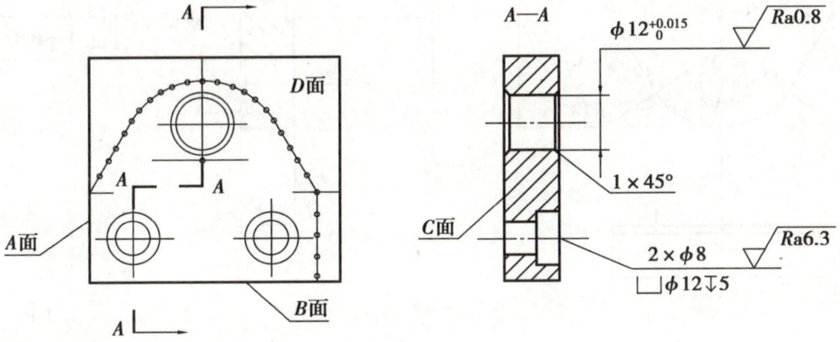

图 10.34　ZM001-2 钻模板钻孔铰孔工序图

5. 锯削

1）装锯条　安装锯条时应锯齿向前，锯条的松紧要适当。

2）锯削　将 ZM0011-2 钻模板毛坯夹持在虎钳的左面，工件的夹持要牢固，同时也要防止夹坏已加工表面和工件变形。锯割线应与钳口垂直，且离钳口不应太远。锯削时，沿锯削参考线锯削，锯完一条线后，重新装夹再锯下一条线，如图 10.35 所示。

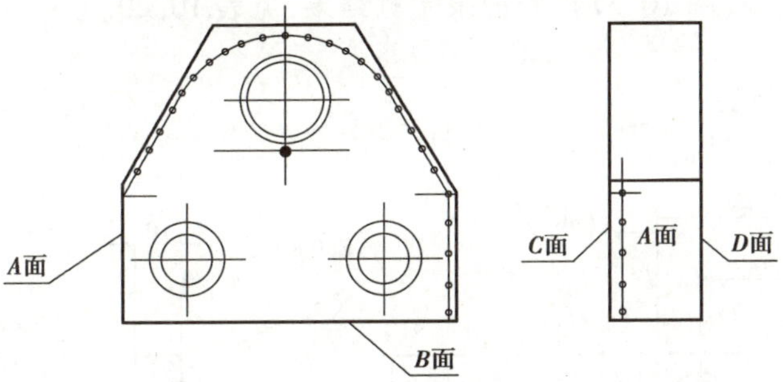

图 10.35　ZM001-2 钻模板锯削工序图

6. 锉削

将 ZM0011-2 钻模板毛坯夹持在虎钳上，工件的夹持要牢固，同时也要防止夹坏已加工表面和工件变形，锉削面应与钳口平行。

1）锉长度尺寸 50 锯削端，注意保证尺寸精度。

2）锉 60°斜面合图 10.36。

3）锉外圆弧 *R*18 及高度尺寸 45 合图 10.36。

4）锉厚度尺寸 10 的 *Ra*0.8 面及 15 尺寸端面，注意保证尺寸精度。

5）研长度尺寸 50 的 *Ra*0.8 面合图 10.36。注意保证尺寸精度。

6）研厚度尺寸 10 的 *Ra*0.8 面及 15 尺寸的端面合图 10.36。注意保证尺寸精度。

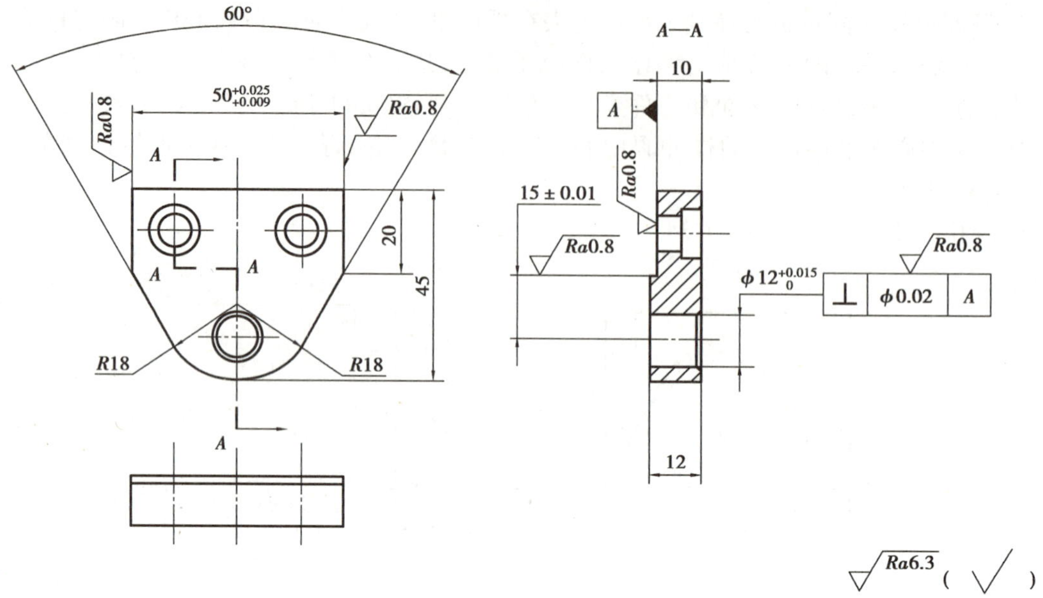

图 10.36　ZM001-2 钻模板锉削工序图

7. 去毛刺

1）用锉刀将 ZM001-2 钻模板上的锐边倒钝。

2）打刻编号、图号、制件号、制造日期等。

8. 检验

1）按图样要求检验（图 10.37），并记录实测结果，见表 10.20。

2）涂防锈油。

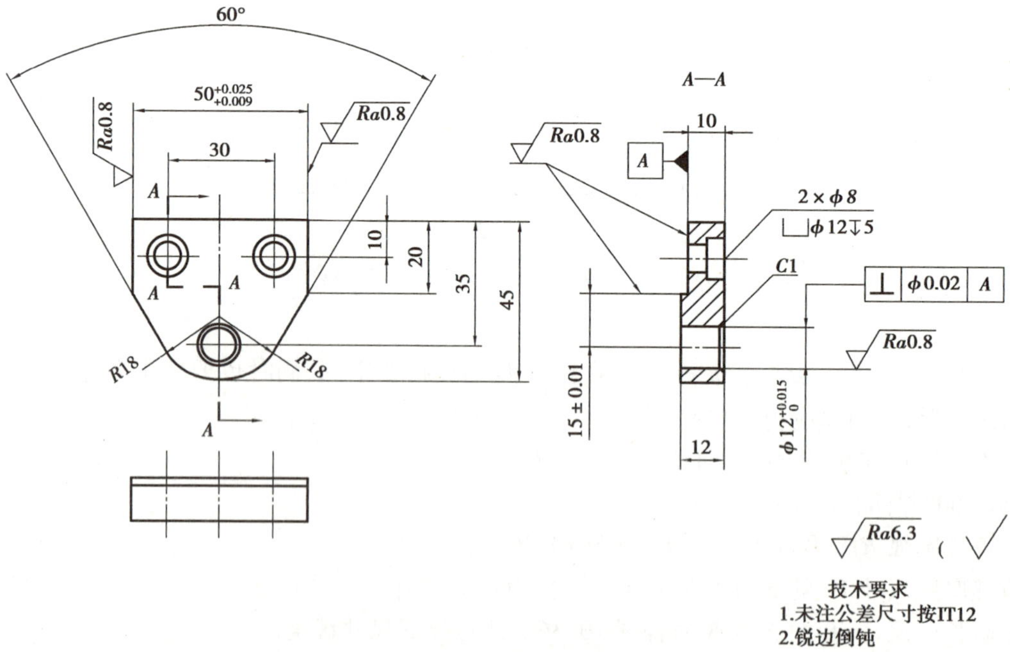

图 10.37　ZM001-2 钻模板检验工序图

表 10.20　ZM001-2 钻模板检测记录

项次	项目与技术要求	实测记录	备注
1	零件外观检验	1. 零件加工表面平整、无锈斑、锤痕、碰伤、焊补等 2. 锐边、尖角已倒钝 3. 零件上按规定打刻了编号、图号、制件号、制造日期等	
2	零件几何尺寸状态	1. 长度尺寸 50 2. 宽度尺寸 20、45 3. 厚度尺寸 10、12 4. 横向孔孔距 30 5. 纵向孔孔高 10、15 6. 通孔 $2\times\phi8$ 7. 沉孔 $2\times\phi12$ 深 5 8. 通孔 $\phi12$ 9. 外圆弧 $R18$ 10. 垂直度不大于 $\phi0.02$	
3	零件的表面粗糙度状态	1. 表面粗糙度 $Ra6.3$ 2. 表面粗糙度 $Ra0.8$	
4	判断数据及零件是否合格		

检验人：　　　　　　　　　　　　　　　　　　　　　　年　　月　　日

五、实训记录与成绩评定

1. 评分标准

1）在规定时间内完成不加分也不扣分。

2）未达到图纸要求的，按评分标准扣分。

3）依据《配分与评分标准》评分。

2. 评分方法

1）按单项记分扣分，每个检测尺寸检测不少于两点（以最大误差值计算）。

2）各项配分按精度最高和难易程度制订。

3. ZM001-4 固定板检测记录及成绩评定表

表 10.21　ZM001-4 固定板检测记录与成绩评定表

项次	项目与技术要求	配分/分	评定方法	实测记录	得分/分
1	准备工作充分	8	检查评定		
2	操作、检测方法正确、规范	30	按操作要求评定、错漏一项扣 3 分		
3	零件外观检验	20	各项数据记录符合要求，发现一项不符合要求扣 4 分	1. 零件加工表面平整、没有锈斑、锤痕、碰伤、焊补等 2. 锐边、尖角已倒钝 3. 零件上按规定打刻了编号、图号、制件号、制造日期等	

续表

项次	项目与技术要求	配分/分	评定方法	实测记录	得分/分
3	零件几何尺寸状态			1. 长度尺寸 50 2. 宽度尺寸 20、45 3. 厚度尺寸 10、12 4. 横向孔孔距 30 5. 纵向孔孔高 10、15 6. 通孔 $2\times\phi8$ 7. 沉孔 $2\times\phi12$ 深 5 8. 通孔 $\phi12$ 9. 外圆弧 R18 10. 垂直度不大于 $\phi0.02$	
	零件的表面粗糙度状态			1. 表面粗糙度 $Ra6.3$ 2. 表面粗糙度 $Ra0.8$	
4	数据计算分析正确、能判断零件是否合格	30	每错一项扣 2 分、缺一项扣 2 分		
5	时间安排合理	8	安排不合理每项扣 1 分		
6	安全文明生产	4	违者每次扣 2 分		
合计		100			

评分人：　　　　　　　　　　　　　　　　　　　年　　月　　日

任务 10.4　制作 ZM001-1 钻模本体

一、工作任务单

1）读懂 ZM001-1 钻模本体零件图；
2）了解所用加工设备、工具、量具及毛坯情况；
3）编写 ZM001-1 钻模本体手工制作工艺；
4）手工制作 ZM001-1 钻模本体；
5）正确使用量具测量 ZM001-1 钻模本体。

二、ZM001-1 钻模本体制作教学设计

表 10.22　ZM001-1 钻模本体制作教学设计

<table>
<tr><td colspan="2">课程名称</td><td>钳工技能实训</td><td>学时</td><td>18 学时</td></tr>
<tr><td colspan="2">工作任务</td><td colspan="3">手工制作 ZM001-1 钻模本体</td></tr>
<tr><td colspan="2">教学目标</td><td colspan="3">完成 ZM001-1 钻模本体手工制作,使学生具备手工制作零件的技能</td></tr>
<tr><td colspan="2">重点难点</td><td colspan="3">立体画线,锉、研高精度尺寸面</td></tr>
<tr><td colspan="2">教学方法</td><td colspan="3">讲授法、视频教学法、现场教学法、实践法</td></tr>
<tr><td rowspan="6">教学设计</td><td>教学组织</td><td>教学资源要求</td><td>教学方法</td><td>时间</td></tr>
<tr><td>任务引入,任务分析</td><td>工作任务单</td><td>讲授</td><td>0.5 学时</td></tr>
<tr><td>组织学生按组进行工艺分析,形成工艺文件</td><td>视频、PPT</td><td>讲授</td><td>1 学时</td></tr>
<tr><td>工具、量具、材料准备</td><td>工具、量具、刃具、材料足够</td><td>学生按制度领用</td><td>0.5 学时</td></tr>
<tr><td>任务实施</td><td>设备、工具、量具、刃具</td><td>学生练习,教师巡回指导</td><td>15 学时</td></tr>
<tr><td>任务评价</td><td>量具具有法定精度</td><td>学生按标准自测评价、教师抽查</td><td>1 学时</td></tr>
<tr><td colspan="2">参考资料学习资源</td><td colspan="3">钳工技能实训教材</td></tr>
</table>

三、手工制作工作准备

1. 技术资料准备

1)ZM001-1 钻模本体零件图(图 10.38)

2)ZM00-1 钻模本体零件毛坯图(图 10.39)

2. ZM001-1 钻模本体制作任务分析

1)ZM001-1 钻模本体制作分析　ZM001-1 钻模本体是 ZM001 钻孔模主要支撑零件。通过 ZM001-1 钻模本体的零件图与毛坯图对比可知,ZM001-1 钻模本体长、宽、高三个方向的单边加工余量均为 1 mm;ZM001-1 钻模本体侧面有 6 个螺纹孔,中部有一个 $\phi12$ 的通孔;ZM001-1 钻模本体上部有一个与 ZM001-2 钻模板配合的槽,槽口与 ZM001-2 钻模板侧面的配合为 H7/m6;ZM001-1 钻模本体的表面粗糙度最高为 $Ra0.8$,最低为 $Ra6.3$。ZM001-1 钻模本体需采用画线、锯削、锉削、钻孔、攻丝、研磨等加工方法制作。

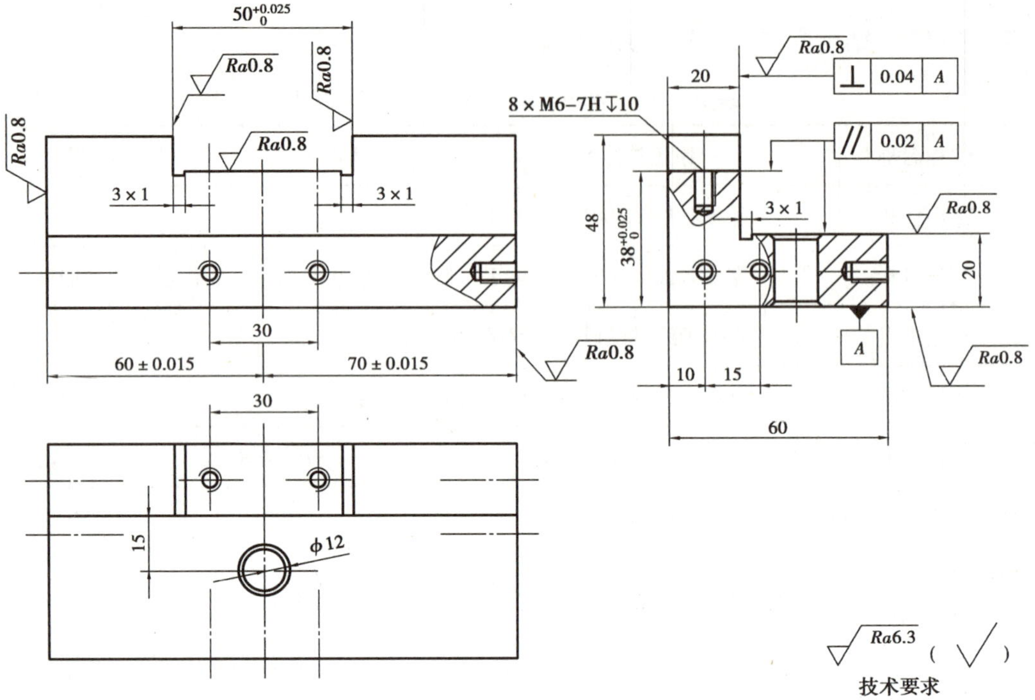

技术要求
1.未注公差尺寸按IT12
2.锐边倒钝
3.材料：45钢

图 10.38　ZM001-1 钻模本体零件图

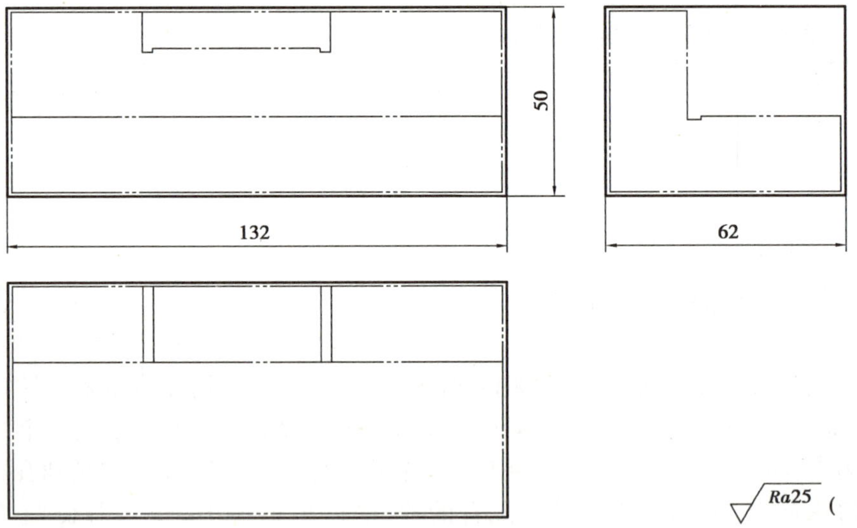

技术要求
1.未注公差尺寸按IT12
2.锐边倒钝
3.材料：45钢

图 10.39　ZM001-1 钻模本体毛坯图

2）编写 ZM001-1 钻模本体制作工艺流程

表 10.23　ZM001-1 钻模本体制作工艺卡

零件制作工艺卡			产品代号	产品名称	工作令号
			ZM001-1	钻模本体	
工序号	工序名称	工序内容		检查记录	备注
1	工作准备	1. 领取毛坯件和辅助材料 2. 准备好工具、量具、刃具 3. 准备好所需的设备			
2	锉削	1. 清洁毛坯 2. 锉削加工基准面及各面			
3	刮削	1. 粗刮 2. 细刮 3. 精刮			刮削、研磨底面工序是专为训练刮、研基本功而设置
4	画线	1. 根据零件图中的参数画线 2. 打样冲眼			
5	锯削	锯削直角面			
6	錾削	錾削槽合图			
7	锉削	1. 锉削直角面 2. 锉槽			
8	画线	1. 画槽底螺纹孔位 2. 打样冲眼			
9	钻孔、攻丝	1. 钻 $\phi5$ 螺纹底孔深 15 2. 钻 $\phi12$ 通孔 3. 攻丝 M6			
10	精锉、研磨	1. 锉削 2. 研磨			
11	去毛刺	去毛刺			
12	检验				
13	入库				

3. 清点零件毛坯、标准件和辅助材料

列出制作 ZM001-1 钻模本体所需的零件毛坯和辅助材料，领出相应的零件毛坯和辅助材料。

表 10.24　ZM001-1 钻模本体的毛坯件和辅助材料清单

序号	图号(标准号)	名称	数量	备注
1	ZM001-1	钻模本体毛坯	1	
2		煤油	自定	
3		扁刷	1	
4		清洗盆	1	
5		全损耗系统油	1	
6		棉纱头	自定	
7		破布	自定	

4. 列出制作 ZM001-1 钻模本体所需的工具、量具和刃具清单

表 10.25　ZM001-1 钻模本体作所需的工具、量具和刃具清单

序号	名称	规格	刻度值	数量	备注
1	各种规格锉刀	100～300 mm	1～5 号	各 1	
2	整形锉			1 套	
3	锉刀刷			1	
4	钻头	$\phi5$、$\phi12$ mm		各 1	
5	刮刀			自定	
6	标准平板	300 mm×300 mm		1	
7	锥形锪钻			自定	
8	锯弓			1	
9	锯条			自定	
10	画线工具			1 套	
11	样冲			1	
12	钳工锤	0.5、2 磅		各 1	
13	压板			自定	
14	T 形螺钉			自定	
15	研磨棒	$\phi12$		1	
16	油石			自定	
17	高度游标卡尺	0～300 mm	0.02 mm	1 把	
18	游标卡尺	0～125 mm	0.02 mm	1 把	
19	直角尺	100 mm×63	1 级	1 把	
20	刀口尺	100 mm	1 级	1 把	
21	钢直尺	150 mm		1	
22	检验方框	25×25 mm		1	

5. 列出制作 ZM001-1 钻模本体所需的设备

表 10.26　制作 ZM001-1 钻模本体所需的设备

序号	型号	名称	数量	备注
1	Z512	台钻	1	
2	S3SL-250	砂轮机	1	
3		钳台	1	
4	125	台虎钳	1	
5		平口钳	1	
6		工作台灯	1	
7	1 级	画线检验平板	1	

四、制作 ZM001-1 钻模本体

1. 工作准备

1）按照 ZM001-1 钻模本体毛坯和辅助材料清单，领出相应的零件毛坯和辅助材料。

2）按照制作 ZM001-1 钻模本体所需的工具、量具和刃具清单，并准备好工具、量具和刃具。

3）按照制作 ZM00-1 钻模本体所需的设备清单，并准备好所需的设备。

2. 锉削

1）清洁毛坯。将 ZM001-1 钻模本体毛坯清理、擦拭干净。

2）用钢直尺测量 ZM001-1 钻模本体毛坯尺寸，确定毛坯加工余量。

3）将 ZM001-1 钻模本体毛坯夹持在虎钳上，工件的夹持要牢固，同时锉削面应与钳口平行；锉削完成一个面达 *Ra*6.3 后再锉下一个面（图 10.40），锉削时注意保证各面间的垂直度。

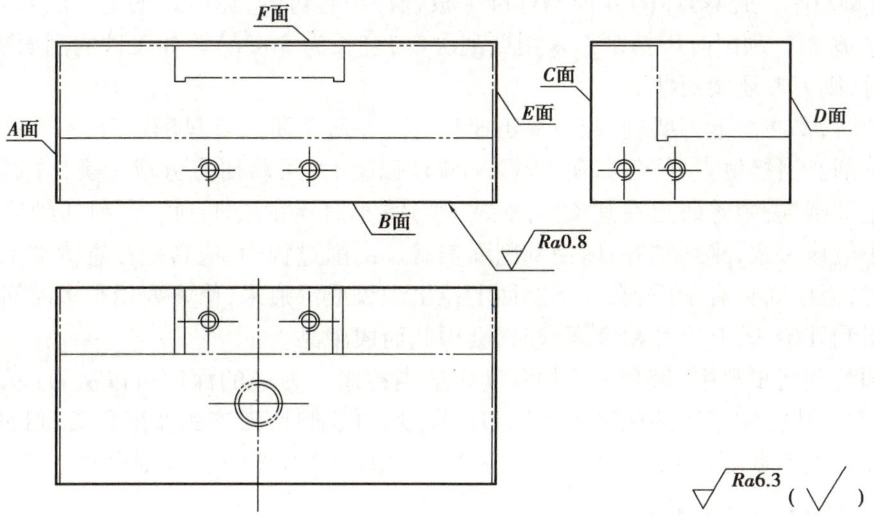

图 10.40　ZM001-1 钻模本体锉基准面工序图

4)用角尺检查 *A* 面、*B* 面、*C* 面、*D* 面、*E* 面、*F* 面的垂直度。

3. 刮削

(1)粗刮 *B* 面

1)在标准平板上均匀地涂抹一层红丹,将 ZM001-1 钻模本体的 B 面与标准平板合在一起对研;由于在对合面中间有一层有颜色的涂料,经过对研后,ZM001-1 钻模本体的 *B* 面上的凸起处就被显示出来,如图 10.40 所示。

2)将 ZM001-1 钻模本体毛坯的 *B* 面向上夹持在虎钳上,工件的夹持要牢固,同时 *C* 面应与钳口平行。粗刮 *B* 面。

刮削时采用连续推铲方法。刮削的刀迹连成长片。在整个刮削面上均匀地刮削。或根据前道加工所遗留的凹凸误差情况,进行不同量的刮削。消除显著的平面误差,不能出现中间高、边缘低的现象。

3)检验　粗刮的接触点数要求为 2 ~ 3 点/(25 ×25)。

(2)细刮 *B* 面

1)在 ZM001-1 钻模本体毛坯的 *B* 面上均匀地涂抹一层红丹。

2)将 ZM001-1 钻模本体的 *B* 面与标准平板合在一起对研,显示 *B* 面上的凸起处。

3)细刮 *B* 面。刮削时采用的短刮法(刀迹长度约为刀刃宽度),随着研点的增多,刀迹逐步缩短。在每刮一遍时,须按一定的方向刮削,刮第二遍时要交叉刮削。以消除原方向的刀迹,否则出现的研点会成条状。为了使研点很快增加,在刮削研点时,研点的周围部分也刮去,这样最高点刮去后,周围的研点又会很快显示出来,可加快刮削速度,随着研点的逐渐增多。显示剂要涂得薄而均匀。合研后显示出有些发亮的研点(硬点)应该刮重些,如研点暗淡(软点)应该刮轻些,直至显示出的研点软硬均匀。

4)检验　细刮的接触点数要求为 12 ~ 15 点/(25 ×25)。

(3)精刮 *B* 面

1)在 ZM001-1 钻模本体毛坯的 *B* 面上均匀地涂抹一层红丹。

2)将 ZM001-1 钻模本体的 *B* 面与标准平板合在一起对研,显示 *B* 面上的凸起处。

3)精刮 *B* 面。刮削时用精刮刀采用点刮法(刀迹长为 5 mm)。如工件的刮面狭小或精度要求很高时,则刀迹还要短些。

精刮削时,要注意落刀要轻,起刀要迅速挑起。在每个研点上只刮一刀,不应重复,并始终交叉进行刮削。当接触点增多到 20 点/(25 ×25)以上时,可将研点分成三类,分别对待,即最亮的研点全部刮去;中等研点在其顶部刮去一小片;小研点留着不刮。在刮到最后三遍时,交叉刀迹大小应该一致,排列整齐,以使刮削面美观。刮削过程中,应特别注意清洁工作,往往在合磨研点时,因中间夹有杂质,会在刮削面上拉出细纹或深痕来,修复要用很多时间,严重的甚至还须从粗刮开始,若有尺寸精度要求时,会因此而成废品。

在不同的刮削步骤中,每刮一刀的深度应适当控制。刀迹的深度可以从刀迹的宽度上反映出来,因此可从控制刀迹的宽度来控制刀迹深度。粗刮时,刀迹的宽度是刃口长度的 2/3 ~ 3/4。细刮时,刀迹宽度是刃口长度的 1/3 ~ 1/2。精刮时刀迹的宽度则更狭。刀迹过宽也会影响单位面积内的接触点数。

如刮削面有孔或螺孔时,应控制刮刀不要直接用刀在孔口刮过,以免将孔口刮低。如果刮削面上有狭窄边框时,应掌握刮刀的刮削方向与窄边所成的角度小于 30°,以防将窄边刮低。

4. 画线

1）在 ZM001-1 钻模本体毛坯 *A* 面、*B* 面、*C* 面、*D* 面、*E* 面、*F* 面上薄而均匀地涂一层紫色涂料。

2）将 ZM001-1 钻模本体毛坯 *B* 面向下放在画线平板上，校准画线高度尺后，分别把高度尺的高度设置为 10 mm、19 mm、20 mm、37 mm、38 mm、48 mm，依次在 *A* 面、*C* 面、*D* 面、*E* 面上画线，如图 10.41、图 10.42 所示。

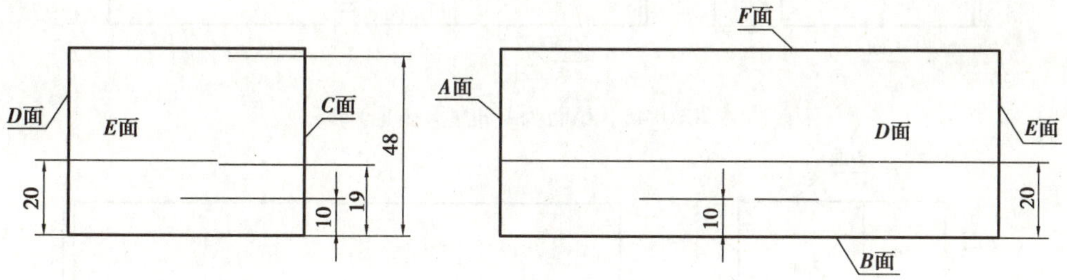

图 10.41　*B* 面为基准画线（Ⅰ）

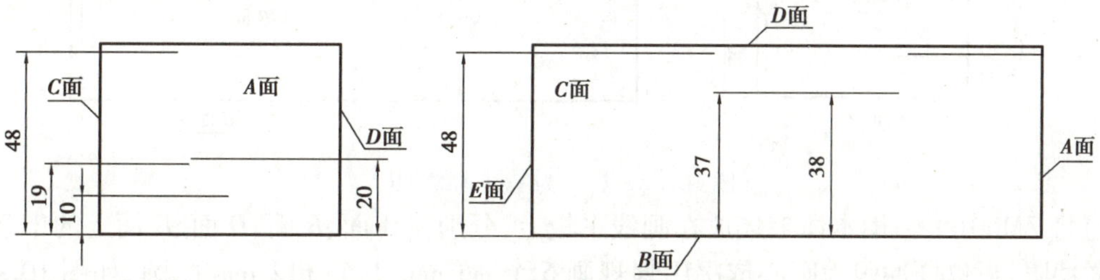

图 10.42　*B* 面为基准画线（Ⅱ）

3）将 ZM001-1 钻模本体毛坯 *A* 面向下放在画线平板上，分别把高度尺的高度设置为 35 mm、38 mm、45 mm、75 mm、82 mm、85 mm、130 mm，依次在 *B* 面、*C* 面、*D* 面、*F* 面上画线，如图 10.43、图 10.44 所示。

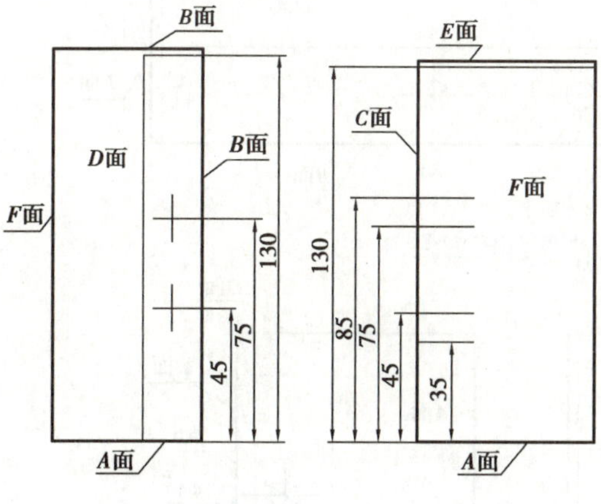

图 10.43　*A* 面为基准画线（Ⅰ）

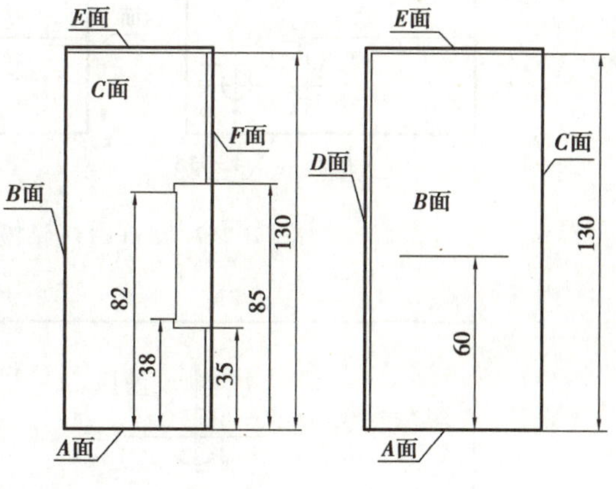

图 10.44　*A* 面为基准画线（Ⅱ）

4）将 ZM001-1 钻模本体毛坯 *C* 面向下放在画线平板上，分别把高度尺的高度设置为 10 mm、20 mm、23 mm、25 mm、35 mm，依次在 *A* 面、*F* 面、*E* 面、*B* 面上画线，如图 10.45、图 10.46 所示。

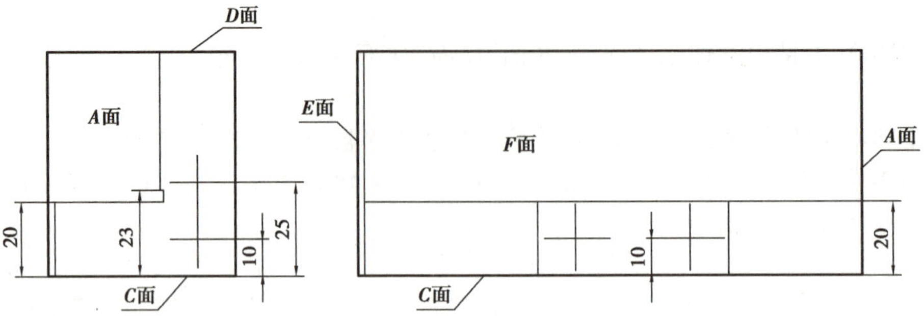

图 10.45　C 面为基准画线(Ⅰ)

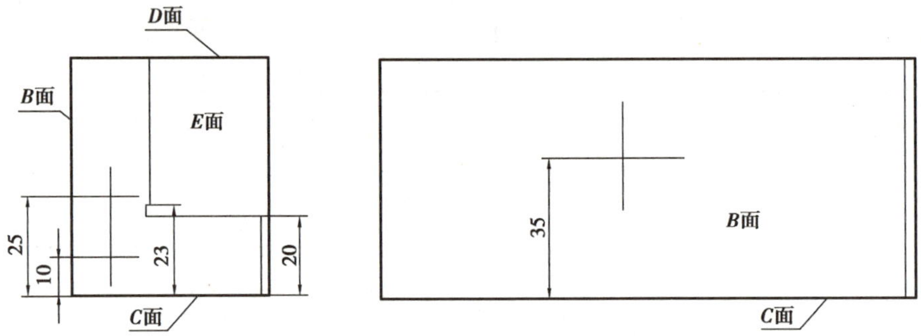

图 10.46　C 面为基准画线(Ⅱ)

5)将 ZM001-1 钻模本体毛坯放在画线平板上,分别在 A 面、B 面、D 面、E 面上的十字交叉点打样冲眼,再以样冲眼为圆心依次用划规画 6 个 ϕ6 mm、1 个 ϕ12 mm 的圆,如图 10.47、图 10.48 所示。

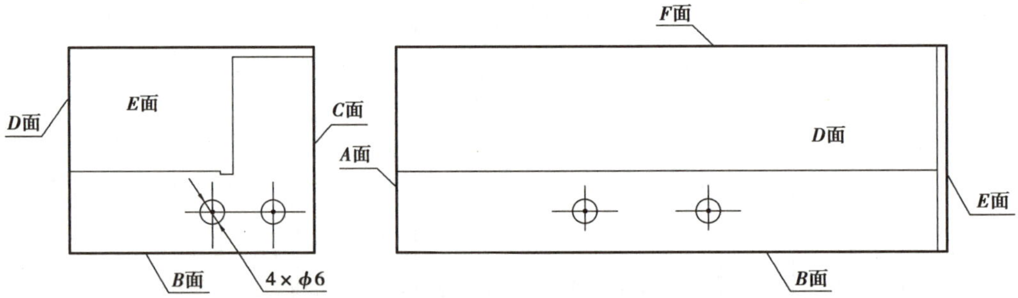

图 10.47　ZM001-1 钻模本体打样冲眼画圆工序图(Ⅰ)

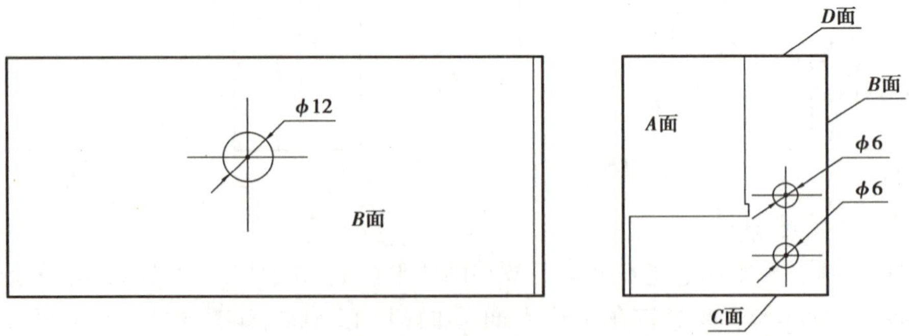

图 10.48　ZM001-1 钻模本体打样冲眼画圆工序图(Ⅱ)

6)将 ZM001-1 钻模本体毛坯放在画线平板上,在画线交叉点及画线上打样冲眼,如图 10.49、图 10.50 所示。

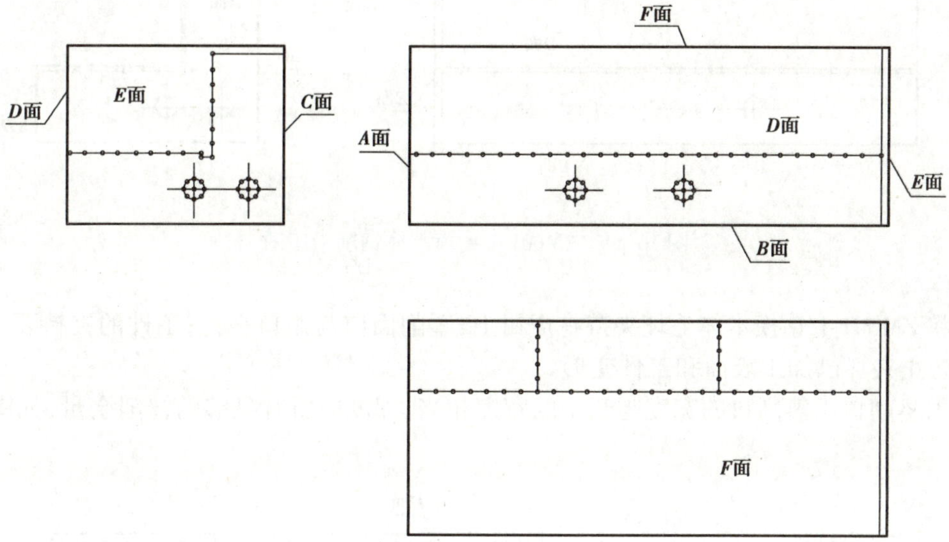

图 10.49　ZM001-1 钻模本体打样冲眼工序图(Ⅰ)

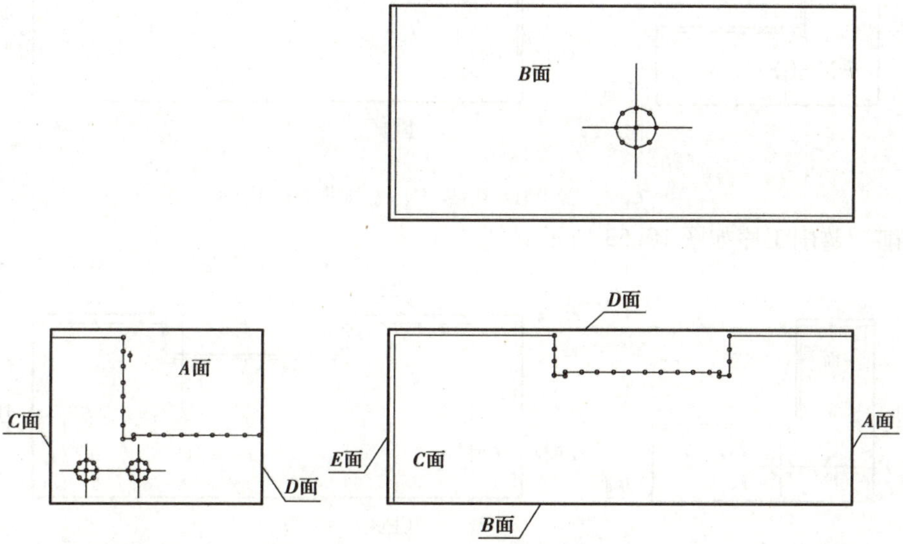

图 10.50　ZM001-1 钻模本体打样冲眼工序图(Ⅱ)

5. 锯削(图 10.51)

1)装锯条　安装锯条时应锯齿向前,锯条的松紧要适当。

2)锯削　将 ZM001-1 钻模本体毛坯夹持在虎钳的左面,工件的夹持要牢固,同时也要防止夹坏已加工表面和工件变形。锯割线应与钳口垂直,且离钳口不应太远。锯削时,沿锯削参考线锯削,锯完一条线后,重新装夹再锯下一条线。

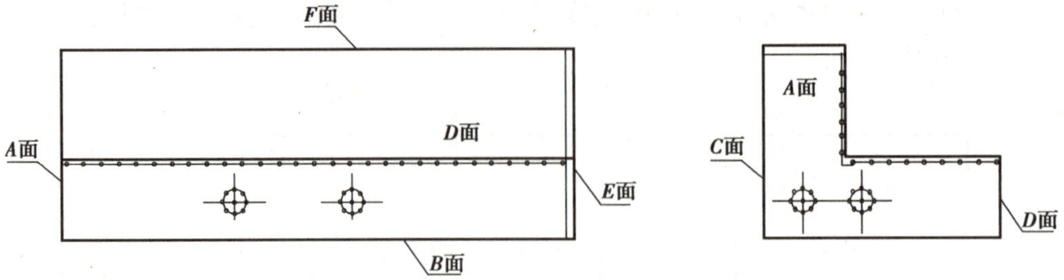

图 10.51　ZM001-1 钻模本体锯削工序图

6. 錾削

1)将 ZM001-1 钻模本体毛坯夹持在虎钳上,錾削面应与钳口平行;工件的夹持要牢固,同时也要防止夹坏已加工表面和工件变形。

2)锯錾削口　錾削口的宽度与錾子的宽度相当,深度应留有足够的锉削余量,如图 10.52 所示。

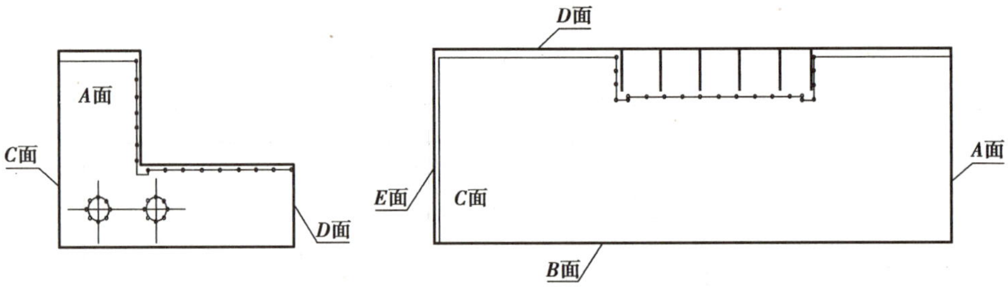

图 10.52　ZM001-1 钻模本体錾削据口工序图

3)錾削　錾削工序如图 10.53 所示。

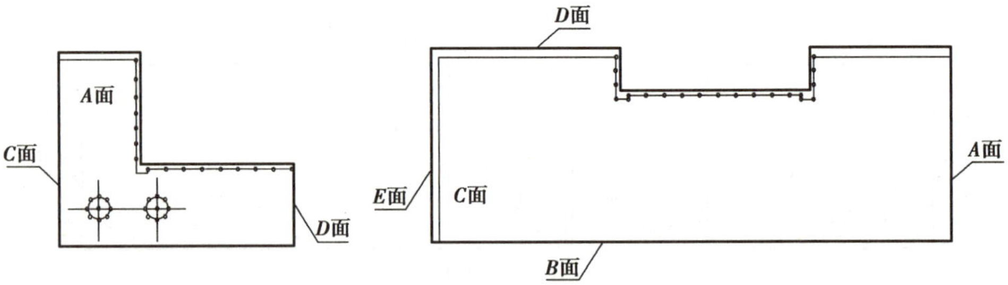

图 10.53　ZM001-1 钻模本体錾削工序图

7. 锉削(图 10.54)

1)将 ZM001-1 钻模本体毛坯夹持在虎钳上,锉削面应与钳口平行;工件的夹持要牢固,同时也要防止夹坏已加工表面和工件变形。

2)粗锉直角面　锉削加工完成一个面后,重新装夹锉削加工另一个平面。

3)粗锉槽口各面合图　将 ZM001-1 钻模本体毛坯夹持在虎钳上,*F* 面应与钳口平行;工件的夹持要牢固,同时也要防止夹坏已加工表面和工件变形。

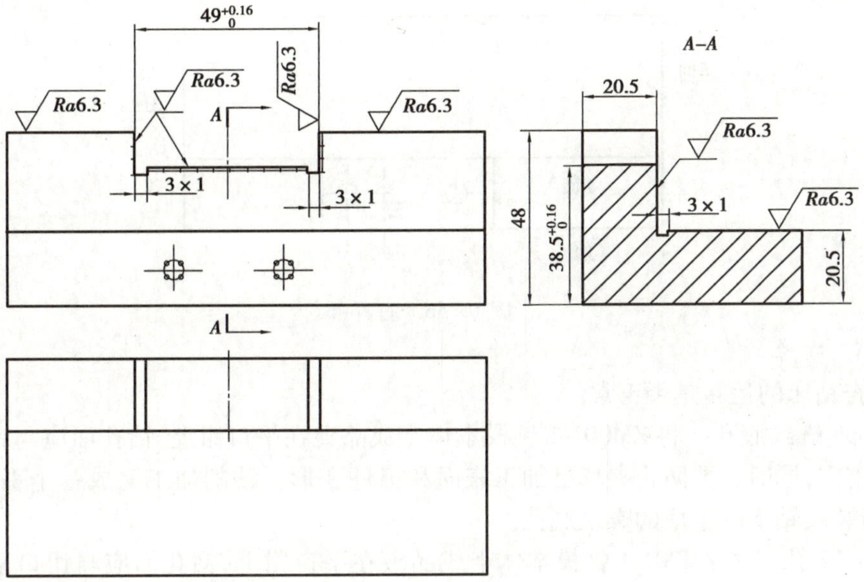

图 10.54　ZM001-1 钻模本体粗锉削工序图

8. 画线

1）在 ZM001-1 钻模本体毛坯槽口底面上薄而均匀地涂一层紫色涂料。

2）将 ZM001-1 钻模本体毛坯 *A* 面向下放在画线平板上，分别把高度尺的高度设置为 45 mm、75 mm，依次在槽口底面上画线，如图 10.55 所示。

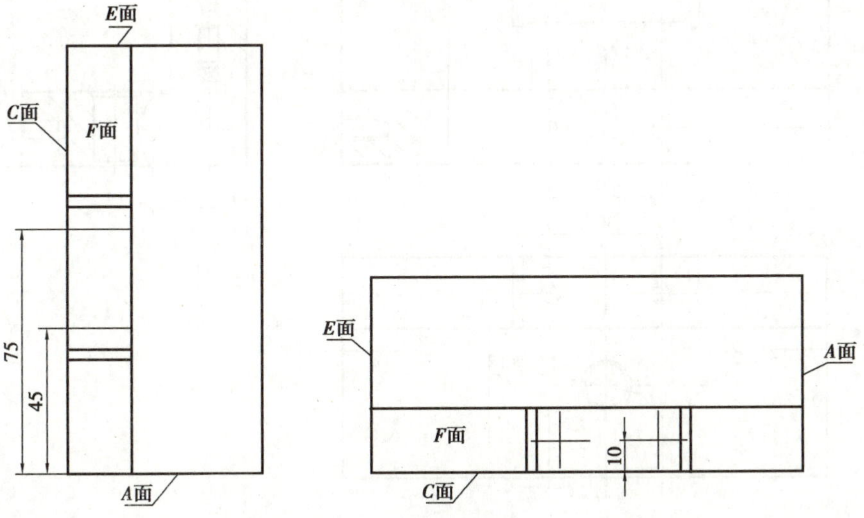

图 10.55　*A* 面为基准画线

3）将 ZM001-1 钻模本体毛坯 *C* 面向下放在画线平板上，把高度尺的高度设置为 10 mm 在槽口底面上画线，如图 10.55 所示。

4）将 ZM001-1 钻模本体毛坯 *C* 面向下放在画线平板上，在槽口底面的十字交叉点上打样冲眼，再以样冲眼为圆心画两个 $\phi 6$ mm 的圆，最后在圆线上打样冲眼，如图 10.56 所示。

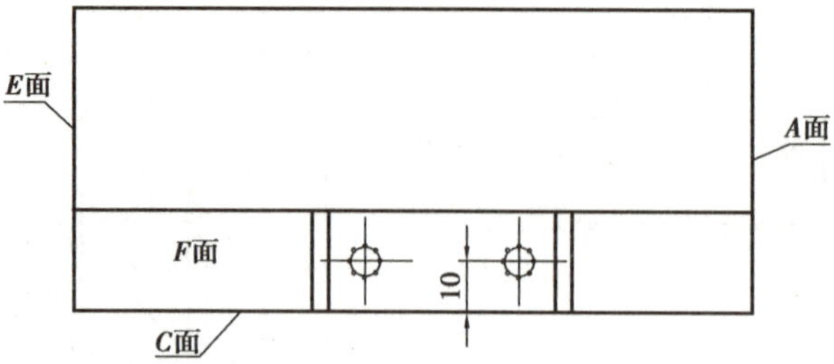

图 10.56　打样冲

9. 钻削、攻丝

1）检查钻床的运转是否正常。

2）钻 $\phi5$ 螺纹底孔。将 ZM001-1 钻模本体半成品夹在平口钳上，钻孔面应与钳口平行；工件要夹持牢固，同时也要防止夹坏已加工表面和工件变形。钻削加工完成一个平面的螺纹底孔后，重新装夹钻下一个面的螺纹底孔。

3）钻 $\phi12$ 孔。将 ZM001-1 钻模本体半成品夹在平口钳上，钻孔面应与钳口平行；装夹时应在 ZM001-1 钻模本体半成品的下面放一块垫块，且工件要夹持牢固，同时也要防止夹坏已加工表面和工件变形；钻孔前注意把钻头中心对准待钻孔的样冲眼中心。钻削 $\phi12$ 通孔后，换锥形锪钻倒角，如图 10.57 所示。

4）攻 M6 螺纹孔。

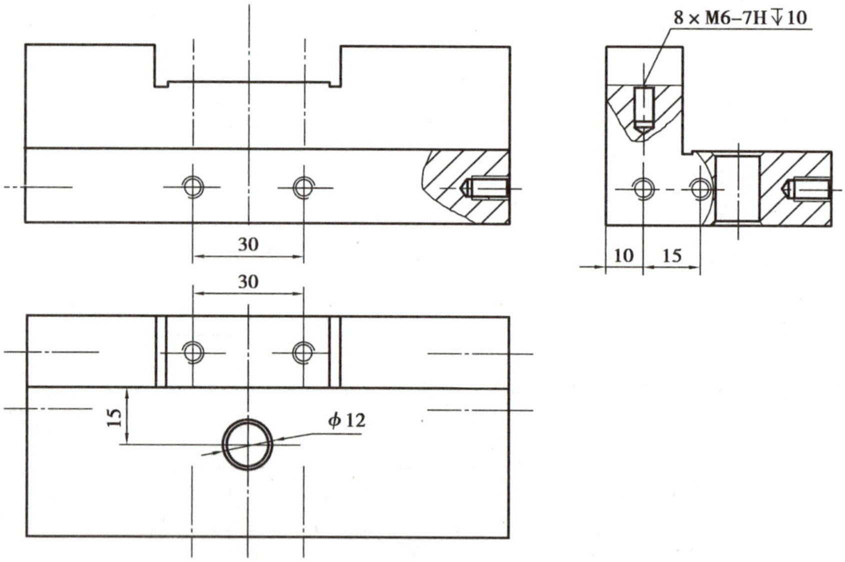

图 10.57　ZM001-1 钻模本体钻孔攻丝工序图

10. 锉削

（1）精锉、研磨直角面

将 ZM001-1 钻模本体半成品夹持在虎钳上，工件的夹持要牢固，同时也要防止夹坏已加工表面和工件变形，锉削面应与钳口平行。

1）精锉直角面。

2）研磨直角面。

(2)精锉、研磨槽口各面

将 ZM001-1 钻模本体半成品夹持在虎钳上,槽口底面应与钳口平行;对工件的夹持要牢固,同时也要防止夹坏已加工表面和工件变形,如图 10.58 所示。

1)精锉槽口各面。

2)研磨槽口各面。用油石研磨槽口各面,根据研磨面大小选择适当大小的油石,以使油石能纵横交叉移动,油石要经常修磨以保持平整或保持所需形状。

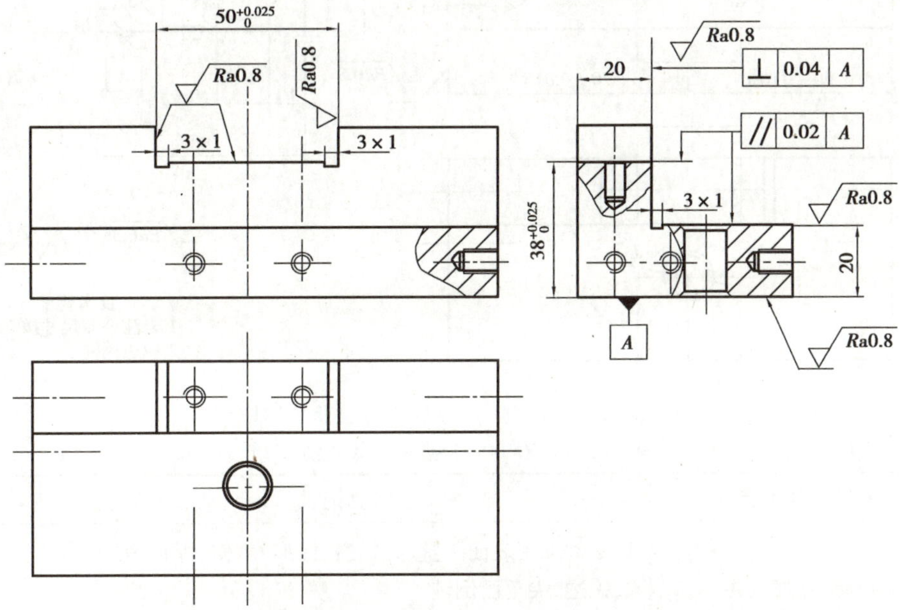

图 10.58　ZM001-1 钻模本体锉研工序图

研磨时需要使用研磨液,研磨液在研磨过程中起调和磨料的作用,使磨料粉分布均匀,也起润滑和冷却的作用。有时还起化学作用,加速研磨过程,常用研磨液是 L-AN 15 机械油。精研时可用 L-AN 15 机械油 1 份、煤油 3 份。透平油或锭子油少量,轻质矿物油或变压器油适量。

研磨过程中,应经常将油石和零件进行清洗,否则由于发热胶着和堵塞而降低研磨速度。堵塞油石的清理方法是:在普通车床上装夹 ϕ100 mm 的软钢棒料,作 500 r/min 回转。在棒料端面涂敷混有煤油的碳化硅粉,将油石堵塞面与棒料端面轻轻接触,10 s 就可以完全清理好。

11. 去毛刺

1)用锉刀将 ZM001-1 钻模本体上的锐边倒钝。

2)打刻编号、图号、制件号、制造日期等。

12. 检验

1)按图样要求检验(图 10.59),并记录实测结果,见表 10.27。

2)涂防锈油。

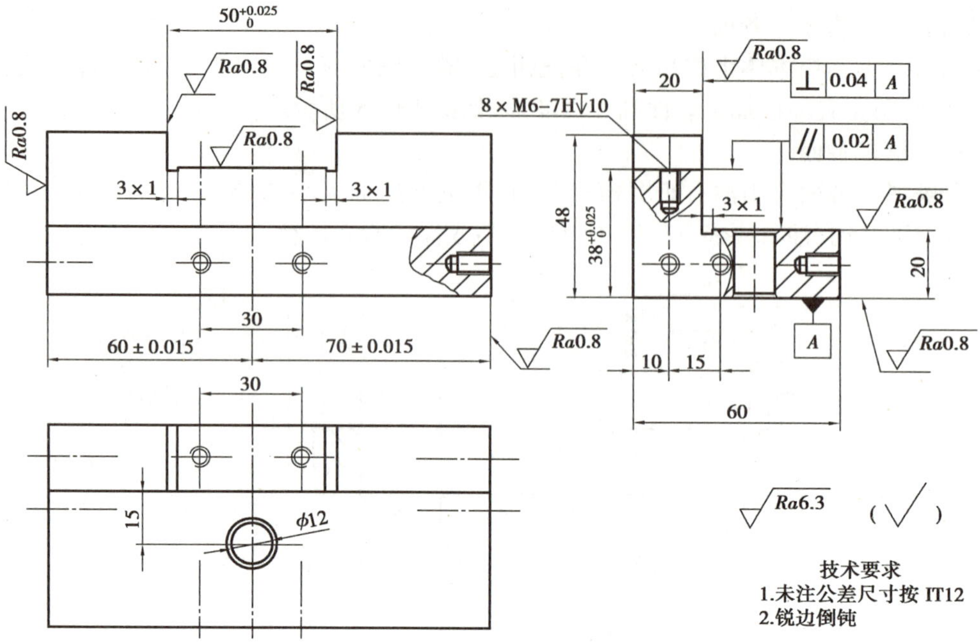

图 10.59　ZM001-1 钻模本体检验工序图

表 10.27　ZM001-1 钻模本体检测记录

项次	项目与技术要求	实测记录	备注
1	零件外观检验	1. 零件加工表面平整、无锈斑、锤痕、碰伤、焊补等 2. 锐边、尖角已倒钝 3. 零件上按规定打刻了编号、图号、制件号、制造日期等	
2	零件几何尺寸状态	1. 长度位置尺寸 60.3、70.3 2. 宽度尺寸 20、60 3. 高度尺寸 20、48 4. 槽宽 50 5. 槽底高 38 6. 正面螺纹孔孔距 30 7. 侧面螺纹孔孔位尺寸 10、15 8. 凹槽底面螺纹孔距 30 9. ϕ12 孔位尺寸 15 10. 通孔 ϕ12 11. 螺纹孔 M6 12. 垂直度不大于 0.04 13. 平行度(Ⅰ)不大于 0.02 14. 平行度(Ⅱ)不大于 0.02	
3	零件的表面粗糙度状态	1. 表面粗糙度 $Ra6.3$ 2. 表面粗糙度 $Ra0.8$	
4	判断数据及零件是否合格		

检验人：　　　　　　　　　　　　　　　　　　　　　　　　　　　　年　　月　　日

五、实训记录与成绩评定

1. 评分标准

1)在规定时间内完成不加分也不扣分。

2)未达到图纸要求的,按评分标准扣分。

3)依据《配分与评分标准》评分。

2. 评分方法

1)按单项记分扣分,每个检测尺寸检测不少于两点(以最大误差值计算)。

2)各项配分按精度最高和难易程度制订。

3. ZM001-4 固定板检测记录及成绩评定

表 10.28　ZM001-4 固定板检测记录与成绩评定表

项次	项目与技术要求	配分/分	评定方法	实测记录	得分/分
1	准备工作充分	8	检查评定		
2	操作、检测方法正确、规范	30	按操作要求评定、错漏一项扣 3 分		
3	零件外观检验	20	各项数据记录符合要求,发现一项不符合要求扣 4 分	1. 零件加工表面平整、没有锈斑、锤痕、碰伤、焊补等 2. 锐边、尖角已倒钝 3. 零件上按规定打刻了编号、图号、制件号、制造日期等	
	零件几何尺寸状态			1. 长度位置尺寸 60.3、70.3 2. 宽度尺寸 20、60 3. 高度尺寸 20、48 4. 槽宽 50 5. 槽底高 38 6. 正面螺纹孔孔距 30 7. 侧面螺纹孔孔位尺寸 10、15 8. 凹槽底面螺纹孔距 30 9. ϕ12 孔位尺寸 15 10. 通孔 ϕ12 11. 螺纹孔 M6 12. 垂直度不大于 0.04 13. 平行度(Ⅰ)不大于 0.02 14. 平行度(Ⅱ)不大于 0.02	
	零件的表面粗糙度状态			1. 表面粗糙度 $Ra6.3$ 2. 表面粗糙度 $Ra0.8$	

续表

项次	项目与技术要求	配分/分	评定方法	实测记录	得分/分
4	数据计算分析正确、能判断零件是否合格	30	每错一项扣 2 分、缺一项扣 2 分		
5	时间安排合理	8	安排不合理,每项扣1 分		
6	安全文明生产	4	违者每次扣 2 分		
合计		100			

评分人： 年 月 日

任务 10.5 ZM001 钻孔模的修配与组装

一、工作任务单

1）读 ZM001 钻孔模装配图；
2）编写 ZM001 钻孔模装配工艺；
3）修配与组装 ZM001 钻孔模；
4）正确使用量具测量 ZM001 钻孔模。

表 10.29 ZM001 钻孔模具明细表

序号	图号(标准号)	名称	数量	材料	热处理	备注
1	ZM001-1	钻模本体	1	45		
2	JB/T 8045.1—1999	钻套 B7 × 12	1	T10A	58 ~ 60HRC	
3	GB/T 70 - 1—2000	螺钉 M6 × 12	8	35		
4	ZM001-2	钻模板	1	45		
5	ZM001-3	定位板	2	45		
6	ZM001-4	固定板	1	Q235		
7	JB/T 8006.2—1999	螺钉 M8 × 30	1	35		

二、教学设计

表 10.30 ZM001 钻孔模修配与组装教学设计表

<table>
<tr><td colspan="2">课程名称</td><td>钳工技能实训</td><td>学时</td><td>8 学时</td></tr>
<tr><td colspan="2">工作任务</td><td colspan="3">完成 ZM001 钻孔模修配与组装</td></tr>
<tr><td colspan="2">教学目标</td><td colspan="3">完成 ZM001 钻孔模修配与组装,使学生具备修配与组装一般钻模的能力</td></tr>
<tr><td colspan="2">重点难点</td><td colspan="3">钻模修配</td></tr>
<tr><td colspan="2">教学方法</td><td colspan="3">讲授法、现场教学法、实践法</td></tr>
<tr><td rowspan="6">教学设计</td><td>教学组织</td><td>教学资源要求</td><td>教学方法</td><td>时间</td></tr>
<tr><td>任务引入,任务分析</td><td>工作任务单</td><td>讲授</td><td>0.5 学时</td></tr>
<tr><td>组织学生按组进行工艺分析,形成工艺文件</td><td>视频、PPT</td><td>讲授</td><td>1 学时</td></tr>
<tr><td>工具、量具、材料准备</td><td>工具、量具、刃具、材料足够</td><td>学生按制度领用</td><td>0.5 学时</td></tr>
<tr><td>任务实施</td><td>设备、工具、量具、刃具</td><td>学生练习,教师巡回指导</td><td>5 学时</td></tr>
<tr><td>任务评价</td><td>量具具有法定精度</td><td>学生按标准自测评价、教师抽查</td><td>1 学时</td></tr>
<tr><td colspan="2">参考资料学习资源</td><td colspan="3">钳工技能实训教材</td></tr>
</table>

三、装配工作准备

1. 技术资料准备

1)连接桥板制件图

2)ZM001 钻孔模装配图

3)ZM001 钻孔模零件图　钻模本体见图 10.38,钻模板见图 10.27,定位板见图 10.1,固定板见图 10.15。

2. 工作任务分析

如图 10.60 所示为一副典型的钻孔模(ZM001 钻孔模),其零部件列表见表 10.29。本次学习任务是通过对钻模零件修配,将钻模零件组装成整套钻模。

1)ZM001 钻孔模工作原理　如图 10.60 所示的 ZM001 钻孔模是一副典型的钻孔模,ZM001 钻孔模由钻本体 1、钻套 2、钻模板 4、定位板 5、固定板 6、和螺钉 3、7 组成。钻模通过机用平口钳夹持在钻床工作台上工作。

ZM001 钻孔模的工作过程:将 ZM001 钻孔模夹持在机用平口钳上,调整 ZM001 钻孔模的位置,使钻套孔的中轴线与钻床主轴中心线重合,固定机用平口钳。将连接桥板毛坯放入钻模并由定位板 3 定位,用螺钉 7 夹紧连接桥板毛坯后钻孔,完成第一个孔加工后,松开螺钉 7,将连接桥板毛坯滑到钻模的另一端并由定位板 3 定位,用螺钉 7 夹紧连接桥板毛坯后钻第二个孔,孔加工完成后取出连接桥板同时放入下一个连接桥板毛坯,开始下一个环节,连接桥板制件图如图 10.61 所示。

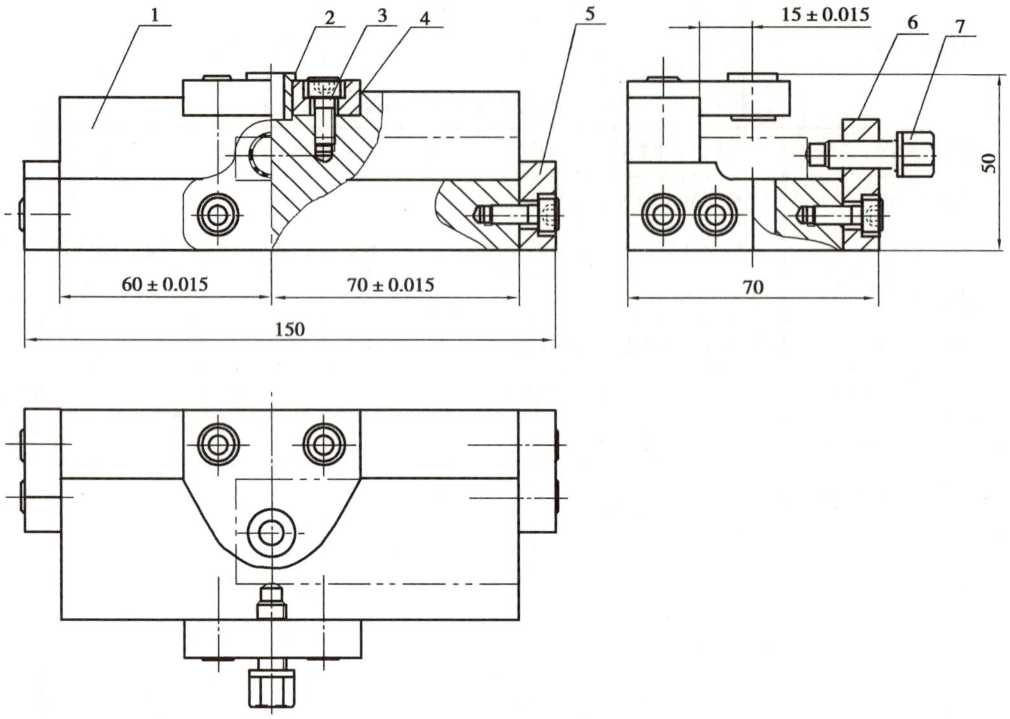

图 10.60　ZM001 钻孔模装配图

1—钻模本体;2—钻套;3—螺钉;4—钻模板;5—定位板;6—固定板;7—螺钉

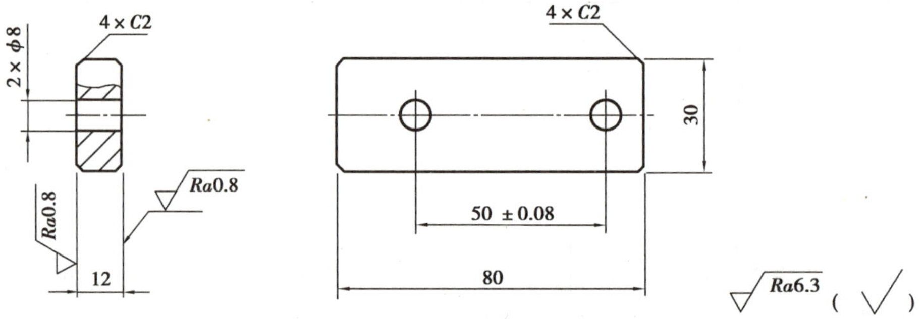

图 10.61　连接桥板制件图

2)编写 ZM001 钻孔模装配工艺流程。

表 10.31　ZM001 钻孔模装配工艺卡

装配工艺卡			产品代号	产品名称	工作令号
			ZM001	ZM001 钻孔模	
工序号	工序名称	工序内容	检查记录	备注	
1	工作准备	1. 清点钻模零件、标准件和辅助材料 2. 准备好工具、量具和刃具			
2	压装钻套	将钻套 2 压装到钻模板 4 上			
3	压装钻模板	1. 将钻模板 4 压装在钻模本体 1 上 2. 修配			

续表

工序号	工序名称	工序内容	检查记录	备注
4	总装	将定位板 5、固定板 6 装在钻模本体 1 上		
5	检验			
6	入库			

3. 清点模具零件、标准件和辅助材料

1）按照 ZM001 钻孔模装配图上的零件明细表，列出加工的 ZM001 钻孔模的零件清单，领出相应的钻模零件和标准件进行清洗整理，并对钻模工作零件等重要零件进行仔细检查。

表 10.32　ZM001 钻孔模零件清单

序号	图号（标准号）	名称	数量	备注
1	ZM001-1	钻模本体	1	
2	ZM001-2	钻模板	1	
3	ZM001-3	定位板	2	
4	ZM001-4	固定板	1	

2）列出装配所需的标准件和辅助材料，领出相应的标准件和辅助材料。

表 10.33　ZM001 钻孔模的标准件和辅助材料清单

序号	图号（标准号）	名称	数量	备注
1	JB/T 8045.1—1999	钻套 B7 × 12	1	
2	GB/T 70.1—2000	螺钉 M6 × 12	8	
3	JB/T 8006.2—1999	螺钉 M8 × 30	1	
4		煤油		
5		扁刷	1	
6		清洗盆	1	
7		全损耗系统油	1	
8		棉纱头		
9		破布		

4. 列出装配所需的工具、量具和刃具清单，并准备好工具、量具和刃具

表 10.34　ZM001 钻孔模装配所需的工具、量具和刃具清单

序号	名称	规格	刻度值	数量	备注
1	内六角扳手			1 套	
2	活扳手	150 mm		1	
3	铜棒	ϕ35 mm		1	
4	钳工锤	0.5、2 磅		各 1	
5	等高块				
6	锉刀	100 ~ 300	1 ~ 5 号	各 1	
7	油石				
8	高度游标卡尺	0 ~ 300 mm	0.02 mm	1 把	
9	游标卡尺	0 ~ 150 mm	0.02 mm	1 把	
10	直角尺	100 mm × 63	1 级	1 把	
11	刀口尺	100 mm	1 级	1 把	
12	测量棒	ϕ8 mm × 50 mm	1		
13	钢直尺	150 mm		1	

5. 列出装配所需的设备

表 10.35　ZM001 钻孔模装配所需的设备

序号	型号	名称	数量	备注
1	S3SL-250	砂轮机	1	
2		钳台	1	
3	125	台虎钳	1	
4		工作台灯	1	
5	1 级	装配检验平板		

四、装配 ZM001 钻孔模

1. 装配工作准备

1）按照装配图上的 ZM001 钻孔模零件明细表，列出加工的 ZM001 钻孔模零件清单，领出相应的 ZM001 钻孔模零件和标准件进行清洗整理，并对模具工作零件等重要零件进行仔细检查。

2）列出装配 ZM001 钻孔模所需的辅助材料清单，领出相应的辅助材料。

3）列出装配 ZM001 钻孔模所需的工具、量具和刃具清单，并准备好工具、量具和刃具。

4）列出装配 ZM001 钻孔模所需的设备，并准备好设备。

2. 压装 ZM001-1 钻套

1)将钻套 2 和钻模板 4 擦拭干净,并在钻套 2 和钻模板 4 上的钻套孔配合面涂上机油;

2)将钻模板 4 底平面向下,放在等高块上;

3)将钻套 2 放入钻模板 4 的钻套孔口,检查钻套 2 与钻模板 4 顶面垂直度后,用铜棒将钻套 2 敲打进钻模板 4 的钻套孔内,如图 10.62 所示。

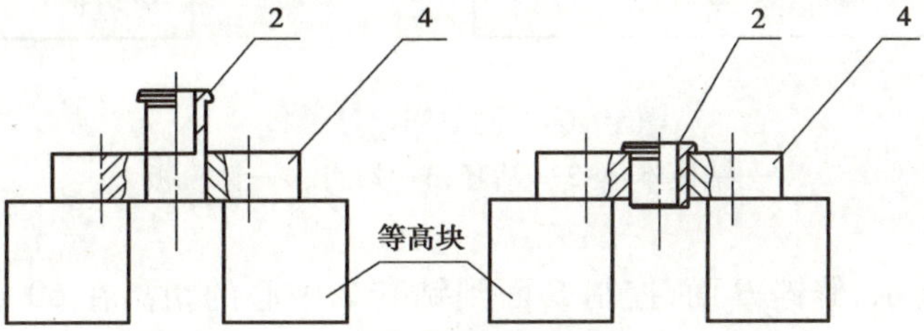

图 10.62　压装 ZM001-1 钻套

2—钻套;4—钻模板

3. 压装钻模板

1)将装有钻套 2 的钻模板 4 和钻模本体 1 擦拭干净,并在钻模板 4 和钻模本体 1 的配合面涂上机油;

2)将钻模本体 1 配合凹槽向上平放在装配平板上,再把装有钻套 2 的钻模板 4 钻平放在钻模本体 1 的配合凹槽口处,用铜棒将装有钻套 2 的钻模板 4 敲打入钻模本体 1 的凹槽内,如图 10.63 所示;

3)用铜棒敲打钻模板 4,将钻套 2 中心到钻模本体 1 内侧面(*A* 面)的距离调整在 15 ± 0.015 mm范围内,拧紧螺钉 3,如图 10.63 所示;

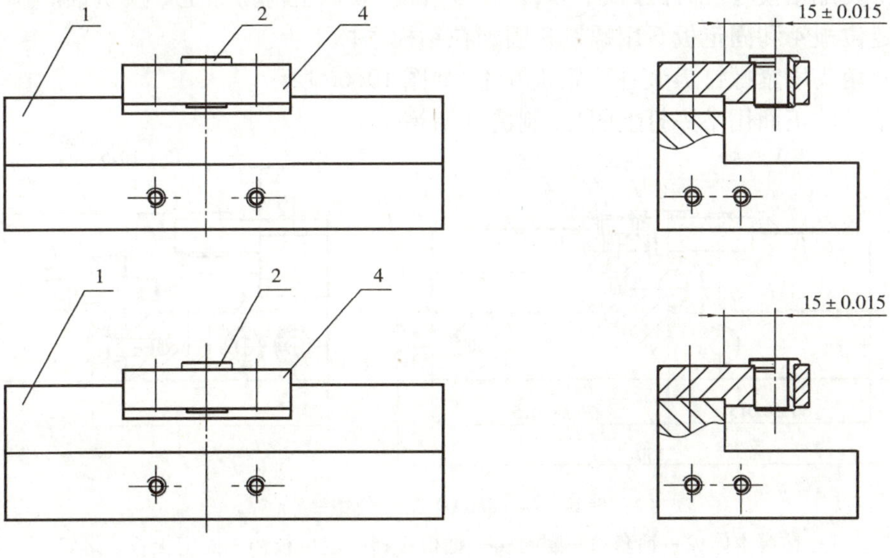

图 10.63　压装钻模板

1—钻模本体;2—钻套;4—钻模板

4)测量钻套 2 中心到钻模本体 1 内侧面(*A* 面)的距离,若不在 15 ±0.015 mm 范围内,则需将装有钻套 2 的钻模板 4 从钻模本体 1 上取下来修整,修整部位如图 10.64 所示;修整好后重新装配。

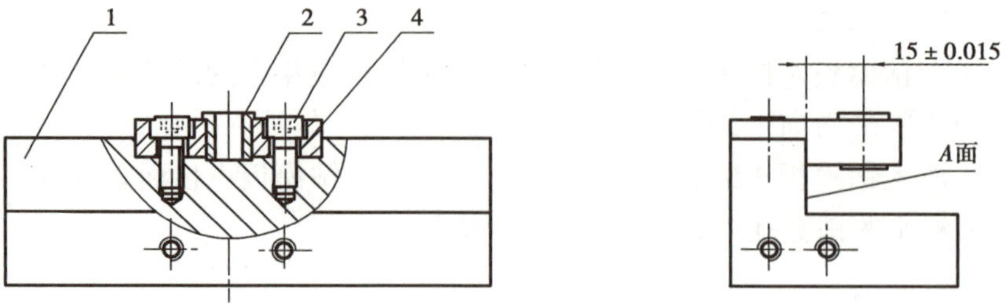

图 10.64　调整固定钻模板

1—钻模本体;2—钻套;3—螺钉;4—钻模板

4. 修配组装钻模

1)如图 10.65 所示,修锉 *B* 面,控制 *B* 面到钻套 2 中心的距离在 60 ±0.015 mm 范围内;修锉 *C* 面,控制 *C* 面到钻套 2 中心的距离在 70 ±0.015 mm 范围内。

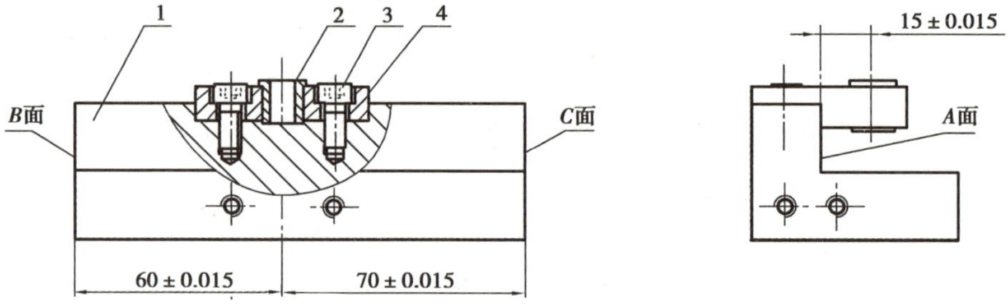

图 10.65　修锉钻模本体

1—钻模本体;2—钻套;3—螺钉;4—钻模板

2)将待装配钻模零、部件擦拭干净,并在零、部件表面上薄薄涂上一层机油。

3)将定位板 4 和固定板 6 用螺钉 3 固定在钻模本体 1 上。

4)将六角头压紧螺钉 7 装在固定板 6 上,如图 10.66 所示。

5)在钻模的正面用字头打上图号、制造日期等。

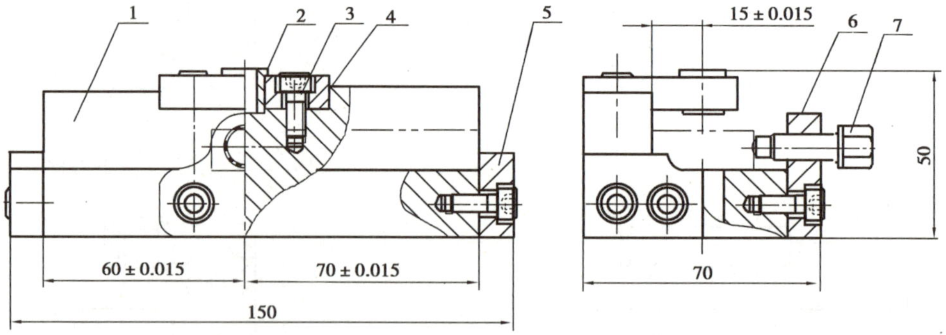

图 10.66　ZM001 钻孔模组装图

1—钻模本体;2—钻套;3—螺钉;4—钻模板;5—定位板;6—固定板;7—螺钉

5. 检验

1)钻模外观;

2)钻套装配后的技术状态;

3)紧固件装配后的技术状态;

4)钻模检测记录(表 10.36)。

表 10.36　ZM001 钻孔模检测记录

项次	项目与技术要求	实测记录	备注
1	钻模外观检验	1. 钻模加工表面平整、无锈斑、锤痕、碰伤、焊补等，并对锐边、尖角已倒钝 2. 钻模质量大于 25 kg 时，模具本身装有起重杆或吊钩、吊环 3. 钻模的正面模板上，已按规定打刻了编号、图号、制件号、制造日期等	
2	钻套装配后的状态	1. 钻套 2 中心到钻模本体 1 内侧面（A 面）的距离在 15 ± 0.015 mm 范围内 2. B 面到钻套 2 中心的距离在 60 ±0.015 mm 范围内 3. C 面到钻套 2 中心的距离在 70 ±0.015 mm 范围内 4. 钻套 2 中心线应与基准面垂直	
3	紧固件装配后的状态	1. 螺钉装配后，均已拧紧；螺钉没有任何松动 2. 螺纹旋入长度与钢件连接时，均大于螺栓的直径	

五、实训记录与成绩评定

1. 评分标准

1）在规定时间内完成不加分也不扣分。

2）未达到图纸要求的，按评分标准扣分。

3）依据《配分与评分标准》评分。

2. 评分方法

1）按单项记分扣分，每个检测尺寸检测不少于两点（以最大误差值计算）。

2）各项配分按精度最高和难易程度制订。

3. ZM001 钻孔模装配实训记录及成绩评定表

表 10.37　ZM001 钻孔模装配实训记录及成绩评定表

项次	项目与技术要求	配分/分	评定方法	实测记录	得分/分	备注
1	准备工作充分	6	每缺一项扣 1 分			
2	装配过程安排合理	6	安排不合理每一处扣 1 分			
3	压装 ZM001-1 钻套	12	测试			
4	压装 ZM001-2 钻模板	10	测试			
5	修整钻模板	12	测试			
6	修整钻模本体	12	测试			
7	总装	30	总体评定			
8	装配质量符合技术要求	10	发现一项不符合要求扣 2 分			
9	安全文明生产	6	违者每次扣 2 分			
合计		100				

评分人：　　　　　　　　　　　　　　　　　　年　　月　　日

第 3 部分 技能提升训练

项目 11 复杂配合件制作训练

任务 11.1　角度变位镶块零件的锉配

一、工作任务单

1)读角度变位配图样；
2)了解所用加工设备、工具、量具及毛坯情况；
3)编写锉配工艺；
4)完成锉配工作；
5)正确使用量具测量零件。

二、教学设计

表11.1　教学设计表

课程名称	钳工技能实训		学时	15学时
工作任务	角度变位镶块零件的锉配			
教学目标	完成角度变位镶块零件的锉配，培养学生锉配精密零件的操作技能和正确使用量具的能力，以及分析、计算能力和正确编制工艺规程的能力			
重点难点	工艺分析			
教学方法	现场教学法、实践法			
教学设计	教学组织	教学资源要求	教学方法	时间
	任务引入，任务分析	工作任务单	讲授	0.5学时
	组织学生按组进行工艺分析，形成工艺文件	视频、PPT	讲授	1学时
	工具、量具、材料准备	工具、量具、刃具、材料足够	学生按制度领用	0.5学时
	任务实施	设备、工具、量具、刃具	学生练习，教师巡回指导	12学时
	任务评价	量具具有法定精度	学生按标准自测评价，教师抽查	1学时
参考资料、学习资源	钳工技能实训教材			

三、工作准备

1. 技术资料准备

读角度变位配图样（图11.1—图11.6），明确加工要求，包括尺寸精度、形位精度和表面粗糙度等。弄清已知条件，查看其他要求。

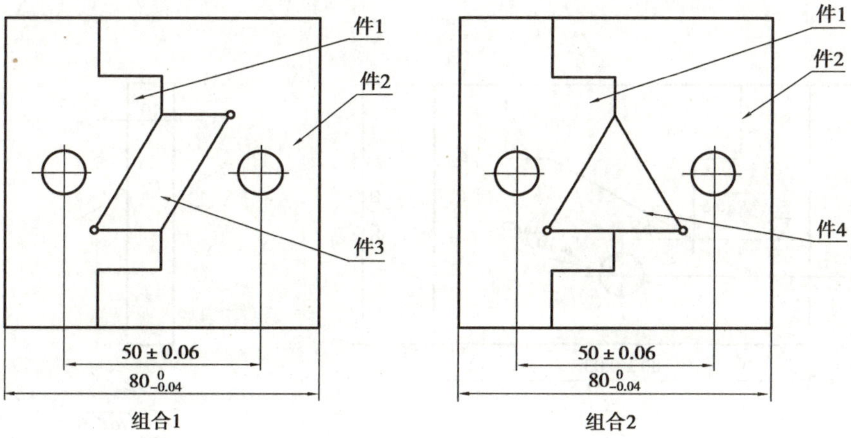

图11.1　组合件图

已知条件及其他要求：

①毛坯图(图 11.2)。

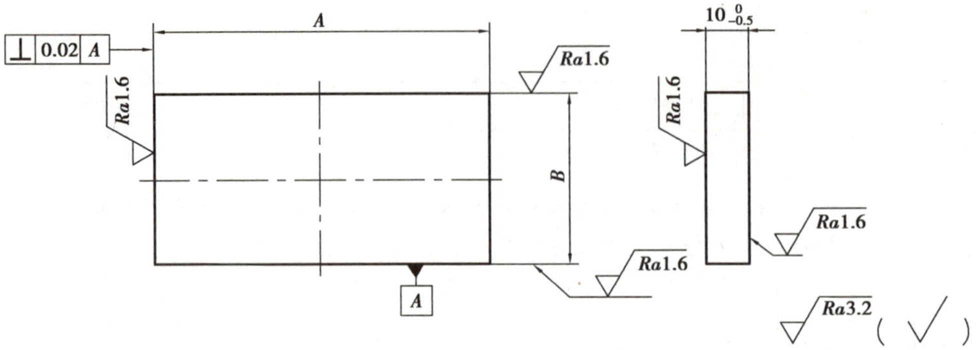

图 11.2　毛坯图

$A=81\pm0.20$ mm　$B=41\pm0.20$ mm　1 件

$A=128_{-0.5}^{\ 0}$ mm　$B=57\pm0.20$ mm　1 件

②材料:45 钢。

③按图 1 中组合 1 和组合 2 的两种配合形式各翻转 180°,其配合间隙均为 0.04 mm。

④配合:定额工时 7.5 h。

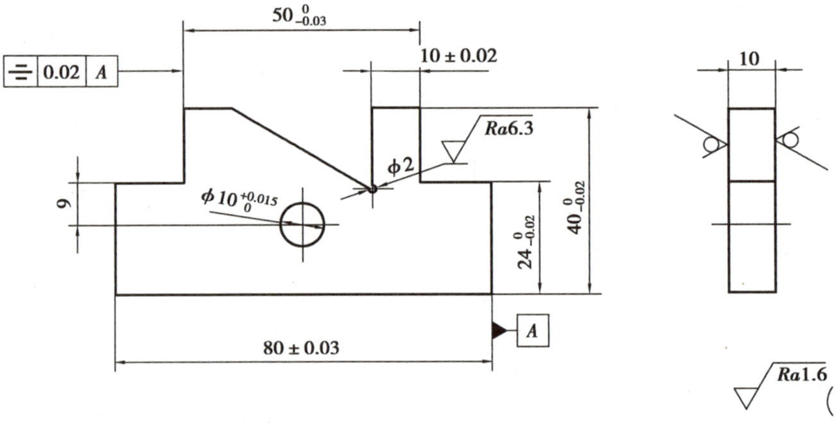

图 11.3　件 1 图样

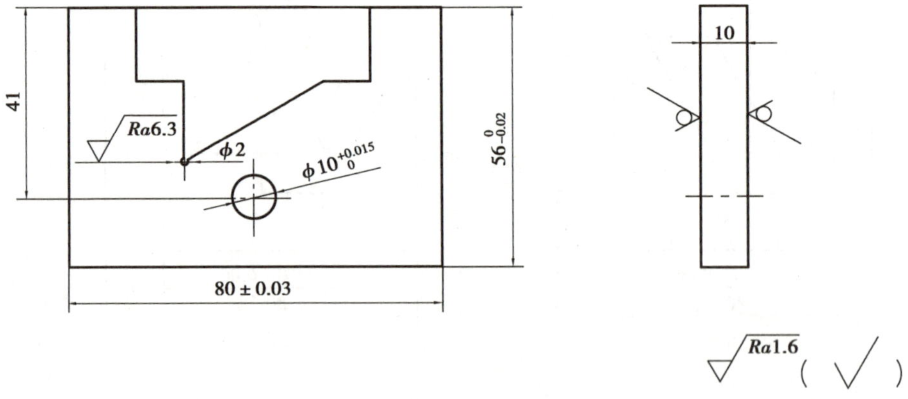

图 11.4　件 2 图样

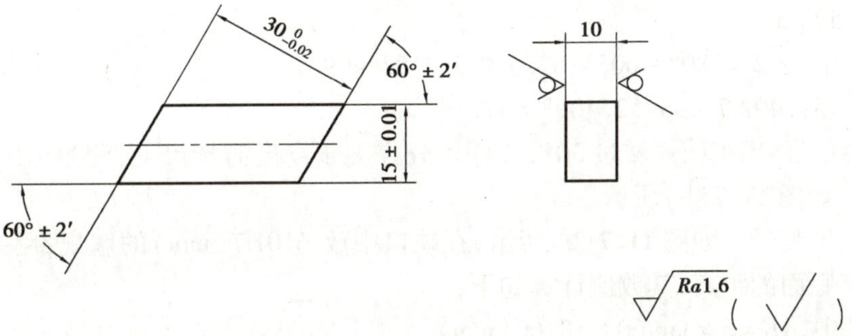

图 11.5　件 3 图样

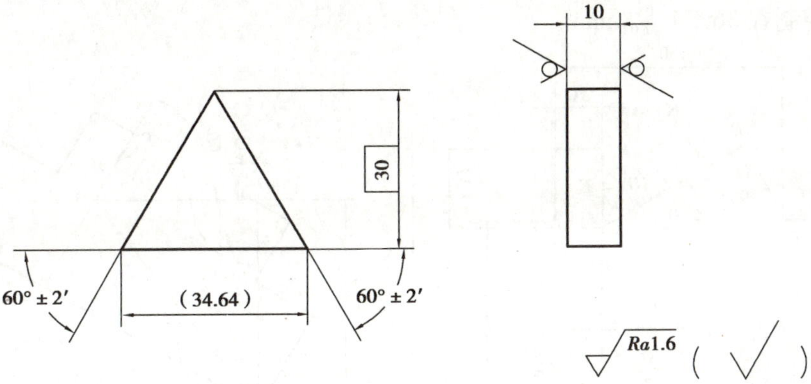

图 11.6　件 4 图样

2. 角度变位镶块锉配工作任务分析

(1)难点分析

①件 4、件 3 的边长和角度必须很准确,否则不能互换,翻转配合间隙≤0.04 mm。

②件 1、件 2 上缺口的尺寸,60°斜面的深浅以及 60°角度均需制作准确,否则无法将件 4 和件 3 配进并保证配合后的宽度为 $80^{\ 0}_{-0.04}$ mm。

③件 4 的高 30 mm 很难准确测量。

(2)制作要点

①各角度均需用正弦规进行测量。

②先制作件 3 和件 4。

③制作件 1、件 2 缺口时,除测量外,还需用四方块配试,并与图 11.5 和图 11.6 中的角度一致。

④制作件 4 时,先做完两个面,第 3 面留余量与件 1、件 2 配锉。

⑤制作件 1、件 2 时,均以 $\phi10$ mm 孔为基准。

⑥制作件 1、件 2 上缺口 60°斜面时,控制深度和测量方法如下:

A. 控制斜面的深度可按图 11.7(a)中测量 CD 距离,CD 值计算如下:

Rt△ABC 中,$AB = 40 - 17.32 = 22.68$(mm)

$BC = 80 - 25 = 55$(mm)

$AC = \sqrt{22.68^2 + 55^2} = 59.492\ 7$(mm)

$$\tan\angle 1 = \frac{55}{22.68}$$

∠1 =67.590 5°

Rt△ACD 中,∠2 =180° -60° -67.590 5° =52.409°

所以 CD =59.492 7 × sin 52.409° =47.14(mm)

测量时,将工件用正弦规转过30°,杠杆百分表夹于高度游标尺上,测量 CD 距离,并测斜面 AD 上各点,如图11.7(b)所示。

B.用千分尺测量。如图11.7(a)所示,在缺口中放 ϕ10H7(mm)的塞规,用千分尺测量塞规最高点 F 至底面的距离,其数值计算如下:

Rt△AOE 中,AE =5 × tan 60° =8.66(mm)

所以 F 至底面的距离为 $AB + AE + OF$ =22.6 +8.66 +5 =36.34(mm)

其公差控制在 $36.34_{-0.02}^{\ 0}$ mm。

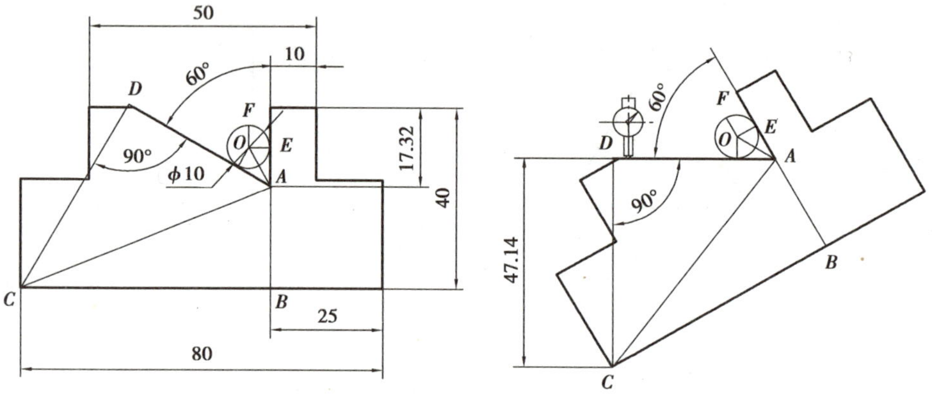

图11.7 测量600斜面深度示意图

(3)编写制作工艺流程

根据以上分析编写该配合件钳工加工工艺流程(表11.2—表11.5)。

表11.2 件3钳工加工工艺卡

钳工加工工艺卡			产品代号	产品名称	工作令号
				角度变位镶块配	
工序号	工序名称	工序内容		检查记录	备注
1	下料	(1)取 A = 128,B = 57 的毛坯,用万能角尺、划针按图11.5所示画线; (2)用 ϕ2 钻头在四边形和三角形线外0.5 ~1 mm 处钻排孔下料			
2	粗锉四边形各表面	粗锉各表面,保证周边余量0.2 mm			
3	锉平一长平面	锉一个长平面,保证平面度和 Ra1.6			
4	粗锉两端面	以已锉面为基准,粗锉两端面			
5	精锉两端面	以已锉面为基准,精锉两端面,保证60° ±2′、平面度和 Ra1.6			
6	精锉对面	精锉另一长平面,保证高度15 ±0.01 mm 至 $15_{-0.01}^{\ 0}$ mm、平面度和 Ra1.6 至图样要求			

表 11.3　件 4 钳工加工工艺卡

钳工加工工艺卡			产品代号	产品名称	工作令号
				角度变位镶块配	
工序号	工序名称	工序内容		检查记录	备注
1	锉平一底面	锉底平面，保证平面度和 $Ra1.6$			
2	画三角形外形线	以已锉面为基准，画三角形外形线			
3	修锉第 2 面	以已锉面为基准，修锉第 2 面，保证 $60° \pm 2'$、平面度和 $Ra1.6$			
4	粗锉第 3 面	粗锉第 3 面，留 0.1 余量作精加工，保证 60°			
5	待与已加工好的件 1/2 配作第 3 面				

表 11.4　件 1 钳工加工工艺卡

钳工加工工艺卡			产品代号	产品名称	工作令号
				角度变位镶块配	
工序号	工序名称	工序内容		检查记录	备注
1	画线	(1)取 $A=81$，$B=41$ 的毛坯，将毛坯四周锉平； (2)按图 11.3 要求画 $\phi10$ 孔位方框线			
2	钻铰 $\phi10^{+0.015}_{0}$	钻铰 $\phi10^{+0.015}_{0}$ 至图样要求			
3	修锉底面	以 $\phi10^{+0.015}_{0}$ 孔中心为基准修锉底面，保证底面至孔中心的距离 $15^{0}_{-0.02}$、平面度和 $Ra1.6$			
4	修锉左直角面	修锉左直角面，并保证此面与 $\phi10^{+0.015}_{0}$ 孔中心距离 $40^{0}_{-0.01}$，垂直度 $\leqslant 0.02$			
5	修锉右直角面	修锉右直面，并保证 80 ± 0.01，垂直度 $\leqslant$ 0.02			
6	修锉上平面	修锉上平面，并保证高度 $40^{0}_{-0.02}$ 至图样要求，垂直度 $\leqslant 0.02$			
7	画外形线	画外形线并钻 $\phi2$ 通孔			
8	锯割	按线留余量 0.5 锯除左右台阶和中间缺口余料			
9	修锉左台阶	以 B 面为基准，修锉左台阶面，并保证尺寸 $65^{0}_{-0.02}$ 和 $24^{0}_{-0.02}$			

续表

钳工加工工艺卡		产品代号	产品名称	工作令号
			角度变位镶块配	
工序号	工序名称	工序内容	检查记录	备注
10	修锉中间缺口，粗锉斜面	修锉中间缺口，粗锉斜面留余量 0.2 mm，精锉直面并以 B 面为测量基准，保证尺寸 $25_{-0.02}^{0}$		
11	精锉中间缺口斜面	精锉中间缺口斜面，保证 $60° \pm 2'$ 夹角		
12	修锉右台阶	修锉右台阶面，并保证尺寸 $50_{-0.03}^{0}$、$10_{-0.02}^{0}$ 和 $24_{-0.02}^{0}$		

表 11.5　件 2 钳工加工工艺卡

钳工加工工艺卡		产品代号	产品名称	工作令号
			角度变位镶块配	
工序号	工序名称	工序内容	检查记录	备注
1	画线	(1)取 $A=128$，$B=57$ 的毛坯剩余部分并将毛坯四周锉平； (2)按图 11.4 要求画 $\phi10$ 孔位方框线		
2	钻铰 $\phi10_{0}^{+0.015}$	钻铰 $\phi10_{0}^{+0.015}$ 至图样要求		
3	修锉底面	以 $\phi10_{0}^{+0.015}$ 孔中心为基准修锉底面，保证底面至孔中心的距离 $15_{-0.02}^{0}$、平面度和 $Ra1.6$		
4	修锉左直角面	修锉左直角面，并保证此面与 $\phi10_{0}^{+0.015}$ 孔中心距离 $40_{-0.01}^{0}$，垂直度≤0.02		
5	修锉右直角面	修锉右直面，并保证 80 ± 0.01，垂直度≤0.02		
6	修锉上平面	修锉上平面，并保证高度 $56_{-0.02}^{0}$ 至 $56_{-0.02}^{-0.01}$，与左右面垂直度≤0.02		
7	画缺口边界线	画缺口边界线		
8	下料	按缺口部画线留余量 0.5～1 用 $\phi2$ 钻头钻排孔下料		
9	修锉上部缺口至 $50_{+0.01}^{+0.02} \times 16_{-0.02}^{-0.01}$	以底面和左面为基准，修锉上部缺口。 (1)保证缺口左侧面与左端面尺寸 $15_{-0.01}^{0}$； (2)与件 1 配合，使件 1 上平面能接触，而深 16 处有间隙		

续表

钳工加工工艺卡			产品代号	产品名称	工作令号
				角度变位镶块配	
工序号	工序名称	工序内容		检查记录	备注
10	修锉 60°斜面、垂直面	(1)修锉 60°缺口直面，保证垂直面与左侧垂直面距离为 $25_{-0.02}^{-0.01}$(即与件 1 尺寸一致)； (2)粗锉 60°斜面			
11	精锉 60°斜面	精锉中间缺口斜面，保证 60° ±2′夹角			
12	去除各处毛刺				
13	组合修配	(1)件 1 与件 2 组合，顶面接触，保证 $\phi10$ 两孔中心距达到 50 ±0.06； (2)配入件 3/4，各翻转 180°，修配保证间隙均为 0.04			

3. 工量器具及设备准备

1)列出制作所需的零件毛坯和辅助材料，领出相应的零件毛坯和辅助材料。

表 11.6　毛坯件和辅助材料清单

序号	图号(标准号)	名称	数量	备注
1		毛坯	1	
2		煤油		
3		扁刷	1	
4		清洗盆	1	
5		全损耗系统油	1	
6		棉纱头		
7		破布		

2)列出制作所需的工具、量具和刃具清单，并准备好工具、量具和刃具。

表 11.7　角度变位镶块配所需的工具、量具和刃具清单

序号	名称	规格	刻度值	数量	备注
1	高度游标卡尺	0 ~ 300(0.02)	0.02	1	
2	游标卡尺	0 ~ 150(0.02)	0.02	1	
3	外径千分尺	0 ~ 25、25 ~ 50、50 ~ 75(0.01)、 75 ~ 100(0.1)	0.01	各 1	
4	万能角度尺	0° ~ 320°(2′)	2′	1	

续表

序号	名称	规格	刻度值	数量	备注
5	90°角尺	63 或 125(1 级)		1	
6	刀口形直尺	75 或 125(1 级)		1	
7	塞尺	100B17(0.02～0.50)		1	
8	正弦规	100 或 200		1	
9	杠杆百分表(带表架)	0～0.8(0.01)	0.01	1	
10	光面塞规	ϕ10H7		1	
11	铰刀(带铰杠)	ϕ10H7		1	
12	直柄麻花钻	ϕ2、ϕ5、ϕ6、ϕ9.8		各 1	
13	小扁錾	刃口宽约 10		1	
14	扁锉	300(1 号)、250(2 号)、200(3 号)、150(2 号、3 号)		各 1	
15	三角锉	200(2 号)、150(2 号、3 号)		各 1	
16	什锦锉			1 套	
17	锯条			自定	
18	画线工具			1 套	
19	样冲			1	
20	钳工锤	0.5、2 磅		各 1	
21	油石			自定	

3)列出制作所需的设备。

表 11.8　制作所需的设备

序号	型号	名称	数量	备注
1	Z4016B	台钻	1	
2	S3SL-250	砂轮机	1	
3		钳台	1	
4	125	台虎钳	1	
5		平口钳	1	
6		工作台灯	1	
7	1 级	画线检验平板	1	

四、锉配角度变位镶块零件

1. 件 3 的制作

(1)下料

1)取 $A=128$,$B=57$ 的毛坯,用万能角尺、划针按图 11.8 或图 11.9 所示画线;

2)用 $\phi2$ 钻头在四边形和三角形线外 0.5 ~ 1 处钻排孔下料,或在四边形和三角形线外 1 ~ 1.5处锯销下料。

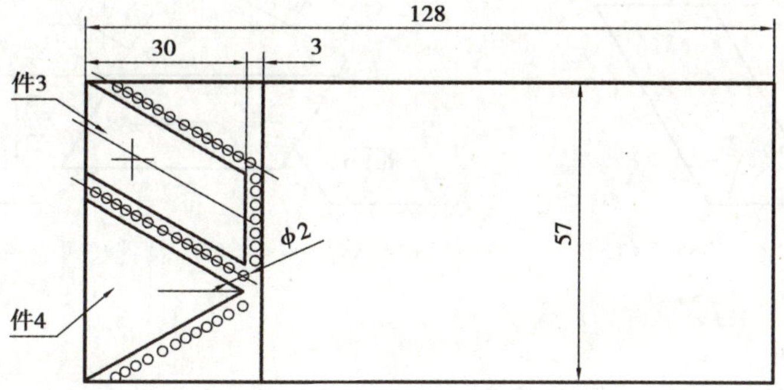

图 11.8　件 3、件 4 下料示意图一

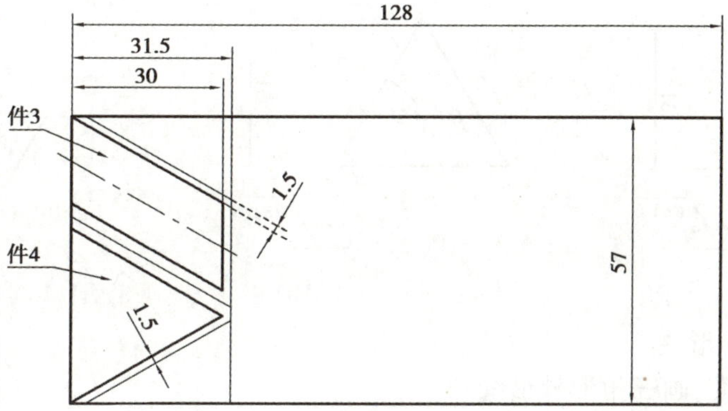

图 11.9　件 3、件 4 下料示意图二

(2)粗锉四边形各表面

粗锉各表面,保证周边余量 0.2。

(3)锉平一长平面

锉一个长平面,保证平面度和 $Ra1.6$(图 11.10)。

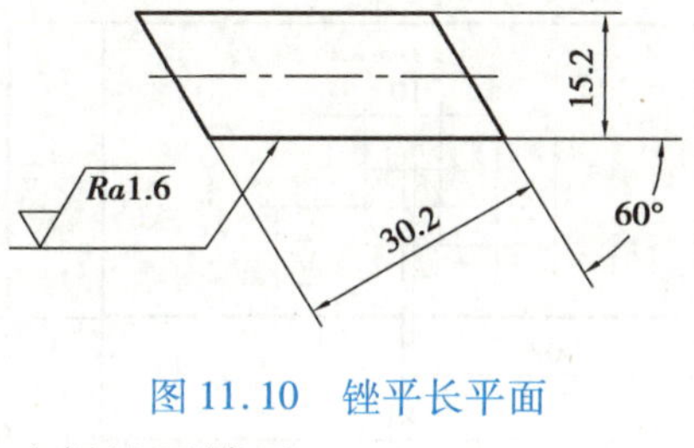

图 11.10　锉平长平面

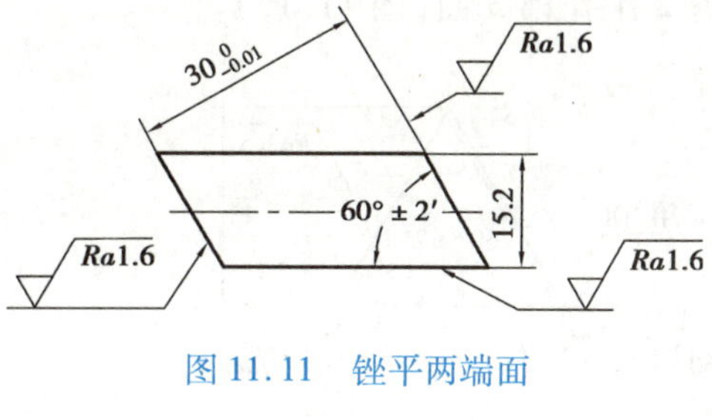

图 11.11　锉平两端面

(4)粗锉两端面

以已锉面为基准,粗锉两端面留余量 0.2 mm。

(5)精锉两端面

以已锉面为基准,精锉两端面,保证 $30_{-0.01}^{\ 0}$、平面度和 *Ra*1.6(图11.11),用正弦规按图11.12 所示检测角度 60°±2′。

(6)精锉对面

精锉另一长平面,保证高度 15±0.01 至 $15_{-0.01}^{\ 0}$ 和 *Ra*1.6 至图样要求(图 11.13)。

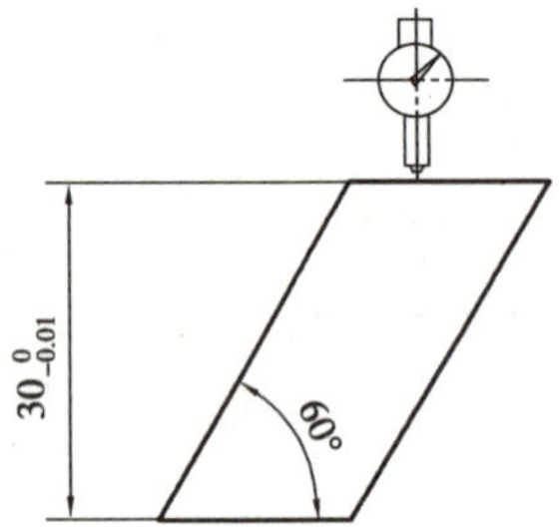

图 11.12　正弦规检测角度

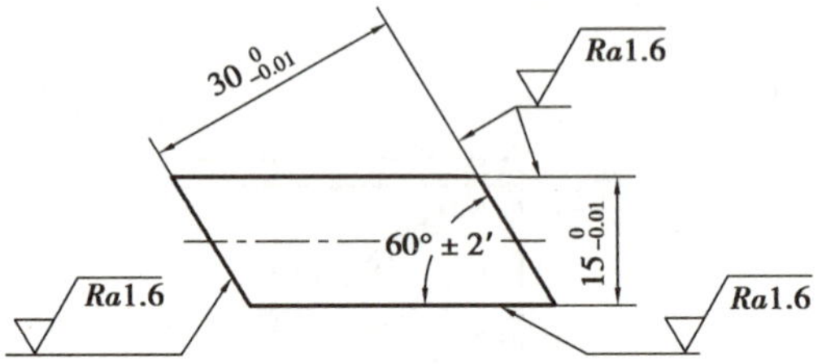

图 11.13　精锉长对面

2. 件 4 的制作

(1)锉平一底面

按图 11.14 所示锉底平面,保证平面度和 *Ra*1.6。

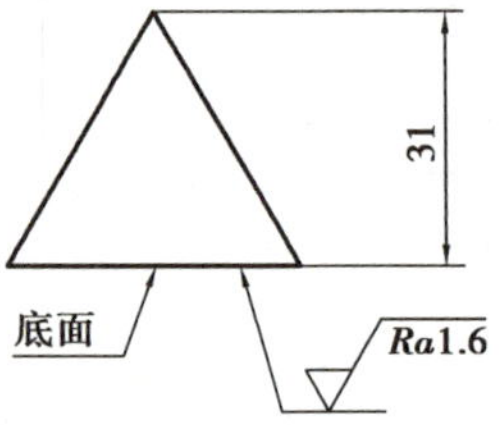

图 11.14　锉底平面

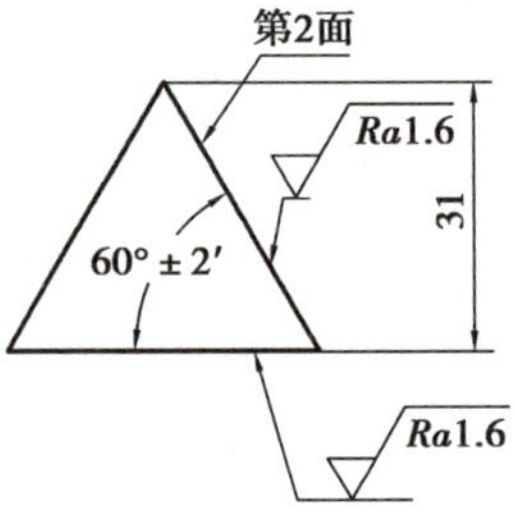

图 11.15　锉削第 2 面

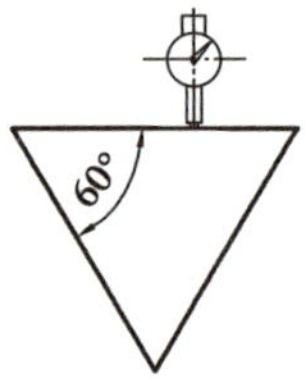

图 11.16　角度检测示意图

(2)画三角形外形线

以已锉面为基准,画三角形外形线。

(3)修锉第 2 面

以已锉面为基准,修锉第 2 面(图 11.15),并按图 11.16 所示检测角度,保证 60°±2′、平面度和 *Ra*1.6。

(4)粗锉第 3 面

粗锉第 3 面,留 0.1 余量作精加工,按图 11.15 所示检测角度保证 60°。待与已加工好的件 1、件 2 配作第 3 面(图 11.17)。

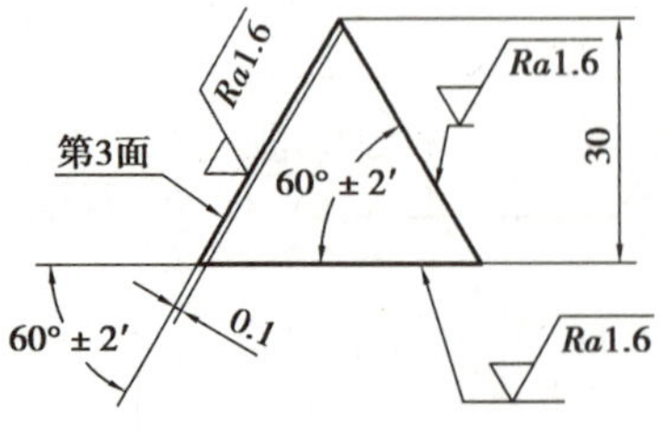

图 11.17　粗锉第 3 面

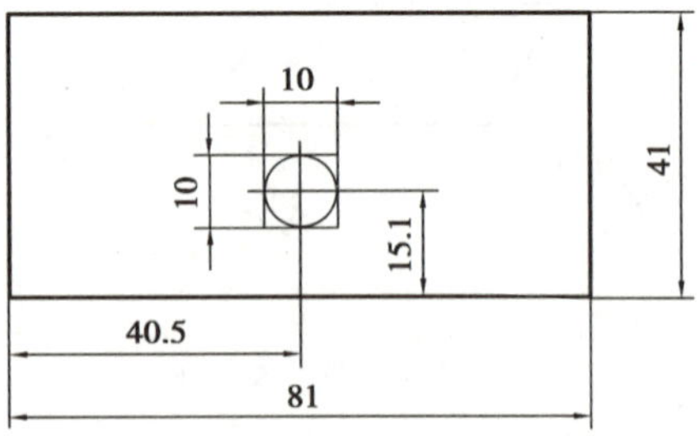

图 11.18　画孔位方框线

3. 件 1 的制作

(1)画线

1)取 $A=81$,$B=41$ 的毛坯,将毛坯四周锉平;

2)画 $\phi10$ 孔位方框线(图 11.18)。

(2)钻铰 $\phi10^{+0.015}_{0}$

在立钻或台钻上用 $\phi9.8$ 钻头钻孔,$\phi10$H7 铰刀铰孔至图样(图 11.19)。

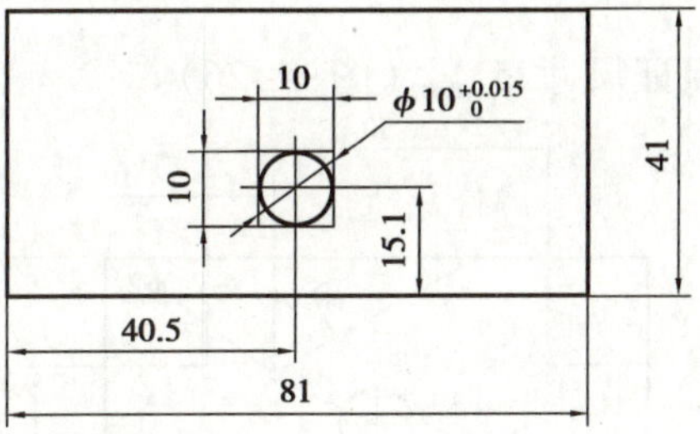

图 11.19　钻铰 $\phi10$H7 孔

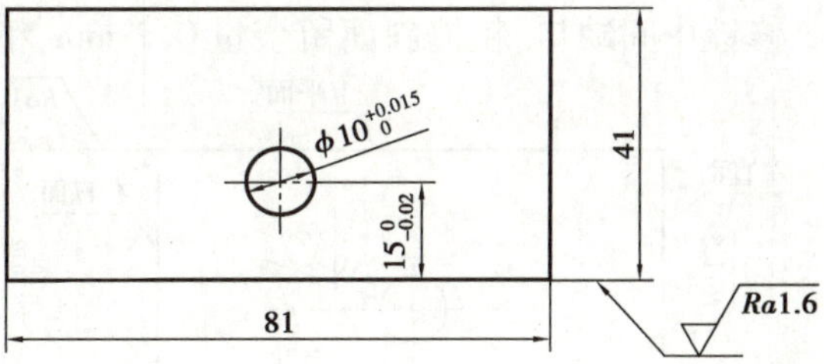

图 11.20　精锉底平面

(3)修锉底面

以 $\phi10^{+0.015}_{0}$孔中心为基准修锉底面,保证底面至孔中心的距离 $15^{0}_{-0.02}$、平面度和 $Ra1.6$(图 11.20)。

(4)修锉左直角面

修锉左直角面,并保证此面与 $\phi10^{+0.015}_{0}$孔中心距离$40^{0}_{-0.01}$,垂直度≤0.02(图 11.21)。

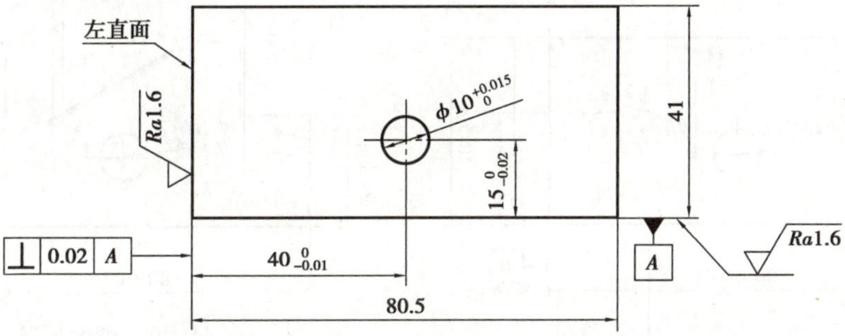

图 11.21　精锉左直面

(5)修锉右直角面

修锉右直面,并保证 80 ±0.01,垂直度≤0.02(图 11.22)。

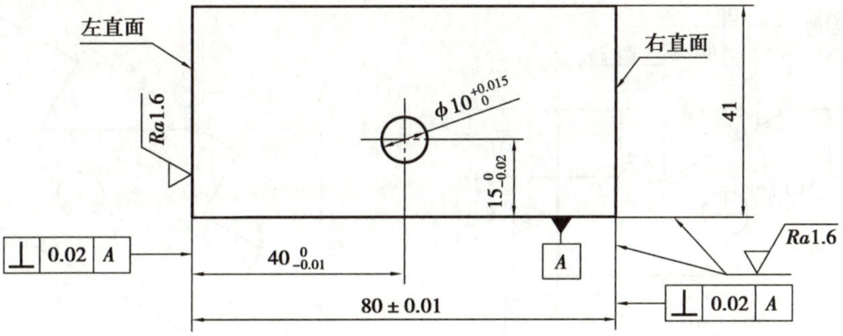

图 11.22　精锉右直面

(6)修锉上平面

修锉上平面，并保证高度$40^{\ 0}_{-0.02}$至图样要求，与左右直面的垂直度≤0.02(图 11.23)。

(7)画外形线、锯割

画外形线并钻 $\phi2$ 通孔，按线留余量 0.5 锯除左右台阶和中间缺口余料(图 11.24)。

(8)修锉左台阶

以 B 面为基准，修锉左台阶面，并保证尺寸$65^{\ 0}_{-0.02}$和$24^{\ 0}_{-0.02}$(图11.25)。

(9)修锉中间缺口，粗锉斜面

修锉中间缺口，粗锉斜面留余量 0.2 mm，精锉直面保证尺寸$25^{\ 0}_{-0.02}$(图 11.26)。

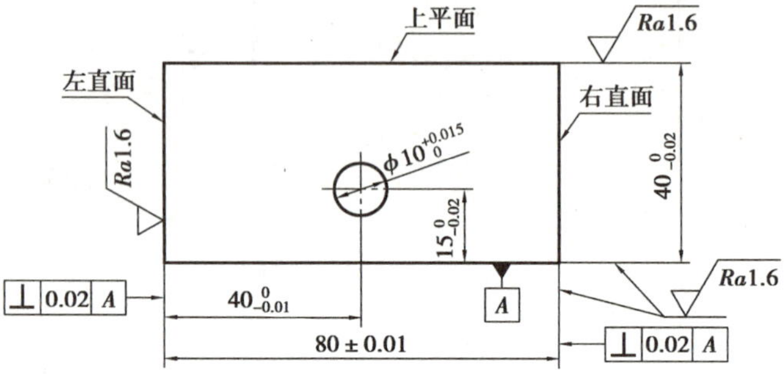

图 11.23　精锉上平面

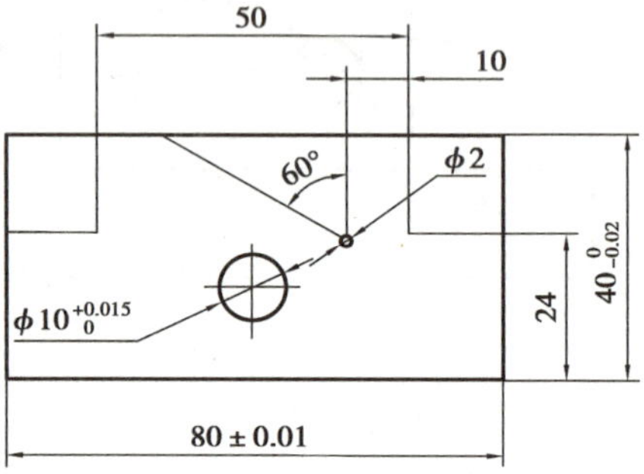

图 11.24　画线示意图

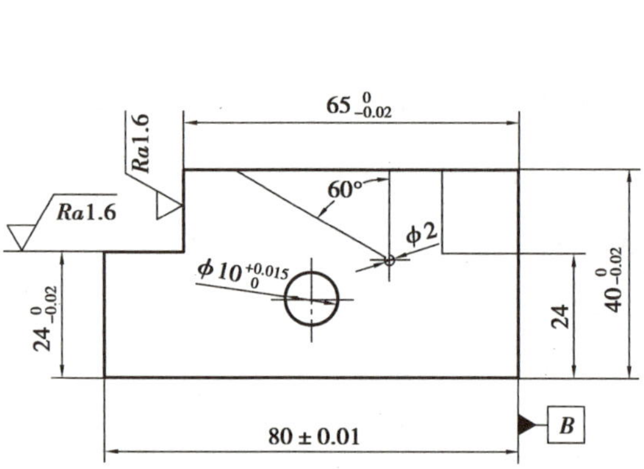

图 11.25　精锉左台阶面图

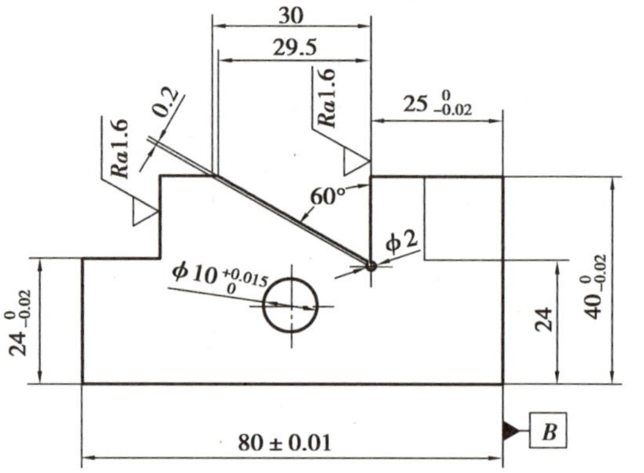

图 11.26　精锉缺口直面

(10)精锉中间缺口斜面

精锉中间缺口斜面(图 11.27)，用正弦规按图 11.28 所示旋转 30°检测高度为 47.14 mm，以保证 60° ±2′夹角。或用千分尺、ϕ10H7 塞规按图 11.28 所示检测尺寸 36.34 mm。

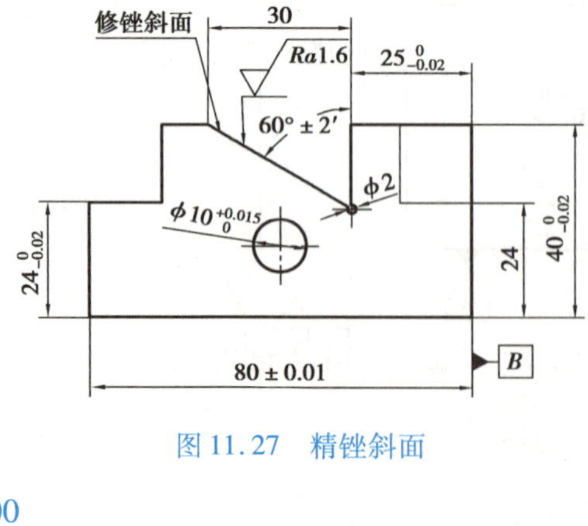

图 11.27　精锉斜面

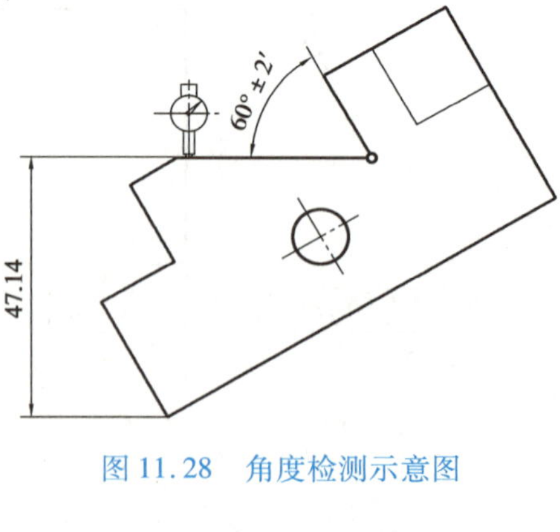

图 11.28　角度检测示意图

(11)修锉右台阶

修锉右台阶面,并保证尺寸 $50_{-0.03}^{0}$、$10_{-0.02}^{0}$ 和 $24_{-0.02}^{0}$(图 11.29)。

4. 件 2 的制作

(1)画线

1)取 $A=128$,$B=57$ 的毛坯剩余部分并将毛坯四周锉平;

2)画 $\phi10$ 孔位方框线(图 11.30)。

(2)钻铰 $\phi10_{0}^{+0.015}$

在立钻或台钻上用 $\phi9.8$ 钻头钻孔,$\phi10$H7 铰刀铰孔至图样(图 11.31)。

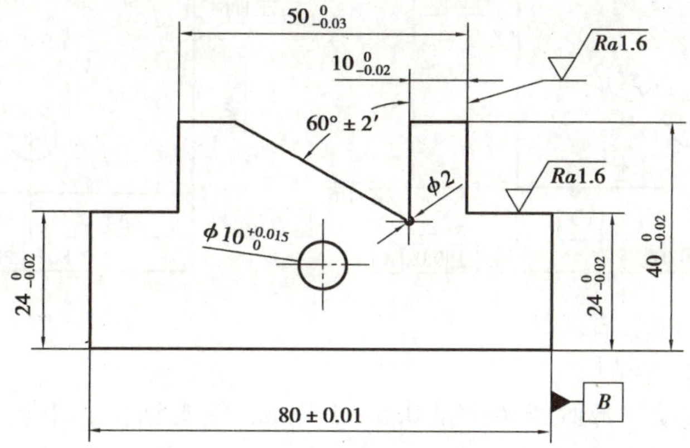

图 11.29 精锉右台阶面

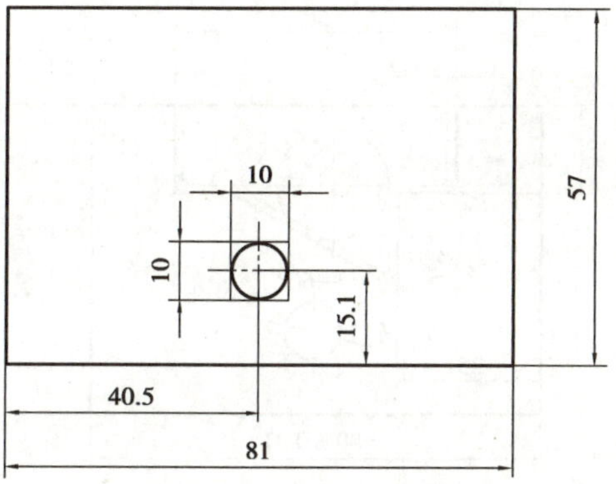

图 11.30 画孔位方框线图

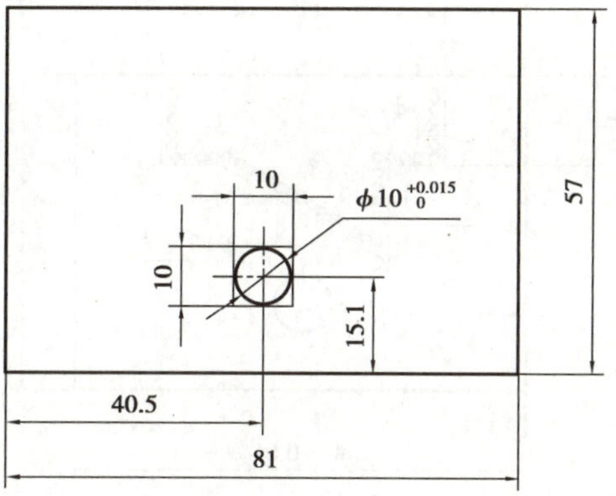

图 11.31 钻铰 $10_{0}^{+0.015}$孔

(3)修锉底面

以 $\phi10_{0}^{+0.015}$孔中心为基准修锉底面,保证底面至孔中心的距离 $15_{-0.02}^{0}$、平面度和 $Ra1.6$(图 11.32)。

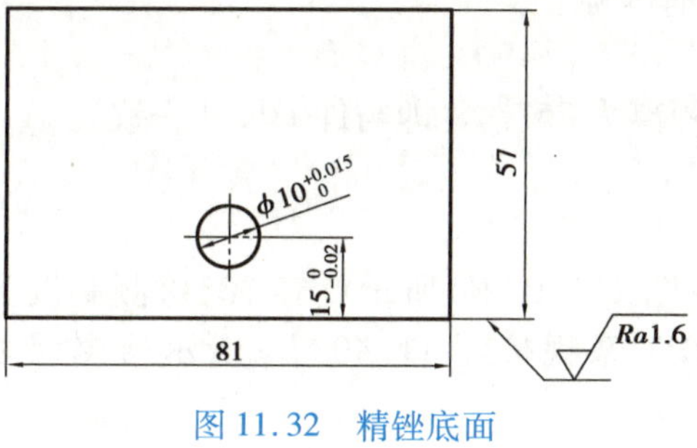

图 11.32 精锉底面

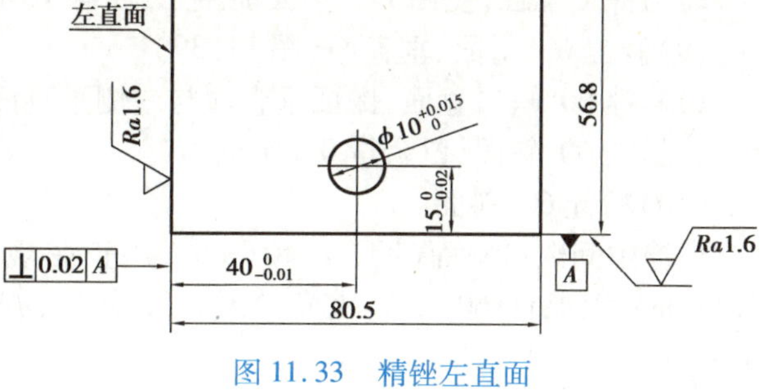

图 11.33 精锉左直面

(4)修锉左直角面

修锉左直角面,并保证此面与 $\phi 10^{+0.015}_{0}$ 孔中心距离 $40^{0}_{-0.01}$,垂直度≤0.02(图 11.33)。

(5)修锉右直角面

修锉右直面,并保证 80 ±0.01,垂直度≤0.02(图 11.34)。

(6)修锉上平面

修锉上平面,并保证高度 $56^{0}_{-0.02}$ 至 $56^{-0.01}_{-0.02}$,与左右面垂直度≤0.02(图 11.35)。

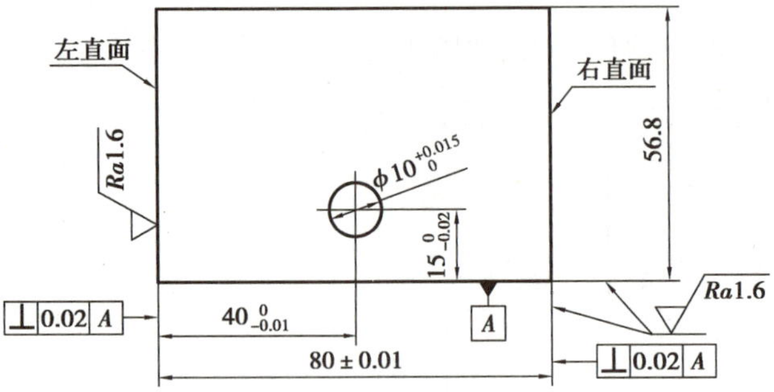

图 11.34 精锉右直面

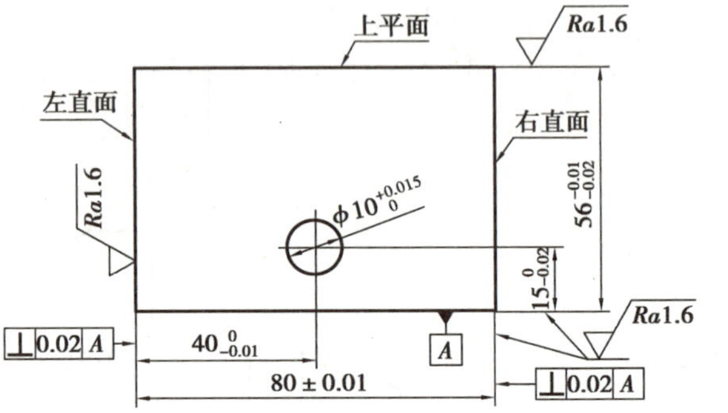

图 11.35 精锉上平面

(7)画缺口边界线、锯割

画缺口边界线,按缺口部画线留余量 0.5 ~1 用 $\phi 2$ 钻头钻排孔下料(图 11.36)或参照图 11.37 画线、钻孔锯销下料。

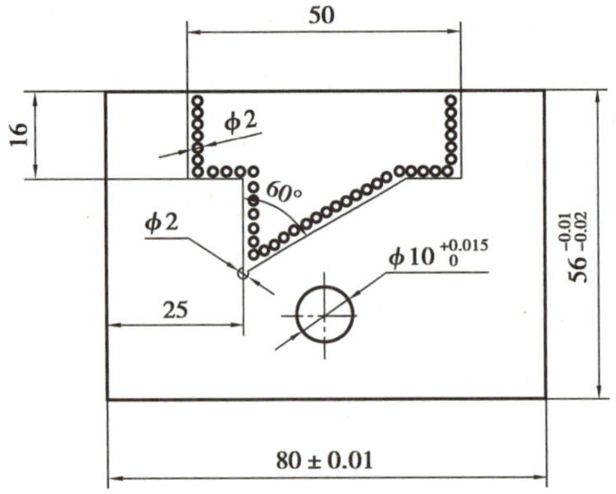

图 11.36 缺口下料

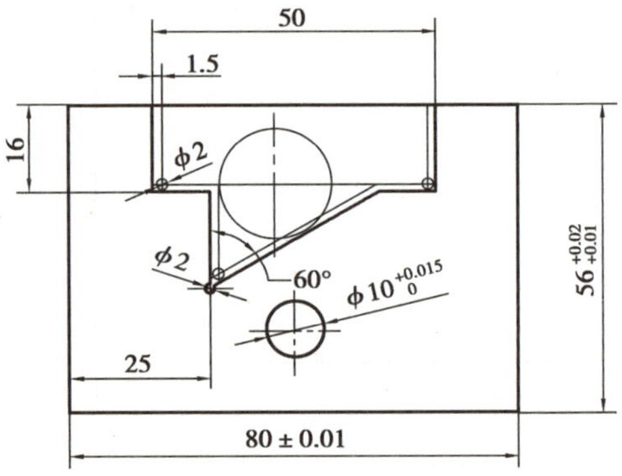

图 11.37 缺口下料

(8)修锉上部缺口至 $50^{+0.02}_{+0.01} \times 16^{-0.01}_{-0.02}$

以底面和左面为基准,修锉上部缺口(图 11.38)。

1)保证缺口左侧面与左端面尺寸 $15^{0}_{-0.01}$。

2)与件 1 配合,使件 1 上平面能接触,而深 16 处有间隙。

(9)修锉 60°斜面、垂直面(图 11.39)

1)修锉 60°缺口直面,保证垂直面与左侧垂直面距离为 $25^{-0.01}_{-0.02}$(即与件 1 尺寸一致)。

2)粗锉 60°斜面,留余量 0.2 mm。

(10)精锉 60°斜面

精锉中间缺口斜面(图 11.40(a)),用正弦规按图 11.40(b)所示旋转 30°检测高度为 47.14 mm,以保证 60° ±2′夹角。或用千分尺、ϕ10H7 塞规按图 11.40(b)所示检测尺寸 36.34 mm。

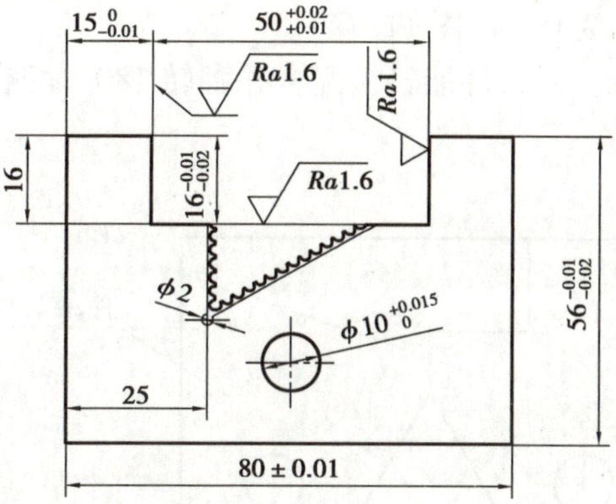

图 11.38　精锉上部缺口

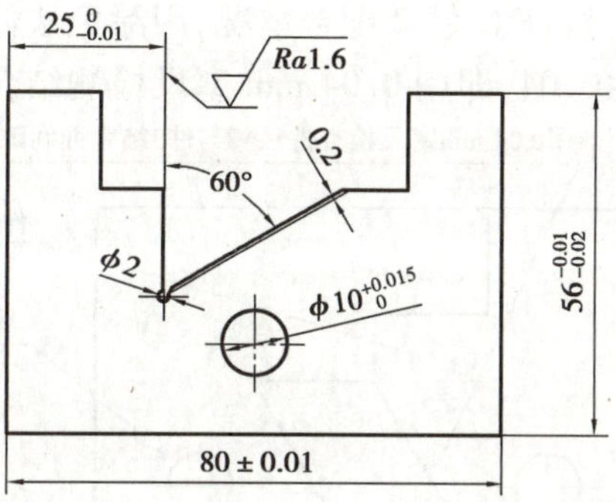

图 11.39　修锉 600 缺口

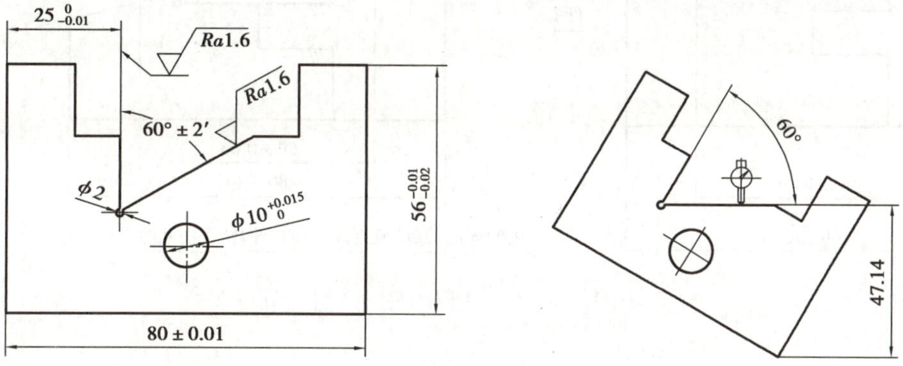

(a)　　(b)

图 11.40　精锉 600 斜面

(11)去除各处毛刺

按要求去除毛刺。

(12)组合修配

1)件 1 与件 2 组合,顶面接触,保证 $\phi10$ 两孔中心距达到 50 ±0.06(图 11.41);

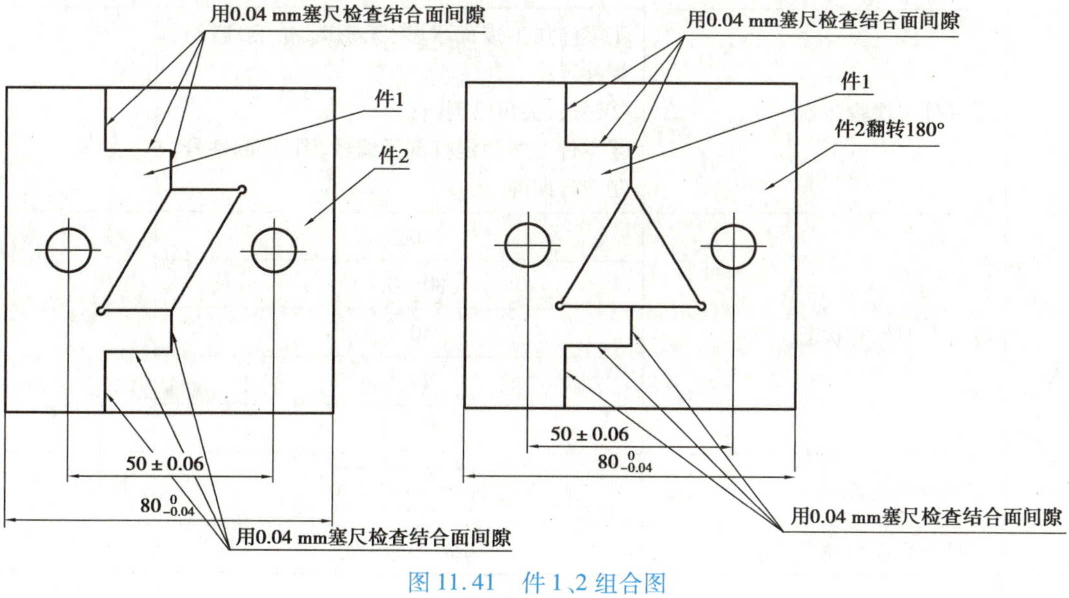

图 11.41　件 1、2 组合图

2）配入件3、件4，各翻转180°，修配保证间隙均为0.04（图11.42）。

按件1、件2配合情况，用涂色法修锉较紧的位置，使二件能轻松配合并翻转180°，配合间隙≤0.04，即用0.04 mm塞尺检测结合面不入即可。

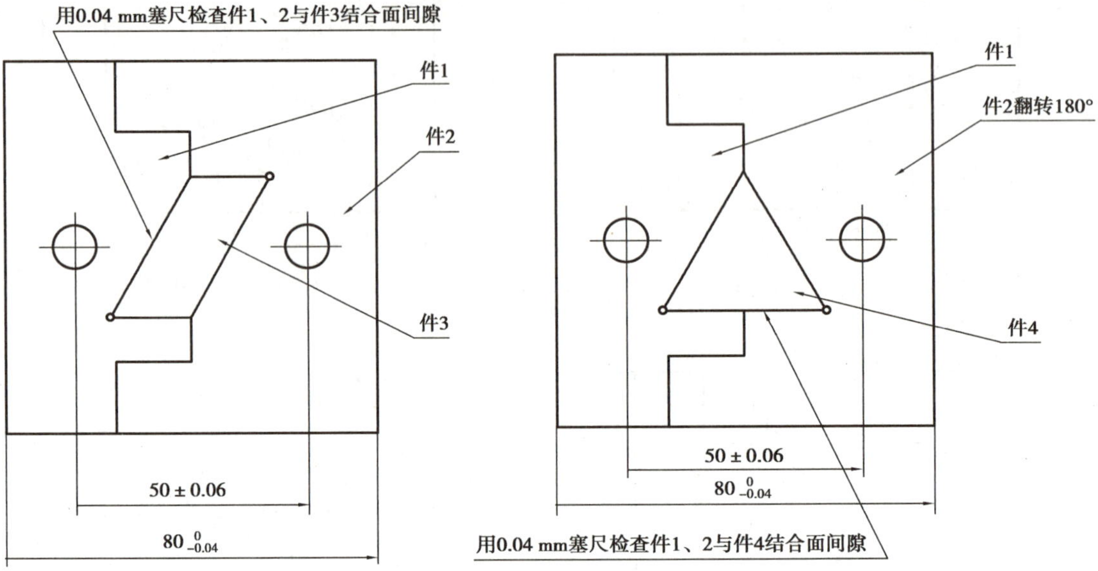

图11.42　件3、4嵌入件1、2组合图

（13）自检

1）按图样要求检验，并记录实测结果。

2）打刻编号、图号、制件号、制造日期等。

3）涂防锈油。

根据教师确定的编号原则，用字头打印编号，并在工件四周涂防锈油。

表11.9　检测记录

项次	项目与技术要求	实测记录	备注
1	零件外观检验	①零件加工表面平整、无锈斑、锤痕、碰伤、焊补等； ②锐边、尖角已倒钝； ③零件上按规定打刻了编号、图号、制件号、制造日期等	
2 （件1）	零件几何尺寸状态	$50_{-0.03}^{0}$	
		80 ±0.03	
		$40_{-0.02}^{0}$	
		$24_{-0.02}^{0}$	
		$\phi10_{0}^{+0.015}$	
	零件形位误差	⌯ 0.02 A	
	零件的表面粗糙度状态	*Ra*1.6（10处）	

续表

项次	项目与技术要求	实测记录	备注
3 (件 2)	零件几何尺寸状态	$56_{-0.02}^{0}$	
		80 ±0.03	
		$\phi 10_{0}^{+0.015}$	
		41	
	零件的表面粗糙度状态	*Ra*1.6(9 处)	
4 (件 3)	零件几何尺寸状态	$30_{-0.02}^{0}$	
		15 ±0.01	
		60° ±2′(2 处)	
	零件的表面粗糙度状态	*Ra*1.6(9 处)	
5 (件 4)	零件几何尺寸状态	60° ±2′(3 处)	
	零件的表面粗糙度状态	*Ra*1.6(9 处)	
6 (配合)	零件几何尺寸状态	$80_{-0.04}^{0}$	
		56 ±0.06	
	零件几何尺寸状态(转 180°)	$80_{-0.04}^{0}$	
		56 ±0.06	
	配合间隙	≤0.04(10 处)	
	配合间隙(翻转 180°间隙)	≤0.04(9 处)	
7	判断数据及零件是否合格		

五、实训记录与成绩评定

1. 评分标准

1)在规定时间内完成不加分也不扣分。

2)未达到图纸要求的,按评分标准扣分。

3)依据《配分与评分标准》评分。

2. 评分方法

1)按单项记分扣分,每个检测尺寸检测不少于两点(以最大误差值计算)。

2)各项配分按精度最高和难易程度制订。

3. 实训记录及成绩评定表

表 11.10　检测记录与成绩评定表

项次	项目与技术要求	配分/分	评定方法	实测记录	得分/分
1	准备工作充分	8	检查评定		
2	操作、检测方法正确、规范	30	按操作要求评定,错漏一项扣 3 分		

续表

项次	项目与技术要求	配分/分	评定方法	实测记录	得分/分
3	零件外观检验	20	各项数据记录符合要求，发现一项不符合要求扣1分	零件加工表面平整，无锈斑、锤痕、碰伤、焊补等； 锐边、尖角已倒钝； 零件上按规定打刻了编号、图号、制件号、制造日期等	
4 （件1）	零件几何尺寸状态			$50_{-0.03}^{0}$	
				80 ± 0.03	
				$40_{-0.02}^{0}$	
				$24_{-0.02}^{0}$	
				$\phi10_{0}^{+0.015}$	
	零件形位误差			⌯ 0.02 A	
	零件的表面粗糙度状态			*Ra*1.6（10处）	
5 （件2）	零件几何尺寸状态			$56_{-0.02}^{0}$	
				80 ± 0.03	
				$\phi10_{0}^{+0.015}$	
				41	
	零件的表面粗糙度状态			*Ra*1.6（9处）	
6 （件3）	零件几何尺寸状态			$30_{-0.02}^{0}$	
				15 ± 0.01	
				$60°\pm2'$（2处）	
	零件的表面粗糙度状态			*Ra*1.6（9处）	
7 （件4）	零件几何尺寸状态			$60°\pm2'$（3处）	
	零件的表面粗糙度状态			*Ra*1.6（9处）	
8 （配合）	零件几何尺寸状态			$80_{-0.04}^{0}$	
				56 ± 0.06	
	零件几何尺寸状态 （转180°）			$80_{-0.04}^{0}$	
				56 ± 0.06	
	配合间隙			≤0.04（10处）	
	配合间隙 （翻转180°间隙）			≤0.04（9处）	
9	数据计算分析正确，能判断零件是否合格	30	每错一项扣2分、缺一项扣2分		

续表

项次	项目与技术要求	配分/分	评定方法	实测记录	得分/分
10	时间安排合理	8	安排不合理每项扣1分		
11	安全文明生产	4	违者每次扣2分		
合计		100			

评分人：　　　　年　月　日

任务 11.2　燕尾半圆镶块零件的锉配

一、工作任务单

1)读角度变位配图样；
2)了解所用加工设备、工具、量具及毛坯情况；
3)编写锉配工艺；
4)完成锉配工作；
5)正确使用量具测量零件。

二、教学设计

表 11.11　教学设计表

课程名称	钳工技能实训		学时	13 学时
工作任务	燕尾半圆镶块零件的锉配			
教学目标	完成燕尾半圆镶块零件的锉配，培养学生锉配精密零件的操作技能和正确使用量具的能力，分析、计算能力，正确编制工艺规程的能力			
重点难点	工艺分析			
教学方法	现场教学法、实践法			
教学设计	教学组织	教学资源要求	教学方法	时间
	任务引入，任务分析	工作任务单	讲授	0.5 学时
	组织学生按组进行工艺分析，形成工艺文件	视频、PPT	讲授	1 学时
	工具、量具、材料准备	工具、量具、刃具、材料足够	学生按制度领用	0.5 学时
	任务实施	设备、工具、量具、刃具	学生练习，教师巡回指导	10 学时
	任务评价	量具具有法定精度	学生按标准自测评价，教师抽查	1 学时
参考资料学习资源	钳工技能实训教材			

三、工作任务准备

1.技术资料准备

读燕尾半圆镶配图样(图 11.43),明确加工要求,包括尺寸精度、形位精度和表面粗糙度等。弄清已知条件,查看其他要求。

已知条件及其他要求:

①毛坯图(图 11.44)。

$A=73\pm0.20$ mm,$B=73\pm0.20$ mm,1 件;

$A=51\pm0.20$ mm,$B=46\pm0.20$ mm,1 件。

②材料:45 钢。

③图 11.40 中的配合处为件 1 尺寸,件 2 按件 1 配件。

④配合:装配间隙为 0.05 mm,翻转 180°配合间隙为 0.05 mm。

⑤定额工时:6.5 h。

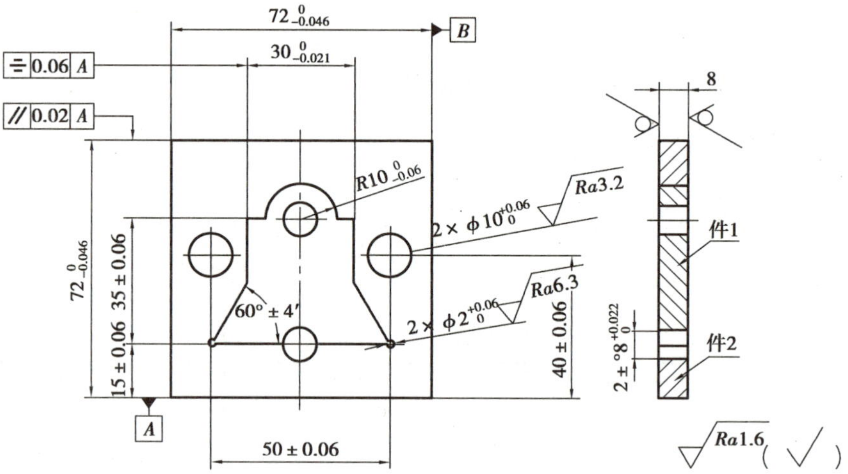

图 11.43 燕尾半圆镶配

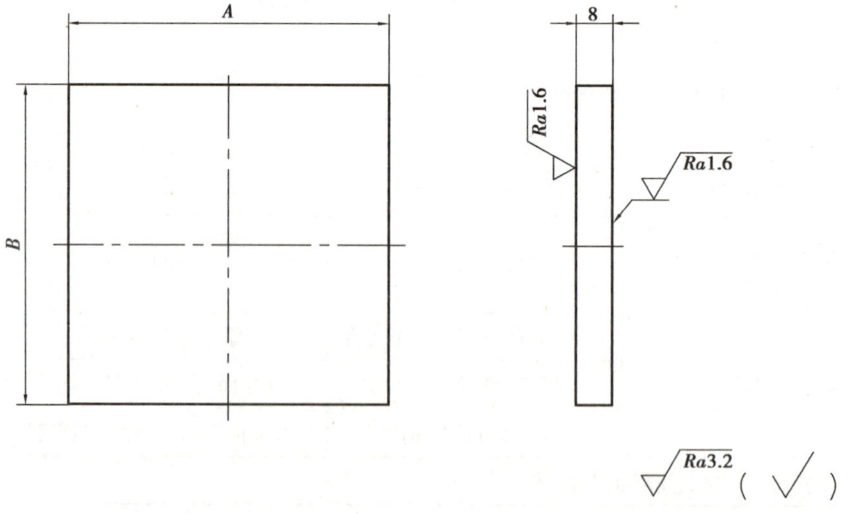

图 11.44 毛坯图

2. 工作任务分析

(1)难点分析

①加工要求件 1 和件 2 配合,且翻转 180°间隙不大于 0.05 mm,关键在于件 1 的半圆 $R10_{-0.06}^{\ 0}$和二处燕尾 60° ±4′,均必须符合标准。

②制作件 1 时,60°两尖角处的尺寸 50 ±0.06 mm 测量困难;为了翻转配合,两个 60°角必须对称中心,但很难保证。

③制作件 1 的 $R10_{-0.06}^{\ 0}$用 R 样板锉修不易达到要求。

(2)制作要点

①根据配合件的形状特点,选定以孔 $\phi 8_{\ 0}^{+0.022}$为基准,修锉其他尺寸。

②考虑不致因累积误差影响翻转配合,各部分的尺寸精度都必须相应提高。

③画定位孔线时,采用画圆相切方框线的方法。

④此配合的关键部位是燕尾和 $R10_{-0.06}^{\ 0}$半圆。

⑤R10 半圆制作时,以 $\phi 8_{\ 0}^{+0.022}$mm 为基准,用 $\phi 8$ 量棒(或塞规)紧固在精密的 V 形架上并使其露出 8 mm 左右(≤毛坯厚度),将件 1$\phi 8$ mm 孔套在量棒上,然后用百分表头靠在 $R10$ 半圆上,转动件 1,测出 $R10$ 半圆上各点高点,从而有选择地进行修锉至图样尺寸要求。

⑥燕尾制作时,先制作件 1 燕尾,然后以件 2 配件 1。制作件 2 燕尾时,其测量方法有二:

第一,用 $\phi 8$ mm 的塞规放在燕尾内,然后通过计算得出塞规至侧面的距离为 $21.93_{-0.02}^{\ 0}$,严格控制其公差(图 11.45(a));

第二,在方箱的侧面紧固一块适当长的垫铁并校正,使其与底面成 30° ±1′,将件 2 放在如图 11.45(b)所示的斜面上,然后用百分表检查并修锉 60°斜面与底面平行即可。

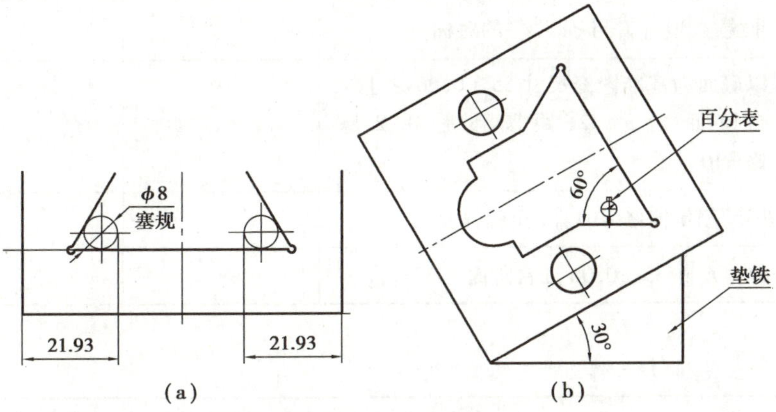

图 11.45　燕尾槽测量法

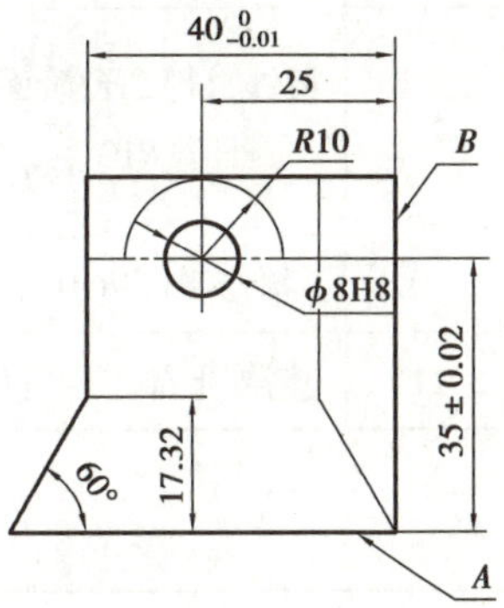

图 11.46　锉左侧面示意图

⑦件 2、件 1 配制时,应轻压配合,掌握两配件的配合松紧。

(3)编写制作工艺流程

根据以上分析,编写该配合件钳工加工工艺流程(表 11.12—表 11.14)。

表 11.12　件 1 钳工加工工艺卡

钳工加工工艺卡			产品代号	产品名称	工作令号
				燕尾半圆镶配	
工序号	工序名称	工序内容		检查记录	备注
1	修锉毛坯	检查毛坯四边,修锉保证四边相互垂直			

续表

工序号	工序名称	工序内容	检查记录	备注
2	画 $\phi8$ 孔中心线	分别距毛坯顶面和侧面 10.5 和 25.5 画 $\phi8$ 孔线		
3	钻、铰 $\phi8^{+0.022}_{0}$ 孔	钻、铰 $\phi8^{+0.022}_{0}$ 孔		
4	锉修底面	以 $\phi8^{+0.022}_{0}$ 孔为基准测量，锉修底面至尺寸 35 ±0.02		
5	锉修右侧面	以孔为基准，锉修一直角边 90° ±1′，至孔中心的距离为 $25^{0}_{-0.01}$		
6	画外形线	以底面和右侧面为基准画外形线		
7	锉修左侧面	距底面 17.32 处向上锉修左侧直面，尺寸 $40^{0}_{-0.01}$ 留 0.2 余量（即距线约 0.2），并粗锉左侧 60°斜面（图 11.44）。精修左侧直面，保证尺寸 $40^{0}_{-0.01}$		
8	锉修右侧面	距底面 17.32 处向上锉修右侧直面，尺寸 $30^{0}_{-0.021}$ 留 0.2 余量（即距线约 0.2），粗锉右边 60°斜面（图 11.41、11.44）。注意保证宽度 $30^{0}_{-0.021}$ 与 $\phi8^{+0.022}_{0}$ 的对称		
9	粗锉上部二台阶面及半圆 $R10^{0}_{-0.06}$	以底面为基准锉修尺寸 35 ±0.06 之上二台阶面至 35.2，距圆弧形 0.2 锉修 $R10^{0}_{-0.06}$		
10	精修半圆 $R10^{0}_{-0.06}$	转动测量锉修 $R10^{0}_{-0.06}$ 至图样要求		
11	精锉上部二台阶面	锉修尺寸 35 ±0.06 二台阶面至 $35^{0}_{-0.02}$		

表 11.13　件 2 钳工加工工艺卡

钳工加工工艺卡			产品代号	产品名称	工作令号
				燕尾半圆镶配	
工序号	工序名称	工序内容	检查记录		备注
1	修锉毛坯	检查毛坯四边，锉修保证四边相互垂直			
2	画 $2-\phi10^{+0.06}_{0}$ 方框线	选好毛坯较好的一面为底面基准，距底面 40.5，两边之中心线为垂直基准，画出孔距为 50 ±0.06 的 $2-\phi10^{+0.06}_{0}$ 方框线			
3	钻铰 $2-\phi10^{+0.06}_{0}$	钻铰 $2-\phi10^{+0.06}_{0}$ 至 $2-\phi10^{+0.03}_{0}$			

续表

工序号	工序名称	工序内容	检查记录	备注
4	锉修底面和两侧面	以 $\phi10^{+0.06}_{0}$ 为基准,锉修底面至尺寸 40 ±0.03,锉修两侧面 $72^{0}_{-0.046}$ 至尺寸 $72^{0}_{-0.03}$		
5	锉修顶面	以底面为基准锉修顶面,尺寸 $72^{0}_{-0.046}$ 至尺寸 $72^{0}_{-0.03}$		
6	画内腔线	以底面和侧面为基准画内腔线		
7	沿内腔钻孔下料	距线 0.5~1 钻孔,下料 60°尖角处钻 2-$\phi2$ 孔		
8	锉修内腔底面	锉修内腔底面,保证尺寸 15 ±0.035 至 15 ±0.02		
9	粗锉内腔上台阶面	粗锉内腔上台阶面尺寸 35 ±0.06 至 34.8(即按线留余量 0.2)		
10	锉修内腔两直面	以两侧面为基准,锉修尺寸 $30^{0}_{-0.021}$ 至 $30^{+0.02}_{0}$		
11	精锉内腔上台阶面	精锉内腔上台阶面,保证尺寸 35 ±0.06 至 35 ±0.01		
12	粗锉 *R*10 和 60°两斜面	粗锉 *R*10 和 60°两斜面,按线留余量 0.2		
13	粗锉 60°斜面	粗锉 60°斜面,保证 60° ±2′		

表 11.14 件 1/2 配作工艺卡

钳工加工工艺卡			产品代号	产品名称	工作令号
				燕尾半圆镶配	
工序号	工序名称	工序内容	检查记录	备注	
1	锉配件 2 半圆 R10	以件 1 已修锉好的宽尺寸 $30^{0}_{-0.021}$ 和高尺寸 $35^{0}_{-0.02}$ 为基准,修锉件 2 半圆 *R*10 与件 1 半圆 *R*10 $^{0}_{-0.06}$ 相配			
2	锉配件 1 的 60°燕尾槽斜面	以件 2 已修锉好的宽尺寸 $30^{+0.02}_{0}$ 和高尺寸 35 ±0.01 为基准,修锉件 1 的 60°燕尾槽二斜面与件 2 的 60° ±2′燕尾槽相配			
3	画组合体下部 $\phi8^{+0.022}_{0}$ 孔中心线	以上 $\phi8^{+0.022}_{0}$ 孔为基准,保证孔距画下部 $\phi8^{+0.022}_{0}$ 孔中心线			

续表

工序号	工序名称	工序内容	检查记录	备注
4	钻扩铰组合体下部 $\phi 8^{+0.022}_{0}$孔	钻、扩、铰 $\phi 8^{+0.022}_{0}$孔至图样要求		
5	修锉紧边	按件 1、件 2 配合情况修锉较紧的位置		
6	自检	按图样要求检验，并记录实测结果		
7	编号、涂防锈油			

3. 工量器具及设备准备

1）列出制作所需的零件毛坯和辅助材料，领出相应的零件毛坯和辅助材料。

表 11.15　毛坯件和辅助材料清单

序号	图号（标准号）	名称	数量	备注
1		毛坯	1	
2		煤油		
3		扁刷	1	
4		清洗盆	1	
5		全损耗系统油	1	
6		棉纱头		
7		破布		

2）列出制作所需的工具、量具和刃具清单，并准备好工具、量具和刃具。

表 11.16　角度变位镶块配所需的工具、量具和刃具清单

序号	名称	规格	刻度值	数量	备注
1	高度游标卡尺	0 ~ 300(0.02)	0.02	1	
2	游标卡尺	0 ~ 150(0.02)	0.02	1	
3	外径千分尺	0 ~ 25、25 ~ 50、50 ~ 75(0.01)、75 ~ 100 (0.1)	0.01	各 1	
4	万能角度尺	0° ~ 320°(2′)	2′	1	
5	90°角尺	63 或 125(1 级)		1	
6	刀口形直尺	75 或 125(1 级)		1	
7	塞尺	100B17(0.02 ~ 0.50)		1	
8	正弦规	100 或 200		1	
9	杠杆百分表(带表架)	0 ~ 0.8(0.01)	0.01	1	
10	光面塞规	ϕ10H7		1	

续表

序号	名称	规格	刻度值	数量	备注
11	铰刀(带铰杠)	ϕ10H7		1	
12	直柄麻花钻	ϕ2/ϕ5/ϕ6/ϕ9.8		各 1	
13	小扁錾	刃口宽约 10		1	
14	扁锉	300(1 号)、250(2 号)、200(3 号)、150(2 号、3 号)		各 1	
15	三角锉	200(2 号)、150(2 号、3 号)		各 1	
16	什锦锉			1 套	
17	锯条			自定	
18	画线工具			1 套	
19	样冲			1	
20	钳工锤	0.5、2 磅		各 1	
21	油石			自定	

3)列出制作所需的设备。

表 11.17 制作所需的设备

序号	型号	名称	数量	备注
1	Z4016B	台钻	1	
2	S3SL-250	砂轮机	1	
3		钳台	1	
4	125	台虎钳	1	
5		平口钳	1	
6		工作台灯	1	
7	1 级	画线检验平板	1	

四、配锉燕尾半圆镶块零件

1. 件 1 的制作

(1)修锉毛坯

首先检查毛坯尺寸 51×46 是否留有加工余量,修锉四边保证相互垂直。

(2)画 $\phi8^{+0.022}_{0}$孔中心线

分别距毛坯顶面 10.5 和侧面 25.5 画 $\phi8^{+0.022}_{0}$孔的中心线,打样冲,并以 $\phi8^{+0.022}_{0}$孔的中心为中心画边长为 8 mm 的方框线(图 11.47)。

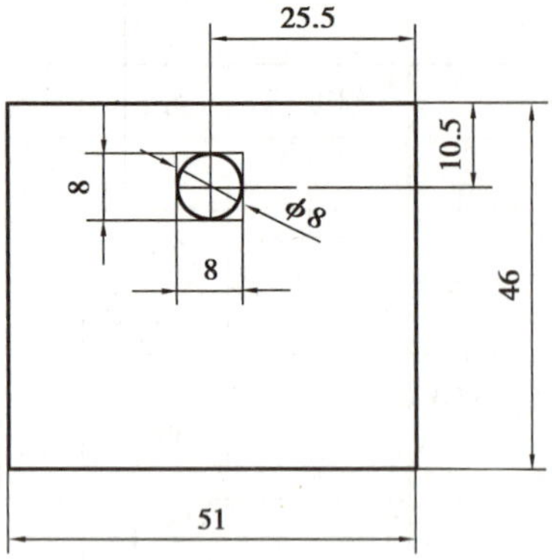

图 11.47　画线示意图

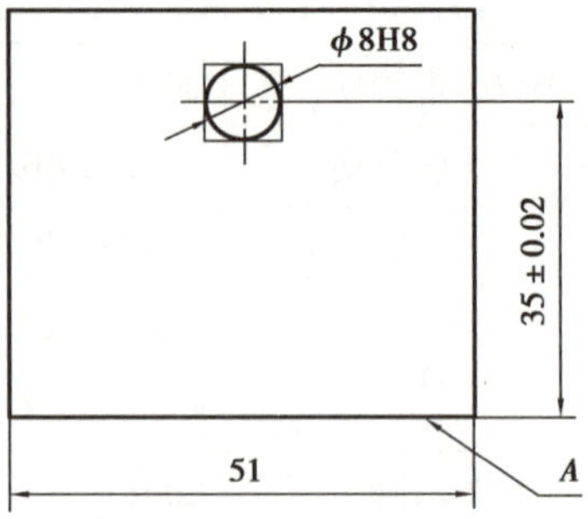

图 11.48　底平面修锉示意图

(3)钻、铰 $\phi8^{+0.022}_{0}$孔

在立钻或台钻上用 $\phi7.9$ 钻头钻孔，$\phi8$H8 铰刀铰孔至图样要求。

(4)锉修底面

以 $\phi8^{+0.022}_{0}$孔为基准，锉修底面 A 至尺寸 35±0.02(图 11.48)。

(5)锉配右侧面

以孔为基准，锉修右侧直角边 90°±1′，保证 B 面至孔中心的距离为 $25^{0}_{-0.01}$(图 11.49)。

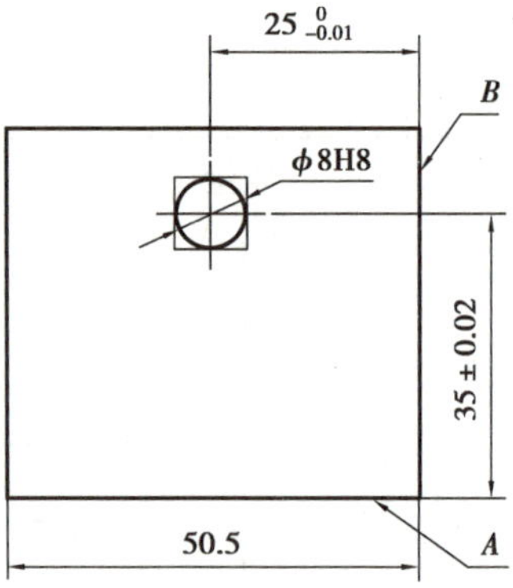

图 11.49　锉配右侧面示意图

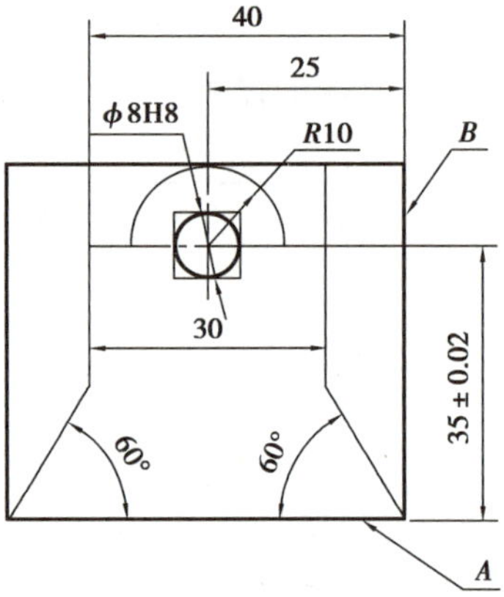

图 11.50　件 1 外形示意图

(6)画外形线

以底面 A 和右侧面 B 为基准画外形线(图 11.50)。

(7)锉修左侧面

在图 11.44 中锯割距底面 A 处 17.32 处向上左侧直面留余量，锉修左侧直面，尺寸 $40^{0}_{-0.01}$留 0.2 余量(即距线约 0.2)，并粗锉左侧 60°斜面。精修左侧直面，保证尺寸 $40^{0}_{-0.01}$。

(8)锉修右侧面

在图 11.44 毛坯中锯割距底面 17.32 处向上右侧直面留余量，锉修右侧直面，尺寸 $30^{0}_{-0.021}$留 0.2 余量(即距线约 0.2)，粗锉右边 60°斜面。精修右侧直面，保证宽度 $30^{0}_{-0.021}$至 $30^{0}_{-0.01}$及其与 $\phi8^{+0.022}_{0}$的对称度(图 11.51)。

(9)粗锉上部二台阶面及半圆 $R10$

以底面 A 为基准锉修尺寸 35±0.06 之上二台阶面至 35.2，距圆弧形 0.2 锉修 $R10$ 至 $R10.2$(图 11.52)。

(10)精修半圆 $R10$ 至图样要求

以 $\phi8^{+0.022}_{0}$ mm 孔中心为基准,用 $\phi8$ 量棒(或塞规)紧固在精密的 V 形架上并使其出 8 mm 左右(≤毛坯厚度),将件 1 的 $\phi8^{+0.022}_{0}$ 孔套在量棒上,然后用百分表头靠在 $R10$ 半圆上,转动件 1,测出 $R10$ 半圆上各点高点(图 11.53),从而有选择地进行修锉至图样尺寸要求。

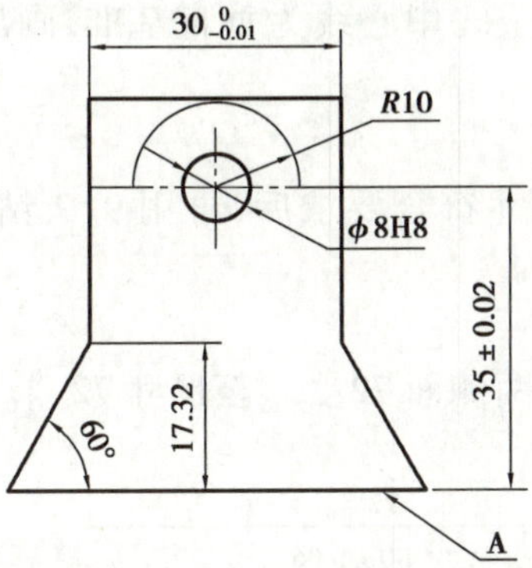

图 11.51　锉修右侧面示意图

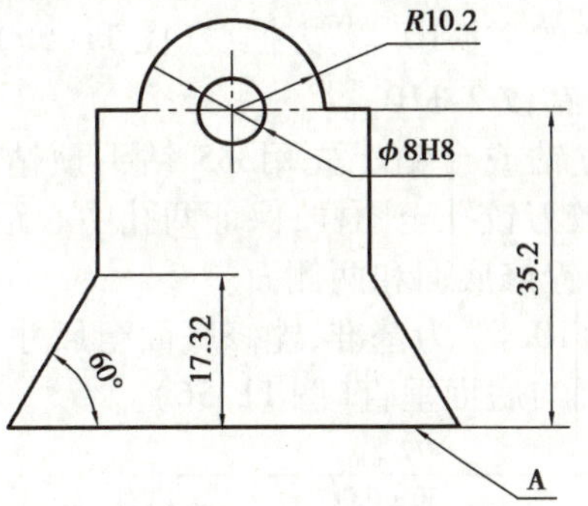

图 11.52　粗锉上部台阶及半圆 $R10$

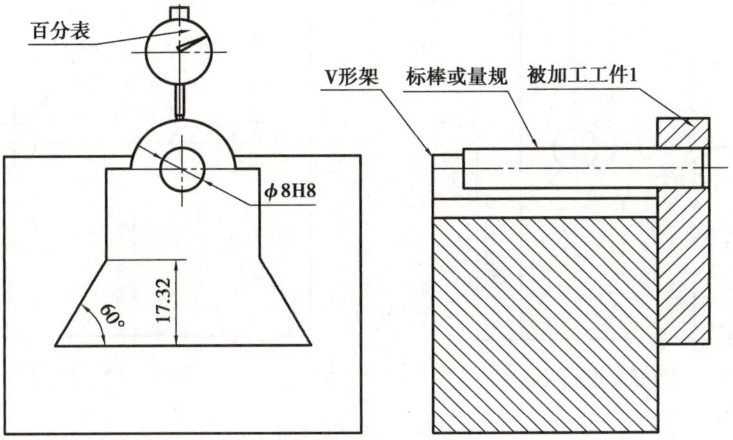

图 11.53　精锉半圆 $R10$ 检测示意图

(11)精锉上部二台阶面

以底面 A 为基准,锉修尺寸 35±0.06 左右台阶面至 $35^{0}_{-0.02}$(图 11.54)。

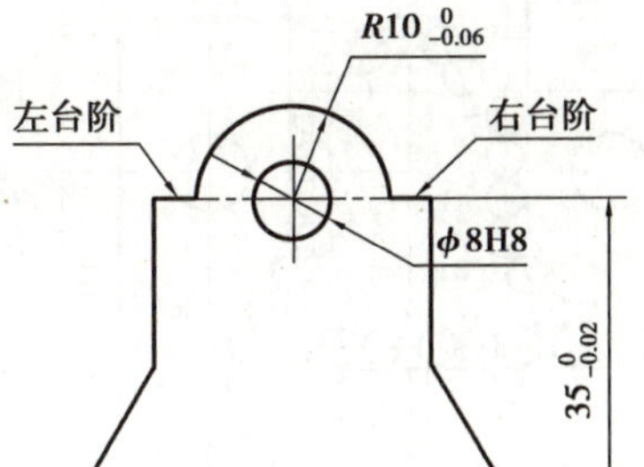

图 11.54　精锉上部台阶面

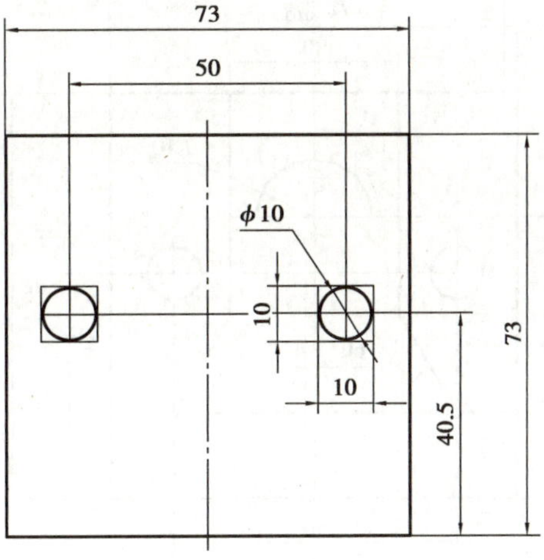

图 11.55　画 2-$\phi10$ 孔位线示意图

2. 件 2 的制作

(1)修锉毛坯

首先检查毛坯尺寸 73 ×73 是否留有加工余量,修锉四边保证相互垂直。

(2)画 2-$\phi10^{+0.06}_{0}$方框线

选好毛坯较好的一面为底面基准,距底面 40.5,两边之中心线为垂直基准,画出孔距为 50 ±0.06的 2-$\phi10^{+0.06}_{0}$方框线(图 11.55)。

(3)钻铰 2-$\phi10^{+0.06}_{0}$

在立钻或台钻上先用 $\phi5$ 钻头预钻孔,测量中心尺寸符合要求后,再用 9.9 钻头扩孔,$\phi10$H9 铰刀铰孔至图样,保证两孔中心距 50 ±0.06。

(4)锉修底面和两侧面

以 $\phi10^{+0.06}_{0}$为基准,锉修底面至尺寸 40 ±0.03,锉修两侧面 $72^{0}_{-0.046}$至尺寸 $72^{0}_{-0.03}$,注意保证两侧面与底面垂直(图 11.56)。

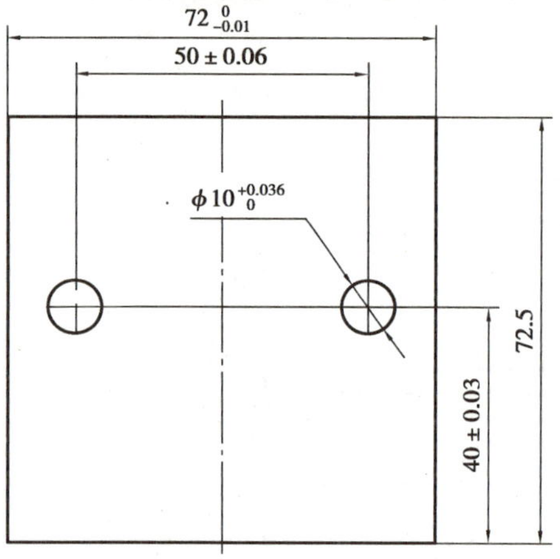

图 11.56 锉修底面和两侧面

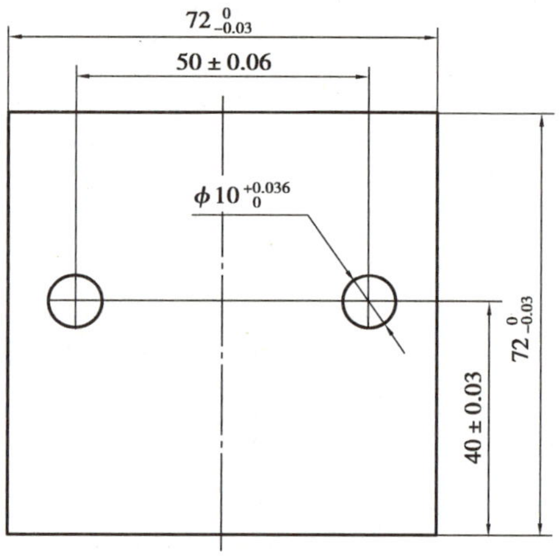

图 11.57 锉修顶面

(5)锉修顶面

以底面为基准锉修顶面,尺寸 $72^{0}_{-0.046}$至尺寸 $72^{0}_{-0.03}$(图 11.57)。

(6)画内腔线

以底面和侧面为基准画内腔线(图 11.58)。

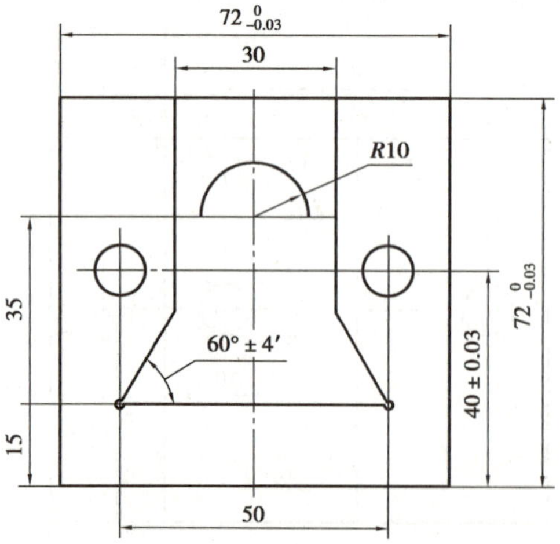

图 11.58 画内腔线

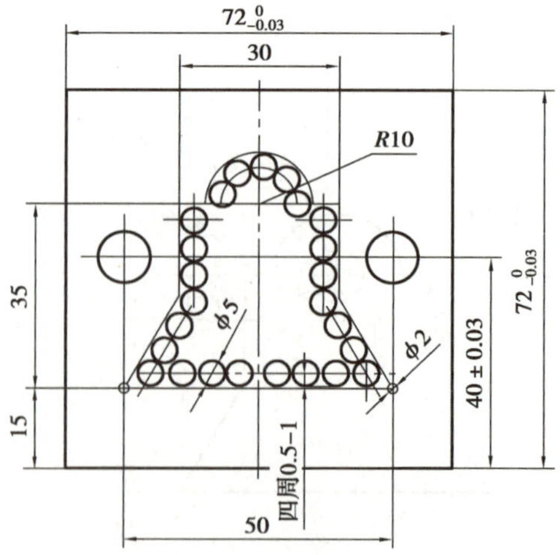

图 11.59 钻孔下料

(7)沿内腔钻孔下料

用 $\phi5$ 钻头在距内腔线 0.5 ~ 1 处钻孔、下料,并在 60°尖角处钻 2 个 $\phi2$ 孔(图 11.59)。

(8)锉修内腔底面

锉修内腔之底面,保证尺寸 15 ±0.035 至 15 ±0.02(图 11.60)。

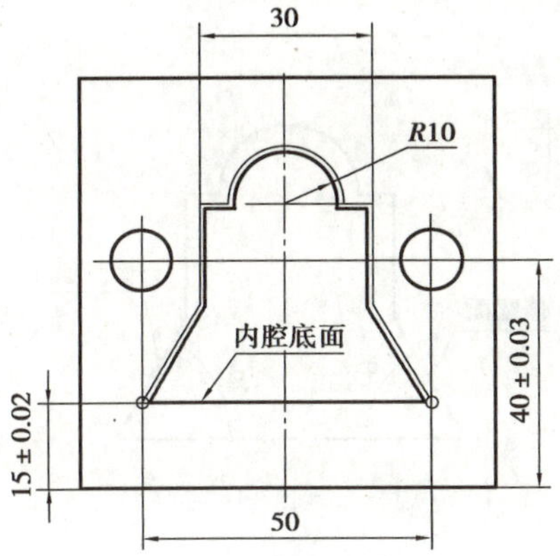

图 11.60　锉修内腔底面

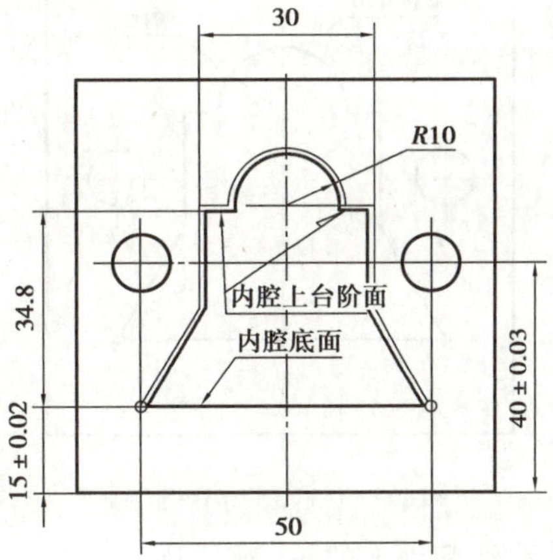

图 11.61　锉修内腔两直面

(9)粗锉内腔上台阶面

粗锉内腔之上台阶面尺寸 35 ±0.06 至 34.8,即按线留余量 0.2(图 11.60)。

(10)锉修内腔两直面

以 $72_{-0.046}^{\ 0}$ 两侧面为基准,锉修尺寸至 $30_{\ 0}^{+0.02}$(图 11.61),注意保证与两侧面的对称,误差≤0.01 mm。

(11)精锉内腔上台阶面

精锉内腔上台阶面,保证尺寸 35 ±0.06 至 35 ±0.01(图11.62)。

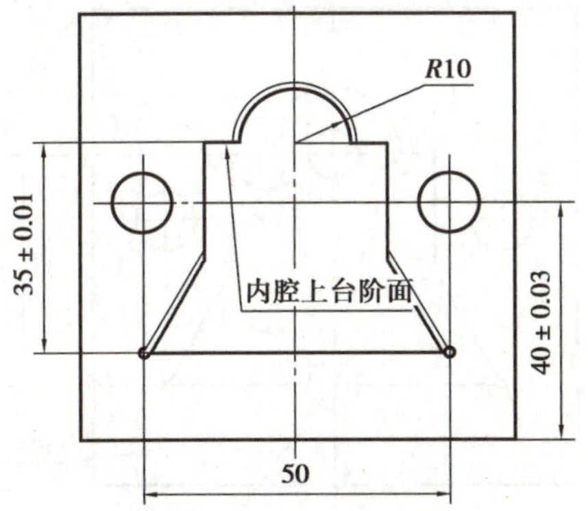

图 11.62　精锉内腔上台阶面

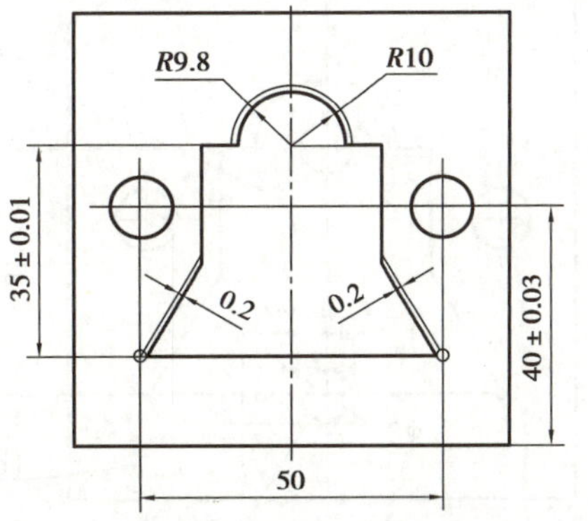

图 11.63　粗锉半圆 *R*10 和 60°斜面

(12)粗锉 *R*10 和 60°两斜面

粗锉 *R*10 和 60°两斜面,按线留余量 0.2(图 11.63)。半圆锉修时需用样板检测。

(13)精锉 60°斜面

精锉 60°斜面,并按照图 11.45 所示燕尾槽测量方法保证 60° ±2′斜面至图样要求。

3. 锉配件 1/2

(1)锉配件 2 半圆 *R*10

以件 1 已锉好的宽度尺寸 $30_{-0.021}^{\ 0}$ 和高度尺寸 $35_{-0.01}^{\ 0}$ 为基准,修锉件 2 半圆 *R*10 与件 1 半

圆 $R10_{-0.06}^{0}$ 相配(图 11.64)。修配时注意以下两点:

①修锉件 2 的 $R10$ 时,始终以件 1 的 $R10$ 为基准进行配锉;

②控制两 $R10$ 配合间隙≤0.04 mm。

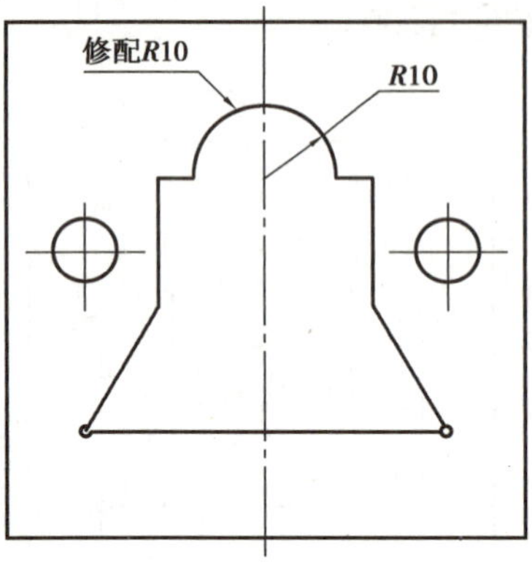

图 11.64　锉配 $R10$ 半圆

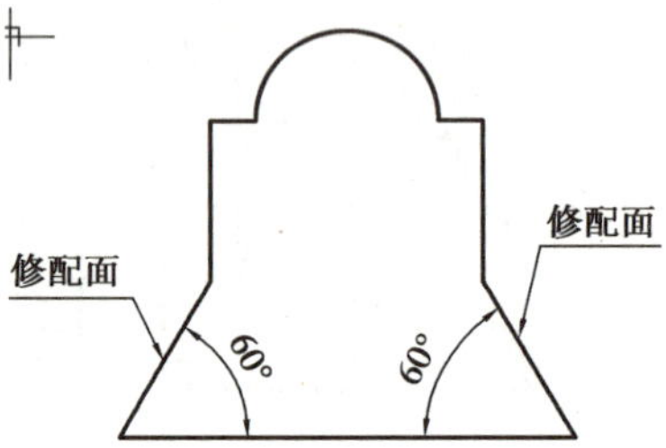

图 11.65　锉配 60°燕尾面

(2)锉配件 1 的 60°燕尾面

以件 2 已修锉好的宽尺寸 $30_{0}^{+0.02}$ 和高尺寸 35 ±0.01 为基准,修锉件 1 的 60°燕尾面与件 2 的 60° ±2′燕尾槽相配(图 11.65)。修配时注意以下两点:

①修锉 60°燕尾面时,始终以件 2 的 60°燕尾槽为基准进行配锉;

②件 1 和件 2 的配合应掌握为轻压配合,以便于以后钻 $\phi8_{0}^{+0.022}$ 孔。

(3)画组合体下部 $\phi8_{0}^{+0.022}$ 孔中心线

以组合件上部 $\phi8_{0}^{+0.022}$ 孔为基准,画下部 $\phi8_{0}^{+0.022}$ 孔中心线及边长为 8 mm 的方框线(图 11.66)。

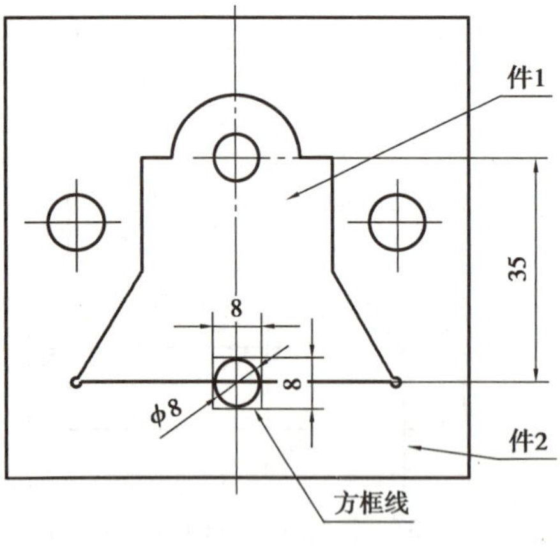

图 11.66　画下部 $\phi8$ 孔中心线

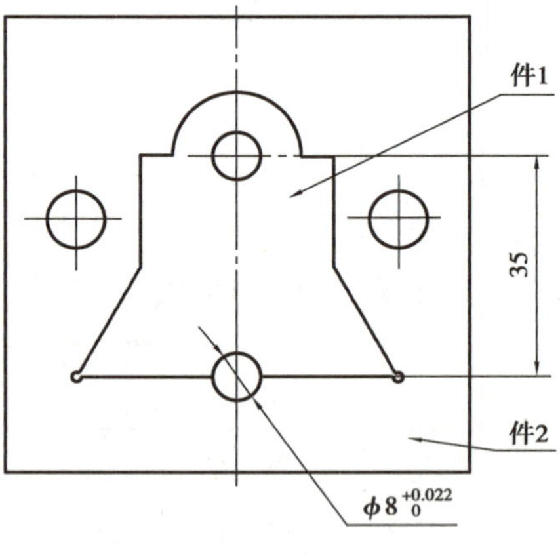

图 11.67　钻铰下部 $\phi8_{0}^{+0.022}$ 孔

(4)钻扩铰组合体下部 $\phi8_{0}^{+0.022}$ 孔

预钻 < $\phi5$ 孔,测定中心距 $72_{-0.046}^{0}$ 侧面和上部 $\phi8_{0}^{+0.022}$ 孔中心 35 ±0.06 后再扩、铰 $\phi7.9$ 至下 $\phi8_{0}^{+0.022}$(图 11.67)。

(5)修锉紧边

按件 1、件 2 配合情况,用涂色法修锉较紧的位置,使两件能轻松配合并翻转 180°,配合间隙≤0.05,即用 0.05 mm 塞尺检测结合面不入即可。

(6)自检

1)按图样要求检验,并记录实测结果。

2)打刻编号、图号、制件号、制造日期等。

3)涂防锈油。

根据教师确定的编号原则,用字头打印编号,并在工件四周涂防锈油。

表 11.18　检测记录

项次	项目与技术要求	实测记录	备注
1	零件外观检验	1. 零件加工表面平整,无锈斑、锤痕、碰伤、焊补等; 2. 锐边、尖角已倒钝; 3. 零件上按规定打刻了编号、图号、制件号、制造日期等	
2 (件 1)	零件几何尺寸状态	$30_{-0.021}^{0}$	
		35 ± 0.06	
		$R10_{-0.06}^{0}$	
		$\phi 8_{0}^{+0.022}$	
		$60° \pm 4'$(2 处)	
	零件形位误差	⌯ 0.06 B	
	零件的表面粗糙度状态	$Ra1.6$(9 处)	
3 (件 2)	零件几何尺寸状态	宽 $72_{-0.046}^{0}$	
		高 $72_{-0.046}^{0}$	
		15 ± 0.06	
		50 ± 0.06	
		$2-40 \pm 0.06$	
		$2-\phi 10_{0}^{+0.06}$	
		$60° \pm 4'$(2 处)	
	零件形位误差	⌯ 0.06 B	
		// 0.02 A	
	零件的表面粗糙度状态	$Ra1.6$(4 处)	
		$Ra3.2$(2 处)	
4 (配合)	零件几何尺寸状态	$\phi 8_{0}^{+0.022}$	
	配合间隙	≤0.05(8 处)	
	配合间隙(翻转 180°间隙)	≤0.05(8 处)	
5	判断数据及零件是否合格		

五、实训记录与成绩评定

1. 评分标准

1)在规定时间内完成不加分也不扣分。

2)未达到图纸要求的,按评分标准扣分。

3)依据《配分与评分标准》评分。

2. 评分方法

1)按单项记分扣分,每个检测尺寸检测不少于两点(以最大误差值计算)。

2)各项配分按精度最高和难易程度制订。

3. 实训记录及成绩评定表

表 11.19 检测记录与成绩评定表

<table>
<tr><th>项次</th><th>项目与技术要求</th><th>配分/分</th><th>评定方法</th><th>实测记录</th><th>得分/分</th></tr>
<tr><td>1</td><td>准备工作充分</td><td>8</td><td>检查评定</td><td></td><td></td></tr>
<tr><td>2</td><td>操作、检测方法正确、规范</td><td>30</td><td>按操作要求评定、错漏一项扣 3 分</td><td></td><td></td></tr>
<tr><td>3</td><td>零件外观检验</td><td rowspan="15">20</td><td rowspan="15">各项数据记录符合要求,发现一项不符合要求扣 1 分</td><td>1. 零件加工表面平整,无锈斑、锤痕、碰伤、焊补等;
2. 锐边、尖角已倒钝;
3. 零件上按规定打刻了编号、图号、制件号、制造日期等</td><td></td></tr>
<tr><td rowspan="7">4
(件 1)</td><td rowspan="5">零件几何尺寸状态</td><td>$30_{-0.021}^{0}$</td><td rowspan="5"></td></tr>
<tr><td>35 ± 0.06</td></tr>
<tr><td>$R10_{-0.06}^{0}$</td></tr>
<tr><td>$\phi 8_{0}^{+0.022}$</td></tr>
<tr><td>$60° \pm 4'$(2 处)</td></tr>
<tr><td>零件形位误差</td><td>⌯ | 0.06 | B</td><td></td></tr>
<tr><td>零件的表面粗糙度状态</td><td>$Ra1.6$(9 处)</td><td></td></tr>
<tr><td rowspan="7">5
(件 2)</td><td rowspan="7">零件几何尺寸状态</td><td>宽 $72_{-0.046}^{0}$</td><td rowspan="7"></td></tr>
<tr><td>高 $72_{-0.046}^{0}$</td></tr>
<tr><td>15 ± 0.06</td></tr>
<tr><td>50 ± 0.06</td></tr>
<tr><td>$2 - 40 \pm 0.06$</td></tr>
<tr><td>$2 - \phi 10_{0}^{+0.06}$</td></tr>
<tr><td>$60° \pm 4'$(2 处)</td></tr>
</table>

续表

项次	项目与技术要求	配分/分	评定方法	实测记录	得分/分
5 （件 2）	零件形位误差		各项数据记录符合要求，发现一项不符合要求扣 1 分	⌯ 0.06 B	
				// 0.02 A	
	零件的表面粗糙度状态			$Ra1.6$（4 处）	
				$Ra3.2$（2 处）	
6 （配合）	零件几何尺寸状态			$\phi8^{+0.022}_{0}$	
	配合间隙			≤0.05（8 处）	
	配合间隙 （翻转 180°间隙）			≤0.05（8 处）	
7	数据计算分析正确、能判断零件是否合格	30	每错一项扣 2 分、缺一项扣 2 分		
8	时间安排合理	8	安排不合理，每项扣 1 分		
9	安全文明生产	4	违者每次扣 2 分		
合计		100			

评分人：　　　　　　　　　　　　　　　　　　　　　　　　年　　月　　日

项目 12

模具装配与调试训练

任务 12.1　十字板落料模装配与调试

一、工作任务单

1）读十字板落料模装配图；
2）编写装配工艺；
3）用机械固定法装配模具；
4）正确使用量具测量模具；
5）安装调试模具。

二、教学设计

表 12.1　十字板落料模装配与调试教学设计表

<table>
<tr><td colspan="2">课程名称</td><td>十字板落料模装配与调试</td><td>学时</td><td colspan="2">24 学时</td></tr>
<tr><td colspan="2">工作任务</td><td colspan="4">完成十字板落料模装配与调试</td></tr>
<tr><td colspan="2">教学目标</td><td colspan="4">完成十字板落料模装配与调试，使学生具备装配与调试单工序冲裁模的能力</td></tr>
<tr><td colspan="2">重点难点</td><td colspan="4">1. 模架的装配与检测；
2. 凸、凹间隙调整；
3. 模具安装调试</td></tr>
<tr><td colspan="2">教学方法</td><td colspan="4">讲授法、现场教学法、实践法</td></tr>
<tr><td rowspan="3">教学设计</td><td colspan="2">教学组织</td><td>教学资源要求</td><td>教学方法</td><td>时间</td></tr>
<tr><td colspan="2">任务引入，任务分析</td><td>工作任务单</td><td>讲授</td><td>0.5 学时</td></tr>
<tr><td colspan="2">组织学生按组进行工艺分析，形成工艺文件</td><td>视频、PPT</td><td>讲授</td><td>1 学时</td></tr>
</table>

续表

	教学组织		教学资源要求	教学方法	时间
教学设计	工具、量具、材料准备		工具、量具、刃具、材料足够	学生按制度领用	0.5 学时
	任务实施		设备、工具、量具、刃具	学生练习，教师巡回指导	20 学时
	任务评价		量具具有法定精度	学生按标准自测评价，教师抽查	1 学时
	冲裁模具试冲时常见缺陷分析与指导		缺陷分析表		1 学时
参考资料学习资源		钳工技能实训教材			

三、装配工作准备

1. 技术资料准备

1）十字板落料工序图；材料：20 钢。

2）十字板落料模装配图（图 12.1）。

3）十字板落料模具零件图。

4）冲压模具装配的技术要求。

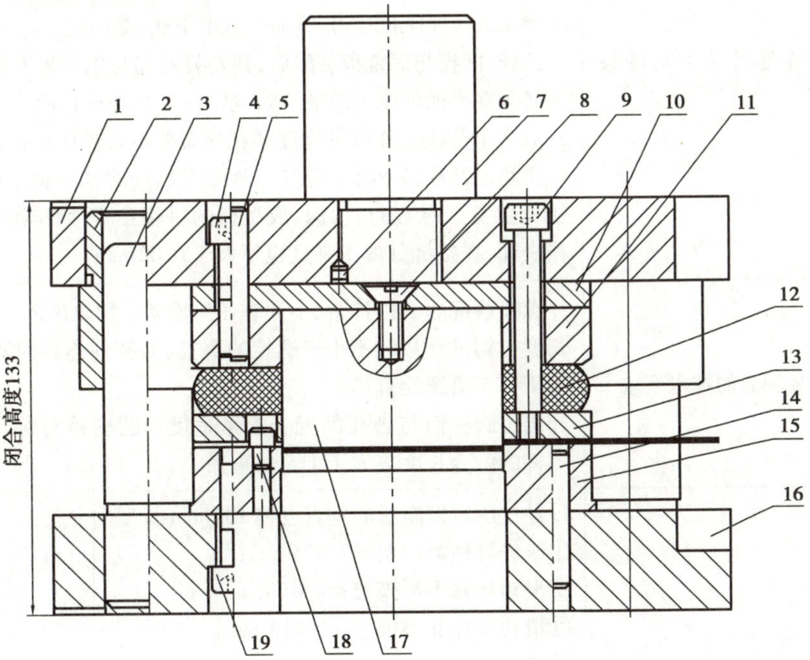

图 12.1　十字板落料模装配图

1—上模座；2—导套；3—导柱；4—螺钉；5—圆柱销；6—圆柱销；7—模柄；8—螺钉；9—卸料螺钉；10—垫板；11—凸模固定板；12—橡胶；13—卸料板；14—圆柱销；15—凹模；16—下模座；17—凸模；18—定位销；19—螺钉

冷冲模主要包括冲裁模、弯曲模、拉深模、成型模和冷挤压模等。对这些模具的装配，就是按照模具设计的要求，把同一模具的零件连接或固定起来，达到装配的技术要求并保证加工出合格的制件的过程。

在模具装配之前，要仔细研究设计图纸，按照模具的结构及技术要求确定合理的装配顺序及装配方法，选择合理的检测方法及测量工具等。

各类冷冲模具装配后，都应符合装配的结构及技术要求，其具体要求见表12.2。

表12.2　冲压模具装配的技术要求

序号	技术要求项目	内容	备注
1	模具外观要求	1. 铸造表面应清理干净，使其光滑并涂以绿色、蓝色或灰色油漆，使其美观。 2. 模具加工表面应平整，无锈斑、锤痕、碰伤、焊补等，并对除刃口、型孔以外的锐边、尖角倒钝。 3. 模具质量大于25 kg时，模具本身应装有起重杆或吊钩、吊环。 4. 模具的正面模板上应按规定打刻编号、图号、制件号、使用压力机型号、制造日期等	
2	模具工作零件装配后的技术要求	1. 凸模、凹模、侧刃与固定板安装基面装配后，在100 mm长度上垂直度允许误差（简称允差）：刃口间隙≤0.06 mm时小于0.04 mm；刃口间隙 >0.06 ~0.15 mm时小于0.08 mm；刃口间隙≥0.15 mm时小于0.12 mm。 2. 凸模、凹模与固定板装配后，其安装尾部与固定板安装面必须在平面磨床上磨平。Ra =1.6 ~0.80 μm以内。 3. 对多个凸模工作部分高度的相对误差不大于0.1 mm。 4. 拼块的凸模或凹模，其刃口两侧平面应光滑一致，无接缝感觉。对弯曲、拉深、成型模的拼块凸模或凹模工作表面，在接缝处的不平度也不大于0.02 mm	
3	紧固件装配后的技术要求	1. 螺栓装配后必须拧紧，不许有任何松动。螺纹旋入长度与钢件连接时不小于螺栓的直径，与铸件连接时不小于1.5倍螺栓直径。 2. 定位圆柱销与销孔的配合松紧适度。圆柱销与每个零件的配合长度应大于1.5倍直径	
4	导向零件装配后的技术要求	1. 导柱压入模座后的垂直度在100 mm长度内允差： ①滚珠导柱类模架≤0.005 mm； ②滑动导柱Ⅰ类模架≤0.01 mm； ③滑动导柱Ⅱ类模架≤0.015 mm； ④滑动导柱Ⅲ类模架≤0.02 mm。 2. 导料板的导向面与凹模中心线应平行，其平行度允差： ①冲裁模不大于100∶0.05； ②连续模不大于100∶0.02	

续表

序号	技术要求项目	内容	备注
5	凸、凹模装配后间隙的技术要求	1. 冲裁凸、凹模的配合间隙必须均匀，其误差不大于规定间隙的 20%，局部尖角或转角处不大于规定间隙的 30%。 2. 压弯、成型、拉深类凸、凹模的配合间隙装配后必须均匀，其偏差值最大不超过料厚 + 料厚的上偏差，最小值不超过料厚 + 料厚的下偏差	
6	装配后模具闭合高度的技术要求	1. 模具闭合高度≤200 mm 时，允许误差 1 ~ −3 mm。 2. 模具闭合高度 >200 ~ 400 mm 时，允许误差 2 ~ −5 mm。 3. 模具闭合高度 >400 mm 时，允许误差 3 ~ −7 mm	
7	顶出、卸料件装配技术要求	1. 冲压模具装配后，其卸料板、推件板、顶板、顶圈均应露出凹模模面、凸模顶端、凸凹模顶端 0.5 ~ 1 mm。 2. 弯曲模顶件板装配后，应处于最低位置。料厚为 1 mm 以下时允差为 0.01 ~ 0.02 mm。料厚大于 1 mm 时允差为 0.02 ~ 0.04 mm。 3. 顶杆、推杆长度，在同一模具装配后应保持一致，允差小于 0.1 mm。 4. 卸料机构动作要灵活，无卡阻现象	
8	装配后上模板上平面与下模板下平面的平行度有下列要求	1. 冲裁模： ①刃口间隙 ≤ 0.06 mm 时，300 mm 长度内允差 0.06 mm。 ②刃口间隙 > 0.06 mm 时，300 mm 长度内允差 0.08 mm。 2. 其他模具在 300 mm 长度内允差 0.10 mm	
9	模柄装配后的技术要求	1. 模柄对上模板垂直度在 100 mm 长度内允差不大于 0.05 mm。 2. 浮动模柄凸凹球面接触面积不少于 80%	

2. 工作任务分析

图 12.1 为一副典型的落料模具（十字板落料模），其零部件列表见表 12.4。本次学习任务是将零件装配成整套模具，并安装在压力机上，通过试冲、调节获得图 12.2 所示的冲压件。

（1）模具工作原理

图 12.1 所示的十字板落料模是一副导柱式落料模，上模由上模座 1、导套 2、模柄 7、上垫板 10、凸模固定板 11、橡胶 12、卸料板 13、凸模 17 以及螺钉 4、8 和圆柱销 5、6 组成；下模由导柱 2、凹模 15、下模座 16、定位销 18 以及螺钉 19 和圆柱销 14 组成。

上下模之间由一对导柱和导套进行导向，保证较好的合模精度。上模通过模柄 7 安装于压力机滑块上，下模则由压板压紧固定在压力机工作台上。

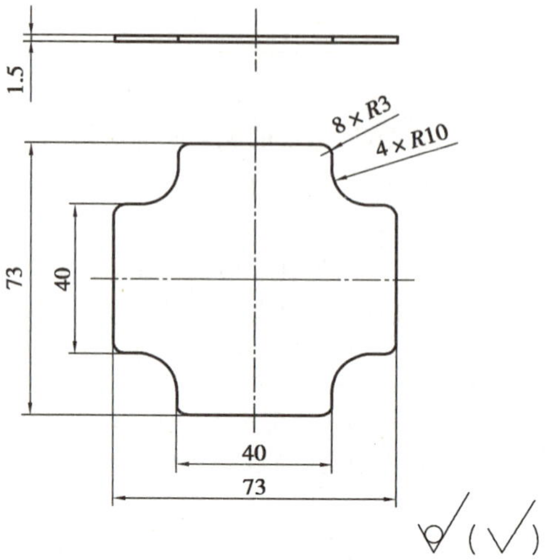

图 12.2　十字板落料工序图

模具工作过程：毛坯由凹模 15 上的定位销 18 定位送入模具中，上模在压力机滑块的作用下下行，凸模 17 与凹模 15 的刃口将板料分离，上模随压力机滑块上行，制件由下模漏出，条料将箍在凸模 17 上，卸料板 13 将推下，条料继续向前送，开始下一个环节。

（2）编写模具装配工艺流程

表 12.3　十字板落料模装配工艺卡

装配工艺卡			产品代号	产品名称	工作令号
				十字板落料模	
工序号	工序名称	工序内容		检查记录	备注
1	工作准备	（1）清点模具零件、标准件和辅助材料 （2）准备好工具、量具和刃具			
2	装配导柱	将导柱压入下模座		垂直度测量	
3	装配导套	将导套压入上模座		压入法装配	
4	检验	测量模架的平行度		平行度测量	
5	装配模柄	将模柄压入上模座并磨平			
6	装配凸模	将凸模压入模固定板并磨平			
7	装配定位销	将定位销压入凹模			
8	装配上模部分	用螺钉将上模部分的零件固定在上模座上		螺纹紧固件法固定模具零件	
9	装配下模部分	用螺钉将下模部分的零件固定在上模座上			
10	调整间隙	调整凸、凹模间隙		透光法、测量法、垫片法调整间隙	

续表

工序号	工序名称	工序内容	检查记录	备注
11	安装定位销	分别在上下模部分安装定位销	配钻、铰孔	
12	装卸料板	在上模部分装卸料板		
13	合模	将上、下模合上	上、下模合模	
14	检验		模具外观检验、合模检验、间隙检验、坚固件松紧检验	
15	安装调试模具	在压力机上安装调试模具	测量模具闭合高度，测量并调整压力机的封闭高度，在压力机上装夹模柄，用压板固定模具	
16	试冲	在压力机上试冲零件	压力机操作、试冲训练	
17	入库			

3. 清点模具零件、标准件和辅助材料

1）按照装配图上的模具零件明细表列出加工的模具零件清单，领出相应的模具零件进行清洗整理，并对模具工作零件等重要零件进行仔细检查。

表 12.4　十字板落料模具零件清单

序号	图号（标准号）	名称	数量	备注
1	CM1-1	上模座	1	
2	CM1-2	导套	2	
3	CM1-3	导柱	2	
4	CM1-4	模柄	1	
5	CM1-5	卸料螺钉 M8 × 55	4	
6	CM1-6	垫板	1	
7	CM1-7	凸模固定板	1	
8	CM1-8	橡胶	1	
9	CM1-9	卸料板	1	
10	CM1-10	凹模	1	
11	CM1-11	下模座	1	
12	CM1-12	凸模	1	
13	CM1-13	定位销	3	

2）列出装配所需的标准件及辅助材料。

表 12.5　十字板落料模具的标准件及辅助材料清单

序号	图号（标准号）	名称	数量	备注
1	GB/T 70.1—2000	螺钉 M8×35	4	
2	GB/T 68—2000	螺钉 M6×15	4	
3	GB/T 70.1—2000	螺钉 M8×30	4	
4	GB/T 119.1—2000	圆柱销 8×45	2	
5	GB/T 119.1—2000	圆柱销 6×5	1	
6	GB/T 119.12000	圆柱销 8×40	2	
7		煤油	1 kg	
8		扁刷		
9		清洗盆	1	
10		全损耗系统油	0.25 kg	
11		棉纱头		

4. 列出装配所需的工具、量具和刃具清单，并准备好工具、量具和刃具

表 12.6　十字板落料模具装配所需的工具、量具和刃具清单

序号	名称	规格	刻度值	数量	备注
1	内六角扳手			1 套	
2	活动扳手	200		2	
3	铜棒	ϕ35		1	
4	钳工锤	0.5、2 磅		各 1	
5	销冲				
6	等高块				
7	压块				
8	专用支承圈				
9	油石				
10	V 形架				
11	塞尺	0.02～0.05		1	
12	高度游标卡尺	0～300	0.02	1	
13	游标卡尺	0～150	0.02	1	
14	90°角尺	100 mm×63	1 级	1	
15	杠杆百分表		0.01		
16	千分表		0.001		

续表

序号	名称	规格	刻度值	数量	备注
17	百分表表座			1	
18	锥度心轴	0.015:200			
19	刀口尺	125		1	
20	测量平台		1 级		
21	圆柱角尺		0 级		
22	圆度仪				
23	钻头				
24	铰刀				

5. 列出装配所需的设备

表 12.7　十字板落料模具装配所需的设备

序号	型号	名称	数量	备注
1	Z512	台钻	1	
2	Z3032	摇臂钻床	1	
3	J23-35	压力机	1	
4		油压机	1	
5	S3SL-250	砂轮机	1	
6		钳台	1	
7	125	台虎钳	1	
8	1 级	装配检验平板	1	

四、装配十字板落料模

1. 装配工作准备

1)按照装配图上的模具零件明细表列出加工的模具零件清单,领出相应的模具零件进行清洗整理,并对模具工作零件等重要零件进行仔细检查。

2)列出装配所需的标准件和辅助材料清单,领出相应的标准件和辅助材料。

3)列出装配所需的工具、量具和刃具清单,并准备好工具、量具和刃具。

4)列出装配调试所需的设备,并准备好设备。

2. 装配导柱、导套

1)如图 12.3 所示,选配导柱 3、导套 2。将导柱 3、导套 2 按实际尺寸选择配套,其配合间隙松紧合适。

①先擦净导柱 3 和下模座 16 上导柱孔的配合面,并涂上机油。

②将下模座 16 底平面向上,放在专用支承圈上。

③将导柱 3 与下模座 16 的配合部分先插入下模座 16 上导柱孔内。

④在压力机上进行预压配合，检查导柱 3 与下模座 16 平面的垂直度后继续往下压，直至导柱 3 压入部分的端面压进下模座 16 底面 1 ~2 mm 为止，压完一个后再压另一个。

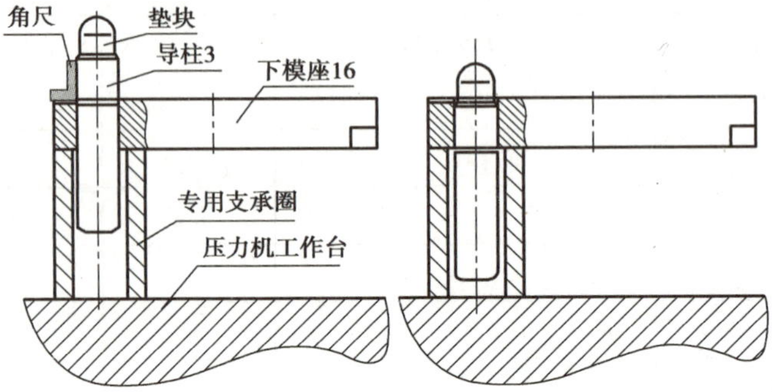

图 12.3　压入导柱

注意：导柱压入后，需要专门的指示器（或 1 级精度宽座 90°角尺）检查其垂直度。导柱与下模座底面的垂直度应符合模架的分级技术指标。若超差，则应退出重新压入。

2）压入导套 2。

①如图 12.4 所示，先擦净导套 2 和上模座 1 上导套孔的配合面，并涂上机油。

②将已压好导柱 3 的下模座 16 放在压力机的工作台上，并垫上专用支承圈。

③将上模座 1 反置套在导柱 3 上。

④将导套 2 套在导柱 3 上，在压力机的作用下将导套 2 预压入上模座 1 内，检查导套 2 在导柱 3 内配合是否良好，最后将导套 2 压入且端面低于上模座 1 顶面 1 ~2 mm。

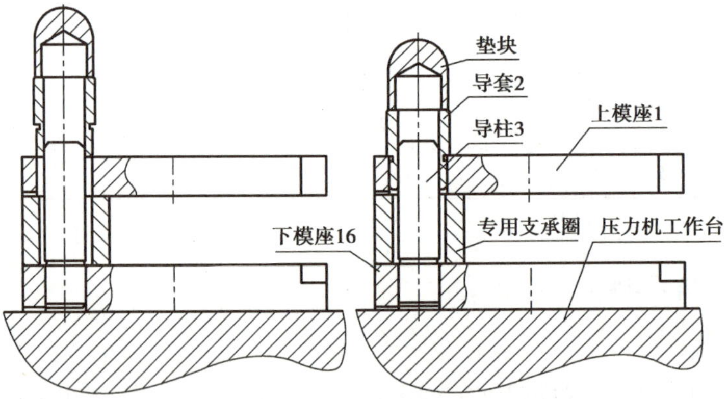

图 12.4　压入导套

3. 模架检测

在压完导柱 3、导套 2 的上、下模座之间垫上球面支承杆，放在平板上，测量模架的平行度。

（1）模架检测技术标准

模架经装配后，必须经过检测。检测的内容主要包括：模架的外观质量、模架上模板上平面对下模板下平面的平行度；导柱轴心线对下模板下平面的垂直度；导套轴心线对上模板上平面的垂直度；导套与导柱之间的配合间隙等。

模架的分级技术指标应按国家标准规定：模架经检测后，应对其进行分级，其分级按表

12.8、表 12.9 的规定。从表中可知：滑动导向模架根据所测的公差结果，按公差等级分为Ⅰ级、Ⅱ级、Ⅲ级；滚动导向模架可分为 0 级、01 级。其分级方法是：滑动导向模架按表 12.8 的技术指标分级，滚动导向模架按表 12.9 的技术指标分级。Ⅰ级模架必须符合 A、B、C 三项技术指标。不符合表中精度指标规定的模架不予列入等级标准。

表 12.8　滑动导向模架分级技术标准

项目	检查项目	被测尺寸/mm	精度等级		
			Ⅰ	Ⅱ	Ⅲ
			公差等级		
A	上模板上平面对下模板下平面的平行度	≤400 ＞400	IT6 IT7	IT7 IT8	IT8 IT9
B	导柱轴心线对下模板下平面的垂直度	≤160 ＞160	IT4 IT5	IT5 IT6	IT6 IT7
C	导套孔轴心线对上模板上平面的垂直度	≤160 ＞160	IT4 IT5	IT5 IT6	IT6 IT7

注：1. 被测尺寸是指：

A 项——上模板的最大长度尺寸或最大宽度尺寸。

B 项——下模板上平面的导柱高度。

C 项——导套孔延长芯轴的高度。

2. 公差等级：按 GB/T 1184—1996《形状和位置公差　未注公差》的规定。Ⅰ级精度的模架必须符合导套、导柱配合精度 H6/h5 时，按表 12.10 给定的配合间隙值；Ⅱ级精度的模架必须导套、导柱配合精度 H7/h6 时，按表 12.10 给定的间隙值。

表 12.9　滚动导向模架分级技术标准

项目	检查项目	被测尺寸/mm	精度等级	
			0	OI
			公差等级	
A	上模座对下模座下平面的平行度	＜400 ＞400	IT4 IT5	IT5 IT6
B	导柱轴线对下模座下平面的垂直度	≤160 ＞160	IT3 IT4	IT4 IT5
C	导套孔轴线对上模座上平面的垂直度	≤160 ＞160	IT3 IT4	IT4 IT5

注：被测尺寸是指：

A 项——上模座的最大长度或最大宽度尺寸。

B 项——下模座下平面的导柱高度。

C 项——导套孔延长芯棒的高度。

表 12.10　导套与导柱的配合要求

配合形式	导柱直径	配合精度		配合后的过盈
		H6/h5	H7/h6	
		配合后的间隙		
滑动配合	≤18	0.003～0.010	0.005～0.015	—
	>18～28	0.004～0.011	0.006～0.018	
	>28～50	0.005～0.013	0.007～0.022	
	>50～80	0.006～0.015	0.008～0.025	
	>80～100	0.006～0.018	0.009～0.028	
滚动配合	>18～35	—	—	0.01～0.02

(2)检测时所用测量器具

1)百分表(GB 1219—75):刻度值 0.01;

2)千分表(JB 1079—75):刻度值 0.001;

3)测量平板(GB 4986—85):精度等级一级;

4)锥度心轴 0.015:200。

(3)检测导柱轴心线对下模座下平面的垂直度

1)将装有导柱 3 的下模座 1 放在检验平台上;

2)用百分表对导柱 3 进行测量;

3)百分表的最大读数、最小读数差即为导柱在图 12.5 所示两个方向的垂直度误差 Δ_x、Δ_y;

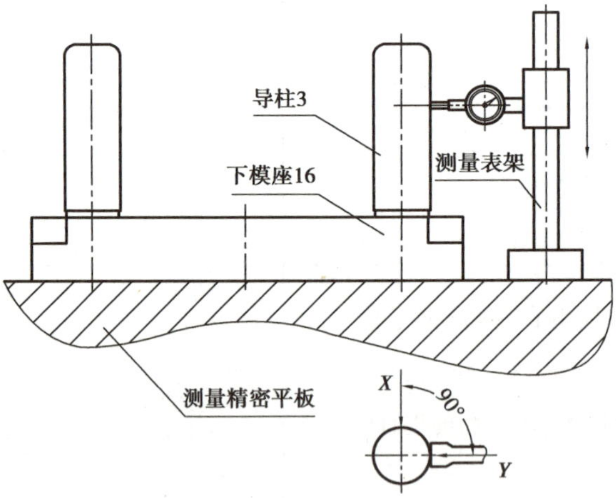

图 12.5　测量导柱垂直度图

4)将 Δ_x、Δ_y 做矢量合成,求得 360°范围内最大误差,即

$$\Delta_{max} = \left| \sqrt{\Delta_x^2 + \Delta_y^2} \right|$$

(4)检测导套孔轴线对上模座上平面的垂直度

1)将装有导套 2 的上模座 1 放在检测平台上。

2)在导套 2 孔内插入有 0.015:200 锥度心轴。

3)测量心轴的垂直度作为导套孔轴线垂直度的误差值,其测量方法与测量导柱相同,如图 12.6 所示。

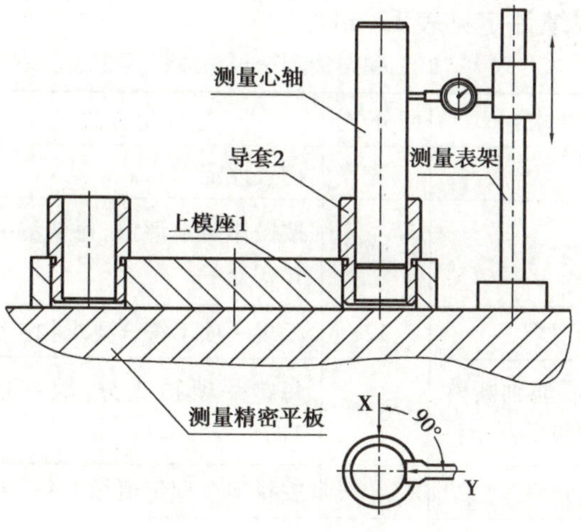

图 12.6　测量导套垂直度

4)测定的读数必须扣除或加上心轴 H 范围内锥度因素,即测得 Δ_x、Δ_y 后,在 360°范围内最大误差 Δ_{max} 按下式计算:

$$\Delta_{max} = \left| \sqrt{\Delta_x^2 + \Delta_y^2} \right|$$

Δ_{max} 即是导套孔轴线对上模板上平面的垂直度误差。

(5)检测上模板上平面对下模板下平面的平行度

1)将装配好的被测模架放在精密的平板上。

2)在上、下模板的中心位置用球面支承块支撑上模板(图 12.7)。

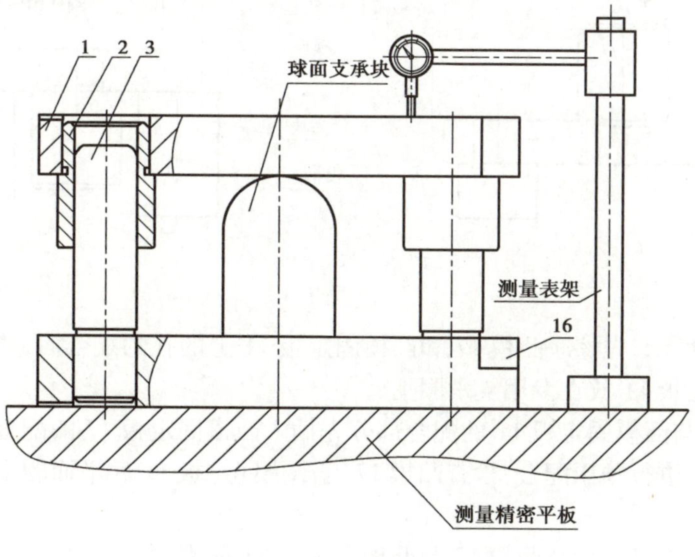

图 12.7　测量模架平行度

1—上模板;2—导套;3—导柱;16—下模座

3)用千分表按规定的测量线测量被测表面(在测量时,球面支承块的高度必须控制在被测模架的闭合高度内)。

4)根据被测表面大小,推动模架或指示器测量架,测整个表面。

5)取千分表(百分表)最大读数、最小读数值之差作为模架上、下平行的误差值。

6)模架检测记录与成绩评定见表12.11。

表12.11 模架检测记录与成绩评定表

项次	项目与技术要求	配分/分	评定方法	实测记录	得分/分
1	准备工作充分	8	检查评定		
2	检测方法正确、规范	32	按操作要求评定,每错漏一项扣3分		
3	各项数据记录符合要求	12	发现一项不符合要求扣4分		
4	数据计算分析正确、能判断模架是否合格及定等级	35	每错一项扣2分,缺一项扣2分		
5	时间安排合理(2 h)	8	安排不合理每项扣1分		
6	安全文明生产	5	违者每次扣2分		

4.装配模柄

1)如图12.8所示,先擦净模柄7和上模座1模柄螺纹孔的配合面,并涂上机油;

2)将上模座1底平面向下放在平板上;

3)将模柄7旋入上模座1的模柄螺纹孔内;

4)模柄7拧紧后,用90°角尺检查模柄7与上模座1平面的垂直度后,再钻、铰圆柱销6的定位销钉孔,用铜棒将圆柱销6打入定位销钉孔中。

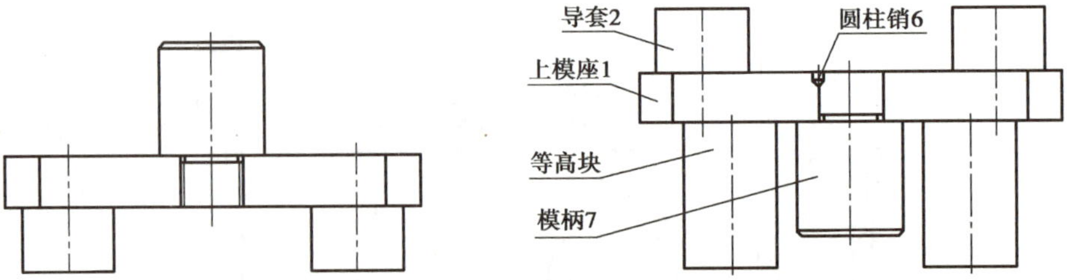

图12.8 模柄的装配

5.装配凸模

1)如图12.9所示,先擦净凸模17和凸模固定板11上的孔的配合面,并涂上机油;

2)将凸模固定板11放在专用支承圈上;

3)将凸模17与凸模固定板11的配合部分先插入凸模固定板17的配合孔内;

4)在压力机上进行预压配合,检查凸模17与凸模固定板11底平面的垂直度后,继续往下压,直至压平为止;

5)安装好凸模17后,检查凸模17与凸模固定板11底平面的垂直度;

6)将装有凸模17的凸模固定板11拿到平面磨床上,把凸模17的螺纹端面与凸模固定板11底平面一起磨平。

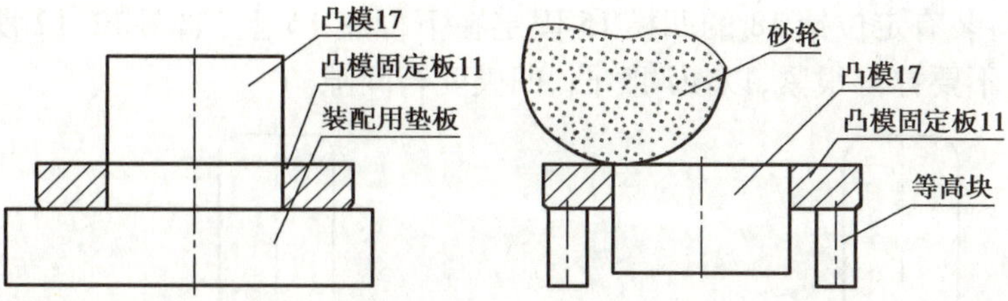

图 12.9　装配凸模

6. 装配定位销

1)如图 12.10 所示,先擦净定位销 18 和凹模 15 上的定位销孔的配合面,并涂上机油。

2)用铜棒将定位销 18 敲打入凹模 15 上的定位销孔内。

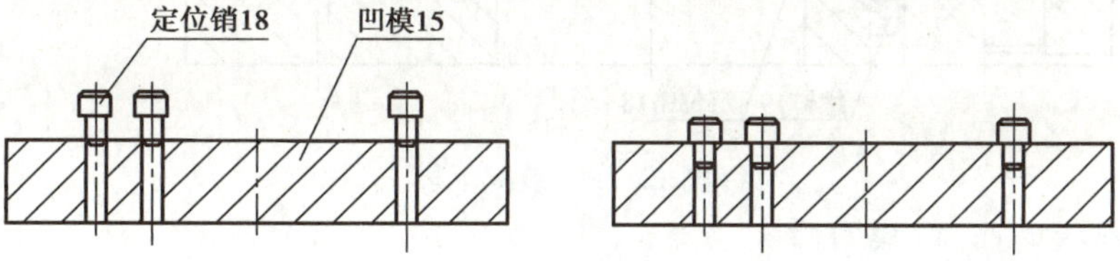

图 12.10　装配定位销

7. 装配上模部分

1)如图 12.11 所示,把装有凸模 17 的凸模固定板 11 平放在等高块上;

2)把上垫板 10 放在凸模固定板 11 上面,用螺钉 8 将凸模 17 固定在上垫板 10 上(螺钉 8 必须拧紧);

3)把装有导套 2 和模柄 7 的上模座放在垫板 10 上,用螺钉 4 将凸模固定板 11 连接在上模座 1 上。(注意:拧紧固螺钉 4 时,不要拧得很紧,以便调整凸、凹模配合间隙。)

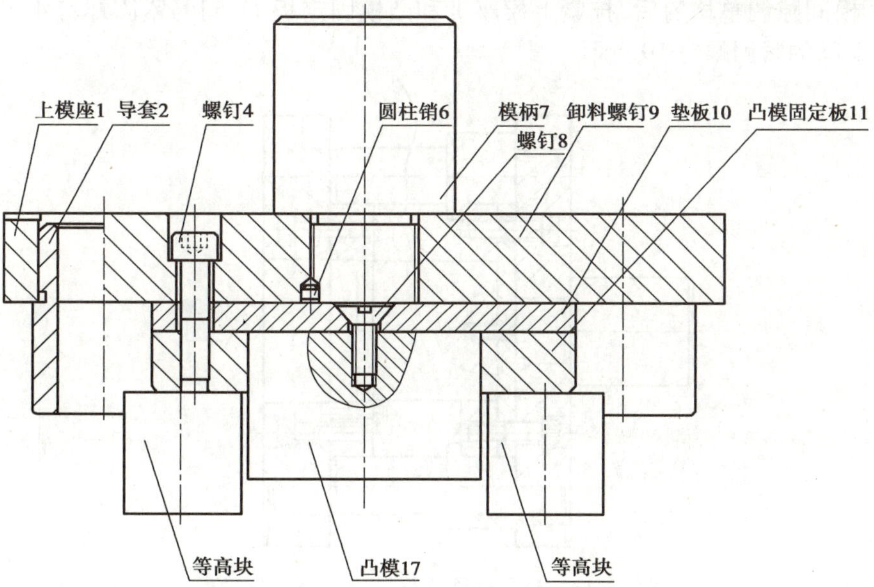

图 12.11　装配上模

8. 装配下模部分

用螺钉 19 将装有定位销 18 的凹模 15 固定在下模座 16 上,如图 12.12 所示。(注意:拧紧固螺钉 19 时,不要拧得很紧,以便调整凸、凹模配合间隙。)

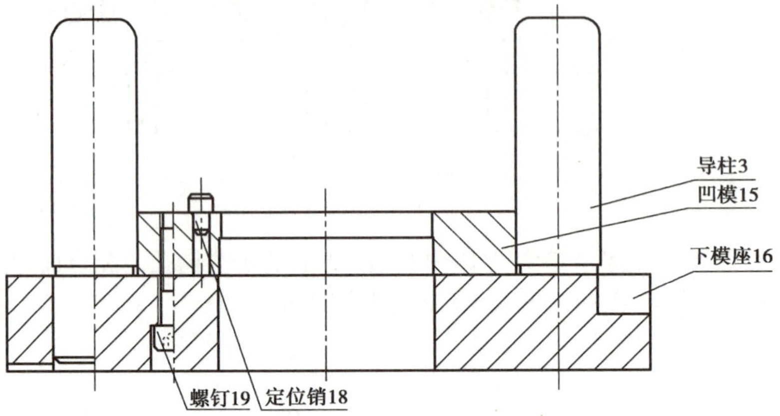

图 12.12　装配下模

9. 调整落料模的凸、凹模间隙

(1)用透光法调整凸、凹模的配合间隙(图 12.13)

1)在模具下模部分的凹模 15 上放上等高块;

2)将模具上模部分的导套 2 慢慢套入下模部分的导柱 3,并把凸模 17 插入凹模 15 的刃口孔;

3)翻转模具。用手电筒照射或用低压灯照射,从漏料孔观察光透过多少,确定间隙是否均匀;

4)用敲击凸模固定板 11 和凹模 15 的方法将凸凹模间隙调整均匀;

5)凸凹模间隙调整均匀后,拧紧上模座 1 和凸模固定板 11 间的紧固螺钉 4,拧紧下模座 16 和凹模 15 间的紧固螺钉 19。

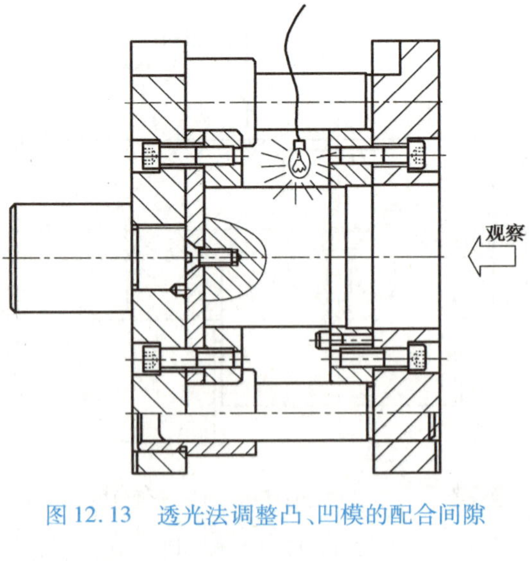

图 12.13　透光法调整凸、凹模的配合间隙

(2)用垫片法调整凸、凹模的配合间隙(图 12.14)

1)在下模部分的凹模 15 刃口四周的适当位置放置垫片,垫片的厚度等于凸凹模的单边间隙;

2)在模具下模部分的凹模 15 上放上等高块;

3)将模具上模部分的导套 2 慢慢套入下模部分的导柱 3;

4)用敲击凸模固定板 11 和凹模 15 的方法,将凸模 17 插入垫有垫片的凹模 15 的刃口孔内,使凸凹模间隙均匀;

5)拧紧上模座 1 和凸模固定板 11 间的紧固螺钉 4,拧紧下模座 16 和凹模 15 间的紧固螺钉 19。

(3)用测量法调整凸、凹模的配合间隙(图 12.15)

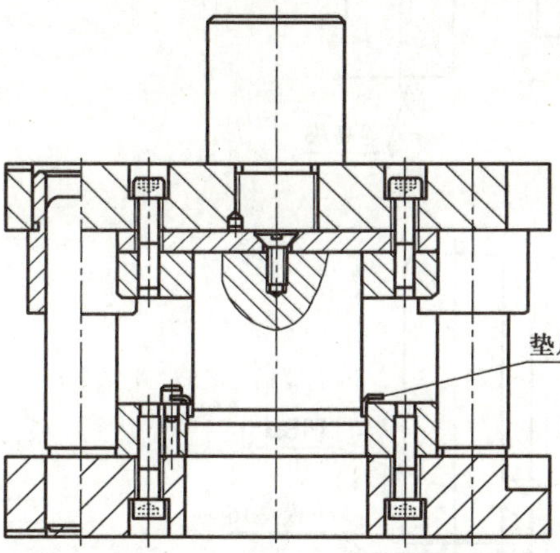

图 12.14　垫片法调整凸、凹模的配合间隙

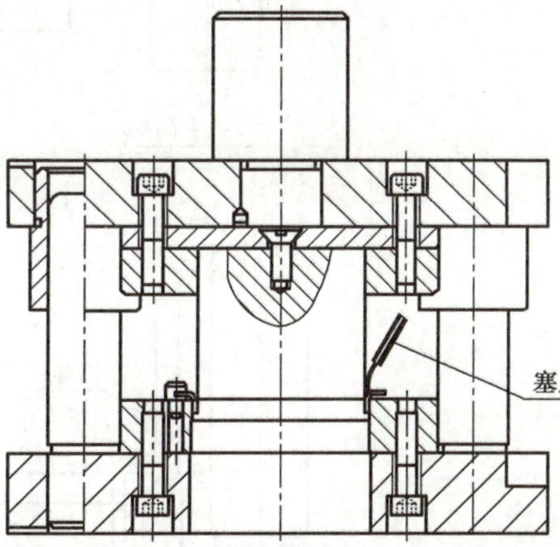

图 12.15　测量法调整凸、凹模的配合间隙

1)在模具下模部分的凹模 15 上放上等高块;

2)将模具上模部分的导套 2 慢慢套入下模部分的导柱 3,并把凸模 17 插入凹模 15 的刃口孔;

3)用塞尺测量凸凹模的间隙;

4)用敲击凸模固定板 11 和凹模 15 的方法,一边敲一边测量,直到凸凹模间隙调整均匀;

5)凸凹模间隙调整均匀后,拧紧上模座 1 和凸模固定板 11 间的紧固螺钉 4,拧紧下模座 16 和凹模 15 间的紧固螺钉 19。

10. 安装定位销

1)取下模具的上模座部分,并将其放在等高块上,在上模座 1 和凸模固定板 11 上钻、铰定位销钉孔,用铜棒将圆柱销 5 敲打入销钉孔内,再用销冲将圆柱销 5 的端面打入销钉孔内,使其低于上模座 1 的上端面,如图 12.16 所示。

2)将模具的下模部分放在等高块上,在下模座 16 和凹模 15 上钻、铰定位销钉孔,用铜棒将圆柱销 14 敲打入销钉孔内,再用销冲将圆柱销 14 的端面打入销钉孔内,使其低于凹模 15 上端面,如图 12.17 所示。

3)再次检查凸、凹模的配合间隙。如果因钻、铰销钉孔而使间隙变得不均匀,则应取出定位销钉,再次调整凸、凹模间隙,待间隙均匀后换位置重新钻、铰定位销钉孔,并装上定位销钉,直到固定后凸、凹模配合间隙仍然保持均匀为止。

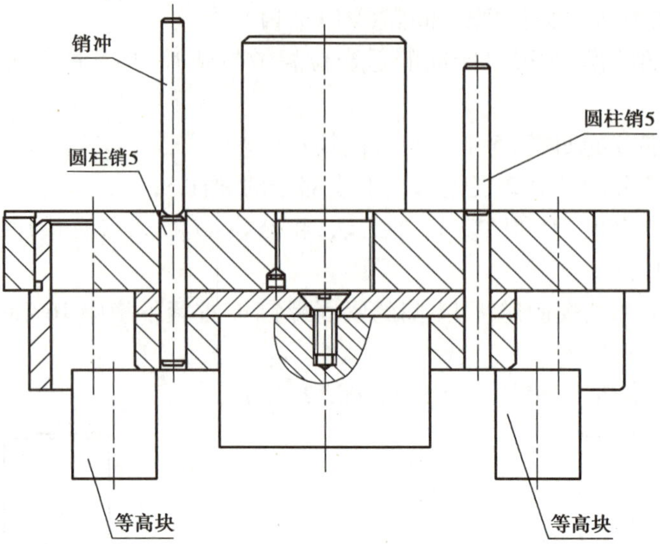

图 12.16　安装上模定位销

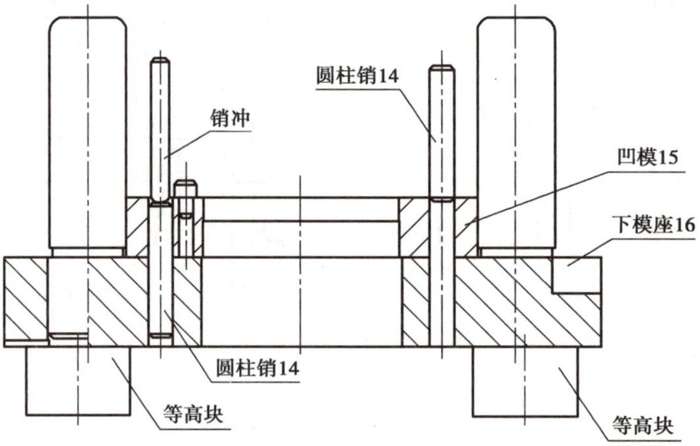

图 12.17　安装下模定位销

11. 装卸料板

1)先将橡胶圈 12 套在凸模 17 上,再将弹压卸料板 13 套在凸模 17 上并压在橡胶圈 12 的上面;

2)用卸料螺钉 9 将弹压卸料板 13 和橡胶圈 12 固定在上模,并保证凸模 17 端面缩进弹压卸料板 13 孔内 0.5 mm 左右。装配后的弹压卸料板 13 必须能灵活移动,如图 12.18 所示。

12. 检验

(1)检验项目

1)模具外观;

2)模具工作零件装配后的技术状态;

3)紧固件装配后的技术状态;

4)导向零件装配后的技术状态;

5)凸、凹模装配后间隙的技术状态;

6)装配后模具闭合高度;

7)顶出、卸料件装配的技术状态;

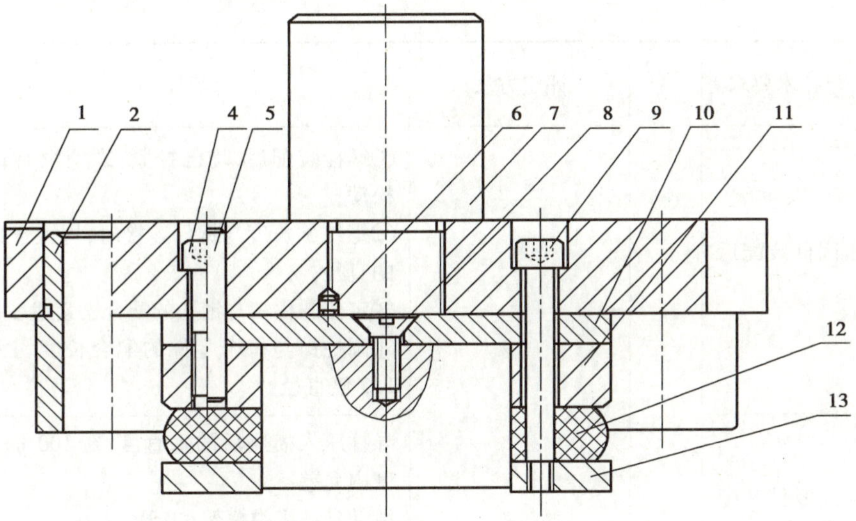

图 12.18　装卸料板

1—上模座;2—导套;4—螺钉;5—圆柱销;6—圆柱销;7—模柄;8—螺钉;
9—卸料螺钉;10—垫板;11—凸模固定板;12—橡胶圈;13—卸料板

8)装配后上模板上平面与下模板下平面的平行度;

9)模柄装配后的技术状态。

(2)模具检测记录与成绩评定(见表 12.12)

表 12.12　模具检测记录与成绩评定表

项次	项目与技术要求	配分/分	评定方法	实测记录	得分/分
1	准备工作充分	8	检查评定		
2	检测方法正确、规范	30	按操作要求评定、错漏一项扣 3 分		
3	(1)模具外观检验	20	各项数据记录符合要求,发现一项不符合要求扣 4 分	①模具加工表面平整,无锈斑、锤痕、碰伤、焊补等,除刃口、型孔以外的锐边、尖角已倒钝; ②模具质量大于 25 kg 时,模具本身装有起重杆或吊钩、吊环; ③模具的正面模板上,已按规定打刻了编号、图号、制件号、使用压力机型号、制造日期等	
	(2)模具工作零件装配后的状态			1. 凸模、凹模与固定板安装基面装配后,在 100 mm 长度上垂直度允许误差: 刃口间隙≤0.06 mm 时小于 0.04 mm, 刃口间隙为 0.06 ~0.15 mm 时小于 0.08 mm, 刃口间隙≥0.15 mm 时小于 0.12 mm; 2. 凸模、凹模与固定板装配后,其安装尾部与固定板安装面已在平面磨床上磨平,$Ra = 1.6 \sim 0.80$ μm 以内	

续表

项次	项目与技术要求	配分/分	评定方法	实测记录	得分/分
3	(4)紧固件装配后的状态		各项数据记录符合要求，发现一项不符合要求扣4分	①螺栓装配后，均已拧紧；螺栓没有任何松动； ②螺纹旋长度与钢件连接时，均大于螺栓的直径； ③定位圆柱销与销孔的配合松紧适度； ④圆柱销与每个零件的配合长度均大于1.5倍直径	
	(5)导向零件装配后的状态			导柱压入模座后的垂直度，在100 mm长度内允差： 滑动导柱Ⅰ类模架≤0.01 mm； 滑动导柱Ⅱ类模架≤0.015 mm； 滑动导柱Ⅲ类模架≤0.02 mm	
	(6)凸、凹模装配后间隙的分布状态			①冲裁凸、凹模的配合间隙均匀； ②冲裁凸、凹模的配合间隙误差不大于规定间隙的20%； ③局部尖角或转角处不大于规定间隙的30%	
	(7)装配后模具闭合高度			①模具闭合高度≤200 mm时，允许误差1～-3 mm； ②模具闭合高度为200～400 mm时，允许误差2～-5 mm； ③模具闭合高度>400 mm时，允许误差3～-7 mm	
	(8)顶出、卸料件装配后的状态			①冲压模具装配后，其卸料板露出凸模模面0.5～1 mm； ②卸料机构动作要灵活，无卡阻现象	
	(9)装配后上模板上平面与下模板下平面的平行度			①刃口间隙≤0.06 mm时，300 mm长度内允差0.06 mm； ②刃口间隙>0.06 mm时，300 mm长度内允差0.08 mm	
	(10)模柄装配后的状态			模柄对上模板垂直度在100 mm长度内允差不大于0.05 mm	
4	数据计算分析正确，能判断模具是否合格	30	每错一项扣2分，缺一项扣2分		

续表

项次	项目与技术要求	配分/分	评定方法	实测记录	得分/分
5	时间安排合理	8	安排不合理，每项扣 1 分		
6	安全文明生产	4	违者每次扣 2 分		
合计		100			

13. 安装调试模具

1）根据工艺卡上的模具图号，确认完成该工序所需的模具，并检查模具工作状态是否良好，否则需重新修理。

①对照图样检查冲模安装是否完整；

②检查冲模表面是否符合技术要求；

③冲模安装之前，检查凸模的中心线与凹模工作平面是否垂直、凸模与凹模间隙是否均匀；

④检查凸模进入凹模的深度是否与板料厚度相符合。

2）根据工艺卡上指定的压力机确定使用的设备，阅读压力机铭牌，核对技术指标（图 12.19），如 J23-35 压力机参数表。

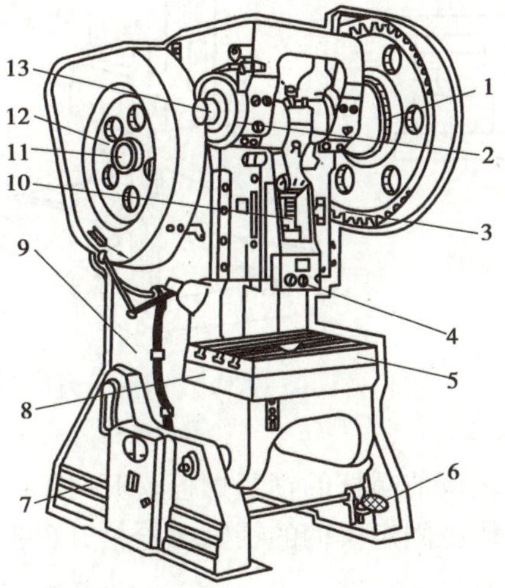

图 12.19　开式双柱可倾式曲柄压力机

1—离合器；2—制动器；3—大齿轮；4—滑块；5—工作台垫板；6—脚踏板；7—底座；8—工作台 9—床身；10—连杆；11—传动轴；12—带轮；13—曲柄

3）仔细检查设备，只有在确认压力机的技术状态良好的情况下，才能着手安装模具。

①检查压力机的刹车、离合器及操纵机构是否能正常工作；

②检查压力机上的打料螺钉，并把它调整到适当位置，以免调节滑块的闭合高度时顶弯或顶断压力机上的打料机构；

③按压力机起动手柄或脚踏板，滑块不应有连冲现象，若发生连冲，经调整消除后再安装冲模。

4）用干净的棉纱把压力机工作台面、滑块的底面和模具上、下面擦拭干净（图 12.20）。

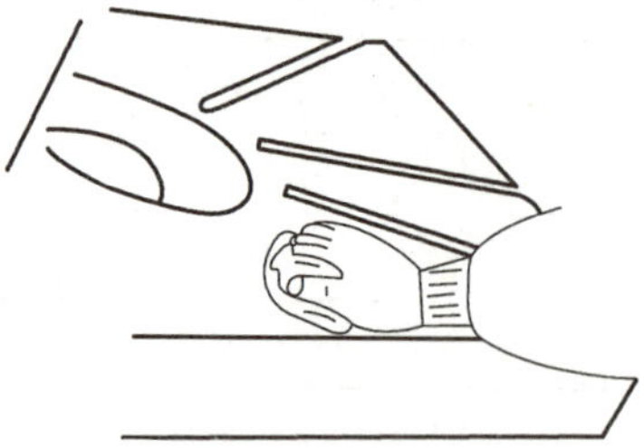

图 12.20　擦拭工作台面

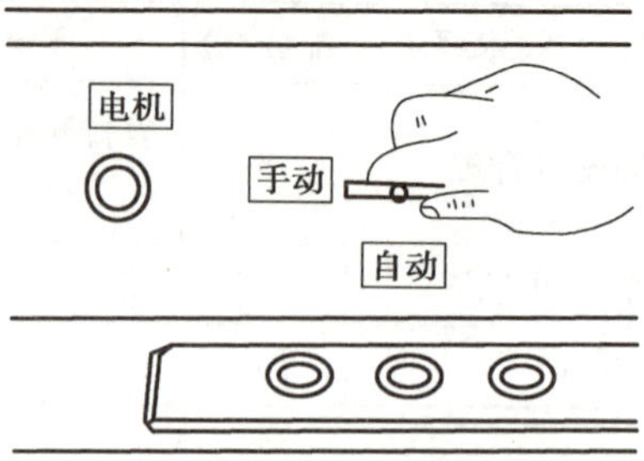

图 12.21　调整行程开关

5）合上电源开关，接通电源。

6）将行程开关拨至“手动”位置（图 12.21）。

7）按下电动机“开动”按钮，起动设备。

8）以“手动”方式将压力机滑块降至下止点后，按下停机按钮关机。

9）用钢直尺测量压力机工作台面到滑块底面的闭合高度与待装模具的闭合高度进行比较（图 12.22、图 12.23）。

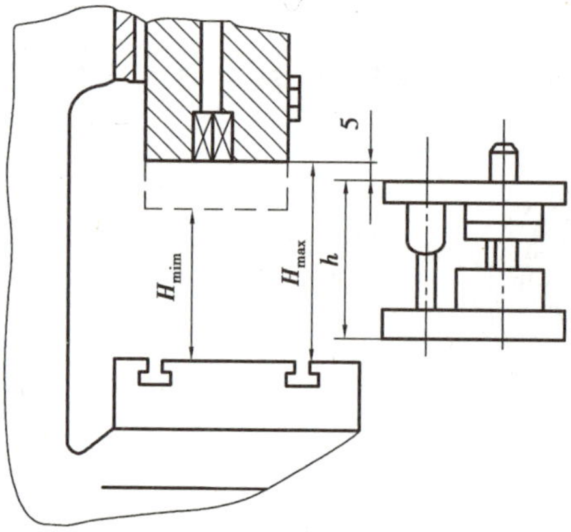

图 12.22　闭合高度

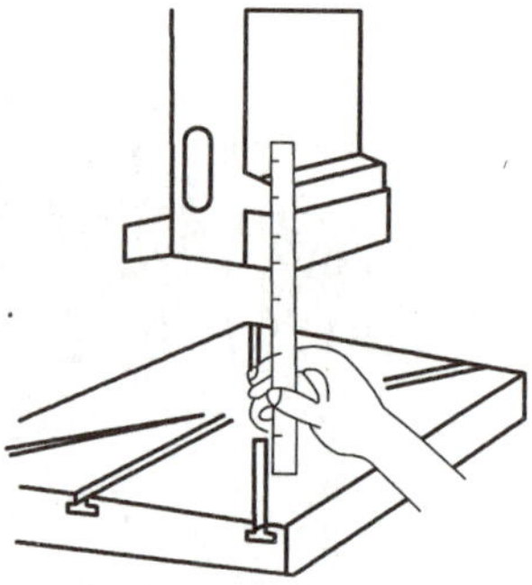

图 12.23　测量压力机的闭合高度

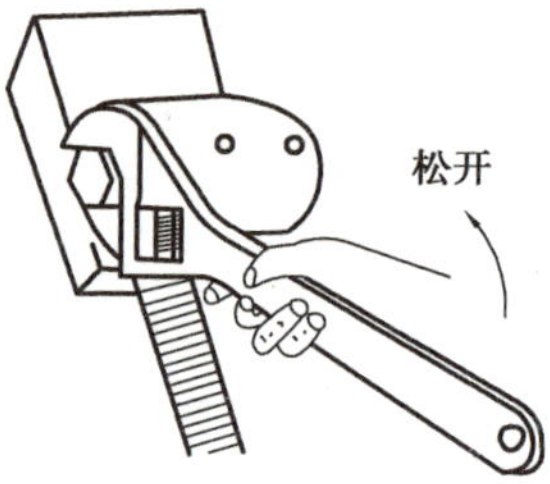

图 12.24　松开锁紧螺栓

10）用活扳手把压力机滑块调节螺杆的锁紧螺栓松开（图 12.24）。

11）用活扳手将压力机滑块上固定模柄的锁紧螺栓松开（图 12.25）。

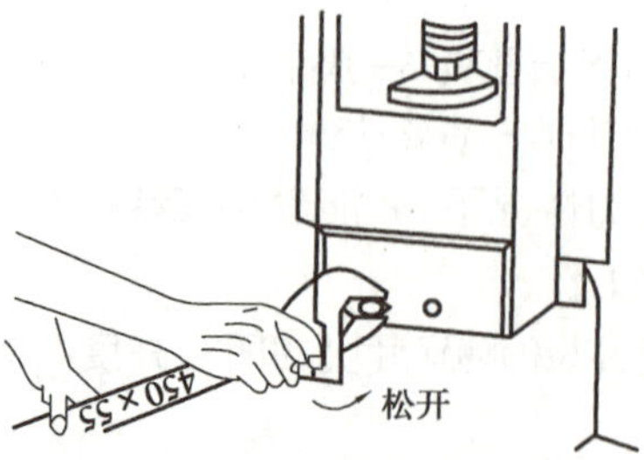

图 12.25　松开模柄的锁紧螺栓

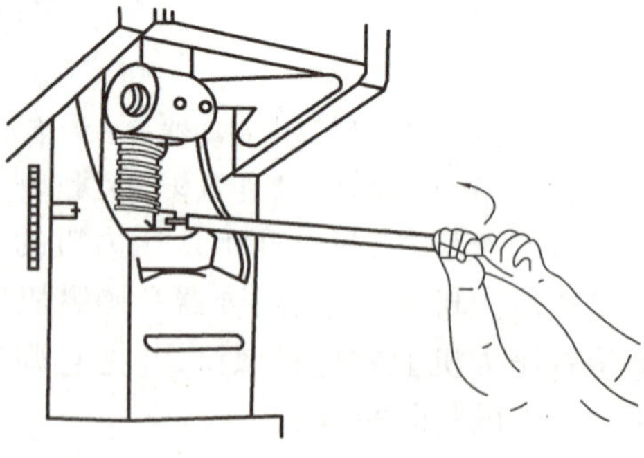

图 12.26　调闭合高度

12)用活扳手扳动压力机滑块调节螺杆,将滑块调到高于待装模具闭合高度的位置(图 12.26)。

13)把模具安放在压力机工作台板中心位置,模具的模柄应对准压力机滑块下平面上的模柄孔(图 12.27)。

14)用活扳手扳动调节压力机螺杆,向下调整压力机的闭合高度,使模具的模柄完全进入模柄孔内(图 12.28)。

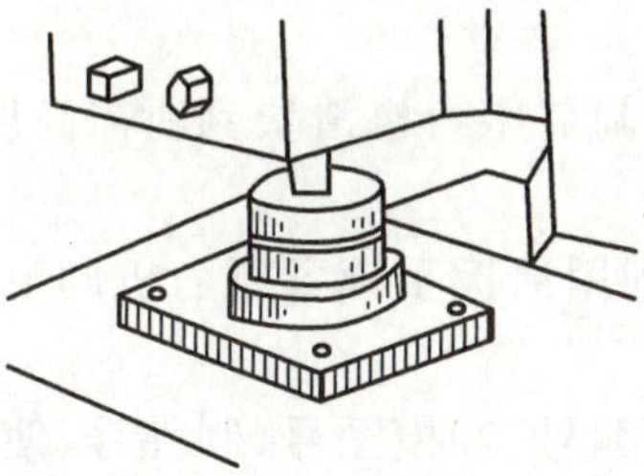

图 12.27 模柄对准压力机的模柄孔

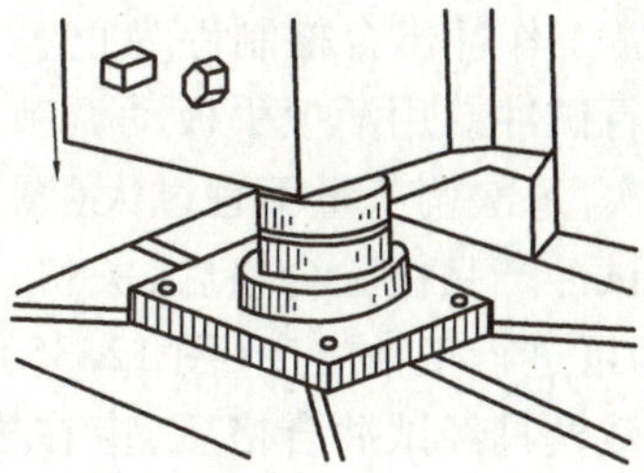

图 12.28 模柄进入模柄孔内

15)用活扳手锁紧压力机滑块上的锁紧螺栓,将模具的上模紧固在压力机的滑块上(图 12.29)。

16)用压板及 T 形安装螺钉初步将下模固定在压力机的工作台上,并稍拧紧安装螺钉(图 12.30)。

图 12.29 锁紧滑块上的锁紧螺栓

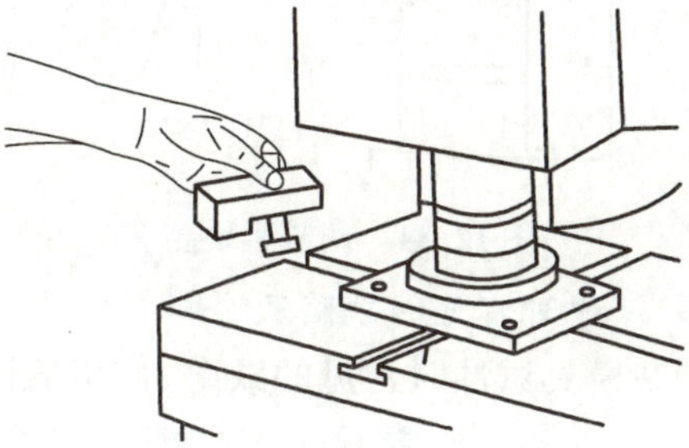

图 12.30 下模固定

17)起动设备。

18)将压力机滑块上升到上死点后,按下停机按钮关机。

19)在检查冲模内无异状、异物后,将手或撬杠插入飞轮外缘的孔内,转动压力机的飞轮,使滑块下降至上、下模处于完全闭合的状态。如果是成形零件,如压弯、拉深等,应首先在下模内放入半成品,再使上模进入下模内,使上、下模中心重合(图 12.31)。

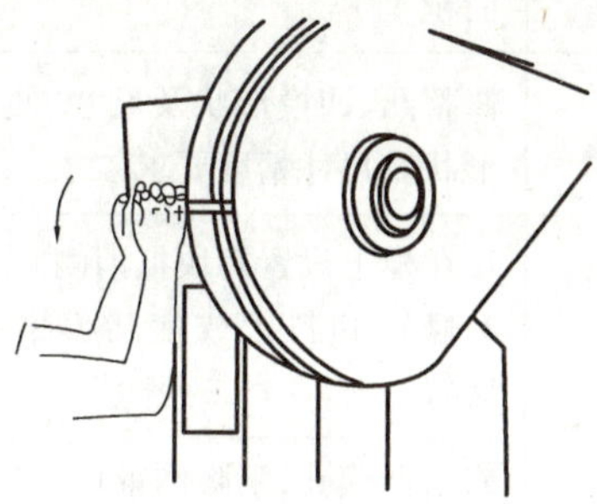

图 12.31 用撬杠转动飞轮

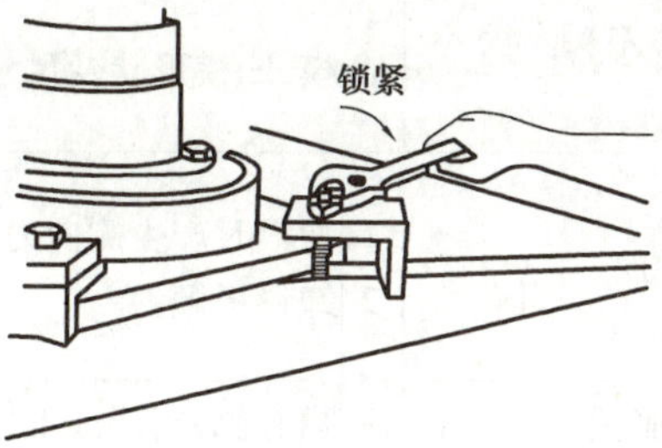

图 12.32 紧固下模

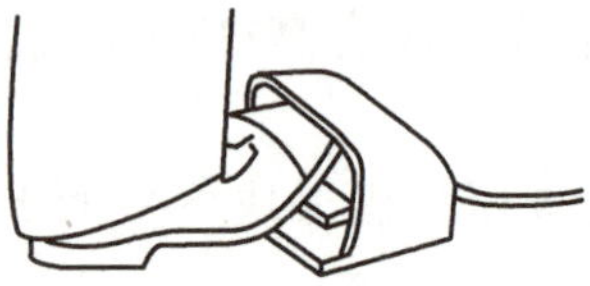

图 12.33　踩下脚踏开关

20）紧固下模。用活扳手对称交错拧紧 T 形安装螺钉上的紧固螺母（图 12.32）。

21）起动设备，踩下脚踏开关，空运转设备几次（图 12.33）。

14. 试冲

模具装配以后，必须在生产条件下进行试冲。通过试冲可以发现模具设计和制造的不足，并找出原因以利改正。能够对模具进行适当的调整和修理，直到模具正常工作冲出合格制件为止。

1）进行试冲。用活扳手扳动调节压力机螺杆，逐步调节压力机滑块到所需高度，每调一次试冲一次，每次调节量不宜过大（图 12.34）。

2）待试冲产品检验合格后，关机。如需进行生产，则用活扳手锁紧压力机调节螺杆的锁紧螺栓，即可进行正常生产（图 12.35）。

3）冲裁模具经试冲合格后，应在模具模板正面打刻编号、冲模图号、制件号、使用压力机型号、制造日期等，并涂油防锈，经检验合格后入库。

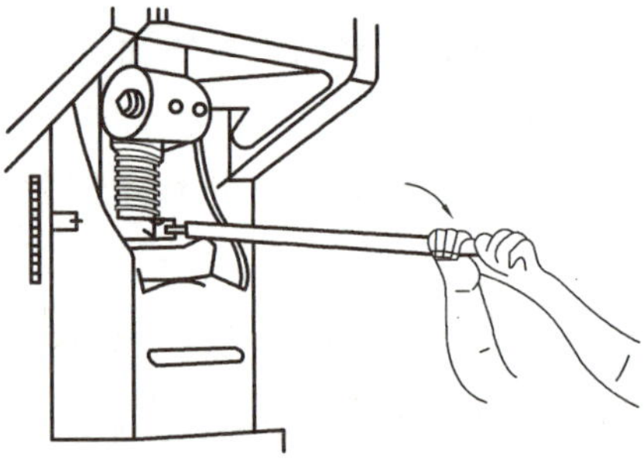

图 12.34　调节滑块高度

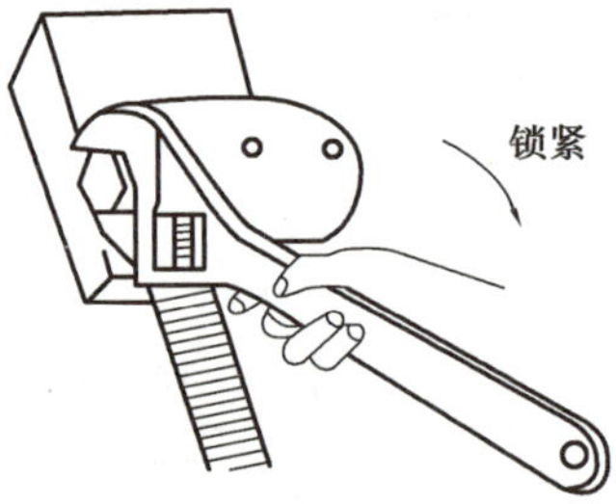

图 12.35　锁紧调节螺杆

15. 试冲时常见的缺陷及分析

冲裁模具试冲时常见的缺陷、产生原因和调整方法见表 12.13。

表 12.13　冲裁模具试冲时常见的缺陷、产生原因和调整方法

缺陷	产生原因	调整方法
冲件毛刺过大	1. 刃口不锋利或淬火硬度不够； 2. 间隙过大或过小，间隙不均匀	1. 修磨刃口使其锋利； 2. 重新调整凸凹模间隙，使之均匀
冲件不平整	1. 凹模有倒锥； 2. 顶出杆与顶出器接触零件面太小； 3. 顶出杆、顶出器分布不均匀	1. 修磨凹模后角； 2. 更换顶出杆，加大与零件的接触面积
尺寸超差、形状不准确	凸模、凹模形状及尺寸精度差	修整凸、凹模形状及尺寸，使之达到形状及尺寸精度要求
凸模折断	1. 冲裁时产生侧向力； 2. 卸料板倾斜	1. 在模上设置靠块抵消侧向力； 2. 修整卸料板或使凸模增加导向装置
凹模被胀裂	凹模有侧锥，形成上口大、下口小	修磨凹模孔，消除倒锥现象

续表

缺陷	产生原因	调整方法
凸、凹模刃口相咬	1. 上模座、下模座、固定板、凹模、地板等零件安装基面不平行； 2. 凸、凹模错位； 3. 凸模、导柱、导套与安装基面不垂直； 4. 导向精度差，导柱、导套配合间隙过大； 5. 卸料板孔位偏斜使冲孔凸模移位	1. 调整有关零件重新安装； 2. 重新安装凸、凹模，使之对正； 3. 调整其垂直度重新安装； 4. 更换导柱、导套； 5. 修整或更换卸料板
冲裁件剪切断面光亮带宽，甚至出现毛刺	冲裁间隙过小	适当放大冲裁间隙，对冲孔模间隙加大在凹模方向上，对落料模间隙加大在凸模方向上
剪切断面光亮带宽窄不均匀，局部有毛刺	冲裁间隙不均匀	修磨或重装凸模或凹模，调整间隙保证均匀
外形与内孔偏移	1. 在连续模中孔与外形偏心，并且所偏的方向一致，表明侧刃的长度与步距不一致； 2. 连续模多件冲裁时，其他孔形正确，只有一孔偏心，表明该孔凸、凹模位置有变化； 3. 复合模孔形不正确，表明凸、凹模相对位置偏移	1. 加大（减小）侧刃长度或磨小（加大）挡料块尺寸； 2. 重新装配凸模并调整其位置使之正确； 3. 更换凸（凹）模，重新进行装配调整合适
送料不通畅，有时被卡死，易发生在连续冲模	1. 两导料板之间的尺寸过小或有斜度； 2. 凸模与卸料板之间的间隙太大，致使搭边翻转而堵塞； 3. 导料板的工作面与侧刃不平行，卡住条料，形成锯齿形； 4. 侧刃与导料板挡块之间有缝隙，配合不严密，毛刺大	1. 粗修或重新装配导料板； 2. 减小凸模与导料板之间的配合间隙，重新浇注卸料板孔； 3. 重新装配导料板，使之平行； 4. 修整侧刃及挡块之间的间隙，使之严密
卸料及卸件困难	1. 卸料装置不动作； 2. 卸料弹力不够； 3. 卸料孔不畅，卡住废料； 4. 凹模有倒锥； 5. 漏料孔太小； 6. 料杆长度不够	1. 重新装配卸料装置，使之灵活； 2. 增加卸料弹力； 3. 修整卸料孔； 4. 修整凹模； 5. 加大漏料孔； 6. 加长拉料杆

五、实训记录与成绩评定

1. 评分标准

1）在规定时间内完成不加分也不扣分。

2）未达到图纸要求的，按评分标准扣分。

3）依据《配分与评分标准》评分。

2. 评分方法

1)按单项记分扣分,每个检测尺寸检测不少于两点(以最大误差值计算)。

2)各项配分,按精度最高和难易程度制订。

3. 十字板落料模装配实训记录及成绩评定表

表 12.14 十字板落料模装配实训记录及成绩评定表

项次	项目与技术要求	配分/分	评定方法	实测记录	得分/分	备注
1	准备工作充分	6	每缺一项扣 1 分			
2	装配过程安排合理	6	安排不合理每一处扣 1 分			
3	凸模与固定板的装配	10	测量			
4	模柄的装配	8	测量			
5	凸模与凹模的装配	12	测试			
6	导柱、导套及模架的装配	12	测试			
7	总装	30	总体评定			
8	装配质量符合技术要求	10	发现一项不符合要求扣 2 分			
9	安全文明生产	6	违者每次扣 2 分			
合计		100				

评分人: 年 月 日

任务 12.2 U 形板弯曲成形模装配与调试

一、工作任务单

1)读 U 形板弯曲成形模装配图;

2)编写装配工艺;

3)用机械固定法装配模具;

4)正确使用量具测量模具;

5)安装调试模具。

表 12.15 U 形板弯曲成形模具明细表

序号	图号(标准号)	名称	数量	材料	热处理	备注
1	CM3-1	上模座	1	Q235		
2	GB/T 119.1—2000	圆柱销 10×80	2	35	28～38HRC	
3	CM3-2	凸模	1	T8A	58～60HRC	
4	CM3-3	凹模镶块	2	T10	58～60HRC	
5	GB/T 5781—2000	螺栓 M6×12	4	Q235		

续表

序号	图号(标准号)	名称	数量	材料	热处理	备注
6	CM3-4	定位板	2	45	43 ~ 48	
7	CM3-5	下模座	1	Q235		
8	CM3-6	推料块	1	T10A	58 ~ 60HRC	
9	GB/T 70.1—2000	螺钉 M8 × 30	4	35		
10	CM3-7	顶杆	2	45		
11	CM3-8	推料板	2	45	43 ~ 48 HRC	
12	CM3-9	橡胶	1	聚氨酯橡胶		
13	GB/T 41.1—2000	螺母 M12	2	Q235		
14	CM3-10	双头螺杆	1	35	28 ~ 38 HRC	

二、教学设计

表 12.16　U 形板弯曲成形模装配与调试教学设计表

<table>
<tr><td>课程名称</td><td colspan="2">U 形板弯曲成形模装配与调试</td><td>学时</td><td>10 学时</td></tr>
<tr><td>工作任务</td><td colspan="4">完成 U 形板弯曲成形模装配与调试</td></tr>
<tr><td>教学目标</td><td colspan="4">完成 U 形板弯曲成形模装配与调试,使学生具备装配与调试弯曲成形模具的能力</td></tr>
<tr><td>重点难点</td><td colspan="4">1. 凸、凹模间隙调整;
2. 模具安装调试</td></tr>
<tr><td>教学方法</td><td colspan="4">讲授法、现场教学法、实践法</td></tr>
<tr><td rowspan="7">教学设计</td><td>教学组织</td><td>教学资源要求</td><td>教学方法</td><td>时间</td></tr>
<tr><td>任务引入,任务分析</td><td>工作任务单</td><td>讲授</td><td>0.5 学时</td></tr>
<tr><td>组织学生按组进行工艺分析,形成工艺文件</td><td>视频、PPT</td><td>讲授</td><td>1 学时</td></tr>
<tr><td>工具、量具、刃具、材料准备</td><td>工具、量具、刃具、材料足够</td><td>学生按制度领用</td><td>0.5 学时</td></tr>
<tr><td>任务实施</td><td>设备、工具、量具、刃具</td><td>学生练习,教师巡回指导</td><td>6 学时</td></tr>
<tr><td>任务评价</td><td>量具具有法定精度</td><td>学生按标准自测评价,教师抽查</td><td>1 学时</td></tr>
<tr><td>冲裁模具试冲时常见缺陷分析与指导</td><td>缺陷分析表</td><td></td><td>1 学时</td></tr>
<tr><td>参考资料学习资源</td><td colspan="4">钳工技能实训教材</td></tr>
</table>

三、装配工作准备

1. 技术资料准备

1)U 形板制件图

2)U 形板弯曲成形模装配图(图 12.36)

3)U 形板弯曲成形模零件图

4)冲压模具装配的技术要求。

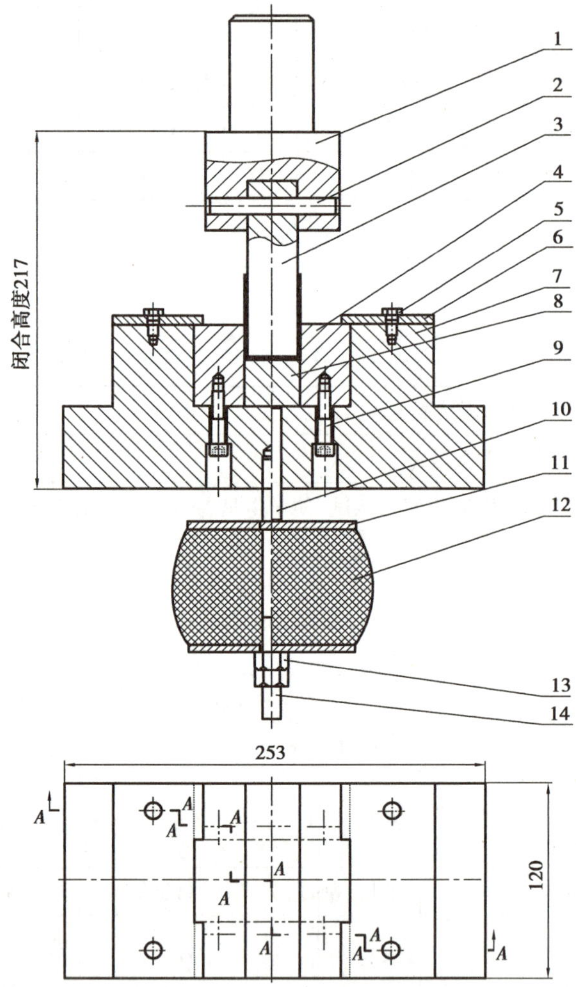

图 12.36　U 形板弯曲成形模装配图

1—上模座;2—圆柱销;3—凸模;4—凹模镶块;5—螺栓;6—定位板;7—下模座;
8—推料块;9—螺钉;10—顶杆;11—推料板;12—橡胶;13—螺母;14—双头螺杆

冲压模具装配的技术要求见表 12.2。

2. 工作任务分析

图 12.36 所示为一副典型的 U 形零件弯曲模具(U 形板弯曲成形模),其零部件列表见表 12.15。本次学习任务是将零件装配成整套模具,并安装在压力机上,通过试冲、调节获得图

12.37 所示的冲压件。

1)模具工作原理

图 12.36 所示的 U 形板弯曲成形模是一副典型的 U 形零件弯曲模具,上模由上模座 1、圆柱销 2、凸模 3 组成;下模由下模座 7、凹模镶块 4、定位板 6、推料块 8、顶杆 10、推料板 11、橡胶 12、双头螺杆 14 以及螺栓 5、螺钉 9 和螺母 13 组成。上模通过上模座 1 安装在压力机滑块上,下模则由压板压紧固定在压力机工作台上。

模具工作过程:冲压毛坯由安装在下模座 7 上的定位板 6 定位送入模具中;上模在压力机滑块的作用下下行,凸模 10、凹模镶块 4 和推料块 8 将板料成形,上模随压力机滑块上行,已成形的零件由推料块 8 从凹模中顶出。取出已成形的 U 形板同时放入下一个冲压毛坯,开始下一个环节。

2)编写模具装配工艺流程

3. 清点模具零件、标准件和辅助材料

1)按照装配图上的模具零件明细表列出加工的模具零件清单,领出相应的模具零件和标准件进行清洗整理,并对模具工作零件等重要零件进行仔细检查。

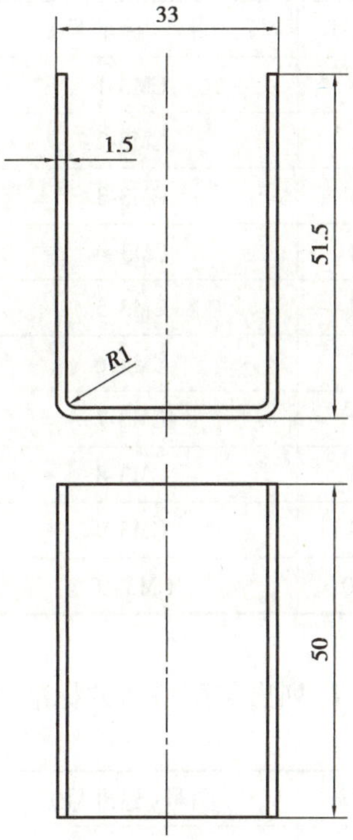

图 12.37　U 形板制作图

表 12.17　U 形板弯曲成形模装配工艺卡

<table>
<tr><td colspan="3" rowspan="2">装配工艺卡</td><td>产品代号</td><td>产品名称</td><td>工作令号</td></tr>
<tr><td></td><td>U 形板弯曲成形模</td><td></td></tr>
<tr><td>工序号</td><td>工序名称</td><td colspan="2">工序内容</td><td>检查记录</td><td>备注</td></tr>
<tr><td>1</td><td>工作准备</td><td colspan="2">(1)清点模具零件、标准件和辅助材料;
(2)准备好工具、量具和刃具</td><td></td><td></td></tr>
<tr><td>2</td><td>装配上模部分</td><td colspan="2">用圆柱销 2 将凸模 3 固定在上模座 1 上</td><td></td><td></td></tr>
<tr><td>3</td><td>装配下模部分</td><td colspan="2">用螺钉将下模部分的零件固定在下模座上</td><td></td><td></td></tr>
<tr><td>4</td><td>装配卸料机构</td><td colspan="2">将卸料机构的零件固定在下模模座上</td><td></td><td></td></tr>
<tr><td>5</td><td>检验</td><td colspan="2"></td><td></td><td></td></tr>
<tr><td>6</td><td>安装调试模具</td><td colspan="2">在压力机上安装调试模具</td><td></td><td></td></tr>
<tr><td>7</td><td>试冲</td><td colspan="2">在压力机上试冲零件</td><td></td><td></td></tr>
<tr><td>8</td><td>入库</td><td colspan="2"></td><td></td><td></td></tr>
</table>

表 12.18　U 形板弯曲成形模具零件清单

序号	图号(标准号)	名称	数量	备注
1	CM3-1	上模座	1	
2	CM3-2	凸模	1	
3	CM3-3	凹模镶块	2	
4	CM3-4	定位板	2	
5	CM3-5	下模座	1	
6	CM3-6	推料块	1	
7	CM3-7	顶杆	2	
8	CM3-8	推料板	2	
9	CM3-9	橡胶	1	
10	CM3-10	双头螺杆	1	

2)列出装配所需的标准件和辅助材料,领出相应的标准件和辅助材料。

表 12.19　U 形板弯曲成形模具辅助材料清单

序号	图号(标准号)	名称	数量	备注
1	GB/T 119.1—2000	圆柱销 10×80	2	
2	GB/T 5781—2000	螺栓 M6×12	4	
3	GB/T 70.1—2000	螺钉 M8×30	4	
4	GB/T 41.1—2000	螺母 M12	2	
5		煤油		
6		扁刷	1	
7		清洗盆	1	
8		全损耗系统油		
9		棉纱头		
10		破布		

4. 列出装配所需的工具、量具和刃具清单,并准备好工具、量具和刃具

表 12.20　U 形板弯曲成形模具装配所需的工具、量具和刃具清单

序号	名称	规格	刻度值	数量	备注
1	内六角扳手			1	
2	活动扳手	200		2	
3	铜棒	$\phi35$		1	
4	钳工锤	0.5、2 磅		各 1	

续表

序号	名称	规格	刻度值	数量	备注
5	销冲			1	
6	等高块				
7	压块				
8	专用支承圈				
9	压板				
10	油石				
11	V 形架				
12	塞尺	0.02 ~ 0.05		1	
13	高度游标卡尺	0 ~ 300	0.02	1	
14	游标卡尺	0 ~ 150	0.02	1	
15	90°角尺		1 级	1	
16	百分表		0.01		
17	千分表		0.001		
18	千分尺		0.001		
19	内径千分表				
20	测量平台		1 级		
21	圆柱角尺		0 级		
22	圆度仪				
23	钻头				
24	铰刀				

5. 列出装配所需的设备

表 12.21　U 形板弯曲成形模具装配所需的设备

序号	型号	名称	数量	备注
1	Z512	台钻	1	
2	Z3032	摇臂钻床	1	
3	J23-35	压力机	1	
4	S3SL-250	砂轮机	1	白刚玉砂轮
5		钳台	1	
6	125	台虎钳	1	
7	1 级	装配检验平板	1	

四、装配 U 形板弯曲成形模

1. 装配工作准备

1)按照装配图上的模具零件明细表列出加工的模具零件清单,领出相应的模具零件和标准件进行清洗整理,并对模具工作零件等重要零件进行仔细检查。

2)列出装配所需的辅助材料清单,领出相应的辅助材料。

3)列出装配所需的工具、量具和刃具清单,并准备好工具、量具和刃具。

4)列出装配调试所需的设备,并准备好设备。

2. 装配上模部分

(1)压装凸模,如图 12.38 所示。

1)先擦净上模座 1 和凸模 3,并在上模座 1 和凸模 3 的配合面涂上机油;

2)将上模座 1 底平面向上放在装配平板上;

3)将凸模 3 对准上模座 1 上的凹槽,用直角尺检查凸模 3 的侧面与上模座 1 底平面的垂直度后,用铜棒将凸模 3 敲打入上模座 1 上的凹槽;(注意:凸模 3 敲打入上模座 1 上的凹槽一小部分后,再次检查凸模 3 的侧面与上模座 1 底平面的垂直度,发现问题及时修正。)

4)检查凸模 3 顶面是否与上模座 1 上的凹槽底面完全接触,若未完全接触,可用铜棒敲打凸模 3 使其与凹槽底面完全接触。

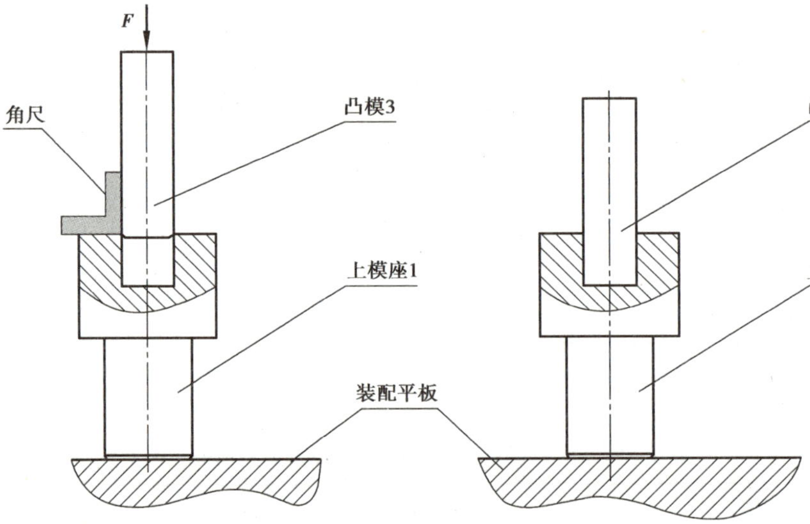

图 12.38 压装凸模

(2)装配圆柱销

1)将装有凸模 3 的上模座 1 装夹在平口钳上,配、钻、铰圆柱销孔,如图 12.39 所示;

2)将销孔清理干净后,把涂有机油的圆柱销 2 用铜棒敲打入圆柱销孔,如图 12.40 所示。

3. 装配下模部分(图 12.41)

1)将待装配的模具零部件擦拭干净,并在零部件表面薄薄涂上一层机油;

2)将凹模镶块 4 用螺钉 9 固定在下模座 8 上组成弯曲凹模,固定时需保证凹模镶块 4 的侧面紧贴下模座 7 的凹槽内侧面;

3)将定位板 6 用螺栓 5 固定在下模座 7 上。

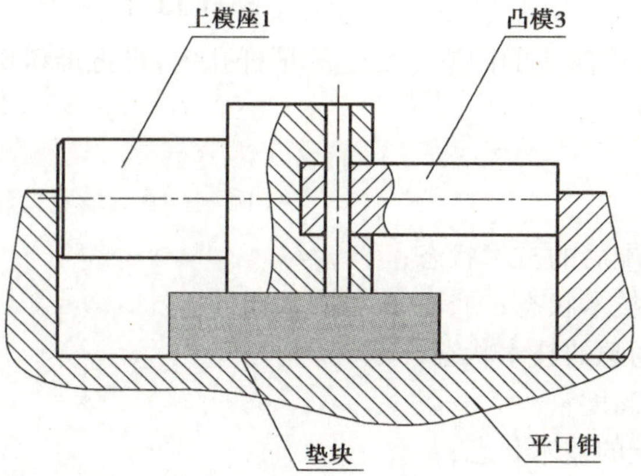

图 12.39　钻圆柱销孔

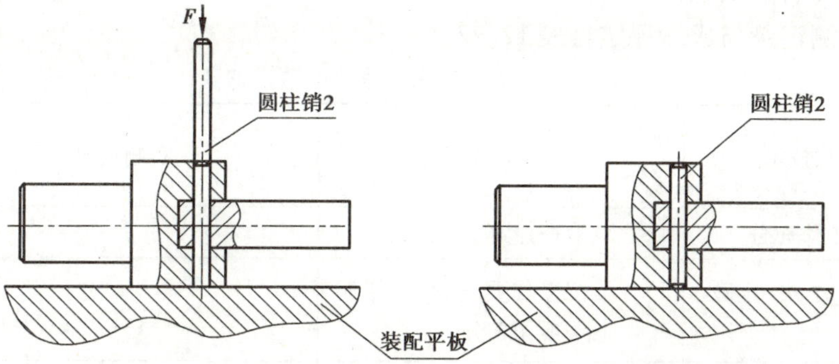

图 12.40　装配圆柱销

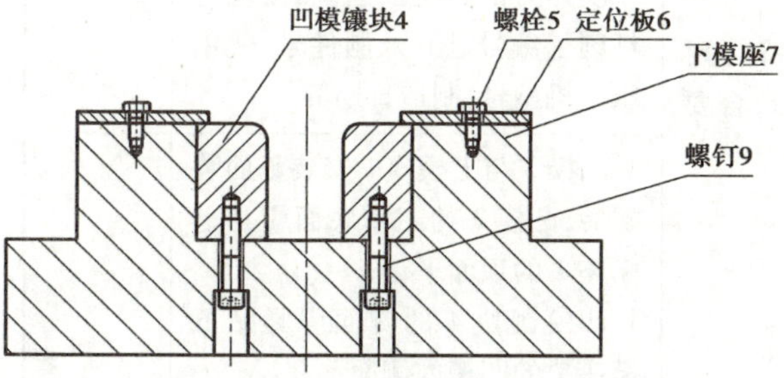

图 12.41　装配下模

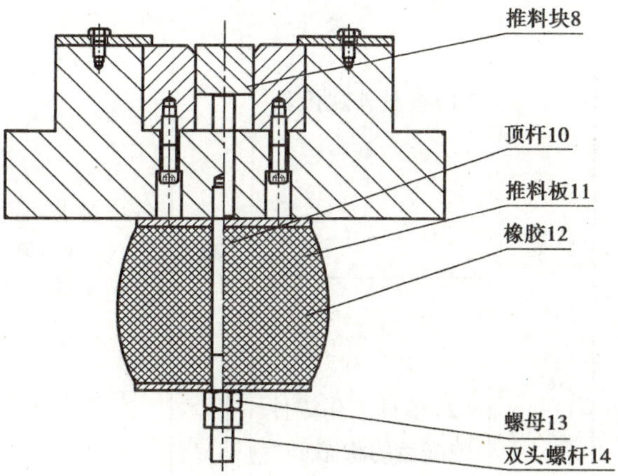

图 12.42　装配卸料机构

4. 装配卸料机构,如图 12.42 所示

1)将待装配的模具零件擦拭干净,并在模具零件表面薄薄涂上一层机油(橡胶 12 和与橡胶 12 接触的零件表面不涂油);

2)将双头螺杆 14 旋紧在下模座 7 上;

3)将推料板 11、橡胶 12 用螺母 13 固定在双头螺杆 14 上;

4)将顶杆 10 放入下模座 7 的凹槽底面上的顶杆孔内,再把推料块 8 放在下模座 7 的凹槽内,卸料机构即装配完成。

5. 检验

1)模具外观;

2)模具工作零件装配后的技术状态;

3)紧固件装配后的技术状态;

4)凸、凹模装配后间隙的技术状态;

5)装配后模具闭合高度;

6)顶出、卸料件装配的技术状态;

7)装配后上模板上平面与下模板下平面的平行度;

8)模柄装配后的状态;

9)模具检测记录与成绩评定见表 12.22。

表 12.22　模具检测记录与成绩评定表

<table>
<tr><th>项次</th><th>项目与技术要求</th><th>配分/分</th><th>评定方法</th><th>实测记录</th><th>得分/分</th></tr>
<tr><td>1</td><td>准备工作充分</td><td>8</td><td>检查评定</td><td></td><td></td></tr>
<tr><td>2</td><td>检测方法正确、规范</td><td>30</td><td>按操作要求评定、错漏一项扣 3 分</td><td></td><td></td></tr>
<tr><td rowspan="2">3</td><td>(1)模具外观检验</td><td rowspan="2">20</td><td rowspan="2">各项数据记录符合要求,发现一项不符合要求扣 4 分</td><td>1. 模具加工表面平整,无锈斑、锤痕、碰伤、焊补等,除刃口、型孔以外的锐边、尖角已倒钝;
2. 模具质量大于 25 kg 时,模具本身装有起重杆或吊钩、吊环;
3. 模具的正面模板上,已按规定打刻了编号、图号、制件号、使用压力机型号、制造日期等</td><td></td></tr>
<tr><td>(2)模具工作零件装配后的状态</td><td>3. 凸模 3 与上模座 1 安装基面装配后,凸模 3 的工作底面应与上模座 1 的顶面平行;
4. 凹模镶块 4 的侧面应紧贴下模座 7 的凹槽内侧面;
5. 下模座 7 凹槽内的垫块 8 顶面应与下模座 7 底面平行</td><td></td></tr>
</table>

续表

项次	项目与技术要求	配分/分	评定方法	实测记录	得分/分
3	(3)紧固件装配后的状态		各项数据记录符合要求,发现一项不符合要求扣 4 分	1. 螺栓、螺钉装配后均已拧紧,螺栓、螺钉没有任何松动; 2. 螺纹旋入长度与钢件连接时,均大于螺栓的直径; 3. 定位圆柱销与销孔的配合松紧适度; 4. 圆柱销与每个零件的配合长度均大于 1.5 倍直径	
	(4)凸、凹模装配后间隙的分布状态			1. 装配后的凸、凹模四周间隙必须均匀; 2. 装配后的凸、凹模四周间隙偏差值最大不应超过“料厚 + 料厚的上偏差”,最小值不应超过“料厚 + 料厚的下偏差”	
	(5)装配后模具闭合高度			1. 模具闭合高度 ≤200 mm 时,允许误差 1 ~ −3 mm; 2. 模具闭合高度为 200 ~400 mm 时,允许误差 2 ~ −5 mm; 3. 模具闭合高度 >400 mm 时,允许误差 3 ~ −7 mm	
	(6)顶出、卸料件装配后的状态			1. 模具装配后,其垫块 8 应露出凹模模面 0.5 ~1 mm; 2. 卸料机构动作要灵活,无卡阻现象	
	(7)装配后上模板上平面与下模板下平面的平行度			模具装配后,在 300 mm 长度内允差 0.06 mm	
	(8)模柄装配后的状态			模柄对上模板垂直度在 100 mm 长度内允差不大于 0.05 mm	
4	数据计算分析正确、能判断模具是否合格	30	每错一项扣 2 分、缺一项扣 2 分		
5	时间安排合理	8	安排不合理每项扣 1 分		
6	安全文明生产	4	违者每次扣 2 分		
合计		100			

6. 安装调试模具(图 12.43)

1)根据工艺卡上的模具图号确认完成该工序所需的模具,并检查模具工作状态是否良好,否则需重新修理。

2)根据工艺卡上指定的压力机确定使用的设备,阅读压力机铭牌,核对技术指标。

3)仔细检查设备,只有在确认压力机的技术状态良好的情况下,才能着手安装模具。

4)用干净的棉纱把压力机工作台面、滑块的底面和模具上、下面擦拭干净。

5)合上电源开关,接通电源。

6)将行程调整开关拨至“手动”位置。

7)按下电动机“开动”按钮,起动设备。

8)以“手动”方式将滑块降至下止点后,按下停机按钮关机。

9)用钢直尺测量压力机工作台面到滑块底面的闭合高度。

10)用活扳手把滑块调节螺杆的锁紧螺栓松开。

11)用活扳手将滑块上固定模柄的锁紧螺栓松开。

12)用活扳手扳动滑块调节螺杆,将滑块调到高于待装模具闭合高度的位置上。

13)把模具安放在压力机工作台板中心位置,模具的模柄应对准滑块下平面上的模柄孔。

14)用活扳手扳动调节螺杆,向下调整压力机的闭合高度,使模柄完全进入模柄孔内。

15)用活扳手锁紧夹块上的锁紧螺栓,将上模紧固在压力机的滑块上。

16)用压板及安装螺钉初步将下模固定在压力机的工作台上,并稍拧紧安装螺钉。

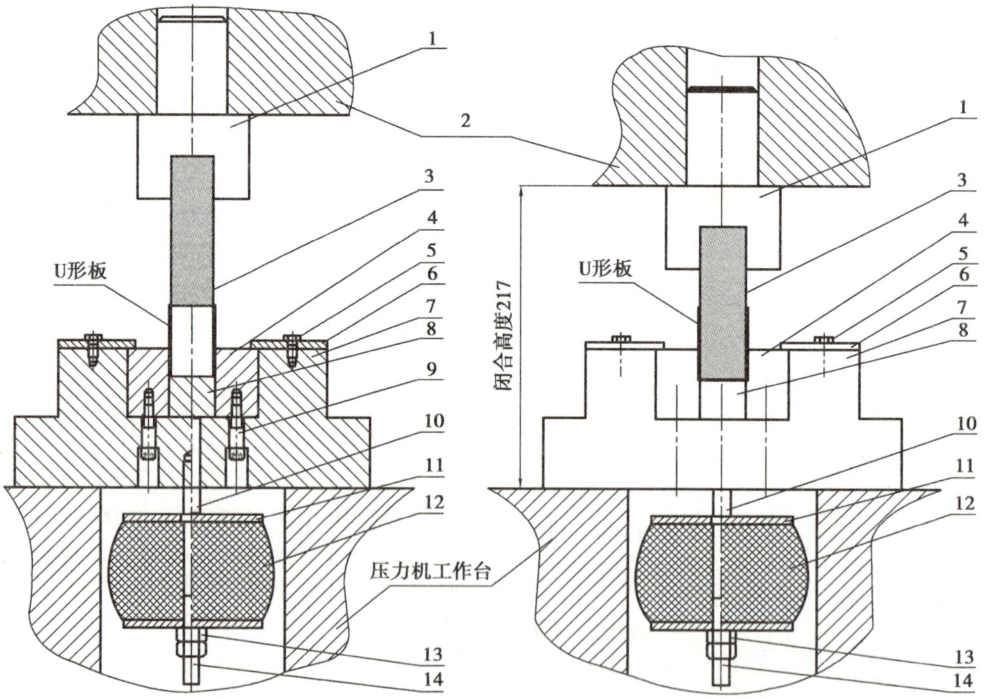

图 12.43 U 形板弯曲成形模调试图

1—上模座;2—压力机滑块;3—凸模;4—凹模镶块;5—螺栓;6—定位板;7—下模座;8—推料块;9—螺钉;10—顶杆;11—推料板;12—橡胶;13—螺母;14—双头螺杆

17)起动设备。

18)将滑块上升到上死点后,按下停机按钮关机。

19)在下模内放入 U 形板成品,用手或撬杠插入飞轮外缘的孔内,转动压力机的飞轮,使滑块下降并使凸模 3 进入下模型腔内,使上、下模中心重合,至上、下模处于完全闭合的状态。

20)用活扳手拧紧安装螺钉,紧固下模,再对称交错紧固螺母。

21)起动设备,踩下脚踏开关,空运转设备几次。

22)进行试冲。用活扳手扳动调节螺杆,逐步调节滑块到所需高度,每调一次试冲一次,每次调节量不宜过大。

23)待试冲产品检验合格后关机。用活扳手锁紧调节螺杆的锁紧螺栓。

24)开始生产。

五、实训记录与成绩评定

1. 评分标准

1)在规定时间内完成不加分也不扣分。

2)未达到图纸要求的,按评分标准扣分。

3)依据《配分与评分标准》评分。

2. 评分方法

1)按单项记分扣分,每个检测尺寸检测不少于两点(以最大误差值计算)。

2)各项配分按精度最高和难易程度制订。

3)U 形板弯曲成形模装配实训记录及成绩评定表见表 12.23。

表 12.23　U 形板弯曲成形模装配实训记录及成绩评定表

项次	项目与技术要求	配分/分	评定方法	实测记录	得分/分	备注
1	准备工作充分	6	每缺一项扣 1 分			
2	装配过程安排合理	6	安排不合理每一处扣 1 分			
3	凸模 3 与上模座 1 的装配	12	测量			
4	凹模镶块 6 与下模座 7 的装配	10	测量			
5	卸料机构的装配	12	测试			
6	凸、凹模间隙调整	12	测试			
7	总装	30	总体评定			
8	装配质量符合技术要求	10	发现一项不符合要求扣 2 分			
9	安全文明生产	6	违者每次扣 2 分			
合计		100				

评分人:　　　　　　　　　　　　　　　　　　　　　　　　　　年　月　日

任务12.3 十字板落料冲孔复合模装配与调试

一、工作任务单

1)读十字板冲孔落料复合模装配图;
2)编写装配工艺;
3)用机械固定法装配模具;
4)正确使用量具测量模具;
5)安装调试模具。

二、教学设计

表12.24 十字板冲孔落料模装配与调试教学设计表

<table>
<tr><td colspan="2">课程名称</td><td>十字板冲孔落料复合模装配与调试</td><td>学时</td><td colspan="2">10学时</td></tr>
<tr><td colspan="2">工作任务</td><td colspan="4">完成十字板落料模装配与调试</td></tr>
<tr><td colspan="2">教学目标</td><td colspan="4">完成十字板冲孔落料模装配与调试,使学生具备装配与调试复合工序冲裁模的能力</td></tr>
<tr><td colspan="2">重点难点</td><td colspan="4">1. 模架的装配与检测;
2. 凸、凹间隙调整;
3. 模具安装调试</td></tr>
<tr><td colspan="2">教学方法</td><td colspan="4">讲授法、现场教学法、实践法</td></tr>
<tr><td rowspan="7">教学设计</td><td>教学组织</td><td>教学资源要求</td><td>教学方法</td><td colspan="2">时间</td></tr>
<tr><td>任务引入,任务分析</td><td>工作任务单</td><td>讲授</td><td colspan="2">0.5学时</td></tr>
<tr><td>组织学生按组进行工艺分析,形成工艺文件</td><td>视频、PPT</td><td>讲授</td><td colspan="2">1学时</td></tr>
<tr><td>工具、量具、材料准备</td><td>工具、量具、刃具、材料足够</td><td>学生按制度领用</td><td colspan="2">0.5学时</td></tr>
<tr><td>任务实施</td><td>设备、工具、量具、刃具</td><td>学生练习,教师巡回指导</td><td colspan="2">6学时</td></tr>
<tr><td>任务评价</td><td>量具具有法定精度</td><td>学生按标准自测评价,教师抽查</td><td colspan="2">1学时</td></tr>
<tr><td>冲裁模具试冲时常见缺陷分析与指导</td><td>缺陷分析表</td><td></td><td colspan="2">1学时</td></tr>
<tr><td colspan="2">参考资料学习资源</td><td colspan="4">钳工技能实训教材</td></tr>
</table>

三、装配工作准备

1. 技术资料准备

1）十字板制件图；

2）十字板冲孔落料复合模装配图（图 12.44）；

3）十字板冲孔落料复合模具零件图；

4）冲压模具装配的技术要求。

冲压模具装配的技术要求见表 12.2。

2. 工作任务分析

图 12.44 所示为一副典型的冲孔落料复合模具（十字板冲孔落料复合模），其零部件列表见表 12.26。本次学习任务是将零件装配成整套模具，并安装在压力机上，通过试冲、调节获得图 12.45 所示的冲压件。

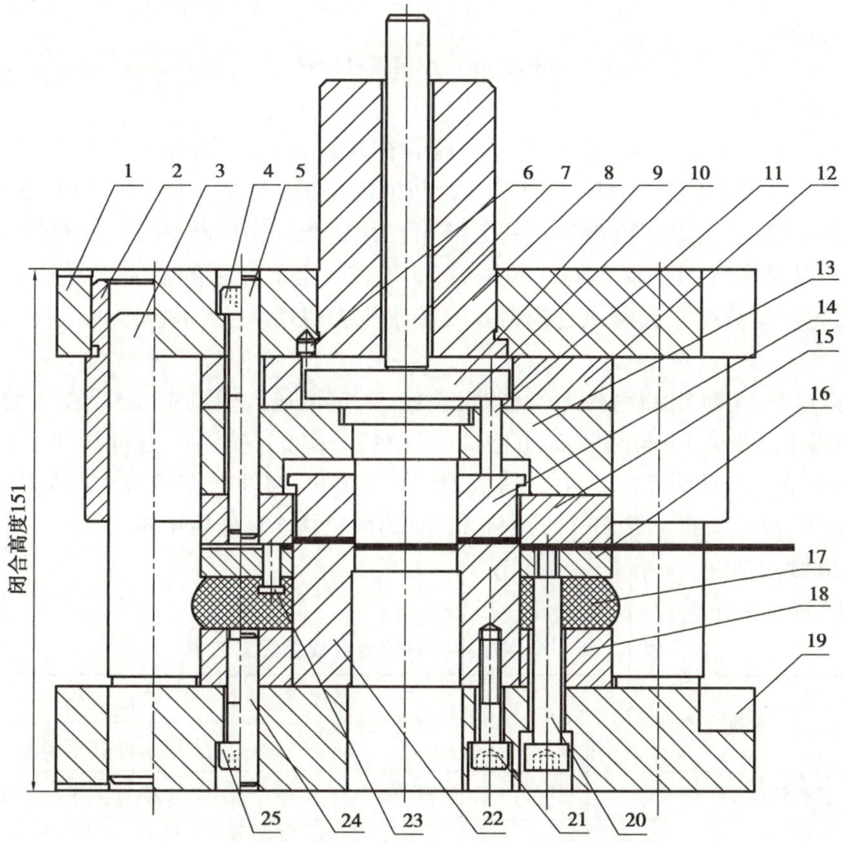

图 12.44　十字板冲孔落料复合模装配图

1—上模座；2—导套；3—导柱；4—螺钉；5—圆柱销；6—圆柱销；7—打杆；8—模柄；9—推板；10—冲孔凸模；11—顶杆；12—垫板；13—凸模固定板；14—推料块；15—凹模；16—卸料板；17—橡胶；18—凸凹模固定板；19—下模座；20—卸料螺钉；21—螺钉；22—凸凹模；23—定位销；24—圆柱销；25—螺钉

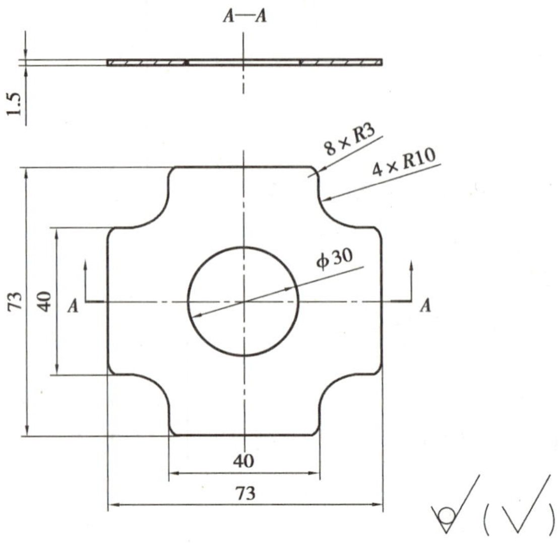

图 12.45 十字板制件图

1)模具工作原理

图 12.44 所示的十字板冲孔落料模是一副导柱式复合模,上模由上模座 1、导套 2、打杆 7、模柄 8、推板 9、冲孔凸模 10、顶杆 11、垫板 12、凸模固定板 13、推料块 14、凹模 15 以及螺钉 4、圆柱销 5 和 6 组成;下模由卸料板 16、橡胶 17、凸凹模固定板 18、模座 19、卸料螺钉 20、凸凹模 22、定位销 23 以及螺钉 21、圆柱销 24 和螺钉 25 组成。上下模之间由一对导柱和导套进行导向,保证较好的合模精度。上模通过模柄 8 安装于压力机滑块上,下模则由压板压紧固定在压力机工作台上。

模具工作过程:毛坯由卸料板 16 上的定位销 23 定位送入模具中,上模在压力机滑块的作用下下行,凸模 10、凹模 15 与凸凹 22 的刃口将板料分离,上模随压力机滑块上行,废料由下模漏出,条料将箍在凸凹模 22 上,由卸料板 16 将其推下,制件卡在凹模 15 的刃口孔内,由打杆 7 推动推板 9,推板 9 推动顶杆 11,顶杆 11 推动推料块 16,最后由推料块 16 将制件推出凹模 15。条料继续向前送,开始下一个环节。

2)编写模具装配工艺流程,见表 12.25。

表 12.25 十字板冲孔落料复合模装配工艺卡

<table>
<tr><td colspan="3" rowspan="2">装配工艺卡</td><td>产品代号</td><td>产品名称</td><td>工作令号</td></tr>
<tr><td></td><td>十字板冲孔落料模</td><td></td></tr>
<tr><td>工序号</td><td>工序名称</td><td colspan="2">工序内容</td><td>检查记录</td><td>备注</td></tr>
<tr><td>1</td><td>工作准备</td><td colspan="2">清点模具零件、标准件和辅助材料,准备好工具、量具和刃具</td><td></td><td></td></tr>
<tr><td>2</td><td>装配导柱</td><td colspan="2">将导柱压入下模座</td><td></td><td></td></tr>
<tr><td>3</td><td>装配导套</td><td colspan="2">将导套压入上模座</td><td></td><td></td></tr>
<tr><td>4</td><td>检验</td><td colspan="2">测量模架的平行度</td><td></td><td></td></tr>
<tr><td>5</td><td>装配模柄</td><td colspan="2">将模式柄压入上模座并磨平</td><td></td><td></td></tr>
</table>

续表

工序号	工序名称	工序内容	检查记录	备注
6	装配凸模	将凸模压入模固定板并磨平		
7	装配定位销	将定位销压入卸料板		
8	装配凸凹模	将凸凹模压入凸凹模固定板		
9	装配上模部分	用螺钉将上模部分的零件固定在上模座上		
10	装配下模部分	用螺钉将下模部分的零件固定在上模座上		
11	调整间隙	调整凸、凹模间隙		
12	安装定位销	分别在上下模部分安装定位销		
13	装卸料板	在下模部分装卸料板		
14	合模	将上、下模合上		
15	检验			
16	安装调试模具	在压力机上安装调试模具		
17	试冲	在压力机上试冲零件		
	入库			

3. 清点模具零件、标准件和辅助材料

1)按照装配图上的模具零件明细表列出加工的模具零件清单,领出相应的模具零件和标准件进行清洗整理,并对模具工作零件等重要零件进行仔细检查。

表 12.26 十字板落料冲孔复合模具零件清单

序号	图号(标准号)	名称	数量	备注
1	CM2-1	上模座	1	
2	CM2-2	导套	2	
3	CM2-3	导柱	2	
4	CM2-4	打杆	1	
5	CM2-5	模柄	1	
6	CM2-6	推板	1	
7	CM2-7	冲孔凸模	1	
8	CM2-8	顶杆	4	
9	CM2-9	垫板	1	
10	CM2-10	凸模固定板	1	
11	CM2-11	推料块	1	

续表

序号	图号(标准号)	名称	数量	备注
12	CM2-12	凹模	1	
13	CM2-13	卸料板	1	
14	CM2-14	橡胶	1	
15	CM2-15	凹模固定板	1	
16	CM2-16	下模座	1	
17	CM2-17	卸料螺钉	4	
18	CM2-18	凸凹模	1	
19	CM2-19	定位销	3	

2)列出装配所需的标准件和辅助材料,领出相应的标准件和辅助材料。

表 12.27　十字板冲孔落料复合模具辅助材料清单

序号	图号(标准号)	名称	数量	备注
1	GB/T 70.1—2000	螺钉 M8×65	4	
2	GB/T 119.1—2000	圆柱销 8×75	2	
3	GB/T 119.1—2000	圆柱销 6×5	1	
4	GB/T 70.1—2000	螺钉 M6×30	4	
5	GB/T 119.1—2000	圆柱销 8×45	2	
6	GB/T 70.1—2000	螺钉 M8×30	4	
7		煤油		
8		扁刷	1	
9		清洗盆	1	
10		全损耗系统油		
11		棉纱头		
12		破布		

4. 列出装配所需的工具、量具和刃具清单,并准备好工具、量具和刃具

表 12.28　十字板冲孔落料复合模具装配所需的工具、量具和刃具清单

序号	名称	规格	刻度值	数量	备注
1	内六角扳手			1	
2	活动扳手	200		2	
3	铜棒			1	
4	钳工锤	0.5、2 磅		各 1	

续表

序号	名称	规格	刻度值	数量	备注
5	销冲			1	
6	等高块				
7	压块				
8	专用支承圈				
9	压板				
10	油石				
11	V 形架				
12	塞尺	0.02～0.05		1	
13	高度游标卡尺	0～300	0.02	1	
14	游标卡尺	0～150	0.02	1	
15	90°角尺		1 级	1	
16	百分表		0.01		
17	千分表		0.001		
18	千分尺		0.001		
19	内径千分表				
20	测量平台		1 级		
21	圆柱角尺		0 级		
22	圆度仪				
23	钻头				
24	铰刀				

5. 列出装配所需的设备

表 12.29　十字板冲孔落料复合模具装配所需的设备

序号	型号	名称	数量	备注
1	Z512	台钻	1	
2	Z3032	摇臂钻床	1	
3	J23-35	压力机	1	
4		油压机	1	
5	S3SL-250	砂轮机	1	白刚玉砂轮
6		钳台	1	
7	125	台虎钳	1	
8	1 级	装配检验平板	1	

四、装配十字板冲孔落料复合模

1. 装配工作准备

1)按照装配图上的模具零件明细表,列出加工的模具零件清单,领出相应的模具零件和标准件进行清洗整理,并对模具工作零件等重要零件进行仔细检查。

2)列出装配所需的辅助材料清单,领出相应的辅助材料。

3)列出装配所需的工具、量具和刃具清单,并准备好工具、量具和刃具。

4)列出装配调试所需的设备,并准备好设备。

2. 装配导柱、导套

(1)选配导柱、导套

1)按模架精度等级选配导柱 3、导套 2,使其配合间隙值符合技术指标。

2)测量导套的同轴度(图 12.46)。将插有测量心轴的导套 2 放置于精密 V 形架上,旋转导套 2 并使测量心轴一起转动;用千分表检查导套 2 压配部分外圆与导向部分内圆的同轴度,并在其最大偏差 Δ_{max} 位置处打上标记。

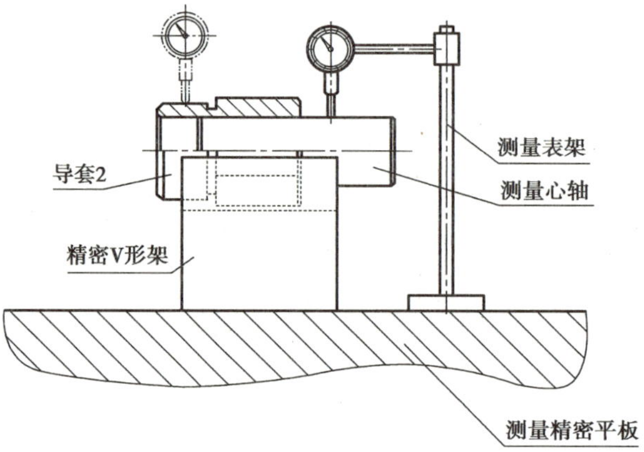

图 12.46　测量导套同轴度

3)测量导柱的同轴度(图 12.47)。将导柱 3 放置于精密 V 形架上,旋转导柱;用千分表检查导柱 3 压配部分外圆与导向部分外圆的同轴度,并在其最大偏差 Δ_{max} 位置处打上标记。

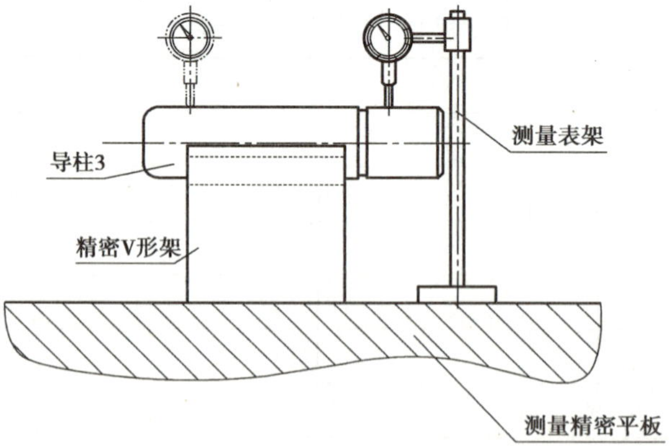

图 12.47　测量导柱同轴度

(2)压入导柱(图 12.48)

1)先擦净下模座 19,并在导柱 3 和下模座 19 上的导柱孔的配合面涂上机油。

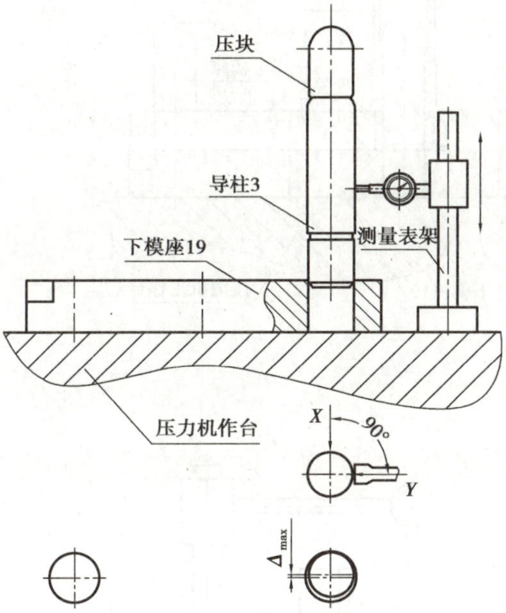

图 12.48　装配导柱

2)将下模座 19 底平面向下放在压力机工作台上。

3)将导柱 3 与下模座 16 的配合部分先插入下模座 19 上的导柱孔内,并将其最大偏差 Δ_{max}放在两导柱中心连线的垂直位置,这样可减少由于不同轴而引起的中心距变化。

4)将球面形压块放在导柱 3 上,调整好导柱 3 与下模座 19 底平面的垂直度后,在压力机上将导柱 3 压入下模座 19 一部分,用百分表测量并校正导柱 3 与下模座 19 底平面的垂直度后,继续往下压,但不要压到底,一般导柱端面到下模座底面需留 1 ~3 mm;压完一个后再用同样的方法压入另一个。

注意:导柱压入后,需要专门的指示器(或 1 级精度宽座 90°角尺)检查其垂直度。导柱与模座颊的垂直度应符合模架的分级技术指标。若超差,则应退出重新压入。

(3)装导套(图 12.49)

1)将上模座 1 反置套在导柱 3 上,然后套上导套 2,并将导套 2 压配部分内外圆的同轴度最大偏差 Δ_{max}处放在两导柱中心连线的垂直位置,这样可减少由于不同轴而引起的中心距变化。

2)将导柱 3 与下模座 19 的配合部分先插入下模座 19 上的导柱孔内,检查导套 2 在导柱 3 内配合是否良好。

3)将球面形压块放在导套 2 上,在压力机上将导套 2 压入上模座 1 一部分,检查导套 2 在导柱 3 内配合是否良好,最后在压力机的作用下将导套 2 压入上模座 1 的导套孔内,且端面低于上模座 1 顶面 1 ~3 mm;压完一个后再用同样的方法压入另一个。

(4)检测平行度

将上、下模座对合,中间垫上球面支承杆(等高垫块)放在平块上测量模架平行度,如图 12.50 所示。

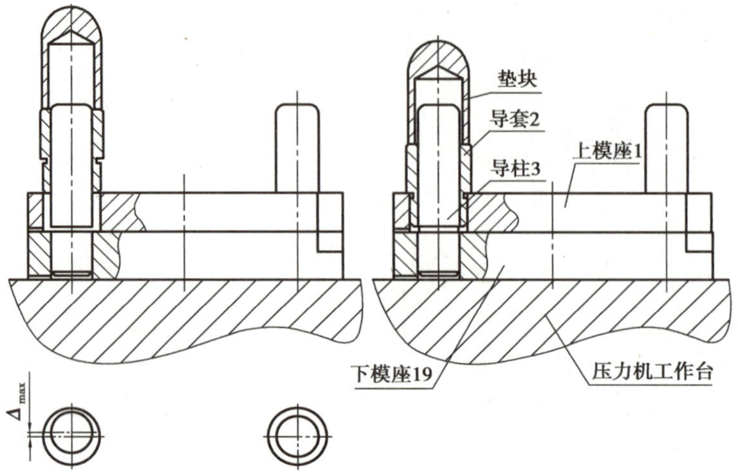

图 12.49　压入导套

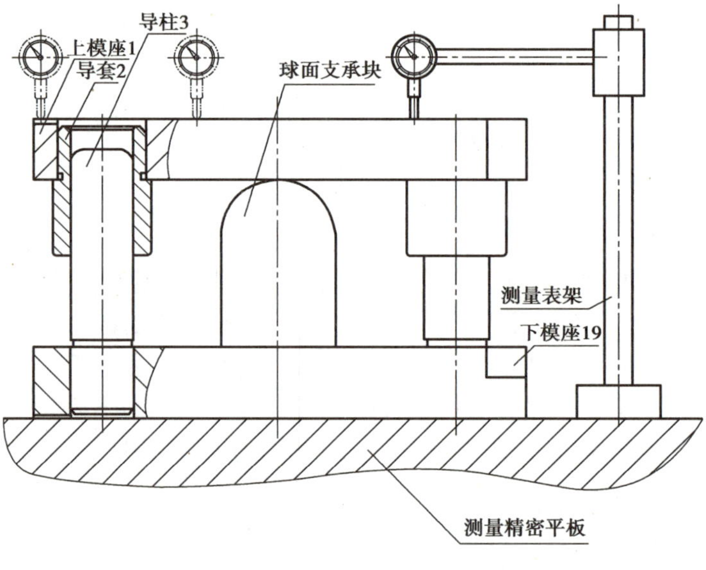

图 12.50　测量模架平行度

3. 装配模柄

1）如图 12.51 所示，先擦净模柄 8 和上模座 1 上模柄孔的配合面，并涂上机油。

2）将上模座 1 底平面向上放在等高块上。

3）模柄 8 与上模座 1 的配合部分先插入上模座 1 的模柄孔内。

4）在压力机上进行预压配合，检查模柄 8 与上模座 1 的平面的垂直度后，继续往下压，直至压实为止。

5）压装完成后，再钻、铰定位销钉孔，用铜棒将圆柱销 6 打入销孔中。

6）将装有模柄 8 的上模座 1 拿到平面磨床上，把模柄 8 的端面与上模座 1 的底面一起磨平。

7）安装好模柄 8 后，用 90°角尺检查模柄 8 与上模座 1 上平面的垂直度，如图 12.52 所示。

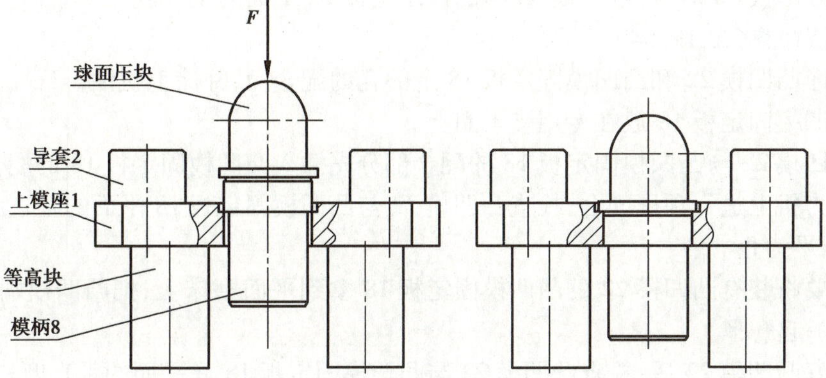

图 12.51　压入模柄

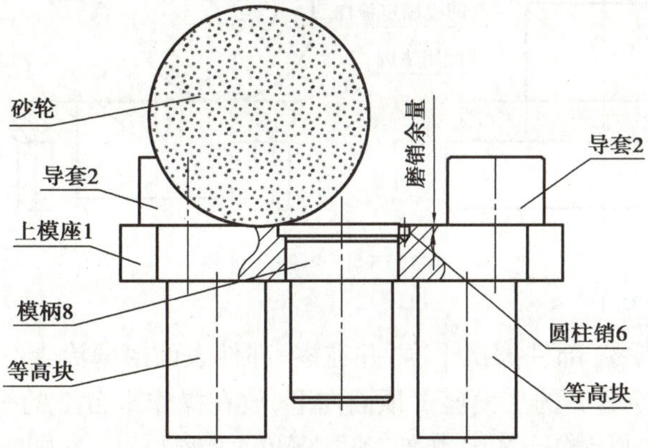

图 12.52　磨上模座底面和模柄端面

4. 装配凸模(图 12.53)

1)先擦净凸模 10 和凸模固定板 13 上的孔的配合面,并涂上机油。

2)将凸模固定板 13 放在专用支承圈上。

3)将凸模 10 与凸模固定板 13 的配合部分先插入凸模固定板 13 的配合孔内。

4)在压力机上进行预压配合,检查凸模 10 与凸模固定板 13 平面的垂直度后,继续往下压,直至压实为止。

5)将装有凸模 10 的凸模固定板 13 拿到平面磨床上,把凸模 10 端面与凸模固定板 13 的底面一起磨平。

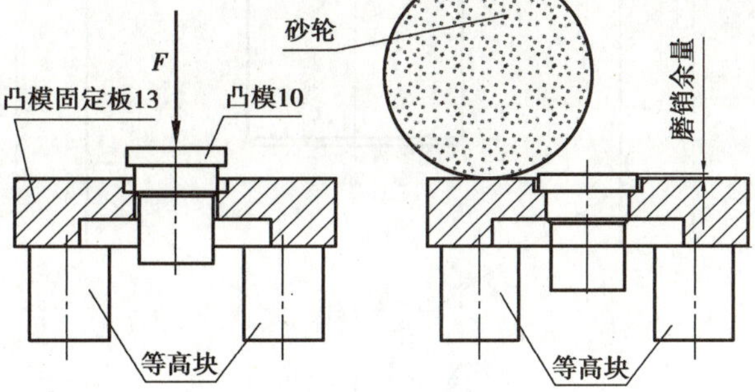

图 12.53　装配凸模

6)安装好凸模 10 后,检查凸模 10 与凸模固定板 13 平面的垂直度。

5. 装配凸凹模(图 12.54)

1)先擦净凸凹模 22 和凸凹模固定板 18 上的孔的配合面,并涂上机油。

2)将凸凹模固定板 18 放在专用支承圈上。

3)将凸凹模 22 与凸凹模固定板 18 的配合部分先插入凸凹模固定板 18 的配合孔内。

4)在压力机上进行预压配合,检查凸凹模 22 与凸凹模固定板 18 平面的垂直度后,继续往下压,直至压平为止。

5)视需要将装有凸凹模 22 的凸凹模固定板 18 拿到平面磨床上,把凸凹模端面与凸凹模固定板底面一起磨平。

6)安装好凸凹模 22 后,检查凸凹模 22 与凸凹模固定板 18 底平面的垂直度。

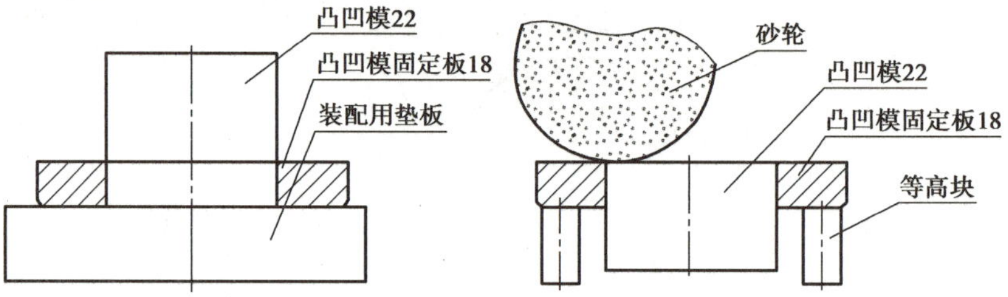

图 12.54　装配凸凹模

6. 装配上模部分(图 12.55)

1)将待装配的模具零、部件擦拭干净,并在零、部件表面薄薄涂上一层油;

2)将装有导柱 3、导套 2 的上模座 1 顶面向下,放在操作平台上的等高块上;

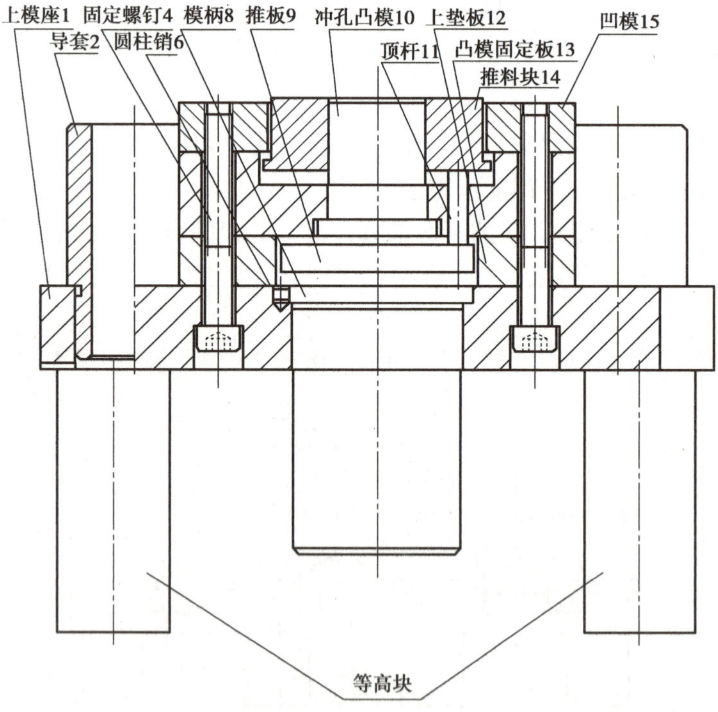

图 12.55　上模装配

3)将上垫板 12 放在上模座 1 上;

4)将推板 9 放入上垫板 12 的推料板孔内;

5)将装有冲孔凸模 10 的凸模固定板 13 放在上垫板 12 上;

6)将顶杆 11 放入凸模固定板 13 的顶杆孔内;(注意:顶杆 11 的端面必须正对推板 9 的端面)

7)将推料块 14 套在凸模固定板 13 中部的凸模 10 上;

8)将凹模 15 刃口面向上平放在凸模固定板 13 上;(注意:推料块 14 必须能在凹模 15 刃口孔内自由滑动)

9)用螺钉 4 将上垫板 12、装有冲孔凸模 10 的凸模固定板 13 和凹模 15 固定在上模座 1 上。(注意:拧紧固螺钉时,不要拧得很紧,以便调整凸、凹模配合间隙)

7. 装配下模部分(图 12.56)

1)将装有导柱 3 的下模座 19 平放在等高块上;

2)将装有凸凹模 22 的凸凹模固定板 18 平放在下模座 19 上,对准螺钉孔;

3)用螺钉 21 将凸凹模 22 和凸凹模固定板 18 固定在下模座 19 上。(注意:拧紧固螺钉时,不要拧得很紧,以便调整凸、凹模配合间隙)

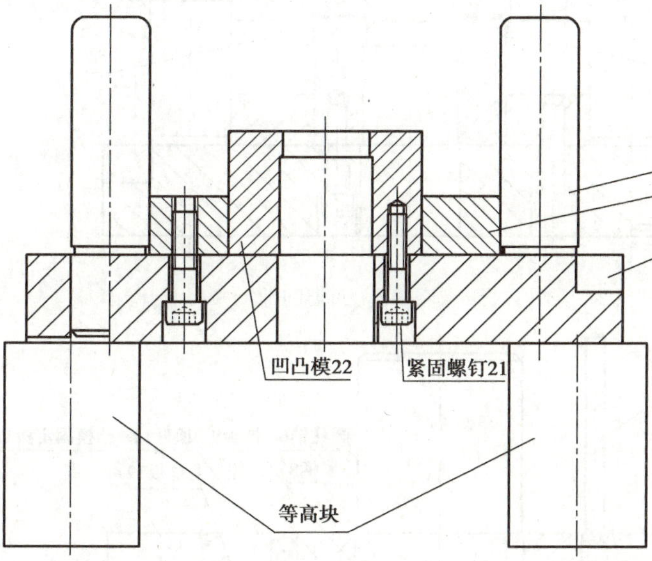

图 12.56　下模装配

8. 调整冲孔落料模的凸、凹模间隙(图 12.57)

用垫片法调整凸、凹模及凸凹模的配合间隙,使间隙均匀。然后拧紧上模座和凹模间的紧固螺钉 4,拧紧下模座和凸凹模固定板间的紧固螺钉 21。

9. 安装定位销

(1)装配上模定位销(图 12.58)

1)将上、下模分开后,将上模部分放在等高块上;

2)在上模座 1、凸模固定板 13 和凹模 15 上钻、铰定位销钉孔,并用铜棒和销冲将圆柱销 5 打入销钉孔。

（2）装配下模定位销（图 12.59）

1）将模具的下模平放在等高块上；

2）在下模座 19 和凸凹模固定板 18 上钻、铰定位销钉孔，并用铜棒和销冲将圆柱销 24 打入销钉孔；

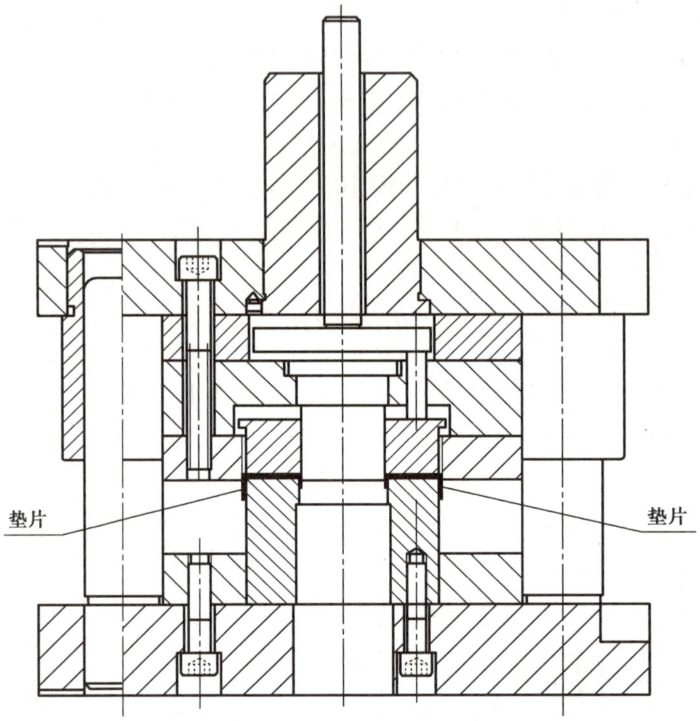

图 12.57　调整凸、凹模间隙

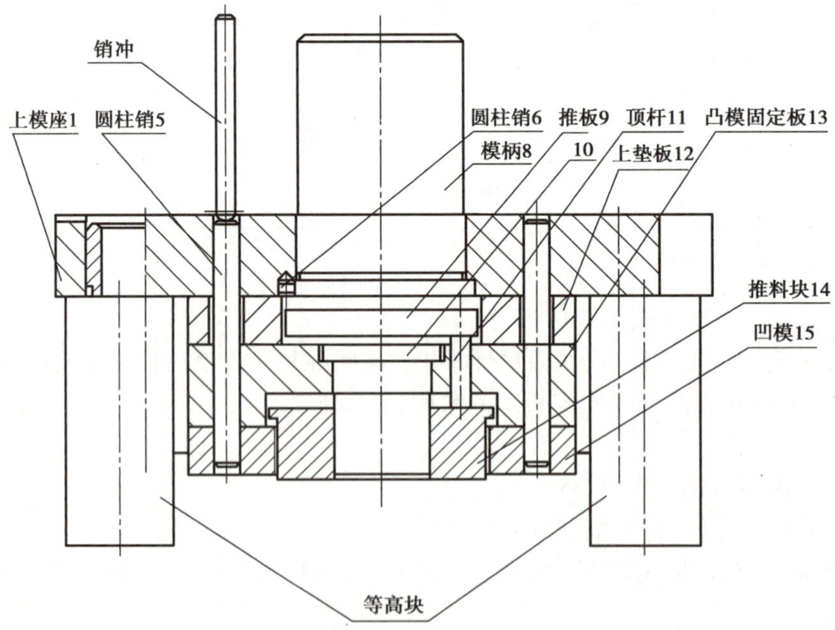

图 12.58　装配上模定位销

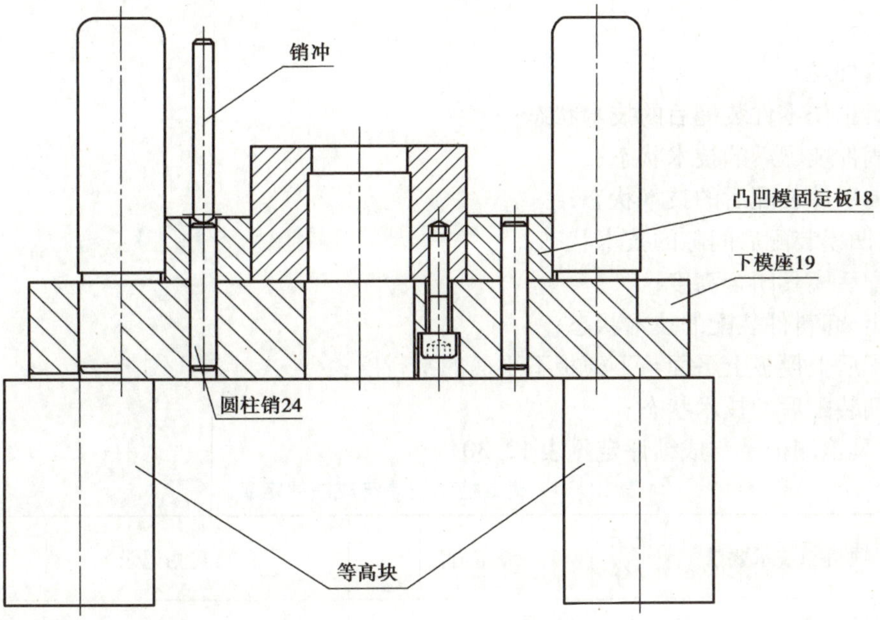

图 12.59　装配下模定位销

3)再次检查凸凹模的配合间隙。如果因钻、铰销钉孔而使间隙变得不均匀时,则应取出定位销钉,再次调整凸、凹模间隙,待间隙均匀后换位置重新钻、铰定位销钉孔,并装上圆柱销钉,直到固定后凸、凹模及凸凹模配合间隙仍然保持均匀为止。

10. 装卸料板(图 12.60)

1)先将橡胶圈 17 套在下模的凸凹模 22 上;

2)将定位销 23 插入弹压卸料板 16 上的定位销孔内,再将插有定位销 23 的弹压卸料板 16 套在凸凹模上并压在橡胶圈 17 的上面;

3)用卸料螺钉 20 将弹压卸料板 16 和橡胶圈 17 固定在下模座 19 上,并保证凸凹模 22 端面缩进弹压卸料板 16 的中孔内 0.5 mm 左右,装配后的弹压卸料板必须能灵活移动。

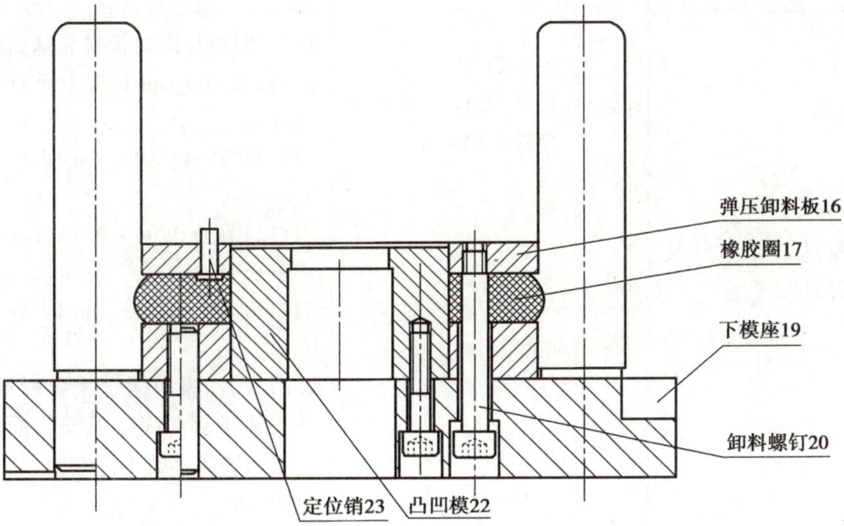

图 12.60　装卸料板

11. 检验

1)模具外观;

2)模具工作零件装配后的技术状态;

3)紧固件装配后的技术状态;

4)导向零件装配后的技术状态;

5)凸、凹模装配后间隙的技术状态;

6)装配后模具闭合高度;

7)顶出、卸料件装配的技术状态;

8)装配后上模板上平面与下模板下平面的平行度;

9)模柄装配后的技术状态;

10)模具检测记录与成绩评定见表 12.30。

表 12.30　模具检测记录与成绩评定表

项次	项目与技术要求	配分/分	评定方法	实测记录	得分/分
1	准备工作充分	8	检查评定		
2	检测方法正确、规范	30	按操作要求评定,错漏一项扣 3 分		
3	1. 模具外观检验	20	各项数据记录符合要求,发现一项不符合要求扣 4 分	1. 模具加工表面平整,无锈斑、锤痕、碰伤、焊补等,除刃口、型孔以外的锐边、尖角已倒钝; 2. 模具质量大于 25 kg 时,模具本身装有起重杆或吊钩、吊环; 3. 模具的正面模板上已按规定打刻了编号、图号、制件号、使用压力机型号、制造日期等	
	2. 模具工作零件装配后的状态			1. 凸、凹模与固定板安装基面装配后,在 100 mm 长度上垂直度允许误差: 刃口间隙 ≤0.06 mm 时小于 0.04 mm 刃口间隙为 0.06 ~ 0.15 mm 时小于 0.08 mm 刃口间隙 ≥0.15 mm 时小于 0.12 mm; 2. 凸模、凹模与固定板装配后,其安装尾部与固定板安装面已在平面磨床上磨平。$Ra=1.6\sim0.80\ \mu m$	

续表

项次	项目与技术要求	配分/分	评定方法	实测记录	得分/分
3	3. 紧固件装配后的状态	20	各项数据记录符合要求，发现一项不符合要求扣 4 分	1. 螺栓装配后均已拧紧，螺栓没有任何松动； 2. 螺纹旋入长度与钢件连接时均大于螺栓的直径； 3. 定位圆柱销与销孔的配合松紧适度； 4. 圆柱销与每个零件的配合长度均大于 1.5 倍直径	
	4. 导向零件装配后的状态			导柱压入模座后的垂直度，在 100 mm 长度内允差： 1. 滑动导柱Ⅰ类模架≤0.01 mm； 2. 滑动导柱Ⅱ类模架≤0.015 mm； 3. 滑动导柱Ⅲ类模架≤0.02 mm	
	5. 凸、凹模装配后间隙的分布状态			1. 冲裁凸、凹模的配合间隙均匀； 2. 冲裁凸、凹模的配合间隙误差不大于规定间隙的 20%； 3. 局部尖角或转角处不大于规定间隙的 30%	
	6. 装配后模具闭合高度			1. 模具闭合高度≤200 mm 时，允许误差 1 ~ −3 mm； 2. 模具闭合高度为 200 ~ 400 mm 时，允许误差 2 ~ −5 mm； 3. 模具闭合高度 >400 mm 时，允许误差 3 ~ −7 mm	
	7. 顶出、卸料件装配后的状态			1. 冲压模具装配后，其卸料板凸凹模模面 0.5 ~ 1 mm； 2. 推板露出凸模顶端、凹模顶端 0.5 ~ 1 mm； 3. 卸料机构动作要灵活，无卡阻现象	
	8. 装配后上模板上平面与下模板下平面的平行度			1. 刃口间隙≤0.06 mm 时，300 mm 长度内允差 0.06 mm； 2. 刃口间隙 >0.06 mm 时，300 mm 长度内允差 0.08 mm	
	9. 模柄装配后的状态			模柄对上模板垂直度在 100 mm 长度内允差不大于 0.05 mm	

续表

项次	项目与技术要求	配分/分	评定方法	实测记录	得分/分
4	数据计算分析正确、能判断模具是否合格	30	每错一项扣2分,缺一项扣2分		
5	时间安排合理	8	安排不合理每项扣1分		
6	安全文明生产	4	违者每次扣2分		
合计		100			

12. 安装调试模具

十字卡板落料冲孔复合模装配与调试方法参见本任务3所述。

五、实训记录与成绩评定

1. 评分标准

1)在规定时间内完成不加分也不扣分。

2)未达到图纸要求的,按评分标准扣分。

3)依据《配分与评分标准》评分。

2. 评分方法

1)按单项记分扣分,每个检测尺寸检测不少于两点(以最大误差值计算)。

2)各项配分按精度最高和难易程度制订。

3. 十字卡板落料冲孔复合模装配实训记录及成绩评定表

表12.31 十字卡板落料冲孔复合模装配实训记录及成绩评定表

项次	项目与技术要求	配分/分	评定方法	实测记录	得分/分	备注
1	准备工作充分	6	每缺一项扣1分			
2	装配过程安排合理	6	安排不合理每一处扣1分			
3	凸模与固定板的装配、凸凹模与固定板的装配	10	测量			
4	模柄的装配	8	测量			
5	凸模、凹模、凸凹模的装配	12	测试			
6	导柱、导套及模架的装配	12	测试			
7	总装	30	总体评定			
8	装配质量符合技术要求	10	发现一项不符合要求扣2分			
9	安全文明生产	6	违者每次扣2分			
合计		100				

评分人:　　　　　　　　　　　　　　　　　年　月　日

任务 12.4　弹压导板级进模装配调试

一、工作任务单

1)读弹压导板级进模装配图;
2)编写装配工艺;
3)用机械固定法装配模具;
4)正确使用量具测量模具;
5)安装调试模具。

表 12.32　弹压导板级进模零件明细表

序号	图号(标准号)	名称	数量	材料	热处理	备注
1	GB/T 119.1—2000	圆柱销	2	Q235		
2	LXM001-1	导柱	2	20	渗碳 58～62 HRC	
3	GB/T 70.1—2000	螺钉	4	35		
4	LXM001-2	承料板	1	45		
5	LXM001-3	弹压导板	1	Q235		
6	LXM001-4	导料板Ⅰ	1	45	43～48 HRC	
7	LXM001-5	导套	2	20	渗碳 58～62 HRC	
8	LXM001-6	导板镶块	1	45	43～48 HRC	
9	GB/T 70.1—2000	螺钉	4	35		
10	GB/T 119.1—2000	圆柱销Ⅱ	2	Q235		
11	LXM001-7	卸料螺钉	4	45		
12	LXM001-8	弹簧	4	65Mn		
13	LXM001-9	侧刃	2	Cr12	58～62 HRC	
14	LXM001-10	落料凸模	1	Cr12	58～62 HRC	
15	LXM001-11	凸模固定板	1	45		
16	LXM001-12	长孔凸模	1	Cr12	58～62 HRC	
17	LXM001-13	冲孔凸模	1	Cr12	58～62 HRC	
18	LXM001-14	模柄	1	Q235		
19	LXM001-15	上模座	1	Q235		
20	GB/T 70.1—2000	螺钉	4	35		
21	LXM001-16	限位柱	2	35		
22	GB/T 70.1—2000	螺钉	4	35		

续表

序号	图号(标准号)	名称	数量	材料	热处理	备注
23	LXM001-17	导料板Ⅱ	1	45	43 ~ 48 HRC	
24	LXM001-18	凹模	1	Cr12	58 ~ 62 HRC	
25	LXM001-19	下模座	1	Q235		
26	LXM001-20	侧刃挡块	2	T8A	56 ~ 60 HRC	

二、教学设计

表 12.33　弹压导板级进模装配与调试教学设计表

课程名称		工艺装备装配调试与维修模块	学时	18 学时
工作任务		弹压导板级进模装配与调试		
教学目标		完成弹压导板级进模装配与调试,使学习者具备装配与调试多工位级进模的能力		
重点难点		1. 模架的装配与检测; 2. 凸、凹模间隙调整; 3. 模具安装调试		
教学方法		讲授法、现场教学法、实践法		
教学设计	教学组织	教学资源要求	教学方法	时间
	任务引入,任务分析	工作任务单	讲授	0.5 学时
	组织学生按组进行工艺分析,形成工艺文件	视频、PPT	讲授	1 学时
	工具、量具、材料准备	工具、量具、刃具、材料足够	学生按制度领用	0.5 学时
	任务实施	设备、工具、量具、刃具	学生练习,教师巡回指导	15 学时
	任务评价	量具具有法定精度	学生按标准自测评价、教师抽查	1 学时
参考资料学习资源		工具钳工实训指导书(三级)		

三、装配工作准备

1. 技术资料准备

1)触头片制件图;

2)弹压导板级进模装配图(图 12.61);

3)冲压模具装配的技术要求。

在模具装配之前,要仔细研究设计图纸,按照模具的结构及技术要求确定合理的装配顺序及装配方法,选择合理的检测方法及测量工具等。

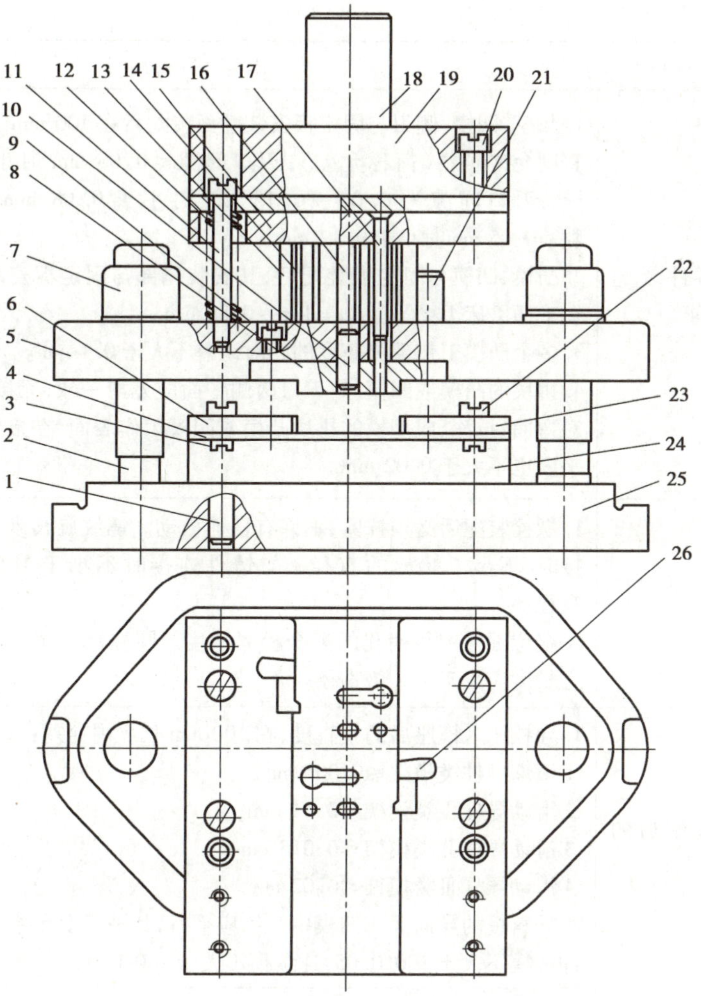

图 12.61　弹压导板级进模装配图

1—圆柱销;2—导柱;3—螺钉;4—承料板;5—弹压导板;6—导料板Ⅰ;7—导套;8—导板镶块;9—螺钉;10—圆柱销;11—卸料螺钉;12—弹簧;13—侧刃;14—落料凸模;15—凸模固定板;16—长孔凸模;17—冲孔凸模;18—模柄;19—上模座;20—螺钉;21—限位柱;22—螺钉;23—导料板Ⅱ;24—凹模;25—下模座;26—侧刃挡块

各类冷冲模具装配后,都应符合装配的结构及技术要求,其具体要求见表 12.34。

表 12.34　冲压模具装配的技术要求

序号	技术要求项目	内容	备注
1	模具外观要求	1. 铸造表面应清理干净,使其光滑并涂以绿色、蓝色或灰色油漆,使其美观。 2. 模具加工表面应平整,无锈斑、锤痕、碰伤、焊补等,并对除刃口、型孔以外的锐边、尖角倒钝。 3. 模具质量大于 25 kg 时,模具本身应装有起重杆或吊钩、吊环。 4. 模具的正面模板上应按规定打刻编号、图号、制件号、使用压力机型号、制造日期等。	

续表

序号	技术要求项目	内容	备注
2	模具工作零件装配后的技术要求	1. 凸模、凹模、侧刃与固定板安装基面装配后在100 mm长度上垂直度允许误差(简称允差):刃口间隙≤0.06 mm时小于0.04 mm;刃口间隙为0.06~0.15 mm时小于0.08 mm;刃口间隙≥0.15 mm时小于0.12 mm。 2. 凸模、凹模与固定板装配后,其安装尾部与固定板安装面必须在平面磨床上磨平。$Ra=1.6\sim0.80$ μm。 3. 多个凸模工作部分高度的相对误差不大于0.1 mm。 4. 拼块的凸模或凹模,其刃口两侧平面应光滑一致,无接缝感觉。对弯曲、拉深、成型模的拼块凸模或凹模工作表面,在接缝处的不平度也不大于0.02 mm。	
3	紧固件装配后的技术要求	1. 螺栓装配后必须拧紧,不许有任何松动。螺纹旋长度与钢件连接时,不小于螺栓的直径。与铸件连接时不小于1.5倍螺栓直径。 2. 定位圆柱销与销孔的配合松紧适度。圆柱销与每个零件的配合长度应大于1.5倍直径。	
4	导向零件装配后的技术要求	1. 导柱压入模座后的垂直度,在100 mm长度内允差: ①滚珠导柱类模架≤0.005 mm; ②滑动导柱Ⅰ类模架≤0.01 mm; ③滑动导柱Ⅱ类模架≤0.015 mm; ④滑动导柱Ⅲ类模架≤0.02 mm。 2. 导料板的导向面与凹模中心线应平行,其平行度允差: 冲裁模不大于100∶0.05,连续模不大于100∶0.02。	
5	凸、凹模装配后间隙的技术要求	1. 冲裁凸、凹模的配合间隙必须均匀,其误差不大于规定间隙的20%,局部尖角或转角处不大于规定间隙的30%。 2. 压弯、成型、拉深类凸、凹模的配合间隙装配后必须均匀,其偏差值最大不超过料厚+料厚的上偏差,最小值不超过料厚+料厚的下偏差。	
6	装配后模具闭合高度的技术要求	1. 模具闭合高度≤200 mm时,允许误差1~-3 mm。 2. 模具闭合高度为200~400 mm时,允许误差2~-5 mm。 3. 模具闭合高度>400 mm时,允许误差3~-7 mm。	
7	顶出、卸料件装配技术要求	1. 冲压模具装配后,其卸料板、推件板、顶板、顶圈均应露出凹模模面、凸模顶端、凸凹模顶端0.5~1 mm。 2. 弯曲模顶件板装配后,应处于最低位置。料厚1 mm以下时允差为0.01~0.02 mm,料厚大于1 mm时允差为0.02~0.04 mm。 3. 顶杆、推杆长度,在同一模具装配后应保持一致,允差小于0.1 mm。 4. 卸料机构动作要灵活,无卡阻现象。	

续表

序号	技术要求项目	内容	备注
8	装配后上模板上平面与下模板下平面的平行度的要求	1. 冲裁模： ①刃口间隙≤0.06 mm 时，300 mm 长度内允差 0.06 mm。 ②刃口间隙 >0.06 mm 时，300 mm 长度内允差 0.08 mm。 2. 其他模具在 300 mm 长度内允差 0.10 mm。	
9	模柄装配后的技术要求	1. 模柄对上模板垂直度在 100 mm 长度内允差不大于 0.05 mm。 2. 浮动模柄凸凹球面接触面积不少于 80%。	

2. 工作任务分析

图 12.61 所示为一副侧刃定距的弹压导板级进模具，其零部件列表见表 12.32。本次学习任务是将模具零件装配成整套模具，并安装在压力机上，通过试冲、调节获得图 12.62 所示的冲压件。

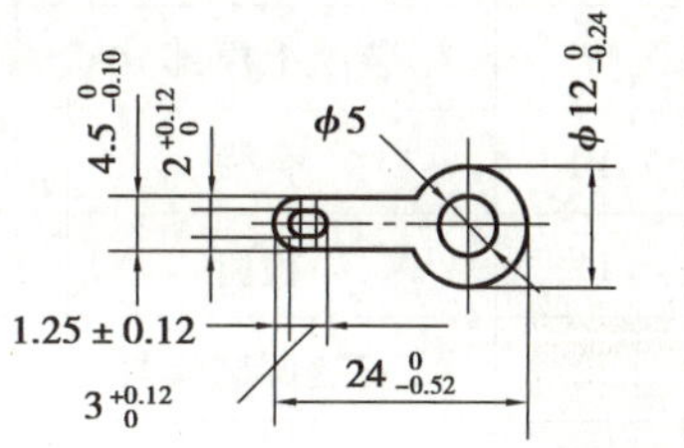

图 12.62　触头片制作图

(1)模具工作原理

图 12.61 所示的弹压导板级进模是一副侧刃定距的级进模具，上模由弹压导板 5、导套 7、导板镶块 8、螺钉 9、圆柱销 10、卸料螺钉 11、弹簧 12、侧刃 13、落料凸模 14、凸模固定板 15、长孔凸模 16、冲孔凸模 17、模柄 18、上模座 19、螺钉 20、限位柱 21 组成；下模由圆柱销 1、导柱 2、螺钉 3、承料板 4、导料板Ⅰ6、螺钉 22、导料板Ⅱ23、凹模 24、下模座 25、侧刃挡块 26 组成。上下模之间由一对导柱和导套进行导向，凸模以装在弹压导板 5 中的导板镶块 8 导向，保证较好的合模精度，并且加强了凸模的纵向稳定性，避免小凸模产生纵弯曲；凸模与固定板之间采用间隙配合，凸模装配调整和更换较为方便；弹压导板 5 用卸料螺钉 11 与上模连接，加之凸模与固定板之间是间隙配合，可消除压力机导向误差对模具的影响；冲裁排样采用直对排，一次冲裁可得两个工件，两件的落料工位有一定的距离，增强了凹模的强度，也便于装配。上模通过模柄 18 安装于压力机滑块上，下模则由压板压紧固定在压力机工作台上。

模具工作过程：毛坯由导料板导向上，以侧刃定距送入模具中，上模在压力机滑块的作用下下行，凸模、侧刃与凹模的刃口将板料分离，上模随压力机滑块上行，废料由下模漏出，条料将箍在凸模上，由弹压导板将其推下。条料继续向前送，开始下一个环节。

(2)编写模具装配工艺流程

表 12.35　弹压导板级进模装配工艺卡

装配工艺卡			产品代号	产品名称	工作令号
			LXM001	弹压导板级进模	
工序号	工序名称	工序内容		检查记录	备注
1	工作准备	(1)清点模具零件、标准件和辅助材料； (2)准备好工具、量具和刃具			
2	装配导柱	将导柱压入下模座			

续表

工序号	工序名称	工序内容	检查记录	备注
3	装配导套	将导套压入弹压导板		
4	检验	测量模架的平行度		
5	装配模柄	将模式柄压入上模座并磨平		
6	装配凸模	将凸模和侧刃装入凸模固定板并磨平		
7	装配下模	用螺钉将凹模和导料板固定在下模座上		
8	调整间隙并安装定位销	(1)调整凸、凹模间隙; (2)分别在上下模部分安装定位销		
9	装配上模部分	用螺钉将上模部分的零件固定在上模座上		
10	合模	将上、下模合上		
11	检验			
12	安装调试模具	在压力机上安装调试模具		
13	试冲	在压力机上试冲零件		
	入库			

3. 清点模具零件、标准件和辅助材料

1)按照装配图上的模具零件明细表列出加工的模具零件清单,领出相应的模具零件和标准件进行清洗整理,并对模具工作零件等重要零件进行仔细检查。

表 12.36　弹压导板级进模具零件清单

序号	图号(标准号)	名称	数量	备注
1	LXM001-1	导柱	2	
2	LXM001-2	承料板	1	
3	LXM001-3	弹压导板	1	
4	LXM001-4	导料板 I	1	
5	LXM001-5	导套	2	
6	LXM001-6	导板镶块	1	
7	LXM001-7	卸料螺钉	4	
8	LXM001-8	弹簧	4	
9	LXM001-9	侧刃	2	
10	LXM001-10	落料凸模	1	
11	LXM001-11	凸模固定板	1	

续表

序号	图号(标准号)	名称	数量	备注
12	LXM001-12	长孔凸模	1	
13	LXM001-13	冲孔凸模	1	
14	LXM001-14	模柄	1	
15	LXM001-15	上模座	1	
16	LXM001-16	限位柱	2	
17	LXM001-17	导料板Ⅱ	1	
18	LXM001-18	凹模	1	
19	LXM001-19	下模座	1	
20	LXM001-20	侧刃挡块	2	

2)列出装配所需的标准件和辅助材料,领出相应的标准件和辅助材料。

表12.37　弹压导板级进模具标准件及辅助材料清单

序号	图号(标准号)	名称	数量	备注
1	GB/T 119.1—2000	圆柱销(1)	2	
2	GB/T 119.1—2000	圆柱销(2)	4	
3	GB/T 70.1—2000	螺钉(1)	4	
4	GB/T 70.1—2000	螺钉(2)	4	
5	GB/T 70.1—2000	螺钉(3)	4	
6	GB/T 70.1—2000	螺钉(4)	4	
7		煤油		
8		扁刷	1	
9		清洗盆	1	
10		全损耗系统油		
11		棉纱头		
12		破布		

4.列出装配所需的工具、量具和刃具清单,并准备好工具、量具和刃具

表12.38　弹压导板级进模具装配所需的工具、量具和刃具清单

序号	名称	规格	刻度值	数量	备注
1	内六角扳手			1	
2	活动扳手	200		2	
3	铜棒			1	

续表

序号	名称	规格	刻度值	数量	备注
4	钳工锤	0.5、2 磅		各 1	
5	销冲			1	
6	等高块				
7	压块				
8	专用支承圈				
9	压板				
10	油石				
11	V 形架				
12	塞尺	0.02 ~ 0.05		1	
13	高度游标卡尺	0 ~ 300	0.02	1	
14	游标卡尺	0 ~ 150	0.02	1	
15	90°角尺		1 级	1	
16	百分表		0.01		
17	千分表		0.001		
18	千分尺		0.001		
19	内径千分表				
20	测量平台		1 级		
21	圆柱角尺		0 级		
22	圆度仪				
23	钻头				
24	铰刀				

5. 列出装配所需的设备

表 12.39　弹压导板级进模具装配所需的设备

序号	型号	名称	数量	备注
1	Z512	台钻	1	
2	Z3032	摇臂钻床	1	
3	J23-35	压力机	1	
4		油压机	1	
5	S3SL-250	砂轮机	1	白刚玉砂轮
6		钳台	1	
7	125	台虎钳	1	
8	1 级	装配检验平板	1	

四、装配弹压导板级进模

1. 装配工作准备

1）按照装配图上的模具零件明细表列出加工的模具零件清单，领出相应的模具零件和标准件进行清洗整理，并对模具工作零件等重要零件进行仔细检查。

2）列出装配所需的辅助材料清单，领出相应的辅助材料。

3）列出装配所需的工具、量具和刃具清单，并准备好工具、量具和刃具。

4）列出装配调试所需的设备，并准备好设备。

2. 装配导柱、导套

（1）选配导柱、导套

1）按模架精度等级选配导柱 2、导套 7，使其配合间隙值符合技术指标。

2）测量导套的同轴度。将插有测量心轴的导套 7 放置于精密 V 形架上，旋转导套 7 并使测量心轴一起转动；用千分表检查导套 7 压配部分外圆的与导向部分内圆的同轴度，并在其最大偏差 Δ_{max} 位置处打上标记，如图 12.63 所示。

3）测量导柱的同轴度。将导柱 2 放置于精密 V 形架上，旋转导柱；用千分表检查导柱 2 压配部分外圆与导向部分外圆的同轴度，并在其最大偏差 Δ_{max} 位置处打上标记，如图 12.64 所示。

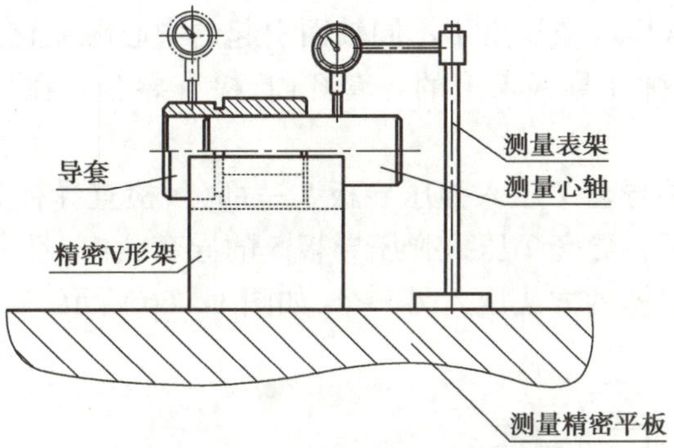

图 12.63　测量导套同轴度

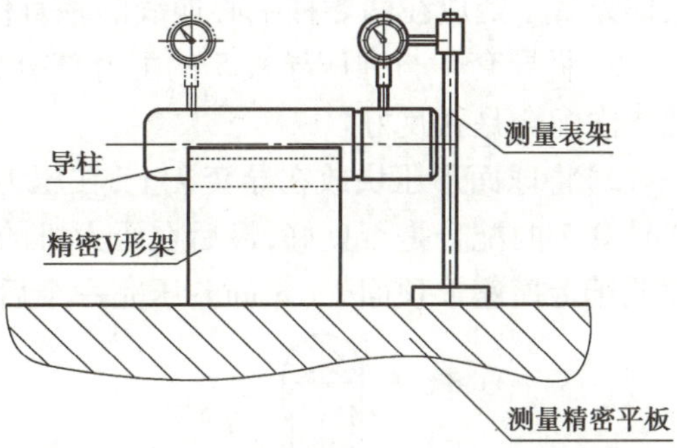

图 12.64　测量导柱同轴度

（2）压入导柱（图 12.65）

1）先擦净下模座 25，并在导柱 2 和下模座 25 上的导柱孔的配合面涂上机油；

2）将下模座 25 底平面向下放在压力机工作台上。

3）将导柱 2 与下模座 25 的配合部分先插入下模座 25 上的导柱孔内，并将其最大偏差 Δ_{max} 放在两导柱中心连线的垂直位置，这样可减少由于不同轴而引起的中心距变化。

4）将球面形压块放在导柱 2 上，调整好导柱 2 与下模座 25 底平面的垂直度后，在压力机上将导柱 2 压入下模座 25 一部分，用百分表测量并校正导柱 2 与下模座 25 底平面的垂直度后，继续往下压，但不要压到底，一般导柱端面到下模座底面需留 1 ~ 3 mm；压完一个后再用同样的方法压入另一个。

注意：导柱压入后，需要专门的指示器（或 1 级精度宽座 90°角尺）检查其垂直度。导柱与模座颊的垂直度应符合模架的分级技术指标。若超差，则应退出重新压入。

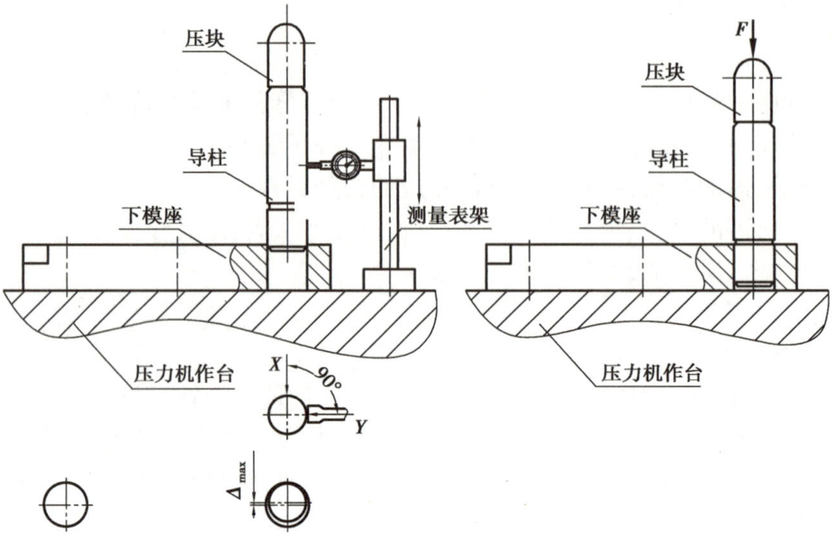

图 12.65　装配导柱

（3）装配导套

1）将弹压导板 5 套在导柱 2 上，然后套上导套 7，并将导套 7 压配部分内外圆的同轴度最大偏差 Δ_{max} 处放在两导柱中心连线的垂直位置，这样可减少由于不同轴而引起的中心距变化。

2）将导套 7 与弹压导板 5 的配合部分先插入弹压导板 5 上的导套孔内，检查导套 7 在导柱 2 内配合是否良好。

3）将球面形压块放在导套 7 上，在压力机上将导套 7 压入弹压导板 5 一部分，检查导柱 2 在导套 7 内配合是否良好，最后在压力机的作用下将导套 7 压入弹压导板 5 的导套孔内，且端面低于上模座 1 顶面 1 ~ 3 mm；压完一个后再用同样的方法压入另一个，如图 12.66 所示。

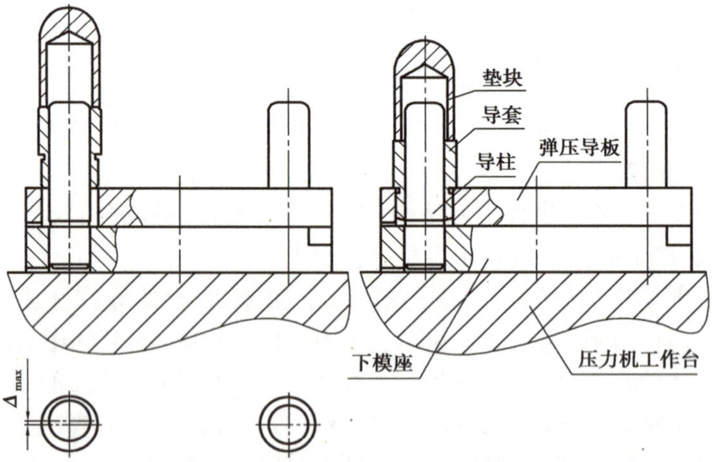

图 12.66　压入导套

（4）检测平行度

将上、下模座对合，中间垫上球面支承杆（等高垫块），放在平块上测量模架平行度。

3. 装配模柄

1）先擦净模柄 18 和上模座 19 上模柄孔的配合面，并涂上机油。

2）将上模座 1 底平面向上放在等高块上。

3）模柄 18 与上模座 19 的配合部分先插入上模座 1 的模柄孔内。

4）在压力机上进行预压配合，检查模柄 18 与上模座 19 的平面的垂直度后，继续往下压，直至压实为止，如图 12.67 所示。

5）将装有模柄 18 的上模座 19 拿到平面磨床上，把模柄 18 的端面与上模座 19 的底面一起磨平，如图 12.68 所示。

6）安装好模柄 18 后，用 90°角尺检查模柄 18 与上模座 19 上平面的垂直度。

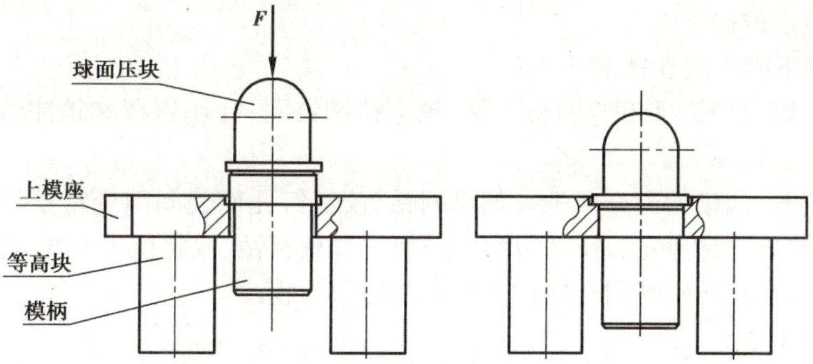

图 12.67　压入模柄

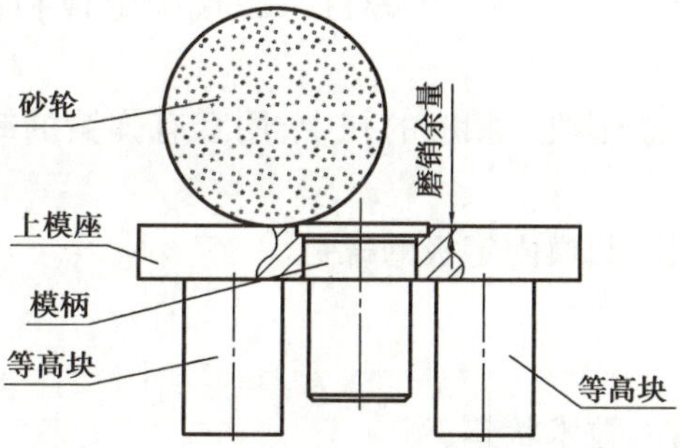

图 12.68　磨上模座底面和模柄端面

4. 装配凸模

1）先擦净凸模、侧刃和凸模固定板上的孔的配合面，并涂上机油。

2）将凸模固定板 15 放在专用支承圈上。

3）将凸模、侧刃插入凸模固定板 15 的配合孔内。

4）将装有凸模 10 的凸模固定板 13 拿到平面磨床上，把凸模 10 端面与凸模固定板 13 底面一起磨平。

5）安装好凸模和侧刃后，检查凸模、侧刃与凸模固定板 15 平面的垂直度。

5. 装配下模部分

1）将装有导柱 2 的下模座 25 平放在等高块上；

2）将凹模平放在下模座 25 上，对准螺钉孔；

3）用螺钉 22 将凹模 24、导料板 6、23 固定在下模座 25 上。（注意：拧紧固螺钉时，不要拧得很紧，以便调整凸、凹模配合间隙）

6. 调整模具的凸、凹模间隙并安装定位销

1)用螺钉将导板镶块 8 固定在弹压导板 5 上。(注意:拧紧固螺钉时,不要拧得很紧,以便调整凸、凹模配合间隙)

2)将弹压导板 5 套在下模座 25 上的导柱上,将凸模和侧刃插入导板镶块 8 中相应的孔内。

3)用垫片法调整凸、凹模的配合间隙,间隙均匀后调整好导料板的宽度,然后拧紧下模座 25 和凹模 24 间的紧固螺钉,拧紧弹压导板 5 和导板镶块 8 间的紧固螺钉。

4)装配上模定位销。

①将弹压导板 5 与下模分开后,将弹压导板 5 放在等高块上;

②在弹压导板 5、导板镶块 8 上钻、铰定位销钉孔,并用铜棒和销冲将圆柱销打入销钉孔。

5)装配下模定位销。

①将模具的下模平放在等高块上;

②在下模座 25、凹模 24 和导料板上钻、铰定位销钉孔,并用铜棒和销冲将圆柱销 24 打入销钉孔;

6)再次检查凸、凹模的配合间隙。如果因钻、铰销钉孔而使间隙变得不均匀,则应取出定位销钉,再次调整凸、凹模间隙,待间隙均匀后换位置重新钻、铰定位销钉孔,并装上圆柱销钉,直到固定后凸、凹模及凸凹模配合间隙仍然保持均匀为止。

7. 装配上模部分

1)将待装配的模具零、部件擦拭干净,并在零、部件表面薄薄涂上一层油。

2)将凸模、侧刃装入凸模固定板后,用螺钉将凸模固定板和垫板固定在上模座上。(注意:拧紧固螺钉时,不要拧紧)

3)将凸模和侧刃插入导板镶块上相应的孔中,用套有弹簧的卸料螺钉将上模座连接到弹压导板上。

4)拧紧上模座上用于固定凸模固定板的螺钉。

8. 检验

1)模具外观;

2)模具工作零件装配后的技术状态;

3)紧固件装配后的技术状态;

4)导向零件装配后的技术状态;

5)凸、凹模装配后间隙的技术状态;

6)装配后模具闭合高度;

7)装配后上模板上平面与下模板下平面的平行度;

8)模柄装配后的技术状态;

9)模具检测记录与成绩评定见表 12.40。

表 12.40　模具检测记录与成绩评定表

项次	项目与技术要求	配分/分	评定方法	实测记录	得分/分
1	准备工作充分	8	检查评定		
2	检测方法正确、规范	30	按操作要求评定、错漏一项扣 3 分		

续表

项次	项目与技术要求	配分/分	评定方法	实测记录	得分/分
3	1. 模具外观检验	20	各项数据记录符合要求，发现一项不符合要求扣 4 分	1. 模具加工表面平整，无锈斑、锤痕、碰伤、焊补等，并对除刃口、型孔以外的锐边、尖角已倒钝； 2. 模具质量大于 25 kg 时，模具本身装有起重杆或吊钩、吊环； 3. 模具的正面模板上，已按规定打刻了编号、图号、制件号、使用压力机型号、制造日期等	
	2. 模具工作零件装配后的状态			1. 凸模、凹模与固定板安装基面装配后，在 100 mm 长度上垂直度允许误差： 刃口间隙≤0.06 mm 时小于 0.04 mm 刃口间隙为 0.06～0.15 mm 时小于 0.08 mm 刃口间隙≥0.15 mm 时小于 0.12 mm； 2. 凸、凹模与固定板装配后，其安装尾部与固定板安装面已在平面磨床上磨平，$Ra=1.6\sim0.80\ \mu m$； 3. 凸模、侧刃在导板镶块中动作要灵活，无卡阻现象	
	3. 紧固件装配后的状态			1. 螺栓装配后均已拧紧，螺栓没有任何松动； 2. 螺纹旋入长度与钢件连接时，均大于螺栓的直径； 3. 定位圆柱销与销孔的配合松紧适度； 4. 圆柱销与每个零件的配合长度均大于 1.5 倍直径	
	4. 导向零件装配后的状态			导柱压入模座后的垂直度，在 100 mm 长度内允差： 1. 滑动导柱Ⅰ类模架≤0.01 mm； 2. 滑动导柱Ⅱ类模架≤0.015 mm； 3. 滑动导柱Ⅲ类模架≤0.02 mm	
	5. 凸、凹模装配后间隙的分布状态			1. 冲裁凸、凹模的配合间隙均匀； 2. 冲裁凸、凹模的配合间隙误差不大于规定间隙的 20%； 3. 局部尖角或转角处不大于规定间隙的 30%	

续表

项次	项目与技术要求	配分/分	评定方法	实测记录	得分/分
3	6.装配后模具闭合高度	20	各项数据记录符合要求,发现一项不符合要求扣4分	1.模具闭合高度≤200 mm时,允许误差1~-3 mm; 2.模具闭合高度为200~400 mm时,允许误差2~-5 mm; 3.模具闭合高度>400 mm时,允许误差3~-7 mm	
	7.卸料件装配后的状态			1.冲压模具装配后,其卸料板距凸凹模模面0.5~1 mm; 2.推板露出凸模顶端、凹模顶端0.5~1 mm; 3.卸料机构动作要灵活,无卡阻现象	
	8.装配后弹压导板上平面与下模板下平面的平行度			1.刃口间隙≤0.06 mm时,300 mm长度内允差0.06 mm; 2.刃口间隙>0.06 mm时,300 mm长度内允差0.08 mm	
	9.模柄装配后的状态			模柄对上模板垂直度在100 mm长度内允差不大于0.05 mm	
4	数据计算分析正确、能判断模具是否合格	30	每错一项扣2分,缺一项扣2分		
5	时间安排合理	8	安排不合理每项扣1分		
6	安全文明生产	4	违者每次扣2分		
合计		100			

9. 安装调试模具

将弹压导板级进模安装在压力机上调试、试冲。

10. 试冲时常见的缺陷及分析

冲裁模具试冲时常见的缺陷及产生原因如表12.41所示。

表12.41 冲裁模具试冲时常见的缺陷及产生原因

缺陷	产生原因	备注
冲件毛刺过大	1.刃口不锋利或淬火硬度不够; 2.间隙过大或过小,间隙不均匀	
冲件不平整	1.凹模有倒锥; 2.顶出杆与顶出器接触零件面太小; 3.顶出杆、顶出器分布不均匀	

续表

缺陷	产生原因	备注
尺寸超差、形状不准确	凸、凹模形状及尺寸精度差	
凸模折断	1. 冲裁时产生侧向力； 2. 卸料板倾斜	
凹模被胀裂	凹模有侧锥，形成上口大下口小	
凸、凹模刃口相咬	1. 上、下模座，固定板，凹模，地板等零件安装基面不平行； 2. 凸、凹模错位； 3. 凸模、导柱、导套与安装基面不垂直； 4. 导向精度差，导柱、导套配合间隙过大； 5. 卸料板孔位偏斜使冲孔凸模位移	
冲裁件剪切断面光亮带宽，甚至出现毛刺	冲裁间隙过小	
剪切断面光亮带宽窄不均匀，局部有毛刺	冲裁间隙不均匀	
外形与内孔偏移	复合模孔形不正确，表明凸、凹模相对位置偏移	
卸料及卸件困难	1. 卸料装置不动作； 2. 卸料弹力不够； 3. 卸料孔不畅，卡住废料； 4. 凹模有倒锥； 5. 漏料孔太小； 6. 料杆长度不够	

11. 冲裁模常见缺陷的修理

冲裁模具工作时常见的缺陷修理方法见表12.42。

表12.42　冲裁模具工作时常见缺陷的修理方法

缺陷	修理方法	备注
冲件毛刺过大	1. 修磨刃口使其锋利； 2. 重新调整凸、凹模间隙，使之均匀	
冲件不平整	1. 修磨凹模后角； 2. 更换顶出杆，加大与零件的接触面积	
尺寸超差、形状不准确	修整凸、凹模形状及尺寸，使之达到形状及尺寸精度要求	
凸模折断	1. 在模上设置靠块抵消侧向力； 2. 修整卸料板或使凸模增加导向装置	

续表

缺陷	修理方法	备注
凹模被胀裂	修磨凹模孔,消除倒锥现象	
凸、凹模刃口相咬	1. 调整有关零件重新安装; 2. 重新安装凸、凹模,使之对正; 3. 调整其垂直度重新安装; 4. 更换导柱、导套; 5. 修整及更换卸料板	
冲裁件剪切断面光亮带宽,甚至出现毛刺	适当放大冲裁间隙,对冲孔模间隙加大在凹模方向上,对落料模间隙加大在凸模方向上	
剪切断面光亮带宽窄不均匀,局部有毛刺	修磨或重装凸模或凹模,调整间隙保证均匀	
外形与内孔偏移	更换凸(凹)模,重新进行装配调整合适	
卸料及卸件困难	1. 重新装配卸料装置,使之灵活; 2. 增加卸料弹力; 3. 修整卸料孔; 4. 修整凹模; 5. 加大漏料孔; 6. 加长打料杆	

五、实训记录与成绩评定

1. 评分标准

1)在规定时间内完成不加分也不扣分。

2)未达到图纸要求的,按评分标准扣分。

3)依据《配分与评分标准》评分。

2. 评分方法

1)按单项记分扣分,每个检测尺寸检测不少于两点(以最大误差值计算)。

2)各项配分按精度最高和难易程度制订。

3. 模装配实训记录及成绩评定表

表 12.43 弹压导板级进模装配实训记录及成绩评定表

项次	项目与技术要求	配分/分	评定方法	实测记录	得分/分	备注
1	准备工作充分	6	每缺一项扣 1 分			
2	装配过程安排合理	6	安排不合理每一处扣 1 分			
3	凸模与固定板的装配、凸模与弹压导板的装配	10	测量			
4	模柄的装配	8	测量			

续表

项次	项目与技术要求	配分/分	评定方法	实测记录	得分/分	备注
5	凸模、凹模的装配	12	测试			
6	导柱、导套及模架的装配	12	测试			
7	总装	30	总体评定			
8	装配质量符合技术要求	10	发现一项不符合要求扣 2 分			
9	安全文明生产	6	违者每次扣 2 分			
合计		100				

评分人： 年 月 日

任务 12.5 双分型面注射模装配调试与维修

一、工作任务单

1）读 ZSM002 双分型面注射模装配图；
2）编写装配工艺；
3）用机械固定法装配模具；
4）正确使用量具测量模具；
5）安装调试模具。

表 12.44 双分型面注射模具明细表

序号	图号（标准号）	名称	数量	材料	热处理	备注
1	ZSM002-1	定距拉板	2	45		
2	ZSM002-2	型芯	4	P20		
3	ZSM002-3	限位钉	2	45		
4	ZSM002-4	弹簧	4	65Mn		
5	ZSM002-5	定模板	1	45		
6	ZSM002-6	导柱	4	T10A	58～62HRC	
7	GB/T 70.1—2000	螺钉 M6×15	3	35		
8	ZSM002-7	主流道衬套	1	T10A	56～60HRC	
9	ZSM002-8	导柱	4	T10A	58～62HRC	
10	ZSM002-9	型腔	1	P20		
11	ZSM002-10	推件板	1	45		
12	ZSM002-11	型芯固定板	1	45		
13	ZSM002-12	支承板	1	45		
14	ZSM002-13	推杆	4	45		

续表

序号	图号(标准号)	名称	数量	材料	热处理	备注
15	ZSM002-14	支架	2	45		
16	ZSM002-15	推板	1	45		
17	ZSM002-16	推杆固定板	2	45		
18	GB/T 70.1—2000	螺钉 M10×20	4	35		
19	GB/T 70.1—2000	螺钉 M16×150	4	35		

二、教学设计

表 12.45　双分型面注射模装配调试与维修教学设计表

课程名称	工艺装备装配调试与维修		学时	18 学时
工作任务	完成双分型面注射模装配调试与维修			
教学目标	完成双分型面注射模装配调试与维修,使学生具备装配调试与维修三板式注射模具的能力			
重点难点	1. 合模修配; 2. 模具安装调试			
教学方法	讲授法、现场教学法、实践法			
教学设计	教学组织	教学资源要求	教学方法	时间
	任务引入,任务分析	工作任务单	讲授	0.5 学时
	组织学生按组进行工艺分析,形成工艺文件	视频、PPT	讲授	1 学时
	工具、量具、材料准备	工具、量具、刃具、材料足够	学生按制度领用	0.5 学时
	任务实施	设备、工具、量具、刃具	学生练习,教师巡回指导	15 学时
	任务评价	量具具有法定精度	学生按标准自测评价、教师抽查	1 学时
参考资料学习资源	钳工技能实训教材			

三、装配工作准备

1. 技术资料准备

1)矩形盖制件图,如图 12.70 所示。

2)ZSM002 双分型面注射模装配图(图 12.69)。

3)塑料模具装配的技术要求。

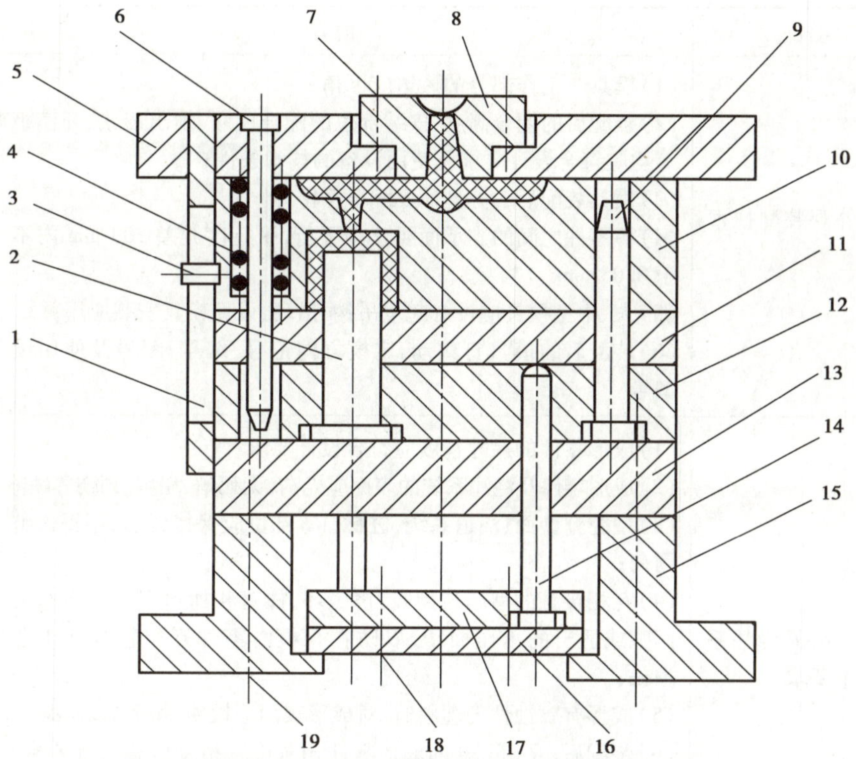

图 12.69　ZSM002 双分型面注射模装配图

1—定距拉板;2—型芯;3—限位钉;4—弹簧;5—定模板;6—导柱;7—螺钉;8—主流道衬套;9—导柱;10—型腔;11—推件板;12—型芯固定板;13—支承板;14—推杆;15—支架;16—推板;17—推杆固定板;18—螺钉;19—螺钉

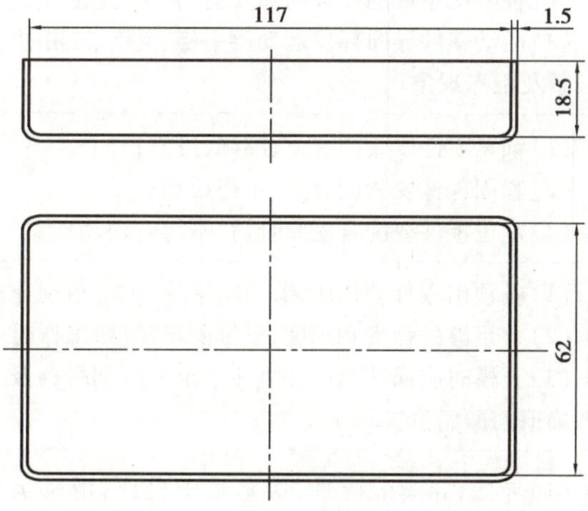

图 12.70　矩形盖制件图

塑料模具成型制件时,是在高温、高压和粘流状态下成型的,相配合零件之间的配合要求较高。塑料模具装配的技术要求见表 12.46。

表 12.46　塑料模具装配的技术要求

项次	项目	内容	备注
1	模具外观装配技术要求	(1)模具非工作部分的棱边应倒角; (2)装配后的闭合高度、安装部位的配合尺寸、顶出形式、开模距离等均应符合设计要求及使用设备的技术条件; (3)模具装配后各分型面要配合严密; (4)各零件之间的支承面要互相平行,平行度允差 200 mm 内不大于 0.05 mm; (5)大、中型模具应设有起重吊钩、吊环,以便模具安装应用; (6)装配后的模具打刻动、定模方向记号、编号、图号及使用设备型号	
2	成形零件及浇注系统技术要求	(1)成形零件的尺寸精度应符合设计要求; (2)成形零件及浇注系统的表面应光洁,无死角、塌坑、划伤等缺陷; (3)型腔分型面、浇道系统、进料口等部位应保持锐边,不得修整为圆角; (4)互相接触的型芯与型腔、挤压环、柱塞和加料室之间应有适当间隙或适当的承压面积,以防在合模时零件互相直接挤压造成损伤; (5)成形有腐蚀性的塑料时,对成形表面应镀铬、抛光,以防腐蚀; (6)装配后,互相配合的成形零件相对位置精度应达设计要求,以保证成形制品尺寸、形状精度; (7)拼块、镶嵌式的型腔或型芯,应保证拼接面配合严密、牢固、表面光洁、无明显接缝	
3	活动零件的装配技术要求	(1)各滑动零件的配合间隙要适当,起、止位置定位要准确可靠; (2)活动零件导向部位运动要平稳、灵活、互相协调一致,不得有卡紧及阻滞现象	
4	锁紧及紧固零件的装配技术要求	(1)锁紧零件要紧固有力、准确、可靠; (2)紧固零件要紧固有力,不得松动; (3)定位零件要配合松紧合适,不得有松动现象	
5	顶出机构装配技术要求	(1)各顶出零件动作协调一致、平稳、无卡阻现象; (2)有足够的强度和刚度,良好的稳定性,工作时受力均匀; (3)开模时应保证制件和浇注系统的顺利脱模及取出,合模时应准确退回原始位置	
6	导向机构的装配技术要求	(1)导柱、导套装配后,应垂直于模座,滑动灵活、平稳,无卡阻现象; (2)导向精度要达到设计要求,对动、定模具有良好导向、定位作用; (3)斜导柱应具有足够的强度、刚度及耐磨性,与滑块的配合适当,导向正确; (4)滑块和滑槽配合松紧适度,动作灵活,无卡阻现象	

续表

项次	项目	内容	备注
7	加热冷却系统的装配技术要求	(1)冷却装置要安装牢固,密封可靠,不得有渗漏现象; (2)加热装置安装后要保证绝缘,不得有漏电现象; (3)各控制装置安装后,动作要准确、灵活、转换及时、协调一致	

2. 工作任务分析

图 12.69 所示为一副典型的双分型面注射模具,其零部件列表见表 12.44。本次学习任务是将模具零件装配成整套模具,并安装在注射机上,通过调试获得图 12.70 所示的塑料件。

(1)模具工作原理

图 12.69 所示的双分型面注射模是一副典型的三板式注射模具,定模部分由定距拉板 1、限位钉 3、弹簧 4、定模板 5、导柱 6、螺钉 7、主流道衬套 8、导柱 9、型腔 10 等组成;动模部分由推件板 11、型芯固定板 12、支承板 13、推杆 14、支架 15、推板 16、推杆固定板 17、螺钉 18、螺钉 19 等组成。定模部分通过定模板 1 安装于注射机上,动模部分通过支架 15 安装于注射机上。

模具工作过程:模具在注射机上闭合后,塑料通过注射机加热熔化后注射进模具型腔;塑料在模具型腔内冷却成形后,注射机将模具的动、定部分分开,在弹簧 4 的作用下,型腔 10 与定模板 5 定距分型,其分型距离由定距拉板 1 和限位钉 3 联合控制,以便取出这两板间的浇注系统凝料。继续开模时,模具便在型腔 10 与推件板 11 处(分型面)分型,塑料制件与凝料拉断并留在型芯 2 上的动模一侧,最后在注射机的固定顶出杆的作用下,推动模具的推出机构将型芯 2 上的塑料制件推出。注射机将模具闭合时,开始下一个环节。

(2)编写模具装配工艺流程

表 12.47　双分型面注射模装配工艺卡

<table>
<tr><td colspan="3" rowspan="2">装配工艺卡</td><td>产品代号</td><td>产品名称</td><td>工作令号</td></tr>
<tr><td>ZSM002</td><td>双分型面注射模</td><td></td></tr>
<tr><td>工序号</td><td>工序名称</td><td colspan="2">工序内容</td><td>检查记录</td><td>备注</td></tr>
<tr><td>1</td><td>工作准备</td><td colspan="2">(1)清点模具零件、标准件和辅助材料;
(2)准备好工具、量具和刃具</td><td></td><td></td></tr>
<tr><td>2</td><td>装配主流道衬套</td><td colspan="2">将主流道衬套 8 压装到定模板 5 上</td><td></td><td></td></tr>
<tr><td>3</td><td>装配导柱</td><td colspan="2">将导柱 6 压装到定模板 5 上</td><td></td><td></td></tr>
<tr><td>4</td><td>装配导柱、型芯</td><td colspan="2">将导柱 9、型芯 2 压装到上型芯固定板 2 上</td><td></td><td></td></tr>
<tr><td>5</td><td>总装</td><td colspan="2">(1)装配推出机构;
(2)装配动模部分;
(3)装配定模部分;
(4)合模修配</td><td></td><td></td></tr>
<tr><td>6</td><td>检验</td><td colspan="2"></td><td></td><td></td></tr>
</table>

续表

工序号	工序名称	工序内容	检查记录	备注
7	安装调试模具	在注射机上安装调试模具		
8	试模	在注射机上试模		
	入库			

3. 清点模具零件、标准件和辅助材料

1）按照装配图上的模具零件明细表列出加工的模具零件清单，领出相应的模具零件和标准件进行清洗整理，并对模具工作零件等重要零件进行仔细检查。

表 12.48　双分型面注射模具零件清单

序号	图号（标准号）	名称	数量	备注
1	ZSM002-1	定距拉板	2	
2	ZSM002-2	型芯	4	
3	ZSM002-3	限位钉	2	
4	ZSM002-4	弹簧	4	
5	ZSM002-5	定模板	1	
6	ZSM002-6	导柱	4	
7	ZSM002-7	主流道衬套	1	
8	ZSM002-8	导柱	4	
9	ZSM002-9	型腔	1	
10	ZSM002-10	推件板	1	
11	ZSM002-11	型芯固定板	1	
12	ZSM002-12	支承板	1	
13	ZSM002-13	推杆	4	
14	ZSM002-14	支架	2	
15	ZSM002-15	推板	1	
16	ZSM002-16	推杆固定板	1	

2）列出装配所需的标准件和辅助材料，领出相应的标准件和辅助材料。

表 12.49　双分型面注射模具标准件及辅助材料清单

序号	图号（标准号）	名称	数量	备注
1	GB/T 70.1—2000	螺钉 M6×15	3	
2	GB/T 70.1—2000	螺钉 M8×15	4	

续表

序号	图号(标准号)	名称	数量	备注
3	GB/T 70.1—2000	螺钉 M10×20	4	
4	GB/T 70.1—2000	螺钉 M16×150	4	
5	GB/T 825—1988	吊环螺钉	1	
6		煤油		
7		扁刷	1	
8		清洗盆	1	
9		全损耗系统油		
10		棉纱头		
11		破布		

4. 列出装配所需的工具、量具和刃具清单,并准备好工具、量具和刃具

表 12.50　双分型面注射模具装配所需的工具、量具和刃具清单

序号	名称	规格	刻度值	数量	备注
1	内六角扳手			1	
2	活动扳手	200		2	
3	铜棒	$\phi35$		1	
4	钳工锤	0.5.2 磅		各 1	
5	等高块				
6	压块				
7	专用支承圈				
8	压板				
9	油石				
10	V 形架				
11	塞尺	0.02～0.05		1	
12	高度游标卡尺	0～300	0.02	1	
13	游标卡尺	0～150	0.02	1	
14	90°角尺		1 级	1	
15	百分表		0.01		
16	千分表		0.001		
17	千分尺		0.001		
18	内径千分表				
19	测量平台		1 级		

续表

序号	名称	规格	刻度值	数量	备注
20	圆柱角尺		0 级		
21	圆度仪				

5. 列出装配所需的设备

表 12.51　双分型面注射模具装配所需的设备

序号	型号	名称	数量	备注
1	XS-ZY-125	塑料注射机	1	
2		翻转合模机	1	
3		油压机	1	
4	S3SL-250	砂轮机	1	
5		钳台	1	
6	125	台虎钳	1	
7	1 级	装配检验平板	1	

四、装配双分型面板注射模

1. 装配工作准备

1）按照装配图上的模具零件明细表列出加工的模具零件清单，领出相应的模具零件和标准件进行清洗整理，并对模具工作零件等重要零件进行仔细检查。

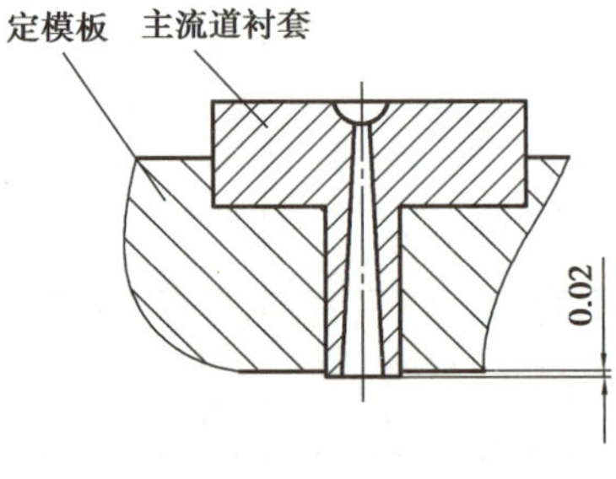

图 12.71　装主流道衬套

2）列出装配所需的辅助材料清单，领出相应的辅助材料。

3）列出装配所需的工具、量具和刃具清单，并准备好工具、量具和刃具。

4）列出装配调试所需的设备，并准备好设备。

2. 装配主流道衬套（图 12.71）

1）将待装配的模具零、部件擦拭干净，并在零、部件表面薄薄涂上一层机油

2）将主流道衬套放入定模板的中孔口部，在确认主流道衬套与定模板的基准面垂直后，用铜棒将主流道衬套打入定模板的中孔。

3）修磨主流道衬套的高度，确保主流道衬套压装后其端口面高出定模板底面 0.02 mm。

3. 装配导柱

1）擦净导柱和定模板上导柱孔内的配合面并涂上机油。

2）将定模板放在等高环上。

3）将导柱先插入定模板上导柱孔内（注意保证导柱与定模板平面的垂直度），在压力机上进行预压配合，如图 12.72 所示。

4)检查导柱与定模板平面的垂直度后,继续往下压,直至导柱压实为止,压完一个后再压另一个。

注意:导柱压入后,需要专门的指示器(或 1 级精度宽座 90°角尺)检查其垂直度。导柱与下模座底面的垂直度应符合模架的分级技术指标。若超差,则应退出重新压入。

5)将装有导柱的定模板拿到平面磨床上,把导柱的端面与定模板底平面一起磨平,如图 12.73 所示。

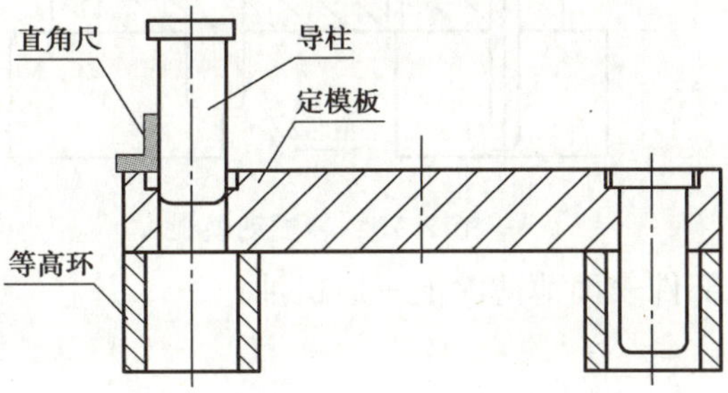

图 12.72　压装导柱

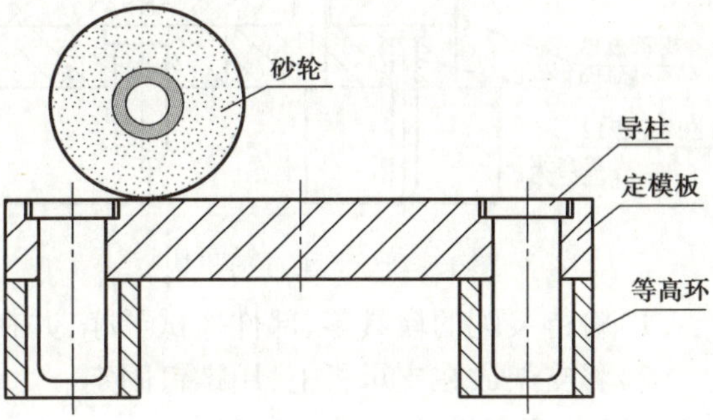

图 12.73　磨导柱端面

4. 装配导柱、型芯

1)先擦净导柱和型芯以及型芯固定板上导柱孔的配合面,并涂上机油。

2)将型芯固定板放在压力机工作台上。

3)将导柱先插入型芯固定板上导套孔内(注意保证导柱与型芯固定板平面的垂直度),在压力机上进行预压配合。

4)检查导柱与型芯固定板平面的垂直度后,继续往下压,直至导柱压实为止,压完一个后再压另一个。导柱压装完后用同样的方法压入型芯。

5)将装有导柱和型芯的型芯固定板拿到平面磨床上,将导柱和型芯的端面与型芯固定板底平面一起磨平。

5. 总装

(1)装配推出机构

1)将待装配的模具零件擦拭干净。

2)将推杆插入平放在等高块上的推杆固定板中,并磨平端面,如图 12.74 所示。

3)将装有导柱和型芯的型芯固定板底面向上平放在等高块上,再把支承板平放在型芯固定板底面上。

4)将推杆插入平放在等高块上的型芯固定板和支承板中,再用螺钉把推板固定在推杆固定板上,如图 12.75 所示。

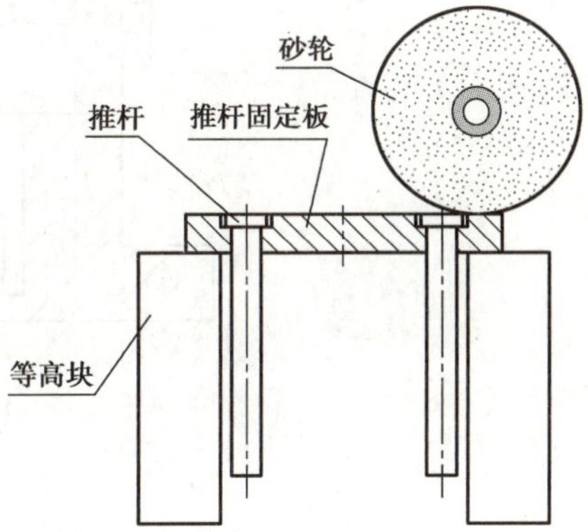

图 12.74　磨推杆断面

(2)装配动模板(图 12.76)

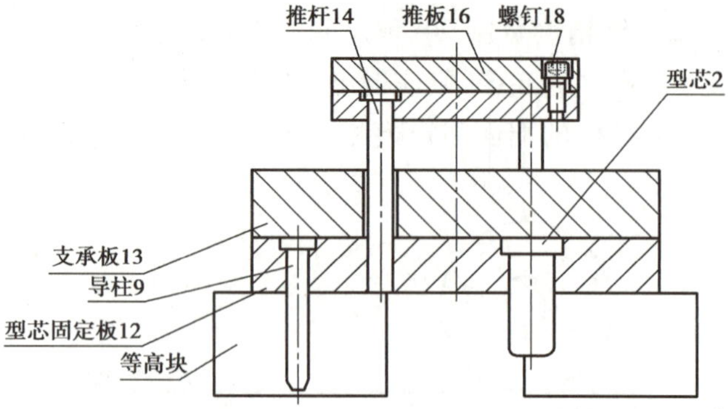

图 12.75 装配推料机构

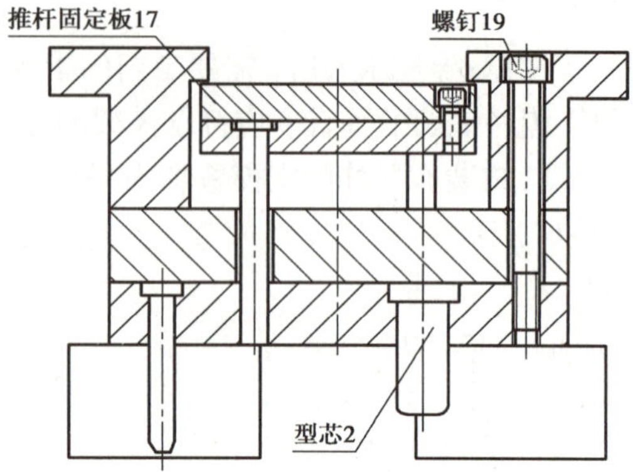

图 12.76 装配动模板

1)将待装配的模具零、部件擦拭干净,并在零、部件表面薄薄涂上一层机油;

2)将支架放在支承板上,用螺钉固定。

(3)装配定模部分(图 12.77)

1)将待装配的模具零、部件擦拭干净,并在零、部件表面薄薄涂上一层机油。

2)按照装配图上的位置装配定模部分的零件,并固定牢固。

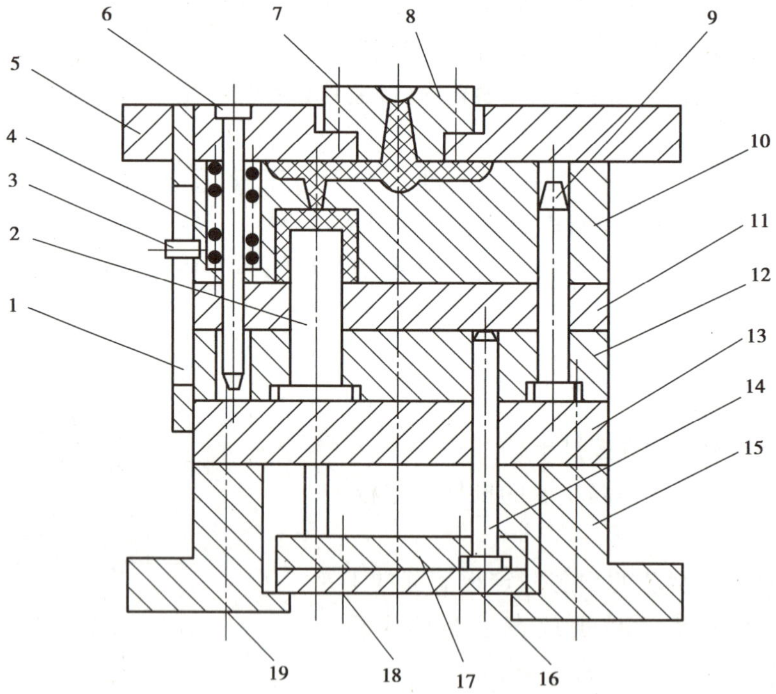

图 12.77 定模装配图

1—定距拉板;2—型芯;3—限位钉;4—弹簧;5—定模板;6—导柱;7—螺钉;8—主流道衬套;9—导柱;10—型腔;11—推件板;12—型芯固定板;13—支承板;14—推杆;15—支架;16—推板;17—推杆固定板;18—螺钉;19—螺钉

6. 合模修配

1)将动、定模合模后。

2)将模具安装在翻转合模机上。

3)在合模机上将动、定模分开,并在动模部分的分型面涂上一层红丹后合模,检查模具分型面的吻合情况。

4)根据定模板 5、型腔 10 和推件板 11 分型面上所粘红丹的情况进行研磨,直到模具分型面完全吻合。

7. 检验

(1)模具检验

1)模具外观。

2)成形零件及浇注系统技术状态。

3)锁紧及紧固件装配后的技术状态。

4)顶出机构装配的技术状态。

5)导向机构装配后的技术状态。

6)冷却系统装配后的技术状态。

(2)模具检测记录与成绩评定见表 12.52。

表 12.52 模具检测记录与成绩评定表

项次	项目与技术要求	配分/分	评定方法	实测记录	得分/分
1	准备工作充分	8	检查评定		
2	检测方法正确、规范	30	按操作要求评定,错漏一项扣 3 分		
3	1. 模具外观检验	20	各项数据记录符合要求,发现一项不符合要求扣 4 分	1. 模具加工表面平整,无锈斑、锤痕、碰伤、焊补等,除刃口、型孔以外的锐边、尖角已倒钝; 2. 模具质量大于 25 kg 时,模具本身装有起重杆或吊钩、吊环; 3. 装配后的闭合高度、安装部位的配合尺寸、顶出形式、开模距离等均符合设计要求及使用设备的技术条件; 4. 模具装配后分型面配合严密; 5. 各零件之间的支承面互相平行,平行度允差 200 mm 内不大于 0.05 mm; 6. 装配后的模具打刻动、定模方向记号、编号、图号及使用设备型号	

续表

<table>
<tr><th>项次</th><th>项目与技术要求</th><th>配分/分</th><th>评定方法</th><th>实测记录</th><th>得分/分</th></tr>
<tr><td rowspan="5">3</td><td>2. 成形零件及浇注系统装配后的状态</td><td rowspan="5">20</td><td rowspan="5">各项数据记录符合要求,发现一项不符合要求扣4分</td><td>1. 成形零件的尺寸精度符合设计要求;
2. 成形零件及浇注系统的表面应光洁,无死角、塌坑、划伤等缺陷;
3. 型腔分型面、浇道系统、进料口等部位应保持锐边,不得修整为圆角;
4. 互相接触的型芯与型腔、挤压环、柱塞和加料室之间有适当间隙或适当的承压面积;
5. 装配后,互相配合的成形零件相对位置精度达到设计要求</td><td></td></tr>
<tr><td>3. 锁紧及紧固零件装配后的状态</td><td>1. 锁紧零件要紧固有力、准确、可靠;
2. 紧固零件要紧固有力,不得松动;
3. 定位零件要配合松紧合适,不得有松动现象</td><td></td></tr>
<tr><td>4. 顶出机构装配后的状态</td><td>1. 各顶出零件动作协调一致、平稳、无卡阻现象;
2. 有足够的强度和刚度、良好的稳定性,工作时受力均匀;
3. 开模时应保证制件和浇注系统顺利脱模及取出,合模时应准确退回原始位置</td><td></td></tr>
<tr><td>5. 导向机构装配后的状态</td><td>1. 导柱、导套装配后,应垂直于模座,滑动灵活、平稳,无卡阻现象;
2. 导向精度要达到设计要求,对动、定模具有良好导向、定位作用</td><td></td></tr>
<tr><td>6. 冷却系统装配后的状态</td><td>1. 冷却装置要安装牢固,密封可靠,不得有渗漏现象;
2. 各控制装置安装后,动作要准确、灵活、转换及时、协调一致</td><td></td></tr>
<tr><td>4</td><td>数据计算分析正确、能判断模具是否合格</td><td>30</td><td>每错一项扣2分,缺一项扣2分</td><td></td><td></td></tr>
<tr><td>5</td><td>时间安排合理</td><td>8</td><td>安排不合理每项扣1分</td><td></td><td></td></tr>
<tr><td>6</td><td>安全文明生产</td><td>4</td><td>违者每次扣2分</td><td></td><td></td></tr>
<tr><td colspan="2">合计</td><td>100</td><td></td><td></td><td></td></tr>
</table>

8. 安装调试模具

(1)根据工艺卡上的模具图号,确定模具

检查模具安装条件是否良好,否则需重新修理。检查内容包括:模具的外观及零、部件的数量;成型零件和浇注系统的表面质量,是否有伤痕和塌陷等缺陷;各运动零件的配合、起止位置是否正确,整个模具连接紧固是否可靠;模具的闭合高度、脱模距离、安装槽(孔)位置是否与注射机相适应;当模具定、动模部分分开检查时,要注意方向,以免合模时搞错。

(2)根据工艺卡上指定的注射机,确定使用的设备

熟悉所选用注射机的技术参数,如注射机的最大注射量、最大注射压力、最大锁模力、最大成型面积、模具最大厚度和最小厚度、开模最大行程、拉杆间距、安装模板的螺孔(或T形槽)位置和尺寸、定位孔尺寸、喷嘴球面半径等,以便装配的模具与所选注射机相适应。

(3)仔细检查设备的油路、水路以及电路是否正常工作

把注射机操作的选择开关调到点动或手动位置上,把液压系统的压力调到低压。调整好所有行程开关的位置,使动模板运行通畅。调节动模板与定模板的距离,使其在闭合状态下大于模具闭合高度1~2 mm。同时检查吊装设备,看其是否安全可靠,工作范围是否满足要求。只有在确认注射机的技术状态良好的情况下,才能着手安装模具。

(4)安装连接

①开机。开动注射机,使动、定模板处于开启状态。

②清理杂物。将机床和模具的安装面擦拭干净。

③吊装模具。模具吊装有整体吊装和分体吊装两种方法,一般中小型模具采用整体吊装,而大型模具则采用分体吊装。

整体吊装时,先在机床下面两根导柱上垫好木板,把模具从侧面吊入机架间,并调整好方位,使侧型芯滑块处于水平方向滑动,然后将定模上的定位圈装入注射机定模板上的定位孔内并放正,以极慢的速度合模。用动模板将模具轻轻压紧(注意:若定位圈与定位孔不相符,切勿强行合模,可将模具上下、左右调整合适后再合模),用压板或螺钉压紧定模,并初步固定动模。而后以慢速开合模具数次,找正动模,并保证模具开合过程中运动平稳、灵活,无卡滞现象,最后紧固动模。

④定模与动模的连接。定模的安装主要是通过模具上的定位圈与注射机定模板上定位孔的配合来对准定心的。可将定模座板紧紧地贴在注射机的定模板上,然后利用螺栓或螺钉、压板、垫块将定模部分压紧、固定。

动模的安装一般是在定模安装后及时进行的,先调整好注射机的动模板,使其与模具的动模座板底面贴合,然后连接固定。其方法与定模的安装连接方法相似。

⑤配套部分的安装。当模具主体部分安装在注射机上以后,通过空载运行确认一切正常,便可以进行配套部分的安装,即根据要求接通冷却水路和加热系统,接通液压、气压回路及电气控制回路,安装相应的辅助部分等。

(5)安装要点

①装模时应注意安全,两人以上操作时,必须相互呼应,统一行动。

②模具紧固应平稳可靠,要求压板对角压紧,压板要放平,不得倾斜,尽量靠近模脚。要注意防止合模时,动模压板和定模压板以及推板和动模压板相碰。

③模具紧固后,便慢速开模,直到动模板到位停止后退为止,这时把推杆的位置调整到模具上的推板和支承板之间尚留有5~10 mm的间隙(对于装有复位弹簧的推板,要留有弹簧被

压缩后所占的距离),既可以防止顶坏模具,又能够推出制件。同时开合模具观察推出机构动作是否平稳、灵活,复位机构动作是否协调、准确。

(6)试模

①清理料筒。当注射工按照预先商量好的试模工艺条件把料筒和模具温度升温到工艺要求的温度之后,就要开始注射。在欲注射前,对料筒内不符合要求的残余料要进行清理,即将料筒加热后,加入试模选定用的塑料,对空喷射残余料,这时加入的试模料应尽可能用回收料(用回收料清洗料筒比较经济)。

当新加的回收料开始吐出时,必然注射出来的是两种料混合。如果制品形状简单,极易脱模,则可以用这种混合料试注射。这样清理料筒既节约原料,又可以对模具进行预热。值得注意的是:如果制品形状复杂,有较深的加强筋及深腔薄壁之类制品,千万不要用这类混合料向模腔内试注射。因为混合料易分层、强度差,顶出易破裂,易使部分塑件断裂残留在模内不易取出,给试模带来困难。如果原来料筒内存的料与试模料属于同类型塑料即能共熔,则可以用混合料试注射。

清理料筒时还要注意料筒内残余料与新选的试模料之间的成型温度的差异。若新加料的成型温度比料筒内剩余料成型温度高,应将料筒和喷嘴温度升到新加料的下限最低加工温度,然后对空连续注射,直至排尽剩料后,再升高料筒温度达到要求范围。否则容易使剩余料在料筒内被分解。一旦残余料被分解,又会给清洗料筒造成困难。

②正确计算注射量。喷嘴空射把残余料从料筒内清理干净,吐出来的都是新试模料时,就要向模内正式试注射。正式试注射时,注射量一定要认真计算。有制品实样的称一下它的质量,再加上浇道凝料质量,计算在一起即可,若无实样,则要按图纸基本尺寸算出制品实际体积乘以塑料密度求出质量。如果形状复杂,则计算比较麻烦,可用量杯测制品的排水量来计算。

试注射时缺料必然产生型腔注射不满。未注满的制品形状残缺,会使推杆或推件板顶出时产生偏荷顶出,容易把制品卡死在型芯或型腔上,造成残缺制品留在模内取出困难。遇到这种情况,不要强顶出。可将残缺制品打一些缺口,然后让喷嘴空射一部分新料,喷在硬纸板上,趁热把它贴补在残留在型芯上的残缺制品的残缺部位,与残缺制品粘贴在一起。等它们冷却硬化后,即可顶出。因为残缺制品已补成整体,使推杆、推件板顶出着力点处于平衡状态,不产生偏荷顶出,制品就能顺利顶出。

缺料易造成顶出困难,但注射量太多,又会产生溢料飞边,易撑坏模具。所以注射量不能太小,但也不宜超量过多。

③试注射时的注射压力控制。试注射时,注射压力不宜过大,尤其是注射量稍大时,注射压力更不宜大。因为注射压力大,制品易产生飞边,脱模顶出困难。尤其形状复杂的制品更是如此。过大的注射压力会引起制品产生较大的内应力,甚至会损坏模具,损伤机器。故初试模时,绝对不能用过大的注射压力。试注射压力稍小些,制品会有点缩坑,只要能脱模,有点缩坑问题不大,可以慢慢调整。

④试模工艺条件应逐步进行调整。试模就是要寻找合理的注射工艺条件。制品的原料不同,工艺条件也各不相同。然而,因为是试模过程,在模具方面难免存在许多估计不到的、不利于注射成型的因素。初次试注射出现成型不理想时,一时难以判断是注射工艺问题还是模具设计制造问题。因此,首次注射所选用的基本工艺,要根据制品的特点及所选用原料的型号、所选试模设备的性能等综合考虑,拟订一个实际与理论均趋于合理的工艺条件,暂作试模基本工艺条件。先假设模具结构合理,试注射时着重对工艺条件逐步进行调整。

所谓工艺条件调整，无非是对注射量、注射压力、注射速度和注射速率、注射温度和模具温度的调整。例如注射压力提高，注射速度提高，或注射温度，提高都能增加熔料在模腔内的流动性。但在实际试模中，究竟调整哪个工艺条件较为理想？这就要根据具体条件做具体分析。如有的塑料对压力变化较敏感，有的塑料对温度变化敏感，那么应该对敏感的条件先调整。若该试模塑料对温度敏感，则应该从调整注射温度入手，提高熔料流动性。调整注射温度又要注意以下两点：第一，温度调整有一个时间过程，不能马上反映出来。不到一定时间，试注射出来的制品不是真实情况，可能是假象，应多注射几个样品对照变化情况。第二，温度调高，必须微调。对于注射温度区间狭窄的塑料要特别注意其分解温度的临界点，尤其是温度计误差较大，料筒内实际温度反馈不准确，容易产生误调，造成试模料在料筒内分解，给试模工作带来很大麻烦。

如果把注射压力、注射温度和注射速度都做了调整，模内熔料仍流动不畅，注射不满，那么是否缺料，如果加料之后，发现制品出现局部溢料飞边，而整个制品尚有缺料塌坑现象，则应调整注射量，查看模具飞边部位是否分型面不贴实，塌坑部位是否有局部冷却现象等，直到制品完整。

如果应调的工艺条件均经过调试，仍无明显效果，则应从模具上找毛病。查看模具的浇注系统流程是否太远；浇口是否太小；主流道、分流道是否太窄；型腔是否憋气、窝气；浇口位置是否不佳，浇口是否太少，是否适当增加，还是重新选择浇口位置；是否制品壁厚不均；或是水道循环不佳；模具有局部冷却等。总之，复杂模具试模，要仔细检查，查出原因后，才能制订维修方案，拟订修正措施。在调换工艺条件进行试注射时，要做好详细记录，要把试模样件编号并按顺序排列，每次更改工艺条件，应注射3~5个制品留样。然后把其工艺数据记录下来，在其中寻找最佳制件的工艺数据，把这些数据的组合、变化规律、特点归纳起来，从而找出合理的工艺参数。

每次试模时，要详细记录所用的设备型号、特点，试模用塑料的牌号及生产厂家。对模具结构有碍工艺调试，有碍操作的不合理之处都要提出修改意见和建议，并应在试模记录中加以详细说明，这将为制订模具的修改方案提供十分宝贵的第一手资料。

一副模具经过几次试模、几次修改和多次工艺调整，成功之后，其详细的试模记录是一套完整的工艺数据，这是模具的宝贵的原始资料。经过总结整理，它将为塑料成型工艺修改和调整提供可查依据，也为模具设计者和制造者提高设计、制造水平取得了来源于实践的可靠的技术资料。

9. 塑料注射制品成型缺陷与改正措施

表12.53　塑料注射制品成型缺陷及其产生原因

制品缺陷	产生的原因	改正措施
1. 制品不足	(1)料筒、喷嘴及模具温度偏低； (2)加料量不够； (3)料筒剩料太多； (4)注射压力太低； (5)注射速度太慢； (6)流道或浇口太小，浇口数目不够，位置不当； (7)模腔排气不良； (8)注射时间太短； (9)浇注系统发生堵塞； (10)原料流动性太差	(1)升高料筒、喷嘴及模具温度； (2)增加料量； (3)清除料筒剩料； (4)提高注射压力； (5)提高注射速度； (6)扩大流道或浇口，增加浇口数目，合理布置浇口位置； (7)合理设置排气通道； (8)适当延长注射时间； (9)排除堵塞； (10)改善原料流动性

续表

制品缺陷	产生的原因	改正措施
2. 制品溢边	(1)料筒、喷嘴及模具温度太高； (2)注射压力太大，锁模力不足； (3)模具密封不严，有杂物或模板弯曲变形； (4)模腔排气不良； (5)原料流动性太大； (6)加料量太多	(1)适当降低料筒、喷嘴及模具温度； (2)适当降低注射压力，增大锁模力； (3)修理模具密封面； (4)合理设置排气通道； (5)降低原料流动性； (6)适当减少加料量
3. 制品有气泡	(1)塑料干燥不良，含有水分、单体、溶剂和挥发性气体； (2)注射速度太快； (3)注射压力太小； (4)模温太低、充模不完全； (5)模具排气不良	(1)干燥塑料； (2)适当降低注射速度； (3)适当增加注射压力； (4)适当提高模温； (5)合理设置排气通道
4. 制品凹陷	(1)加料量不足； (2)料温太高； (3)注射及保压时间太短； (4)注射压力不够； (5)注射速度太快； (6)浇口位置不当	(1)适当增加料量； (2)适当降低料温； (3)适当延长注射及保压时间； (4)适当增加注射压力； (5)适当降低注射速度； (6)合理设置浇口位置
5. 熔接痕	(1)料温太低，塑料流动性差； (2)注射压力太小； (3)注射速度太慢； (4)模温太低； (5)模腔排气不良	(1)升高料温，改善塑料流动性； (2)提高注射压力； (3)提高注射速度； (4)升高模温； (5)合理设置排气通道
6. 制品表面有银丝及波纹	(1)原料含有水分及挥发物； (2)料温太高或太低； (3)注射压力太低； (4)流道浇口尺寸太大； (5)嵌件未预热或温度太低	(1)干燥原料； (2)选用适当的料温； (3)提高注射压力； (4)增大流道浇口尺寸； (5)预热嵌件
7. 制品表面有黑点及条纹	(1)螺杆转速太快，背压太高； (2)塑料碎屑卡入柱塞和料筒间； (3)喷嘴与主流道贴合不好，产生积料； (4)模具排气不良	(1)降低螺杆转速及背压； (2)清理柱塞和料筒； (3)调整喷嘴与主流道贴合位置； (4)合理设置排气通道

续表

制品缺陷	产生的原因	改正措施
8. 制品翘曲变形	(1)模具温度太高,冷却时间不够; (2)制品厚薄悬殊; (3)浇口位置不当,数量不够; (4)顶出位置不当,受力不均	(1)降低模具温度,延长冷却时间; (2)制品厚薄悬殊; (3)合理设置浇口位置,适当增加数量; (4)合理布置顶杆
9. 制品尺寸不稳定	(1)加料量不稳; (2)原料颗粒不匀,新旧料混合比例不当; (3)料筒和喷嘴温度太高; (4)注射压力太小; (5)充模保压时间不够; (6)浇口、流道尺寸不均; (7)模温不均匀; (8)模具设计尺寸不准确; (9)脱模杆变形或磨损	(1)控制加料量; (2)调整新旧料混合比例; (3)降低料筒和喷嘴温度; (4)提高注射压力; (5)延长充模保压时间; (6)修理浇口、流道尺寸使之均匀; (7)合理设计模温冷却系统; (8)修改模具设计尺寸; (9)更换脱模杆
10. 制品黏膜	(1)注射压力太大,注射时间太长; (2)模具温度太高; (3)浇口尺寸太大、位置不当; (4)模腔光洁度不够; (5)脱模斜度太小,不易脱模; (6)顶出位置结构不合理	(1)降低注射压力,缩短注射时间; (2)降低模具温度; (3)减小浇口尺寸,合理设置浇口位置; (4)研磨模腔; (5)增加脱模斜度; (6)修改顶出位置结构
11. 主流道黏膜	(1)料温太高; (2)冷却时间太短、主流道料尚未凝固; (3)喷嘴温度太低; (4)主流道无冷料穴; (5)主流道光洁度差; (6)喷嘴孔径大于主流道直径; (7)主流道衬套弧度与喷嘴弧度不贴合; (8)主流道斜度不够	(1)降低料温; (2)延长冷却时间; (3)升高喷嘴温度; (4)设置主流道冷料穴; (5)研磨主流道; (6)修配喷嘴或主流道直径; (7)修配弧度使之贴合; (8)增大主流道斜度
12. 制品内冷块或僵块	(1)塑化不均匀; (2)模温太低; (3)料内混入杂质或不同牌号的原料; (4)喷嘴温度太低; (5)无主流道或分流道冷料穴; (6)制品重量和注射机最大注射量接近,而成型时间太短	(1)塑化均匀; (2)提高模温; (3)避免料内混入杂质或不同牌号的原料; (4)提高喷嘴温度; (5)设置主流道或分流道冷料穴; (6)选用大注射量的注射机

续表

制品缺陷	产生的原因	改正措施
13. 制品分层脱皮	(1)不同塑料混杂; (2)同一种塑料不同级别相混; (3)塑化不均匀; (4)原料污染或混入异物	(1)避免不同塑料混杂; (2)避免同一种塑料不同级别相混; (3)塑化均匀; (4)避免原料污染或混入异物
14. 制品褪色	(1)塑料污染或干燥不够; (2)螺杆转速太大,背压太高; (3)注射压力太大; (4)注射速度太快; (5)注射保压时间太长; (6)料筒温度过高,致使塑料、着色剂或添加剂分解; (7)流道、浇口尺寸不合适; (8)模具排气不良	(1)干燥塑料; (2)降低螺杆转速及背压; (3)降低注射压力; (4)降低注射速度; (5)减少注射保压时间; (6)降低料筒温度; (7)修配流道、浇口尺寸; (8)合理设置排气通道
15. 制品强度下降	(1)成型温度太低; (2)塑料潮湿; (3)塑料混入杂质; (4)浇口位置不当; (5)制品设计不当,有锐角缺口; (6)模具温度太低	(1)提高成型温度; (2)干燥塑料; (3)清除塑料混入杂质; (4)设置合理的浇口位置; (5)修改制品设计; (6)提高模具温度

五、实训记录与成绩评定

1. 评分标准

1)在规定时间内完成不加分也不扣分。

2)未达到图纸要求的,按评分标准扣分。

3)依据《配分与评分标准》评分。

2. 评分方法

1)按单项记分扣分,每个检测尺寸检测不少于两点(以最大误差值计算)。

2)各项配分按精度最高和难易程度制订。

3. 双分型面注射模装配实训记录及成绩评定表

表 12.54 双分型面注射模具装配实训记录及成绩评定表

项次	项目与技术要求	配分/分	评定方法	实测记录	得分/分	备注
1	准备工作充分	6	每缺一项扣 1 分			
2	装配过程安排合理	6	安排不合理每一处扣 1 分			
3	装配导向零件	12	测试			

续表

项次	项目与技术要求	配分/分	评定方法	实测记录	得分/分	备注
4	装配浇口套	10	测试			
5	装配推出机构	12	测试			
6	总装	12	测试			
7	合模修配	30	测试			
8	装配质量符合技术要求	10	发现一项不符合要求扣 2 分			
9	安全文明生产	6	违者每次扣 2 分			
合计		100				

评分人：　　　　　　　　　　　　　　　　　　　　　　年　月　日

附录
钳工职业技能鉴定模拟试题

模拟试题

A1 初级钳工理论考试模拟试题(一)

一、判断题(对画"√",错画"×",画错倒扣分,每小题2分,共40分)

1. 当游标卡尺两量爪贴合时,尺身和游标的零线对齐。 (　　)
2. 基本尺寸是设计的给定尺寸,因此零件的实际尺寸越接近,基本尺寸越好。 (　　)
3. 在台虎钳上强力作业时,应尽量使作用力朝向固定钳身。 (　　)
4. 画线平板平面是画线的基准平面。 (　　)
5. 利用分度头画线,当手柄转数不是整数时,可利用分度叉一起进行分度。 (　　)
6. 锯条锯齿粗细应根据工件材料性质及锯削面大小来选择。 (　　)
7. 錾子在砂轮上刃磨时必须低于砂轮中心。 (　　)
8. 锉削过程中,两手对锉刀力的大小应保持不变。 (　　)
9. 同一锉刀上主锉纹斜角与辅锉纹斜角相等。 (　　)
10. 锯削管料和薄板料时,须选择粗齿锯条。 (　　)
11. 管子直径大于12 mm以上可用冷弯法进行弯形。 (　　)
12. 钻头主切削刃上的后角,外缘处最大,愈近中心则愈小。 (　　)
13. 标准麻花钻的横刃斜角 $\psi = 50° \sim 55°$。 (　　)
14. 钻削速度是指每分钟钻头的转数。 (　　)
15. 螺旋槽手铰刀适宜于铰削带有键槽的圆柱孔。 (　　)
16. 机攻螺纹时,丝锥的校准部分不能全部出头,否则退出时会造成螺纹乱牙。 (　　)
17. 选配法是将零件的制造公差适当放宽,然后取其中尺寸相当的零件进行装配,以达到配合要求。 (　　)
18. 装配或修理工作不包括最后对机器进行试车。 (　　)
19. 空负荷试验也称空运转试验。 (　　)
20. 刮削内曲面时,刮刀的切削运动是螺旋运动。 (　　)

二、选择题(将正确答案的序号填入括号内,每题2分,共20分)

1. 游标卡尺按其读数值可分(　　)mm、0.02 mm 和0.05 mm。

A. 0.01　　B. 0.1　　C. 0.2

2. 画线时,V形块是用来安放(　　)工件的。

A. 圆形　　B. 大型　　C. 复杂形状

3. 锯条有了锯路,可使工件上的锯缝宽度(　　)锯条背部的厚度。

A. 小于　　B. 等于　　C. 大于

4. 錾子的楔角愈大,錾子切削部分的(　　)愈高。

A. 硬度　　B. 强度　　C. 锋利程度

5. 在锉削窄长平面和修整尺寸时,可选用(　　)锉法。

A. 推锉法　　B. 顺向锉法　　C. 交叉锉法

6. 弯形有焊缝的管子时,焊缝必须置于(　　)位置。

A. 弯形外层　　B. 弯形内层　　C. 中性层

7. 钻孔时,钻头绕本身轴线的旋转运动称为(　　)。

A. 进给运动　　B. 主运动　　C. 旋转运动

8. 用标准铰刀铰削IT9级精度孔,表面粗糙度 $Ra1.6$ μm 的孔,其工艺过程应选择(　　)。

A. 钻孔、铰孔　　B. 钻孔、扩孔、铰孔　　C. 钻孔、扩孔

9. 丝锥由工作部分和(　　)两部分组成。

A. 柄部　　B. 校准部分　　C. 切削部分

10. 在同类零件中,任取一个装配零件,不经修配即可装入部件中,都能达到规定的技术要求,这种装配方法称为(　　)。

A. 互换法　　B. 选配法　　C. 调整法　　D. 修配法

三、计算题(每题5分,共10分)

1. 若车削工件表面最大直径为 $D=200$ mm,车床转速 $n=1\ 000$ r/min,计算其切削速度。

2. 用板牙在工件上套M12×1.25的螺纹,试求套螺纹前的外圆直径。

四、简答题(每题5分,共20分)

1. 简述锉工的任务。

2. 如何选用锉刀锉齿的粗细?

3. 麻花钻刃磨有哪些要求?

4. 装配工作的重要性有哪些?

A2 初级钳工理论考试模拟试题(二)

一、判断题(对画"√",错画"×",画错倒扣分,每小题2分,共40分)

1. 游标卡尺尺身和游标上的刻线间距都是1 mm。　　(　　)

2. 公差,可以说是零件尺寸允许的最大偏差。　　(　　)

3. 平面画线只需选择一个画线基准,立体画线则要选择两个画线基准。　　(　　)

4. 用分度头分度很方便,因为分度手柄可以正反转动。　　(　　)

5. 锯条反装后,由于楔角发生变化,而锯削不能正常进行。　　(　　)

6. 錾子热处理时,应尽量提高其硬度。　　(　　)

7. 锉刀的硬度应为62~67HRC。　　(　　)

8. 锉刀编号依次由类别代号、型式代号、规格和锉纹号组成。 ( )
9. 錾削时形成的切削角度有前角、后角和楔角，三角之和为90°。 ( )
10. 锉刀锉齿中的粗细是以锉刀每10 mm轴向长度内的齿纹条数来表示的。 ( )
11. 弯形是对金属材料进行塑性变形。 ( )
12. 钻孔时加切削液的主要目的是提高孔的表面质量。 ( )
13. Z5125型钻床的最大钻孔直径为50 mm。 ( )
14. 当孔将要钻穿时，必须减少进给量。 ( )
15. 机铰结束后，应先停机再退刀。 ( )
16. 逆时针旋转时旋入的螺纹称为右旋螺纹。 ( )
17. 对于过盈联接的零件，装配时不需要加润滑油之类的润滑剂。 ( )
18. 认真做好试车前的准备工作，可避免出现重大的故障或事故。 ( )
19. 空运转试验能使各摩擦表面在工作初始阶段得到正常的磨合。 ( )
20. 原始平板刮削时，采用对角刮研的目的是消除平面的扭曲现象。 ( )

二、选择题（将正确答案的序号填入括号内，每题2分，共20分）

1. 用游标卡尺测量孔的中心距，此测量方法称为（ ）。
A. 直接测量 B. 间接测量 C. 绝对测量 D. 比较测量
2. 画线时，应使画线基准与（ ）一致。
A. 设计基准 B. 安装基准 C. 测量基准
3. 锯削管子或薄板料时，应选择（ ）锯条。
A. 粗齿 B. 中齿 C. 细齿
4. 在工件上錾削沟槽和分割曲线形板料时，应选用（ ）。
A. 尖錾 B. 扁錾 C. 油槽錾
5. 在锉刀工作面上起主要锉削作用的锉纹是（ ）。
A. 主锉纹 B. 辅锉纹 C. 边锉纹
6. 矫正弯形时，材料产生冷作硬化，可采用（ ）方法，使其恢复原来的力学性能。
A. 退火 B. 淬火 C. 回火
7. 麻花钻刃磨时，其刃磨部位是（ ）。
A. 前面 B. 后面 C. 副后面
8. 麻花钻在正交平面中，测量的基面与剪刀面之间的夹角称为（ ）。
A. 前角 B. 后角 C. 主偏角 D. 刃倾角
9. 攻螺纹前的底孔直径必须（ ）螺纹标准中规定的螺纹小径。
A. 小于 B. 大于 C. 等于
10. 在装配时用改变产品中可调整零件的相对位置或选择后的调整件，以达到装配精度的方法，称为（ ）。
A. 互换法 B. 选配法 C. 调整法 D. 修配法

三、计算题（每题5分，共10分）

1. 用分度头在一工件端面画30等分线，每画好一条线后手柄应摇过几转？（已知分度盘孔数为：40、47、49、51、53、54、57、58、59、62、66）

2. 在钻床上钻ϕ10 mm的孔，选择转速n为500 r/min，求钻削时的切削速度。

四、简答题(每题5分,共20分)

1. 使用砂轮机应注意哪些事项?

2. 锉刀有哪几种类型?

3. 平面锉削有哪几种方法?

4. 选择切削用量的目的是什么?

A3 初级钳工理论考试模拟试题(三)

一、判断题(对画“√”,错画“×”,画错倒扣分,每小题2分,共40分)

1. 游标卡尺是一种常用量具,能测量各种不同精度要求的零件。　(　　)

2. 凡间隙配合,孔轴必然出现松动。　(　　)

3. 当毛坯件有误差时,都可能采用画线借料予以补救。　(　　)

4. 零件都必须经过画线后才能加工。　(　　)

5. 起锯时,起锯角愈小愈好。　(　　)

6. 錾子的切削部分只要制成楔形,就能进行錾削。　(　　)

7. 錾子的热处理就是指錾子的淬火。　(　　)

8. 顺向锉法可使锉削表面得到正直的锉痕,比较整齐美观。　(　　)

9. 錾削时,錾子前刀面与基面之间的夹角称为楔角。　(　　)

10. 在冷加工塑性变形过程中,产生的材料变硬现象称为冷硬现象。　(　　)

11. 相同材料的变形,弯曲半径越小,表面层材料变形也越小。　(　　)

12. 钻孔属于粗加工。　(　　)

13. 钻床的一级保养,以操作者为主,维修人员配合。　(　　)

14. 在钻头后面开分屑槽,可改变钻头后角的大小。　(　　)

15. 铰孔时,铰削余量愈小,铰后的表面粗糙度愈小。　(　　)

16. M16×1 的含义是细牙普通螺纹,大径为16 mm,螺矩为1 mm。　(　　)

17. 套螺纹时,圆杆的顶端应倒角为15°~20°。　(　　)

18. 装配工作包括装配前的准备、部装、总装、调整和试机。　(　　)

19. 机械设备起动前,应将暂时不需要产生动作的机构置于空位。　(　　)

20. 研磨外圆柱面时,研磨套往复运动轨迹要正确,形成网纹交叉线应为45°。　(　　)

二、选择题(将正确答案的序号填入括号内,每题2分,共20分)

1. 立体画线要选择(　　)画线基准。

A. 1个　　B. 2个　　C. 3个

2. 锯削时的锯削速度以每分钟往复(　　)为宜。

A. 20次以下　　B. 20~40次　　C. 40次以上

3. 刃磨錾子时,主要确定(　　)的大小。

A. 前角　　B. 楔角　　C. 后角

4. 锉刀断面形状的选择取决于工件的(　　)。

A. 锉削表面形状　　B. 锉削表面大小　　C. 工件材料软硬

5. 只有(　　)的材料才能进行矫正。

A. 硬度较高　　B. 塑性较好　　C. 脆性较大

6. 对钻孔表面粗糙度来说,一般情况下(　　)影响大。

A. f 比/V_c　　B. V_c 比 f　　C. a_p 比 V_c

7. 扩孔属于孔的(　　)加工。

A. 粗加工　　B. 半精加工　　C. 精加工

8. 攻不通孔螺纹时,底孔深度(　　)所需的螺孔深度。

A. 等于　　B. 小于　　C. 大于

9. 在装配前,必须认真做好对装配零件的清理和(　　)工作。

A. 修配　　B. 调整　　C. 清洗　　D. 去毛刺

10. 研磨余量的大小应根据(　　)来考虑。

A. 零件的耐磨性　　B. 材料的硬度　　C. 研磨前预加工精度高低

三、计算题(每题 5 分,共 10 分)

1. 在一钢件上加工 M20×2—7H 不通孔螺孔,螺纹长度为 30 mm,试求底孔直径和钻孔深度。

2. 钻头直径为 18 mm,当以 700 r/min 的转速钻孔时,求切削速度 V_c 和背吃刀量 a_p。

四、简答题(每题 5 分,共 20 分)

1. 画线后为什么要打上样冲眼?

2. 攻螺纹底孔直径为什么要大于螺纹小径?

3. 什么叫弯形?材料具备什么条件才能变形?

4. 钻孔时选择切削用量的基本原则是什么?

初级钳工技能考试模拟试题

1. 考样图样(见附图 1)

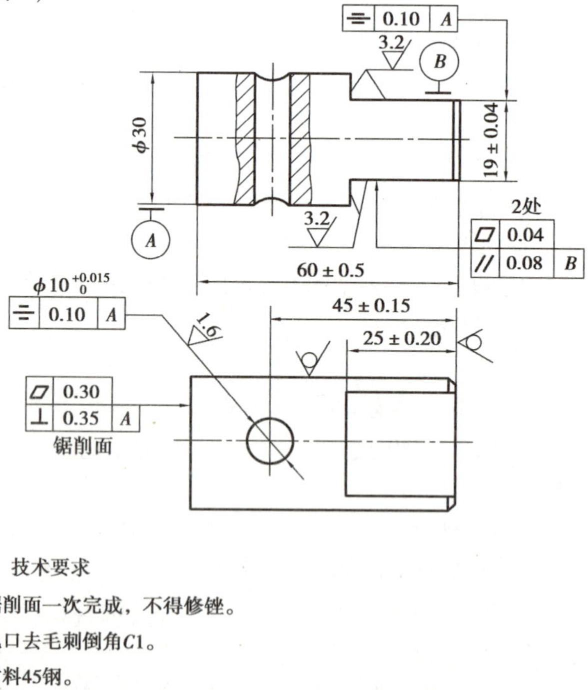

附图 1　连接轴

2. 准备要求

(1)熟悉考件图样。

(2)检查考件毛坯是否与考件符合。

(3)工具、量具、夹具准备。

(4)设备的检查(钻床、台虎钳)。

(5)画线(包括画线用的器具)。

3. 考核内容

(1)考核要求

①采用锯削的方法制作。加工后应达到图样要求的尺寸公差:19 ±0.04 mm;60 ±0.5 mm;25 ±0.20 mm;45 ±0.15 mm;$\phi10\,^{+0.015}_{0}$ mm。形位公差:对称度(两处)公差0.10 mm;平面度(两处)公差一处0.04 mm,另一处0.30 mm;平行度公差0.08 mm。

②锯削面应一次完成,不准修锉。

③不准用砂布或风磨机打光加工表面。

(2)工时定额

4.5 h。

(3)安全文明生产要求

①正确执行安全技术操作规程。

②应按企业有关文明生产的规定,做到工作场地整洁,工件、工具摆放整齐。

4. 配分、评分标准见附表1

附表1　联接轴制作评分表

序号	作业项目	考核内容/mm	配分/分	评分标准		考核记录	扣分/分	得分/分
				T/mm	Ra/μm			
1	锯削	60 ±0.5	10	超差0.02 mm不得分				
		25 ±0.2	5	超差0.02 mm不得分				
		19 ±0.04 Ra3.2	20 7	超差不得分	超差不得分			
		对称度0.10	10	超差不得分				
		平面度0.04	5	超差不得分				
		平行度0.08	5	超差不得分				
		平面度0.30	5	超差不得分				
		垂直度0.35	5	超差不得分				
2	钻削	$\phi10\,^{+0.015}_{0}$ Ra1.6	4 4	超差不得分	超差不得分			
		45 ±0.15	10	超差不得分				
		对称度0.10	10	超差不得分				

续表

序号	作业项目	考核内容/mm	配分/分	评分标准		考核记录	扣分/分	得分/分
				T/mm	Ra/μm			
3	安全文明生产	遵守安全操作规程，正确使用工、量具，操作现场整洁		按达到规定的标准程度评定，一项不符合要求从总得分中扣去2～5分，总扣分不得超过10分				
		安全用电，防火，无人身、设备事故		因违规操作发生重大人身或设备事故者，此题按零分计				
4	分数合计		100					

中级钳工理论考试模拟试题

一、判断题（你认为对的请打“√”，错的打“×”，每小题2分，共40分）

1. 标准麻花钻由于横刃较长，横刃处前角为负值，故切削性能差。（　）
2. 切削塑性较大的金属易形成带状切屑。（　）
3. 提高切削速度是提高刀具寿命的最有效途径。（　）
4. 一般刀具材料的高温硬度越高，耐磨性越好，刀具寿命也越长。（　）
5. 拉线与吊线法适用于特大工件画线。（　）
6. 畸形工件由于形状奇特，画线时，应使画线的尺寸基准与设计基准一致。（　）
7. 静平衡方法的实质在于确定旋转件上不平衡的大小和方向。（　）
8. 对长径比较小的高速旋转件，只需进行静平衡。（　）
9. 在零件加工及装配过程中，最后自然形成的尺寸称为封闭环。（　）
10. 评定主轴旋转精度的主要指标是主轴前端的径向圆跳动误差和轴向窜动误差。（　）
11. CA6140型卧式车床主轴的轴向窜动为0.02 mm。（　）
12. 在CA6140型卧式车床上精车300 mm直径允差为0.02 mm。（　）
13. 以毛坯面为定位依据的定位基准称为精基准。（　）
14. 用已知加工表面为定位基准称为精基准。（　）
15. 三面刃铣刀是圆周具有切削刃，两侧也具有切削刃的刀具。（　）
16. 压缩机压缩后的气体温度较低，所以只需在出口处设置气体冷凝器即可。（　）
17. 精加工磨钝标准的制定是按能否充分发挥刀具切削性能和使用寿命最长为原则来确定的。（　）
18. 硬质合金是一种耐磨性好，耐热性高，抗弯强度和冲击韧性都较高的一种刀具材料。（　）

19. 用深孔钻钻削深孔时，为了保持排屑畅通，必须使注入的切削液具有一定的压力。（　　）

20. 无论采用何种比例，在图样中标注尺寸，都必须按零件的实际尺寸标注，与图形大小无关。（　　）

二、选择题（请你将正确的答案填入括号内，每题1分，共20分）

1. 对于精度（　　）要求的工件尺寸，要用千分尺来测量。

A. 一般　　B. 较高　　C. 较低

2. 量具在使用过程中（　　）和工具、刀具放在一起。

A. 能　　B. 有时能　　C. 不能

3. 螺旋机构的丝杆和螺母必须同轴，螺杆轴线必须和基准面（　　）。

A. 垂直　　B. 平行　　C. 倾斜

4. 钢号 T12A 表示（　　）钢。

A. 碳素结构钢　　B. 碳素工具钢　　C. 合金工具钢

5. 加工软金属时应选用（　　）。

A. 硬砂轮　　B. 软砂轮　　C. 疏松砂轮

6. 钢的热处理是在（　　）状态下进行的。

A. 液态　　B. 变态　　C. 固态

7. 含碳量小于（　　）的钢件常用正火代替退火。

A. 0.05%　　B. 0.5%　　C. 0.8%

8. 畸形零件利用零件上已加工的孔套在心轴上，用（　　）等工具夹持后进行画线。

A. 分度头成 V 形块　　B. 卡盘　　C. 千斤顶

9. 钻黄铜的前角时，为避免钻孔的轧刀现象，外刃的纵向前角磨成（　　）。

A. 0°　　B. 8°　　C. 20°

10. 旋转体的偏心速度是指（　　）。

A. 重心的转速　　B. 偏心产生的转速　　C. 重心振动速度

11. 一般磨削导轨的表面粗糙度要求为 Ra（　　）μm 以下。

A. 0.4　　B. 0.8　　C. 3.2

12. 刮削导轨时，一般应将工件放在（　　）上，以便调整水平位置。

A. 调整垫铁　　B. 大型平面　　C. 标准平板

13. 对于组合导轨各个表面的刮削次序，应先刮比较（　　）。

A. 容易刮的表面　　B. 难刮的表面　　C. 硬度高的表面

14. 由一个或一组工人在不更换设备或地点的情况下完成的装配工作叫（　　）。

A. 装配工序　　B. 工步　　C. 部件装配

15. 对于旋转零件常进行平衡试验，这种工作属于（　　）。

A. 装配工作　　B. 调整工作　　C. 装配前准备工作。

16. 装配精度完全依赖于零件制造精度的装配方法是（　　）。

A. 完全互换法　　B. 选配法　　C. 调整法

17. 尺寸链中除封闭环以外的其余尺寸称为（　　）。

A. 增环　　B. 组成环　　C. 减环

18. 当加工的孔需要进行钻削、扩削、铰削多种加工时，应采用(　　)。

A. 固定钻套　　B. 可换钻套　　C. 快换钻套

19. 立式钻床变速前应(　　)。

A. 取下钻头　　B. 取下工件　　C. 停车

20. 熔断器的作用是(　　)。

A. 保护电路　　B. 控制电流　　C. 变压

三、问答题(每题7分,共28分)

1. 箱体工件画线时,除按照一般的画线方法外,还必须掌握哪些方法?

2. 为什么不能用一般方法钻斜孔?钻斜孔可采用哪些方法?

3. 刮削机床导轨应遵循哪些基本原则?

4. 装配工艺规程必须具备哪些内容?

四、计算题(每题6分,共12分)

1. 有一发电机转子质量为50 kg,工作转速为3 000 r/min,若转子的重心振动速度为2.5 mm/s,此时的转子偏心距和剩余不平衡力矩是多大?

2. 根据CA6140型普通车床传动系流图,分析比较纵向和横向机动进给运动的传动路线结构式及运动平衡式,找出$f_{纵}$与$f_{横}$之间的关系,证明$f_{横} \approx 0.5 f_{纵}$。

中级钳工技能考试模拟试题

1. 考件图样(见附图2)

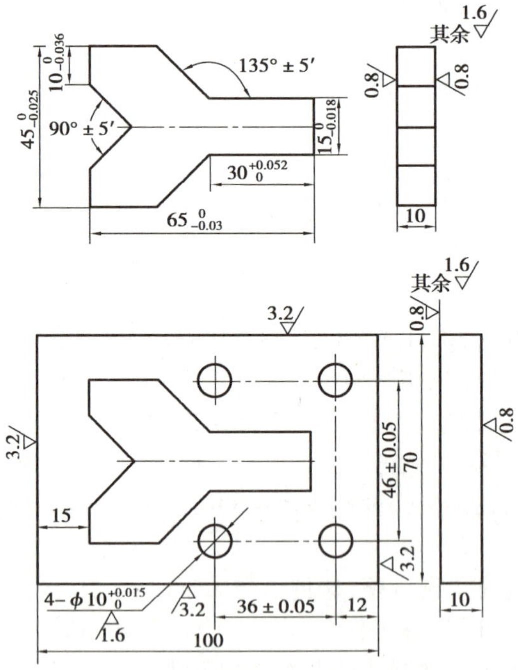

附图2　Y形压模

2. 考件材料:Q235

3. 准备要求

(1)熟悉考件图样。

(2)检查考件毛坯是否与考件符合。

(3)工具、量具、夹具的准备。

(4)设备的检查(电气和机械传动部分)。

(5)画线和画线工具的准备。

4. 考核内容

(1)考核要求(见附表2)

(2)工时定额

7 h。

(3)安全文明生产要求

①正确执行安全技术操作规程。

②应按企业有关文明生产的规定,做到工作场地整洁,工件、工具摆放整齐。

5. 配分、评分标准见附表2

附表2　联接轴制作评分表

单位		工种	钳工	总分	
准考证号		考件图号		考件名称	Y形压模
鉴定等级	中	工时定额	7 h	劳动工时	
操作时间	年　月　日　时　分至　日　时　分				
项次	考核要求	配分	检验与考核记录	扣分	得分
1	$65_{-0.03}^{0}$	4			
2	$45_{-0.025}^{0}$	4			
3	$30_{0}^{+0.052}$	4			
4	$15_{-0.018}^{0}$	4			
5	$10_{-0.036}^{0}$	6			
6	$135° \pm 5'$	4			
7	$90° \pm 5'$	4			
8	配合间隙≤0.05	2×11			
9	换向间隙≤0.05	1×11			
10	46 ± 0.05	4			
11	36 ± 0.05	4			
12	$4-\phi 10_{0}^{+0.015}$　$Ra1.6$	4			
13	$Ra1.6$	5			
14					
15					

续表

项次	考核要求	配分	检验与考核记录	扣分	得分
16					
17					
18	工具的使用与维护	5			
19	设备的使用与维护	5			
20	安全文明生产情况	10			

钳工职业技能鉴定模拟试题参考答案

参考文献

[1] 王德洪,吕超,李伟. 钳工技能实训[M]. 北京:人民邮电出版社,2010.

[2] 孙德英,金海新. 钳工技能实训指导教程[M]. 北京:机械工业出版社,2014.

[3] 汪哲能. 钳工工艺与技能训练[M]. 3 版. 北京:机械工业出版社,2019.

[4] 陈霖,甘露萍. 钳工工艺与技能训练[M]. 北京:人民邮电出版社,2010.

[5] 温上樵. 钳工中级实训[M]. 北京:人民邮电出版社,2011.